住房城乡建设部土建类学科专业“十三五”规划教材

高校城乡规划专业规划推荐教材

城市地下空间规划

汤宇卿 等 著

中国建筑工业出版社

审图号：GS（2020）4214号

图书在版编目（CIP）数据

城市地下空间规划 / 汤宇卿等著．—北京：中国建筑工业出版社，2019.12
住房城乡建设部土建类学科专业“十三五”规划教材
高校城乡规划专业规划推荐教材
ISBN 978-7-112-24496-6

Ⅰ.①城… Ⅱ.①汤… Ⅲ.①地下建筑物—城市规划—高等学校—教材
Ⅳ.①TU984.11

中国版本图书馆CIP数据核字（2019）第283757号

本教材为住房城乡建设部土建类学科专业“十三五”规划教材。作者基于规划体制改革及国土空间规划全面启动的背景，对城市地下空间规划进行了系统论述，理论知识与实践案例相结合，介绍了城市地下空间的规划设计理念和方法。本书可作为高校城乡规划及相关专业的教材，也可供国土空间规划、城乡规划、地下空间规划、控制性详细规划和修建性详细规划编制和研究等相关的设计与管理人员参考。

为更好地支持本课程的教学，我们向使用本书的教师免费提供教学课件，有需要者请与出版社联系，邮箱：jgcabpbeijing@163.com。

责任编辑：杨　虹　尤凯曦
责任校对：芦欣甜

住房城乡建设部土建类学科专业“十三五”规划教材
高校城乡规划专业规划推荐教材
城市地下空间规划
汤宇卿 等　著
*
中国建筑工业出版社出版、发行（北京海淀三里河路9号）
各地新华书店、建筑书店经销
北京雅盈中佳图文设计公司制版
北京建筑工业印刷厂印刷
*
开本：787×1092毫米　1/16　印张：$26^1/_4$　字数：513千字
2019年12月第一版　2019年12月第一次印刷
定价：56.00元（赠课件）
ISBN 978-7-112-24496-6
（35165）

前言

地下空间是新型的国土资源及城市的战略性空间资源，随着规划体制的改革及国土空间规划的全面启动，城市外延式拓展受限，需要充分挖掘内部资源，向地下要空间是大势所趋。通过地下空间的规划和建设将有效提高城市土地利用效率，降低城市中心上部空间密度，扩充基础设施容量，减少环境污染，改善城市生态环境，具有深远的意义。

本教材为住房城乡建设部土建类学科专业“十三五”规划教材，基于以上背景，对城市地下空间规划进行全面论述，包括城市地下空间基本知识、城市地下空间资源评估和分区管控、地下空间供需协同、城市地下空间布局、城市地下交通设施规划、城市地下市政设施规划、城市地下空间综合防灾规划、城市地下空间利用生态保护与环境健康、城市地下空间规划控制和城市地下空间管理实施等内容。在基础理论、知识讲授的同时与具体实施案例相结合，深入浅出地介绍本领域针对城市地下空间的规划设计理念和方法，并关注与城市上部空间规划的全面协同，以利于城市地下空间规划全面融入国土空间规划体系。

本书得到中铁第四勘察设计院集团有限公司牵头的国家重点研发计划“深地资源勘查开采”重点专项——“城市地下空间精细探测技术与开发利用研究示范”项目（2019YFC0605100）——课题四“地下空间开发建造理论和方法”（2019YFC0605104）资助。

本书可供高等院校城乡规划及相近专业课程教学参考，也可供国土空间规划、城乡规划、地下空间规划、控制性详细规划和修建性详细规划编制和研究等相关的设计与管理人员参考。

本教材由汤宇卿搭建主体框架。参与全书统校和编写的人员有：汤宇卿、武一锋、王新平、吴德敏、祖齐、吴永才、吴新珍、林作忠、傅萃清、王华兵、董俊、张扬、安晓晓、陈远洲、谢俊、王峰、郭丽娟、崔子赢、唐晓娟、姚龙浩、权国栋、王灵华、陆嘉旗、辛淑萍、程林、张新、崔海峰、赵宇凯、赖金晨、黄亚如、吴培丽、王梦雯、顾红、王冲、游亚昀等。对各位的支持和帮助，谨表诚挚的谢意！

错误和缺点在所难免，敬请读者批评指正。

目录

第1章

城市地下空间基本知识

1.1 城市地下空间的基本概念

1.1.1 地下空间

按照我国《物权法》的相关描述，“建设用地使用权可以在土地的地表、地上或者地下分别设立[1]”，可见城市地下空间与上部空间同等重要。随着时代的发展，进入21世纪，国内外，尤其是高密度发展地区，在关注地上空间开发的同时，对地下空间的探索日益增多，作为国土空间规划的重要组成部分，对城市地下空间的特征和属性的全面了解愈发重要。

不同学者从不同角度对地下空间有不同的定义：

童林旭教授从地下空间的现实形态出发，认为“地下空间是指在地球表面以下的土层或岩层中天然形成或经人工开发而成的空间”[2]。

车建仁博士从建筑形态入手，认为“地下空间是指结合地面建筑一并开发建设的地下工程（结建地下空间）以及独立开发建设的地下工程（单建地下空间）”[3]。

总之，“地下空间是相对于地上空间而言的，指地球表面以下由天然或人工掘凿形成的空间，主要针对建筑方面来说，它的范围非常广，比如地下商城、地铁、地下停车场、矿井、军事工程、穿海隧道等空间”[4]。概括起来，地下空间是指位于地表以下可供人们利用的天然或经人工形成的立体空间的总称[5]。

1.1.2 城市地下空间

城市地下空间是指城市行政区域内地表以下，自然形成或人工开发的空间，是地面空间的延伸和补充。

1.1.3 城市地下空间规划

城市地下空间规划是指对一定时期城市地下空间开发利用的综合部署、具体安排和实施管理。涉及城市地下空间规划的相关术语如下：

1.1.3.1 地下空间资源评估

根据城市地层环境和构造特征，判明一定深度内岩体和土体的自然、环境、人文及城市建设等要素对城市地下空间开发利用的影响，明确地下空间资源的适建规模与分布，是城市地下空间规划的重要依据。

1.1.3.2 地下空间需求分析

根据规划区的发展目标、建设规模、社会经济发展水平和地下空间资源条件，对城市地下空间利用的必要性、可行性和一定时期内地下空间利用的规模及功能配比进行分析和判断，是城市地下空间布局的重要指导和依据。

1.1.3.3 地下空间总体规划

对一定时期内规划区内城市地下空间资源利用的基本原则、目标、策略、范围、总体规模、结构特征、功能布局、地下设施布局等的综合安排和总体部署。

1.1.3.4 地下空间详细规划

对城市地下空间利用重点片区或节点内地下空间开发利用的范围、规模、空间结构、开发利用层数、公共空间布局、各类设施分项开发规模、交通廊道及交通流线组织等提出的规划控制和引导要求。

1.1.4 城市地下空间组成

1.1.4.1 地下交通设施

利用城市地下空间实施交通功能的设施，包括地下道路设施、地下轨道交通设施、地下公共人行通道、地下交通场站、地下停车设施等。

1.1.4.2 地下道路设施

地表以下或主要位于地表以下，供机动车或兼有非机动车、行人通行的通道及配套设施的总称。

1.1.4.3 地下轨道交通设施

地表以下或主要位于地表以下的地铁、城市轨道交通线路、车站及配套设施的总称。

1.1.4.4 地下交通场站

地下或半地下交通场站的总称，包括城市轨道车辆基地、公路客货运站、公交场站和出租车场站等。

1.1.4.5 地下市政公用设施

利用城市地下空间实现城市给水、污水、雨水、供电、通信、供气、供热、环卫等市政公用功能的设施，包括地下市政管线、地下综合管廊、地下市政场站和其他地下市政公用设施。

1.1.4.6 地下综合管廊

建于城市地下用于容纳两类及以上城市工程管线的构筑物及附属设施。

1.1.4.7 地下管线

敷设于地表下的给水、污水、雨水、电力、通信、供气、供热、工业等管道线路及附属设施的统称。

1.1.4.8 地下人民防空设施

为保障人民防空指挥、通信、掩蔽等需要而建造的地下防护建筑，包括地下通信指挥工程、医疗救护工程、防空专业队工程和人员掩蔽工程等。

1.1.4.9 地下空间综合防灾

根据城市地下空间资源条件和城市灾害特点，对设置在地下的通信指挥、人员掩蔽疏散、应急避难、消防抢险、医疗救护、运输疏散、治安、生活保障、物资储备等不同系统的统一组织和部署，提出利用城市地下空间提高城市防灾能力和城市地下空间自身灾害防御的策略和空间布局。

1.2 城市地下空间的发展历史

1.2.1 国外城市地下空间发展历史

1.2.1.1 古代地下空间发展历史

（1）生活居住的需要

居住方面的利用是人类利用地下空间最古老的一种方式。1965年，在土耳其卡帕多西亚发现了三座完全由岩石开拓的地下城镇。其中有一座，穿过一个唯一的入口，延伸深达6km。它们包括城镇中心、村子、堡垒和钟楼及军事贸易通道，有的深达八至十层。

突尼斯的玛特玛塔地区有二十几个地下村庄，这些村落深建于地下，一般房屋都设计有一个深井，房间布置在大井周围不同高度上，用作居住与储藏，进出要通过楼梯或地道[6]。在社会性上，这些居住群按居民的亲属关系相组合，步行的地道系统起到维持社会秩序系统的作用。房间为矩形，交角成弧线，大棚为曲面，房间尺寸通常为2m × 2.5m，偶尔在中间留有柱子支撑大棚，与大井相连的房间有稍低的门槛（图1–2–1）。

图 1-2-1　突尼斯的玛特玛塔地区地下村庄

资料来源：https：//www.tuniu.com/trips/12566611

（2）宗教仪式的需要

如古埃及、古希腊、古罗马都有大量的地下宗教遗址和地下墓穴。寂静、黑暗、神秘的地下空间，容易使人产生一种与世隔绝的心理暗示和思索，以及灵魂净化的机会和源于阴间的神秘认识。古罗马和土耳其的地下礼拜堂，印度的地下寺庙和石窟寺，以及美国的亚利桑那印第安人建造的地下“开越司”（Kivas）都充分地体现了这一空间特色[7]。

（3）物资储存的需要

以色列南部的半游牧民族所采用的地下储存空间就是例子。地下空间黑暗、凉爽、潮湿的自然环境给许多物品提供了一个非常适合的贮存环境，同时也可以更好地防止偷窃和抢劫。

1.2.1.2　近现代地下空间发展历史

近现代城市地下空间建筑的出现，一般以 1863 年英国伦敦建成的世界第一条地下铁道为标志。在 20 世纪上半叶，地下空间通常同人防相联系，20 世纪 60 年代以后，随着城市的发展，城市中心区的建筑密度过高，高层建筑过分集中，城市用地紧张，矛盾日益突出，城市空间拓展受限。而开发地下空间，对缓解城市，尤其是中心区用地矛盾起到了至关重要的作用。因此，现代城市地下空间的开发，大多集中在城市中心区。

经过漫长的发展，城市地下空间从大型建筑物向地下的自然延伸发展到多功能型的地下综合体，包括地下街、地下城。以地下轨道交通和道路为核心、地下停车为主体的地下交通设施迅速发展，地下市政设施也从单纯的地下给水、排水、电力、通信、燃气、供热等管网发展到地下大型供、排水系统，地下大型能源供应系统，以及地下综合管廊。在北美、西欧、日本和我国发达地区，地下空间的环境、防灾措施、安全设施以及运营管理都达到了较高水平。

法国巴黎最早的地下空间开发为废弃矿穴的再利用（图 1-2-2）。利用几个世纪之前挖掘的废弃矿井布置城市下水道、共同沟、防空防灾设施，并于 1889 年成功用于巴黎世博会中国馆与印度馆的设置，取得了轰动效应。巴黎城中心地区的雷亚诺中央广场改造实行立体化再开发，把贸易中心改造成一个综合功能的公共活动广场，在强调保留传统建筑艺术特色的同时，开辟一个以绿地为主的步行广场，为城市中心区增添一处宜人的开敞空间。与此同时，将交通、商业、文娱、体育等多种功能都安排在广场的地下空间中，形成一个大型的地下城市综合体。

（a）（b）（c）

图 1-2-2　法国巴黎的矿穴再利用

资料来源：http：//www.china.com.cn/travel/txt/2012-07/24/content_25998610.htm

波士顿中央大道经历了由高架道路到地下道路的地下化过程。这个工程被称为美国有史以来工程量最大、工期最长、资金投入最多的市政工程，验证了城市道路及高架道路的地下化趋势（图 1-2-3）。

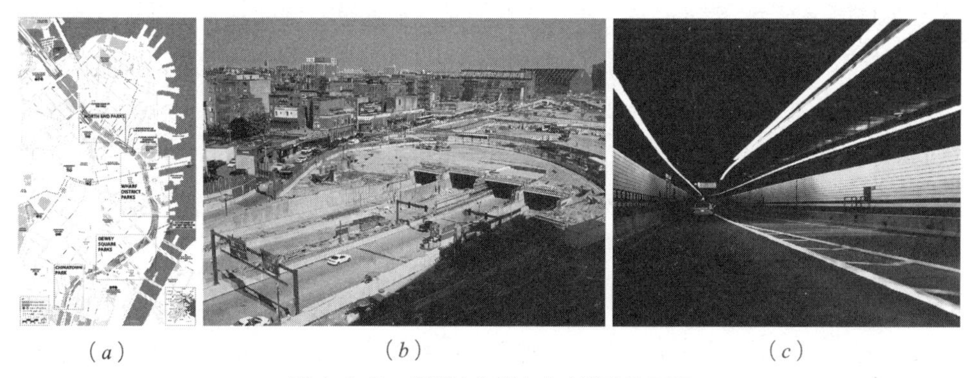

（a）（b）（c）

图 1-2-3　美国波士顿中央大道改造工程

资料来源：（a）（b）https：//baike.baidu.com/item/%E6%B3%A2%E5%A3%AB%E9%A1%BF%E5%A4%A7%E9%9A%A7%E9%81%93/8738717?fr=aladdin；（c）http：//bbs.tianya.on/post-no04-575154-1.shtml

地下综合管廊最早形成于法国巴黎。而后经过几十年的发展，在日本达到成熟阶段。日本东京的地下综合管廊的长度在世界各大城市中排名榜首，在规划、设计、施工、管理、营运等方面自上而下和自下而上形成了一套完整的法律、法规、规定和办法。

总体看来，国外近现代地下空间开发较为著名的城市主要集中在欧洲的法国、德国、英国、瑞典、瑞士，北美的美国、加拿大，亚洲的日本、新加坡。欧洲、北美及东亚的日本、新加坡等发达工业国家，因气候、地理、地质等自然因素及制度、社会形态等社会因素的不同，又各有特点和优势。

（1）欧洲：重视城市地面环境

欧洲最早对地下空间进行开发利用，从 1863 年英国伦敦的第一条地下铁道到英吉利海峡隧道，欧洲国家对地下空间的开发水平一直处在世界前列。

英国、法国、德国等欧洲各国利用地下空间的目的是为了保护城市环境和自然、历史景观等。工业革命之后，各国城市面貌发生了巨大的变化。此间，历史文化和环境保护意识自古就很强的欧洲在城市开发的同时还注重对历史性建筑和城市景观的保护。所以欧洲各国建设城市基础设施的基本原则是将有碍城市景观的设施建在地下，早期的如 1863 年世界上最先运营的伦敦地铁，被称为下水道鼻祖的近代伦敦下水道，始建于 1832 年且现普及率达 100% 的巴黎下水道等。当今巴黎、伦敦、柏林等主要城市的地埋电缆已接近 100% 。

“二战”以后，欧洲许多国家在重建和改建过程中，发展了快速轨道系统和道路系统。特别是在城市中心区，进行了立体化开发，开发了多种类型的地下空间，形成了大型地下综合体。欧洲城市中心的综合开发，立足系统、长远，不惜工本。其特点是规模大，功能多，水平、垂直方向上布局比较复杂。把市中心的诸多功能（特别是交通）转入地下，而在地面实行步行化，并充分绿化，这不仅扩大了城市空间容量，而且美化了城市环境，疏导了交通。例如，巴黎的卢浮宫，是综合应用地下步行街、地铁、娱乐设施、地下道路、地下停车场等的综合体。卢浮宫是世界著名的宫殿，在无扩建用地，又要保留原有的古典建筑风貌的前提下，设计者利用宫殿建筑周围的拿破仑广场下的地下空间容纳了全部扩建内容，为了解决采光和出入口布置，在广场正中和两侧设置了三个大小不等的锥形玻璃天窗，成功地对古典建筑进行了现代化改造，是为保护地上历史环境和建筑物景观而建造于地下的代表性设施（图 1–2–4）。

又如，20 世纪 80 年代中期法国巴黎市中心区的列 · 阿莱（Les Halles）地区再开发，是迄今为止城市中心再开发中地下空间规模宏大的一个案例。处于历史文化名城中心的列 · 阿莱地区，面对棘手的保存历史文化传统与现代化改造相互统一的问题，通过地上地下立体化再开发，改变了原来的单一功能，实现了交通的立体化

图 1-2-4 拿破仑广场及地下博物馆

资料来源：https://you.ctrip.com/travels/china110000/3540983.html；http://bbs.photofans.cn/biog-225559-96375.html

和现代化，充分发挥了地下空间在扩大环境容量和提高环境质量方面的积极作用。使环境容量扩大 7~8 倍，并且这个扩大不是以增加容积率而取得，相反，是在城市中心的塞纳河畔开辟出一处难得的文化休闲广场，以绿化和步行为主。广场地下一、二层是购物中心以及体育馆、游泳池、音乐厅、剧场、图书馆、热带植物馆、海洋馆等文化娱乐设施，地铁在地下第四层，地下三层是高速公路和车站大厅和可容纳 1850 辆汽车的停车场。广场西侧设一个面积为 $3000m^2$、深 13.5m 的下沉广场，通过宽敞的台阶和自动扶梯，沟通了地面和地下空间，实现了交通立体化（图 1-2-5）。

瑞典大型的地下排水系统在世界上处领先地位，包括城市地下排水系统和地下污水处理系统，其南部整个地下排水系统达到 80 多千米长，埋深 30~90m，靠重力自流。首都斯德哥尔摩城市排水系统和污水处理厂全在地下，大型排水隧道 200km，大型地下污水处理厂 6 座，处理率为 100%。

（2）北美：形成城市地下网络

北美，尤其是气候寒冷地区利用地下空间是出于克服恶劣气候、创造出舒适生活环境、节省能源等的需要。在加拿大蒙特利尔和多伦多、美国休斯敦，将地下街、地铁车站、地下人行道连接成了网络。蒙特利尔市为了推行建造地下人行道网络，

图 1-2-5 列 · 阿莱（Les Halles）下层广场

资料来源：https://you.ctrip.com/travels/china110000/3540983.html

官方向民间征收低额的地下道路使用费，再将收来的费用用于地下通道的建造、设施管理、安全管理等，当地下网络规划中涉及私有土地开发时，一般允许在私有建筑物地下设置公共道路，作为补偿法律允许可适当增加该地块的容积率。

北美蒙特利尔市以它对城市地下空间的成功利用闻名于世，号称拥有全球规模最大的地下城。在这里，从地铁站延伸出的无数通道将地铁、郊区铁路、公共汽车路线、地下步行道与大量的混合型开发联为一个庞大的网络。据统计，蒙特利尔地下城长达30km，被连接起来的60多个建筑群的建筑面积达到了360万m^2。近2000家店铺通过这种方式联为一体，其中包括小商店、大型百货商店、餐馆、电影院、剧院、展览厅等；此外还有可停放1万辆汽车的停车场，每天通过这一地下网络的人数超过50万。

蒙特利尔整个地下网络距地面相对较近，地铁站与其他地下建筑联系紧密，地下建筑与地上部分之间的联系也因此增强。同时，地下各部分之间的相互联系性也极强，是其他城市的类似开发所无法企及的。如巴黎的拉德方斯、Les Halles，纽约的洛克菲勒中心以及东京 Yamanote 线周围，地下城均显示出节点式开发特征，而蒙特利尔 CBD 的地下城四通八达，地下系统与地面城市活动几乎融合，在寒冷的冬季，人们甚至用不着走出地下城，就能方便快捷地到达想去的地方（图 1-2-6）。

图 1-2-6　蒙特利尔地下城

资料来源：http：//www.sohu.com/a/124929576_101250；http：//blog.sina.com.cn/s/blog_615d3a5e0101m4sa.html

（3）日本：缓解城市用地紧张

日本城市地下空间开发，大都出于缓解城市用地紧张的动因。

日本地域狭长，四面临海，是多山群岛之国，平原较少，只占总面积的25%，耕地面积仅占12.9%。全国80%的人口密集地分布在中部和太平洋沿岸狭长窄小的平原地区，尤其大中城市人口十分拥挤，仅东京、大阪、横滨、名古屋四大城市的人口，就约占总人口的20%。近代以来，日本从本国的自然条件出发，特别是随着工业化、城市化的发展，把开发利用城市地下空间作为保护土地资源、维持生态平衡的一项重要手段。从20世纪20年代到30年代，日本对地下空间利用逐步扩展到解决城市交通拥挤问题。1927年东京都地下铁开通营运2.2km；1937年大阪市地下铁开通营运 3.1km。战后，日本经济得到迅速的复苏。从 20 世纪 50 年代开始，除东京、大阪市外，先后有名古屋、神户、札幌、横滨、京都、福冈、仙台等大城市相继开始地下铁的建设，并且带动了地下街、地下停车场等其他地下市政设施的建设。20 世纪 60 年代到 70 年代中期，日本大力推进地下街的建设，10 多年间，共建成地下街 49 处约 60 万 m^2。2013 年，日本城市地下空间利用已经形成庞大规模：东京、横滨、大阪、名古屋等 8 个城市的地下铁营业里程达 500 余千米；各大、中城市建有地下街 82 处，面积约 110 万 m^2；地下机动车停车场 150 所，占停车场总数的 43%，可停车 3 万余辆，占总数的 50%；49 个城市建有地下综合管廊，总长度突破 300km。随着日本土地空间资源的高度利用和城市化的发展，计划转入地下的各类设施还在不断增加。

（4）新加坡：有效利用土地资源

新加坡国土面积 707km²，东西宽约 48km，南北约 30km。国土面积小，填海增地的极限规模也只有 720km²，发展受限制。针对有限的土地资源，除了填海以外，让新加坡土地“变大”唯一的途径就是充分利用土地和资源。

新加坡地层地质中部到东北部为花岗岩，西部为含铁质的层积岩，东部为冲积层硬块。其良好的地质条件能支撑大量的地下工程。根据南洋理工大学和前公共工程局展开的勘查，新加坡中部的“武吉知马花岗岩地层”，以及部分位于西部的“裕廊地层”，最适合往地下发展。新加坡的地下空间开发主要体现在地下交通设施、地下基础设施、地下综合体三个方面。

新加坡地铁环线（Circle Line，CCL）是新加坡第 4 条地铁线，连接新加坡市中心的多美歌地铁站（Dhoby Ghout）至南部的东北线终点站港湾站（Harbour Front），沿途经过新加坡中部一些交通非常繁忙的地区和行车走廊[8]。环线全长 33.3 千米，共有 31 个车站及一个车厂（金泉车厂，位于大成站附近），中间有 11 个为换乘车站，分别接驳东西线（East-West Line）、南北线（North-South Line）、东北线（North-East Line）及滨海市区线（Downtown Line）。位于巴耶利峇路上段的金泉地铁车厂（Kim Chuan Depot）是地铁环线的中央控制室，金泉地铁车厂深入地下 17m，占地 11hm²，相当于 17 个足球场的面积，是世界上最大的地下列车维修中心（图 1-2-7）。

图 1-2-7 新加坡金泉地铁车厂

资料来源：https://wenku.baidu.com/view/2b15877df71fb7360b4c2e3f5727a5e9846a270a.html

由于新加坡土地资源十分珍贵，基础设施建设充分考虑集约、节约用地。裕廊岛地下储油库（Jurong Rock Cavern）位于新加坡本岛西南部岸外裕廊岛的邦岩海湾（Banyan Basin）海床下面，主要分第一和第二发展阶段，全部建成后，可为新加坡节省 60hm^2 的土地面积，约等于新加坡博览中心（Singapore Expo）六个展览厅的规模，并可储存 277 万 m^3 或 1780 万桶的石油。新加坡深隧道污水系统（Deep Tunnel Sewage System）是当今全球规模最大、最具创新性的污水处理工程之一，建成后可以满足未来 100 年内城市废水回收、处理和再利用的需求。

在新加坡的中央商务区，南北线和东西线共线运行。该区段设市政厅站和莱福士站两个地铁车站，是新加坡最中心的地区，有高档的酒店和写字楼、繁华的购物中心和会展旅游服务等。这里的地下空间形成地下商业街。从地铁站到 SUNTEC 会展中心，是一条 500m 的商业地下通道，地下通道很长但设计得十分有趣味，商业档次也较高，充分发挥了地下商铺的潜力。

1.2.2 国内城市地下空间发展历史

1.2.2.1　古代地下空间发展历史

我国古代地下空间的应用也主要体现在居住、防御、宗教、存储等方面。

距今约 50 万年前的北京周口店中国猿人——北京人所居住的天然山洞，应该说是最早的地下空间居住洞穴。利用洞穴作为居住生活的场所，在我国黄河流域就挖掘出公元前 800~3000 年的洞穴遗址 7000 多处。对此，中国古代文献也有记载，如《易经・系辞》谓“上古穴居而野处”;《礼记・礼运》谓“昔者先王未有宫室，冬则居营窟，夏则居橧巢”。

在我国河南、陕西、山西、甘肃等省的黄土地区，土壤具有含水少、湿度小、冬暖夏凉、施工便利等一系列优越性，人们为了适应地质、地形、气候和经济条件，建造了各种窑洞式住宅。宋代郑刚中《西征道呈记》描述北宋末年陕西境内，有长达数里、曲折复杂的窑洞。目前，仍约有 3500~4000 万人居住在窑洞中，其中以豫西的河南荥阳至渑池一带较为典型。

中国有大量的地下墓穴、地下寺庙、地下石窟寺等，这些充满神秘色彩的地下空间，大都体现了宗教仪式上的需要。秦始皇陵是世界上规模最大、结构最奇特、内涵最丰富的帝王陵墓之一，充分表现了两千多年前中国古代汉族劳动人民的艺术才能，是中华民族的骄傲和宝贵财富。法门寺地宫是迄今所见最大的塔下地宫，出土了释迦牟尼佛指骨舍利、铜浮屠、八重宝函、银花双轮十二环锡杖等佛教至高宝物，法门寺珍宝馆拥有出土于法门寺地宫的两千多件大唐国宝重器，为世界寺庙之最。龙游石窟是我国古代最高水平的地下人工建筑群之一，也是世界地下空间开发利用的一大奇观（图 1-2-8）。

图 1-2-8 秦始皇兵马俑、法门寺地宫及龙游石窟（从左至右）

资料来源：https：//www.enterdesk.com/bizhi/3930-40851.html；http：//big5.xinhuanet.com/gate/big5/sn.xinhuanet.com/16zhuanti/16sxqyly/piccc/20161020/3496281_p.html；http：//vacations.ctrip.com/tour/detail/around/p1826223s158.html

中国洛阳发现的隋唐时期的谷物坑，总共有 287 个贮存谷物的框子，散布在深 7~11. 8m，直径 8~18m 的范围内，部分谷物至今保存完好。

可见，人们为了各种多样的使用目的，历代都采用了地下建筑。其中大多数是为了防卫、防恶劣气候以及为农业生产节约土地。

1.2.2.2 近现代地下空间发展历史

近现代时期，我国最早的城市地下空间利用是从人防工程开始的，在当时特殊的国内外形势下，建设了一批以人防为目的的城市地下工程，这些人防工程窄小、阴暗、潮湿，仅仅考虑战争时使用，未与城市生活相结合。随后在 1969 年，我国第一条地铁在北京开始通车。当时这条地铁的修建还存在一些军事和政治的需要。

1978 年召开的第三次全国人防工作会议，明确提倡“平战结合”的观念，成为日后人防工程指导方针。用作地下过街通道、仓库、商业娱乐等民用设施，在平时的城市生活中发挥了一定的功能，如厦门钟鼓山隧道、鼓楼广场地下室、文化宫广场地下人防工程，杭州粮道山水果仓库（坑道改造）、宝石山下歌舞厅等文化娱乐设施（坑道改造）等 。这一时期被看作是城市地下空间利用的初创阶段。

从 20 世纪 80 年代中期起，随着城市化进程的推进，“城市病”逐渐突显：城市中心区空间拥挤、交通堵塞、环境恶化等。同时，国民经济的发展及相关政策的制定，使得一些大城市具备了初步发展地下空间的实力。开始了以城市交通改造为推动力的城市再开发，在这一进程中，城市地下空间利用无论在数量上还是质量上，都有了相当规模的发展和提高。这表明我国城市地下空间利用已开始成为城市建设和改造的有机组成部分，进入了加速发展阶段。

至 21 世纪，随着城市化进程的进一步加快，“城市病”日益严重，同时，国民经济有了较大的增长，以 2000 年的数据为例：人均 GDP 超过 1000 美元的城市有 205 个，人均 GDP 介于 2000~3000 美元之间的有 76 个，人均 GDP 大于 3000 美元的有 45 个，其中，人口大于 200 万人有 8 个，人口介于 100 万 ~200 万人之间有 1 个，人口介于 50 万 ~100 万人之间有 10 个，人口介于 20 万 ~50 万人之间有 9 个。根据世界上大部分城市的地下空间发展历程来看，当城市人均 GDP 大于 1000 美元时，即经济上初步具备了适度发展地下空间的实力。从以上的数据可以分析出：进入21世纪后，对于超大和特大型城市而言，其中大部分已进入城市发展的新阶段，经济上亦具备了适度发展地下空间的实力。经过21世纪初近二十年的发展，我国的一部分城市已经进入了地下空间开发利用的高潮阶段：地铁、商业中心、地下车库、地下步行街等都在如火如荼地建设。其主要表现在：

（1）结合民用建筑修建防空地下室面积增长幅度大。

“九五”期间全国人防重点城市年平均竣工面积不足200万m^2，“十五”期间年平均竣工1500万m^2,进入“十一五”后年平均竣工面积在2000万m^2左右,“十二五”期间年平均竣工3000万m^2左右，“十三五”年平均竣工面积4200万m^2左右。

（2）平战结合地下商业综合工程项目建设以民营企业投资为主体。

如北京中关村广场：位于北京中关村西区，将地上地下综合开发成高科技商务中心区——中关村广场，2005年中关村广场基本建成。总建筑面积150万m^2，其中地上建筑100万m^2,地下建筑50万m^2,项目总投资150亿元人民币。地下建筑集商业、娱乐、餐饮、休闲为一体的购物中心20万㎡；地下停车场1万个停车位。该工程是实行商业、停车、综合管廊三位一体的地下建筑物（图1-2-9）。[9]

上海人民广场人防综合工程：该工程位于上海市的文化、交通、商业中心。工程总面积50000m^2,与香港名店街、迪美购物广场、地下停车场、地下变电站与地铁1、2、8号线换乘站口相连，形成一个大型地下综合体，战备效益、社会效益、经济效益显著（图1-2-10）。

此外，还有大连胜利广场地下工程、西安钟鼓楼广场工程、广州地一大道、郑州大同路人防工程等工程。

（3）大力发展轨道交通，高度重视轨道沿线和枢纽地下空间开发利用。

由于技术水平限制和经济实力问题，我国城市轨道交通建设起步较晚，美国、德国、日本等国家较早便建立了城市轨道交通网络。我国第一条投入运营的地铁是

图1-2-9 北京中关村广场地下商业与停车场
资料来源：http：//blog.sina.com.cn/s/blog_61c2c7c30100fc1h.html

图 1-2-10 上海人民广场人防综合工程

资料来源：http：//travel.qunar.com/youji/5892794?type=allView

1969 年建成的北京地铁一期工程，首开我国开发利用城市地下空间建设交通的先河，其当初建设的总体指导思想仍然是以战备疏散为主，兼顾城市交通运输。

现在我国的城市轨道交通进入了快速发展的黄金时期。截至 2019 年，我国城市轨道交通建设发生了翻天覆地的变化，全国城市轨道通车里程及线路条数见表 1-2-1。

全国城市轨道通车里程排名（截至 2019 年 1 月） 表 1-2-1

排名	城市	里程（km）	首线开通时间	最新线开通时间	线路（条）	备注
1	上海	705.00	1995.4.10	2018.12.30	16	含磁悬浮
2	北京	636.80	1971.1.15	2018.12.30	22	含机场轨道、西郊香山线、磁浮 S1 线
3	广州	478.00	1997.6.28	2018.12.30	14	含广佛线及 APM 线
4	南京	378.00	2005.5.15	2018.5.26	10	—
5	重庆	313.60	2004.11.6	2018.12.28	10	含单轨
6	武汉	305.00	2004.7.28	2018.12.28	11	—
7	深圳	285.00	2004.10.28	2016.10.28	8	—
8	香港	264.00	1979.10.1	2016.12.28	11	—
9	成都	226.00	2010.9.27	2018.12.26	6	—
10	天津	215.00	1984.12.28	2018.10.22	6	—
11	青岛	171.80	2015.12.16	2018.12.26	4	—
12	大连	153.66	1909.9.25	2017.6.7	4	含轻轨电车、快车
13	台北（台湾地区）	136.60	1996.3.28	2017.3.2	5	捷运系统
14	西安	126.55	2011.9.16	2018.12.26	4	—
15	苏州	121.00	2012.4.28	2017.4.15	3	—

续表

排名	城市	里程（km）	首线开通时间	最新线开通时间	线路（条）	备注
16	杭州	117.60	2012.11.24	2018.1.9	3	—
17	长春	100.17	2002.10.30	2018.10.30	5	含有轨电车
18	郑州	95.41	2013.12.28	2017.1.12	3	—
19	昆明	88.76	2012.6.28	2017.8.29	4	—
20	宁波	74.50	2014.5.30	2016.3.19	2	—
21	长沙	68.48	2014.4.29	2016.12.26	3	含磁悬浮
22	沈阳	59.68	2010.9.27	2011.12.30	2	—
23	无锡	56.11	2014.7.1	2014.12.28	2	—
24	南宁	53.10	2016.6.28	2017.12.28	2	—
25	合肥	52.38	2016.12.26	2017.12.26	1	—
26	高雄（台湾地区）	51.40	2008	2008	3	捷运系统
27	桃园（台湾地区）	51.03	2017.3.2	2017.3.2	1	捷运系统
28	南昌	48.47	2015.12.26	2017.8.18	2	—
29	东莞	37.80	2016.5.27	2016.5.27	1	—
30	石家庄	30.30	2017.6.26	2017.6.26	2	—
31	厦门	30.30	2017.12.31	2017.12.31	1	—
32	济南	26.27	2019.1.1	2019.1.1	1	—
33	福州	24.89	2017.1.6	2017.1.6	1	—
34	哈尔滨	23.07	2013.9.26	2017.1.26	2	—
35	佛山	21.47	2010.10.31	2016.12.31	1	不含广州段
36	乌鲁木齐	16.50	2018.10.25	2018.10.25	1	—

城市轨道交通建设已经由一线城市向二、三线城市扩展。城市轨道交通是现代城市公共交通骨干，具有运能大、安全性高、能耗低、污染少等优点，是大众化、便捷高效的交通运输方式。同时，城市轨道交通是城市重要的基础设施，可缓解城市交通拥堵，对加快城市化进程、优化城市布局、促进经济社会发展、提高人民生活水平具有重要作用。

（4）地下（水下）隧道建设举世瞩目

上海市自 20 世纪 60 年代修建第一条打浦路水下隧道以来，到目前已建设延安东路、复兴东路、大连路、新建路、龙耀路、上中路等多条过江隧道和外滩观光等隧道（图 1-2-11 左）。

除了上海之外，著名的（水下）隧道包括武汉长江隧道（图 1-2-11 右）、济南黄河隧道、南京玄武湖隧道、宁波甬江隧道、苏州金鸡湖隧道、厦门翔安海底隧道等。2018 年开通的港珠澳大桥海底隧道全长 6.7km，是目前世界最长的公路沉管隧道和唯一的深埋沉管隧道，也是我国第一条外海沉管隧道。

图 1-2-11 上海外滩观光隧道、武汉长江隧道

资料来源：https：//dp.pconline.com.cn/dphoto/list_3199985.html；https：//dp.pconline.com.cn/dphoto/list_578262.html

1.3 国内外城市地下空间发展动态

1.3.1 国外城市地下空间发展动态

国外城市地下空间利用按照地下空间的用途分，其开发利用集中在 6 个方面：岩层特性的地下空间开发、地下农业、地下医学、竖向拓展开发、突出生态景观、能源与资源的开发利用。

1.3.1.1 岩层特性的地下空间开发

芬兰 Temppeliaukio 地下岩石教堂（1969 年）埋设在天然的岩石中，教堂内壁是未经修饰的花岗岩石壁纹理，顶部的墙体则是用炸碎的岩石堆砌而成，增添回归自然的感觉（图 1-3-1 左）。

新加坡万礼地下军火库于 2008 年 3 月 7 日正式启用。这是全世界地下军火储藏设施设计最先进，也是第一个在人口密集、发展快速的城市中建造的地下军火库，万礼地下军火库是一个省地、省电、省水、省力的高效军火库，利用花岗岩的抗爆优点建造而成。同时，由于花岗岩的隔热作用，电力消耗只有地面军火库的一半。万礼地区的花岗岩地层属于三叠纪地质期，有两亿年的历史，其硬度是水泥的 6 倍，而且还有天然的冷却作用。坚厚的岩石不仅可以保护军火库免受外来武器的袭击，也能把军火库以外的爆炸威力局限在地下（图 1-3-1 右）。

图 1-3-1　芬兰 Temppeliaukio 地下岩石教堂、新加坡万礼地下军火库

资料来源：http：//www.360doc.com/content/15/0417/11/2369606_463840033.shtml；https：//wenku.baidu.com/view/2b15877df71fb7360b4c2e3f5727a5e9846a270a.html

1.3.1.2　地下农业

东京“PASONA O2”地下温室农场（2005 年）利用恒温在办公大楼地下二层创立自动化农业设施。天花板垂吊西红柿，会议室生长芬芳香草，大堂中心装饰一片稻田（图 1-3-2 左）。

苏联乌克兰农业研究所利用废弃矿井试种蔬菜，获得了稳定高产。由于地下坑道是天然温室，控制植物生长所需要的空气压力，用特制的水银灯代替太阳光，从而实现温室气候的人为控制，维生素 C 的含量提高 2~3 倍。一年中多播多收，产量是地面的 10 倍以上，地下温室建设费只相当于地面温室的 1/4。该试验的成功也为地下农场的发展奠定了一定的基础。

在英国伦敦，利用防空洞建立地下农场，以 LED 灯充当光源，利用水培技术，可节省用水 70%，完全不用施放农药，而且植物生长不受季节、天气的影响，可全年播种。这些作物在密封的干净环境中生长，里面有特定的通风系统、先进的照明以及成熟的灌溉系统，可确保作物在低能耗情况下生长。据悉，第一阶段的作物包括豌豆苗、多种萝卜、芥菜、香菜、红苋菜、芹菜等。“地下生长”（Growing Underground）品牌也获得了伦敦市长的支持（图 1-3-2 右）。

图 1-3-2　东京“PASONA O2”地下温室农场、英国伦敦防空洞地下农场

资料来源：https：//new.qq.com/rain/a/20190621A0SX9G；https：//baijiahao.baidu.com/s?id=1579786023114790380&wfr=spider&for=pc

1.3.1.3 地下医学

乌克兰 Solotvyno 地下盐矿医院在 20 世纪 50 年代开始使用，波兰人当时留意到盐矿工很少患肺结核等呼吸道疾病，由此发明了独特的洞穴疗法。卡尔·赫尔曼（Karl Hermann Spannagelf）博士经过长期的调查研究发现洞穴对支气管哮喘、慢性支气管炎和百日咳等都有疗效（图 1–3–3 左）。

霍瓦特（1988 年）在匈牙利的地下洞穴发现，慢性支气管炎和哮喘患者在接受每天洞内 3h 持续 8 个月的治疗后，患者的呼吸功能明显改善（图 1–3–3 右）。

努偌（2009 年）在乌兹别克斯坦的霍奇金洞穴（Hodjakon）对慢性阻塞性肺疾病的患者进行研究发现，治疗组患者细胞人体免疫力有显著提高。

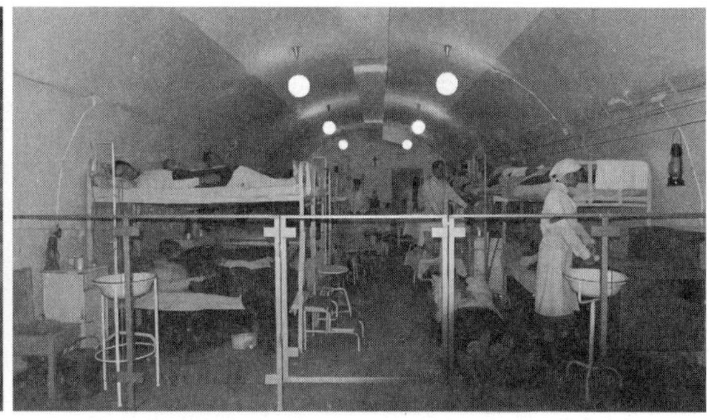

图 1-3-3 乌克兰 Solotvyno 地下盐矿医院、匈牙利地下洞穴治疗

资料来源：http：//jynews.zjol.com.cn/jynews/system/2011/09/03/014187262.shtml；https：//www.sohu.com/a/216550924_100021948

1.3.1.4 竖向拓展开发

新加坡 JTC 地下科技城（拟建），为创造空间容纳新增人口，拟在西部的科学园区地下打造相当于 30 层楼的地下科学城，供生物医药产业和生命科学使用，未来考虑把购物和运输中心、水电厂、人行、自行车道移往地下（图 1–3–4 左）。

图 1-3-4 新加坡 JTC 地下科技城（拟建）、巴黎地铁月台旁的植物园

资料来源：《深地生态圈城市规划构思》谢和平，2019–05

1.3.1.5 突出生态景观

巴黎地铁14号线是巴黎目前唯一一条全自动化线路，14号线上的里昂车站南面月台旁的玻璃橱窗里是一个热带植物园，车站于1998年建成投入使用，可以容纳8节编组的列车，坐在地铁上，窗外便是热带森林（图1–3–4右）。

1.3.1.6 能源与资源的开发利用

地球固态矿产资源埋深可超过40000m。深部地热资源开采丰富。仅地壳最外层10km范围内，就拥有1254亿焦热量，相当于全世界现产煤炭总发热量的2000倍。如果计算地热能的总量，则相当于煤炭总储量的1.7亿倍。地热资源要比水力发电的潜力大100倍。可供利用的地热能即使按1%计算，仅地下3km以内的可开发的热能，就相当于2.9万亿吨煤的能量[10]。

在地下500~2000m，构建地下能源循环带，即促进地下抽水蓄能、压缩空气发电站、地下热能等调蓄利用，实现城市地下空间水、电、气、暖等自给自足。

1.3.2 国内城市地下空间发展动态

雄安新区将按照安全、高效、适度的原则，结合城市功能需求，科学规划设计地下空间，先行建设多级网络衔接的市政综合管廊系统、地下综合防灾系统、地下智能物流体系统、地下停车系统以及轨道交通预留等地下工程，科学有效利用地下空间，为我国城市地下空间开发利用探索经验。

2017年初，香港特别行政区土木工程拓展署正式完成《城市地下空间发展：策略性地区先导研究》研究报告，该研究报告对香港地下空间的未来发展具有重要的引领作用。提出了香港新一轮地下空间开发的愿景目标，即“创造连贯、互通、高质素和富有活力的地下空间网络”，这意味着香港的地下空间开发将进一步朝着网络化的方向发展，更加注重地下空间之间的连接性以及地下与地上空间的一体化。同时，报告也进一步明确了今后香港地下空间开发的主要目的以及根本要求，具体包括改善生活环境、优化行人连接性、创建空间这三个方面。[11]

目前国内城市地下空间开发利用，总体上呈现出功能网络化和设施立体化的特征。

1.3.2.1 功能网络化

地下空间相互连通形成网络和体系，有利于促进地下空间的高效利用。由于地下空间资源开发建设具有长期性、复杂性，网络形成一般需要30~40年时间。

代表工程：北京CBD核心区地下空间、南京地铁新街口站，如图1–3–5所示。

（1）北京CBD核心区地下空间

北京CBD核心区的52万m^2地下空间是北京目前开挖深度最深、面积最大的地下工程项目。

地下 1 层为地下步行层，市民可在此换乘公共交通，不用出地面就可以到达上班的写字楼，同时商业街为市民在换乘途中提供购物、就餐空间。

地下 2 层为车行联系层，通过地下车行环廊，对车辆进行分流，缓解较为拥堵的地面交通。

地下 3~5 层为停车、人防工程和机房，提供大量停车位，可提供十几万平方米防灾避难空间，为整个核心区提供综合保障。

（2）南京地铁新街口站

南京地铁新街口站是地铁 1 号线和 2 号线的换乘车站，位于南京新街口商业区中心位置，为地下三层岛式车站。1 号线站台设在地下 3 层，2 号线站台设在地下 2 层，地下 1 层为站厅层和商业层，车站总建筑面积为 37176m^2。

该站设有近三十个出入口，分别通向地面和新街口地区多家大型商场的地下层，并直接连接单建式新街口地下商场（莱迪购物中心），车站建设规模与客流量均排在亚洲前列。

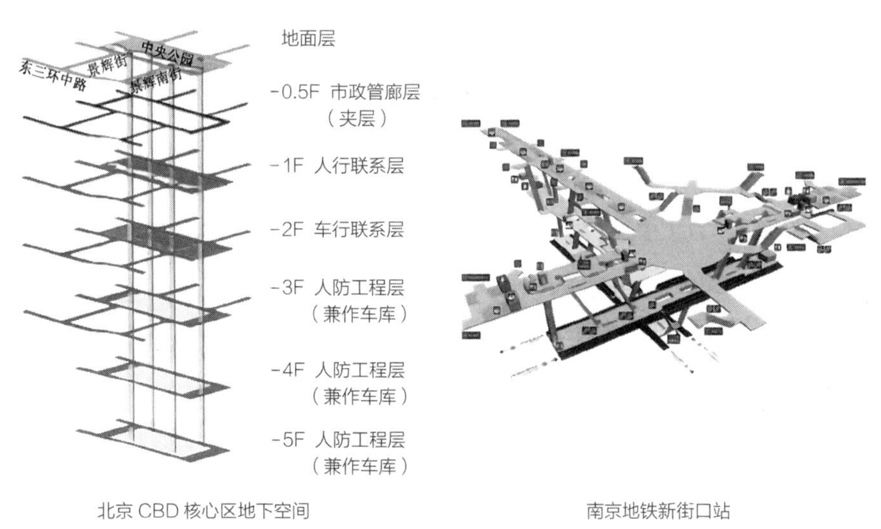

图 1-3-5 地下网络化案例

资料来源：中国城市地下空间发展白皮书（2014 年）

1.3.2.2 设施立体化

立体化发展既是城市地下空间开发利用的要求，也是城市地下空间开发利用的目标。一般根据城市性质、规模和建设目标，将地上、地下空间综合考虑，形成立体化的空间系统，保障城市各层次空间之间的快速转换。

代表工程：上海静安地下变电站、武汉水下停车场、无锡太湖科技园地下市政以及香港地下市政设施。

（1）上海静安地下变电站

2010 年投入使用的上海静安世博地下变电站（图 1–3–6）是目前国际上最大、最深、坐落于软土层的逆作法基坑施工项目，工程创造了诸多国际之最。

地下变电站本体建筑为一筒形全地下四层结构，整体深度 33.5m，地下建筑面积 57100m^2，地上建筑面积 1590m^2，大大减少了工程对周边环境的影响。该地下变电站不仅改善了上海中心城区的电网结构，缓解了紧张的用电需求，同时还减少了降压环节和输电距离，是国内工程节能降耗的楷模。

图 1–3–6　上海静安地下变电站基坑工程地上实景（左）与地下剖面图（右）

资料来源：http://www.jingan.gov.cn/xwzx/002007/002007002/20140731/2387a7e6–fa29–40d3–95d5–444ea42452e1.html

（2）武汉水下停车场

2013 年 9 月面向公众开放的武汉水下停车场（图 1–3–7）是国内利用公共绿地地下空间建设公共停车场的典范。该工程解决了开辟绿地与实现土地价值的矛盾，完善了绿地的城市功能。同时可以补偿绿地、水系景观部分建设和管理费用，加强城市综合防灾能力。

图 1–3–7　武汉水下停车场

资料来源：http ：//roll.sohu.com/20130529/n377354274.shtml

该停车场提供停车位 365 个，其中立体停车位 256 个、普通停车位 109 个。运用国内领先的智能停车综合管理系统，具备场内智能引导、车位预定功能、反向寻车系统等智能功能。

（3）无锡太湖科技园地下市政设施

无锡太湖科技园区（图 1-3-8）是国内地下市政设施集约化建设运用较为成功的案例。园区利用地下水源热泵设施与地下雨水贮留设施、地下中水处理设施，共同完成循环节能再利用的最终目标。由水源热泵所提取的热能，可为服务片区内的各建筑提供供暖之用。

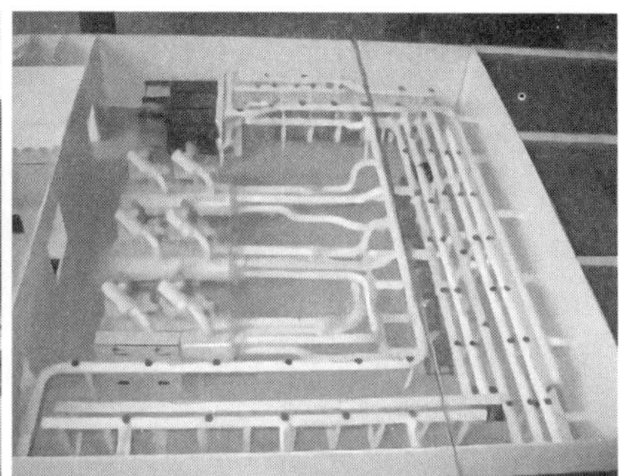

图 1-3-8　无锡太湖科技园区地下水源热泵设施、地下水源热泵模型

资料来源：中国城市地下空间发展白皮书（2014 年）

（4）香港地下市政设施

香港特别行政区多年来致力于发展先进的地下市政设施，建造完成了地下污水处理厂、地下废物转运站、危险品储存库、地下水库、地下蓄洪池以及雨水排放隧道等大批项目，这些地下市政基础设施有的建在山体之中和岩洞之内，有的布局在市区的球场、绿地、跑道等地面公共空间之下，既满足了香港城市发展的功能性需求，又节约了大量地面土地，堪称学习的典范。最为典型的是位于香港港岛跑马地下的巨大蓄水池，容量达 6 万 m^3，相当于 24 个标准游泳池。其不仅可以收集和存储雨水以及地下水供作城市用水，同时还是现代化、智能化的地下防洪系统，可抵御 50 年一遇的特大暴雨（图 1-3-9）。

图 1-3-9　香港跑马地蓄水池

资料来源：http：//www.china.com.cn/newphoto/news/2017-03/17/content_40466332_5.htm

1.3.3 城市地下空间发展趋势

1.3.3.1 城市地下空间发展趋势总体分析

从总体层面来看，城市地下空间发展主要呈现科学化、综合化、生态化、深层化、智慧化的发展趋势。

（1）科学化——持续发展、统筹协调

未来城市地下空间规划应注重可持续性发展，综合考虑社会经济发展、资源合理利用、生态环境保护等各方面，秉承统筹协调、综合开发、绿色高效、地上地下一体化的原则，围绕面向实际、科学预测、适度超前、空间衔接等指导思想合理规划地下空间资源。

（2）综合化——功能复合、空间共享

形成地下交通、商业、文化、娱乐、医疗、科学实验等多功能复合的地下综合体。

结合城市功能区，将浅部地下空间与现有的地下设施相结合，打造一个包含地下轨道、人行步道、地下商业、餐饮、文化娱乐等融交通、娱乐、休闲等于一体的综合空间。将深部地下空间建设为包含防灾设施、地下医院、特殊医疗、图书档案、战略物资储备、科学研究、信息储存和处理等融人防、医疗、研究、存储等多元功能的综合空间。

（3）生态化——环境友好、资源节约

建设环境友好开发，绿色环境型的地下生态城市。

采用环境友好、资源节约型的规划、建设、施工、运维等技术，通过阳光引入地下、新风系统或者模拟阳光和空气智能重生、动植物引入，构建地下生态植被系统、地热转换与地下储能系统、水电调蓄系统、地下水库等，形成独立的自循环生态系统，降低资源和能源的消耗，实现新型多层地下生态城市的目标。

（4）深层化——分层管控、互不干扰

地上有多高，地下有多深，对于高密度开发的城市中心区，浅层地下空间往往告罄，考虑到施工技术以及已开发地下空间的保护，只能往深层开发。深层又具有恒温、恒湿、安全等优势，作为战略资源储备、地下热能调蓄、压缩空气发电和深地科学实验等的空间，因此，需要对城市地下进行全空间勘探，因地制宜进行分层规划，宜浅则浅、宜深则深，充分发挥地下空间资源的综合效益。

（5）智慧化——数据平台、智慧运营

一方面是构建三维数字城市地下空间规划管理系统，将城市地下空间的资源信息（工程地质、水文地质等）、现状信息（地下管线、已建空间等）和规划信息等纳入数据信息平台，服务于规划管理和实施。另一方面，建立完善的物联网系统，打造智慧地下空间，主要作为采用地下智慧城市基本载体的物联网技术。如从人体健康检测、专科医生急救交通，到医院全程智能化管理，又如城市气候、交通线路规划、停车场行程一体化的共享平台等。同时，人工智能机器人协助居民处理日常事务，构建真正的高科技地下智慧城市。

1.3.3.2 世界各国地下空间重点研究的领域

（1）美国——地下空间可持续发展和可抗灾性研究

地下空间的可持续发展主要体现在某一地下空间开发项目对后续开发的影响。例如在西雅图的阿拉斯加地下高速路建设中，某一建筑基础建设过程中的土钉墙由于在建设完毕后未拔除，阻碍了地下通道的建设，后续需要很大的人力物力才能解决。

可抗灾性反映结构对各种灾难的响应和恢复的能力。近年来，在经过几次较大的飓风以及地震后，可抗灾性逐渐越来越被重视（图 1-3-10）。

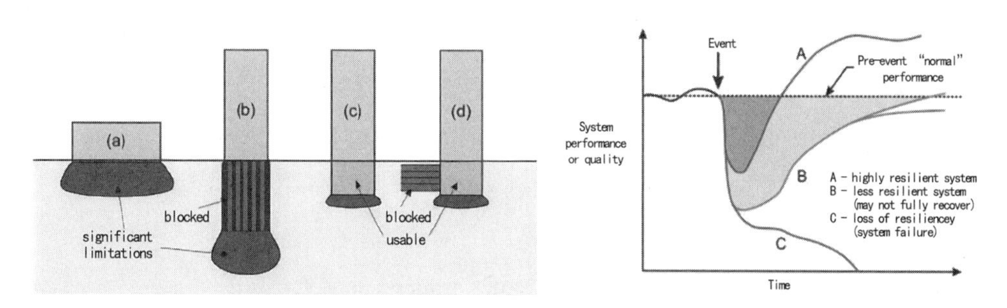

图 1-3-10 不同基础形式对后续地下空间利用的影响、可抗灾性响应模式

资料来源：Sterling et al. "Sustainability issues for underground space in urban areas", ICE Journal of Urban Design and Planning, 2012、Nelson & Sterling, 2012

（2）欧洲——地下资源划分、特性分析与策略研究

地下资源可划分为地下空间、岩土材料、地下水和地热能。实际中，作为更为广泛意义上的地下资源，整个地下生态体系往往被人们严重低估，这就造成了现在的地下空间规划方案中普遍存在资源浪费的情况，比如仅关注地下空间资源而忽视其他地下资源。

因此，针对地下生态系统，结合地下空间可持续发展理念，欧洲的研究学者将可再生与不可再生的地下资源进行梳理，地下不可再生资源包括地下物理空间、扰动土体的物理性质、地下植物生态系统、过度利用的地热资源、材料、文物等；地下可再生资源包括地下水、季节性平衡的地热资源。研究的重点是将资源开发的正面效应与负面效应进行评估（例如地层震动隔绝与矿业开采效应的对比），并深入分析资源利用的排他性，据此采用不同的发展策略。

（3）日本——地下空间开发利用景观改造效应研究

Matsumoto Ryuhei 教授是日本在地下空间开发对城市景观改造效应研究的代表性人物。日本很重视城市景观，在 1971 年到 2003 年之间不断增加有关城市景观的法律条例。通过建立相关基础理念，各地得以一定程度上对城市景观加以建立和保护。

同时通过赋予政府一定程度的权力，加上对应的资金投入，日本城市景观的维护工作得以有效进行。这些主要体现在地下街和地下综合体的发展过程之中。

日本地下街一般可以分为四个阶段，每一阶段的发展都对城市景观提升产生了很大的影响。

第一阶段（1955~1964年），地下街围绕车站布局，主要配建地下停车场，疏解地面人流，置换原地面广场商业摊贩。

第二阶段（1965~1969年），地下街发展的规模化阶段，地下街逐渐成为规模更大、连接更广、用途更多的地下城市空间，进一步缓解了地面用地紧张与拥堵的压力。

第三阶段（1970~1980年），地下空间向城市公共空间的转化阶段。

第四阶段（1990年代至今），地下街与城市空间整合为新的城市空间。通过地下空间开发，整合城市交通枢纽、商业设施、开放空间、公园绿地等城市要素，形成地上地下一体化、复合化的新型城市公共空间。

IZUMI GARDEN东京六本木地铁站综合改造项目位于东京港区，介于交通繁忙的放射一号线和首都高速之间，占地面积2.4hm^2，建筑面积1.2万m^2。地面泉花园塔楼45层，最高点201m，地下2层，停车位546个。

1）城市公共空间——城市走廊（Urban Corridor）布置

地域内包含美术馆（Museum）、集合式住宅（Residential Tower）、泉花园塔楼三个主体建筑，在平面组织上，通过纵向城市走廊（Urban Corridor）使三个主体建筑、地铁六本木一丁目车站、Fitness Club、美术馆前绿化公园相互连通。城市走廊（Urban Corridor）作为公共开放空间，既起到了衔接各个功能单元的作用，更丰富了城市公共空间，使得区域的城市空间成为一个整体。

2）功能组织——复合化利用

在区域内包含了公园、美术馆、住宅、酒吧等多种功能，泉花园塔楼更是集商业、餐饮、办公、旅馆、会馆等功能为一体，充分体现了多种功能复合化开发和使用。通过复合化的利用，创造多元化的城市空间，使人获得多样化的体验。

3）地下空间开发

在地下一层泉花园塔楼直接与地铁六本木一丁目车站相连通，通过自动扶梯进入城市走廊。城市走廊为一个三层退台式中庭，在平台内侧为Fitness Club（健身俱乐部），使人们能驻足停留。地铁、地下街、庭院与城市空间整合为新的城市开放空间，形成典型的地下综合体。

（4）新加坡——地下空间协同发展与效益最大化研究

1）地下空间协同发展

地下空间开发利用同其他城市建设的协同。新加坡对于城市建设的手段有三种，分别是高层建筑、填海造地和地下空间。

高层建筑是城市建设常规手段之一，相比地下空间，高层建筑的优点是在满足很高容积率的条件下，仍能让居民享受自然的阳光环境。然而，由于高层建筑对地块容积率的极大提升，该区域基础设施的需求也会骤增。鉴于新加坡城市建设“花园城市”的理念，大部分的基础设施是不允许放置在地上的，因此必须借助地下空间。同时，某些具有历史文化保护要求的区域高层建筑的控制开发，也让地下空间建设成为必然。

新加坡作为沿海国家，其土地的取得要更多地依赖填海造地，该国 20% 的土地都是经过填海取得的。随着填海工程的开展，国界约束成为继续土地扩充的巨大障碍。因此，从三维的角度进行城市建设，向上进行高层建筑建设，向下进行地下空间开发成了代替方式。

地下空间对于填海造地的作用是互相促进的。由于随着填海离岸距离的增加，水深限制导致填海的成本越来越高，同时由于在陆地表面进行岩土材料开采会对环境造成负面影响，而地下空间的开发由于能够产生大量的二次资源即岩土材料，因此两者协同开展可以实现“1+1>2”的目标。

除此之外，水上漂浮结构需要设置在相对稳定的近岸地区，这同填海造地有一定的矛盾。然而，由于水上漂浮结构对于水下设施开发具有较强的依赖性，所以地下空间跟水上漂浮结构的关系同样是相互促进的（图 1–3–11）。

2）地下空间效益最大化

鉴于新加坡城市土地的极度紧张，地下空间资源同样具有不可逆性，因此制订一个针对不同功能的地下设施在竖向的布局方案十分重要。按现在的研究进展来看，大多数的人流量较高的公共设施与交通枢纽一般应靠近地表，其他的设施从技术与安全角度应放置于深层。

图 1-3-11　新加坡水上漂浮结构、新加坡地下空间竖向规划

资料来源：http：//www.360doc.com/content/13/1210/01/2253722_335863674.shtml；城市更新规划局 URA，2015

新加坡在城市建设现阶段来看，促进地下空间效益最大化的手段如下：

一是新加坡将地下空间确立为国家层面的战略性资源。

二是重视制定地下空间总体规划和远期规划，其基础是地质条件信息的收集与共享。

三是协调与整合是地下空间合理开发利用的关键点，其协同主要针对：不同的政府机构之间、不同的地下设施之间、地上与地下设施之间、设施的军用功能与民用功能之间等。

四是地下空间的多功能开发。

五是开发过程中的资源优化，比如可以将岩土材料开发同空间开发相结合。

六是加大研发投入，培养国内工程设计与研发人才。

1.4 城市地下空间的设施分类

《城市地下空间规划标准》GB/T 51358—2019 将城市地下空间设施分为 8 大类、27 中类，其分类和代码见表 1-4-1。

城市地下空间设施分类和代码　　表 1-4-1

类别代码		类别名称	内容
大类	中类		
交通设施			
UG-S	UG-S1	道路设施	车行通道、兼有非机动车道和行人通行的车行通道、配套设施
	UG-S2	轨道交通设施	铁路、城市轨道交通线路、车站、配套设施等
	UG-S3	人行通道	人行通道及其配套设施
	UG-S4	交通场站设施	城市轨道车辆基地、公路客货运站、公交（场）站、出租车（场）站等
	UG-S5	停车设施	公共停车库、各类用地内的配建停车库
	UG-S9	其他交通设施	除以上之外的交通设施
市政公用设施			
UG-U	UG-U1	市政场站	污水处理厂、再生水厂、泵站、变电站、通信机房、垃圾转运站、雨水调蓄池等场站设施
	UG-U2	市政管线	电力管线、通信管线、燃气配气管线、再生水管线、给水配水管线、热力管线、燃气输气管线、原水管线、给水输水管线、雨水管线、污水管线、输油管线、输泥输渣管线等市政管线
	UG-U3	市政管廊	用于放置市政管线的空间和廊道，包括电缆隧道等专业管廊、综合管廊和其他市政管沟
	UG-U9	其他市政公用设施	除以上之外的市政公用设施

续表

类别代码		类别名称	内容
大类	中类		
公共管理与公共服务设施			
UG-A	UG-A1	行政办公设施	党政机关、社会团体、事业单位等机构及其相关设施
	UG-A2	文化设施	图书馆、档案馆、展览馆等公共文化活动设施
	UG-A3	教育科研设施	研发、设计、实验室等设施
	UG-A4	体育设施	体育场馆和体育锻炼设施等
	UG-A5	医疗卫生设施	医疗、保健、卫生、防疫、急救等设施
	UG-A7	文物古迹	具有历史、艺术、科学价值且没有其他使用功能的建（构）筑物、遗址、墓葬等
	UG-A9	宗教设施	宗教活动场所设施
商业服务业设施			
UG-B	UG-B1	商业设施	商铺、商场、超市、餐饮等服务业设施，金融、保险、证券、新闻出版、文艺团体等综合性办公设施，各类娱乐、康体等设施
	UG-B9	其他服务设施	殡葬、民营培训机构、私人诊所等其他服务设施
工业设施			
UG-M	UG-M1	一类工业设施	对居住和公共环境基本无干扰、污染和安全隐患的工业设施
	UG-M2	二类工业设施	对居住和公共环境有一定干扰、污染或安全隐患的工业设施
	UG-M3	三类工业设施	对居住和公共环境有严重干扰、污染或安全隐患的工业设施
物流仓储设施			
UG-W	UG-W1	一类物流仓储设施	对公共环境基本无干扰、污染和安全隐患的物流仓储设施
	UG-W2	二类物流仓储设施	对公共环境有一定干扰、污染或安全隐患的物流仓储设施
	UG-W3	三类物流仓储设施	易燃、易爆或剧毒等危险品的专用物流仓储设施
防灾设施			
UG-D	UG-D1	人民防空设施	通信指挥工程、医疗救护工程、防空专业队工程、人员掩蔽工程和人防物资储备等设施
	UG-D2	安全设施	消防、防洪、抗震等设施
UG-X		其他设施	除以上之外的设施

1.5 城市地下空间规划基本要求

1.5.1 城市地下空间规划基本原则

城市地下空间规划利用应遵守资源保护与协调发展并重、近远结合、平战结合、公共优先和系统优先等的基本原则。

1.5.1.1 资源保护优先的原则

在城市地下空间规划中，应注重对生态、历史文化遗产、自然资源、河流水系等资源的保护，促进城市地下空间建设与资源保护之间的协调发展。

生态功能是城市地下空间中的重要组成部分，也是提升城市生活质量的重要一环，地下空间的规划、建设和运维管理都应在完善生态功能的前提下进行。在地下空间规划建设中充分考虑把阳光、空气等自然要素引入地下，构建地下模拟阳光、生态空气、洁净水、生态植被等，实现阳光、空气、水的自制备、自循环，充分发挥地下空间恒温恒湿优势的同时，调节微气候，打造宜人的地下环境。

1.5.1.2 充分结合现状的原则

城市地下空间规划需要借助于三维数字地下空间信息系统，综合考虑区域地质、水文条件、地下空间的现状，安排适宜的功能空间，采用合理的结构形式。新建地下空间需要考虑与既有地下空间之间的安全距离，以及与部分轨道交通枢纽、商业、停车等现状地下空间之间的互相连通等要求，对于废弃矿井、人防设施、天然岩洞等应充分考虑其潜在的使用价值，不能盲目拆除、封堵和重建，需要纳入城市地下空间规划之中。

充分利用地下水资源和地下清洁能源，构建多元能源生成及循环体系；构建废料（气）无害化处理与存储系统，部分实现地下城市水、电、气、暖的自我供给。

1.5.1.3 平战、平灾结合的原则

城市地下空间规划要考虑防洪、排涝、消防、抗震等方面的要求，并与人防工程规划建设相协调，关注地下空间开发的平灾、平战结合。地下建立储油库、储冷库、储热库等能源储库，粮食储库、物资储库以及地下数据库、图书馆、博物馆、地下指挥中心等设施，既实现了平时地下城市地下空间的功能，又为战时人员掩蔽、物资储备、通信指挥和医疗救护奠定了基础。

1.5.1.4 统筹协同布局的原则

城市地下空间的地上出入口、通风口，以及地上交通枢纽、市政基础设施、物流系统等的地下出口应做到地上地下系统规划，统筹布局、相互协同。

地下空间内部的各大系统，包括地下交通系统、人防系统、供水系统、污水系统、雨水系统、能源系统、物流系统、生活垃圾清运、处理和回收利用系统、地下综合管廊系统要统筹布局、相互协同，有条件实现多系统合一，共享共建，起到“1+1 大于 2”的效果，同时，制定相应的规则，避免空间上的冲突。

1.5.1.5 系统功能先导的原则

系统功能设施指地下轨道交通设施、地下市政设施、地下人防设施等具有连续性、网络性、系统性特征的设施。一般情况下，当地下轨道交通设施与其他地下交通设施相冲突时，地下轨道交通设施应优先；系统功能设施与其他非系统功能设施相冲突时，系统功能设施优先，从而确保系统功能的完整性。

1.5.1.6 公共空间优先的原则

城市地下空间是地面空间的重要补充，主要是为地面空间提供支撑的服务设施，包括地下交通设施、公共服务设施和市政公用设施等，构成了地下空间的骨架，在此基础上，地块地下空间依托公共地下空间进行开发，因此，城市地下空间应优先保障地下交通设施、公共服务设施和市政公用设施等空间的需求。

1.5.1.7 持续绿色发展的原则

地下空间是一种不可逆的自然资源，一旦开发，便很难复原，所以开发利用一定要慎重，既要有近期价值，更要有远期的考虑，城市地下空间利用应注重规划的前瞻性和建设的有序性。在地下空间规划、设计、施工、验收、运维全过程中需要贯彻绿色发展的思想，突出绿色化、信息化、智能化，最终实现可持续性发展。

1.5.2 城市地下空间的布局形态和基本类型

地下空间布局形态可以分为三种类型：点状地下空间、线状地下空间以及由点状和线状构成的较大面积的网络状地下空间（即面状地下空间）。

1.5.2.1 点状地下空间布局

点状地下空间设施可分布于城市各级各类中心或节点之下。与城市中心或节点相协调的点状地下空间设施，有助于解决该地区人流过于集中、动静交通拥挤的现象。这些位置土地资源紧缺，地价昂贵，开发地下空间的效益很好。点状地下空间可以是功能复合的综合体，成为地上与地下相互联系的网络中心，其主要特征是功能上的多重性、空间结构的整体性、系统组织的有序性、工程设施的综合性，成为城市现代化的重要标志。其类型可以是地下商业综合体、交通枢纽、单个商场、停车场、过街人行通道等。

1.5.2.2 线状地下空间布局

线状地下空间设施主要包括地下轨道、地下道路、地下市政设施、地下人防设施等。线状地下空间是城市地下空间形态构成的基本要素和关键，也是与城市地上空间形态相协调的基础，连接点状地下空间的纽带，提高城市功能运行效率的保证。没有线状地下空间的连接，仅有一些散布的点状设施，不能形成整体系统，无法提高地下空间的总体效益。

1.5.2.3 面状地下空间布局

面状地下空间是由若干点状地下空间通过线状地下空间连接而成的一组地下空间设施群。面状地下空间是城市各种功能的延伸和拓展，也是城市地下与地上形态协调的反映。线状地下空间设施越发达，各类线状地下空间形成网络布局，综合形成面状地下空间，从而导致面状地下空间设施规模随之壮大。

1.5.3 城市地下空间的规划成果要求

城市地下空间规划分为总体规划和详细规划两个阶段。其中，详细规划阶段的地下空间规划分为控制性详细规划和修建性详细规划。同时，城市设计贯穿于地下空间规划的每一个阶段。

1.5.3.1 城市地下空间总体规划

城市地下空间总体规划的基本要求是提出地下空间开发利用的原则和建设方针，研究确定城市地下空间开发利用的功能、规模和总体布局，统筹安排近、远期地下空间开发建设项目，并制定各阶段地下空间开发利用的发展目标和保障措施。

城市地下空间总体规划应当包括下列内容：

①城市地下空间资源开发利用现状的调研与分析；

②城市地下空间资源的可开发性评价；

③城市地下空间开发利用的指导思想与发展战略的选择；

④城市发展对地下空间资源开发利用的需求预测；

⑤城市地下空间开发利用的总体布局以及竖向分层规划；

⑥进行综合的技术经济论证，提出规划实施步骤和方法的建议；

⑦对近、远期地下空间开发利用建设项目进行统筹安排，并确定近期建设项目的目标、内容和实施部署。

1.5.3.2 城市地下空间详细规划

城市地下空间详细规划的基本要求是以对城市地下空间开发利用的开发控制作为规划编制的重点，研究确定各城市地下功能系统的空间关系，详细规定城市地下公共空间建设的各项控制指标，并对规划范围内开发地块的地下空间开发利用提出规定性和引导性的规划控制要求，为地下空间开发的项目设计以及城市地下空间的规划管理提供科学依据。

控制性详细规划中的地下空间规划应当包括下列内容：

①根据地下空间总体规划的要求，结合控制性详细规划，研究确定规划范围内各城市地下功能系统的总体布局和竖向分层等关系；

②提出地下公共活动系统的功能组成、规模、空间位置和连通要求；

③结合地区交通规划，提出各地下交通设施的规模、空间位置和连通要求；

④根据人防工程专业规划，落实规划范围内的各项人防工程，明确人防工程的功能和规模，明确兼顾设防要求；

⑤提出开发地块地下空间开发的控制范围、深度，并结合地下公共活动系统，提出必须公共开放的地下空间的位置、功能和连通要求；

⑥结合各城市地下空间功能系统开发建设的特点，对地下空间开发的时序、运营管理提出建议。

修建性详细规划应包括以下主要内容：

①根据城市地下空间总体规划和所在地区地下空间控制性详细规划的要求，进一步确定规划区地下空间资源综合开发利用的功能定位、开发规模以及地下空间各层的平面和竖向布局；

②结合地区公共活动特点，合理组织规划区的公共性活动空间，明确地下空间体系中的公共活动系统；

③根据地区自然环境、历史文化和功能特征，进行地下空间的形态设计，优化地下空间的景观环境品质，提高地下空间的安全防灾性能；

④根据地区地下空间控制性详细规划确定的控制指标和规划管理要求，进一步明确公共性地下空间的各层功能、与城市公共空间和周边地块的连通方式；明确地下各项设施的设置位置和出入交通组织；明确开发地块内必须开放或鼓励开放的公共性地下空间范围、功能和连通方式等控制要求。

1.5.3.3　城市地下空间城市设计

地下空间城市设计的基本要求是根据地下空间总体规划的意图和控制性详细规划对地下空间开发的控制要求，结合城市设计，对城市地下公共空间的功能布局、活动特征、景观环境等进行深入研究，充分协调地下和地上公共空间的关系，以及地下公共空间与开发地块地下空间、市政基础设施的关系，提出地下空间设计的导引方案，以及各项控制指标、设计准则和其他规划管理要求。

总体层面的地下空间规划，更加注重整体框架的系统性，对于城市设计的考虑更多停留在指导意义层面，相关点较少[12]。主要提出地下空间平面形态、竖向结构等涉及城市设计因素的内容，要求更多与地面功能结构的对应[13]。

控规层面的地下空间规划，更加针对以开发地块为单元的设计和规划，具有实践性的借鉴意义[14]。一般采用地上地下一体化城市设计的直观模拟空间的有效方法，强调地上地下有机协调的重要性[15]。

修建性详细规划层面的城市设计一般为实施性的详细设计，其内容主要包括对所有公共空间的界面和边沿的设计（地下空间的控制位置、体型和空间构想、材料、颜色、尺度等）；重要公共空间的环境景观设计，向外延伸的视线设计，如前景、背景、对景、借景等；各项技术经济指标等。

本章注释

[1] 《物权法》第一百三十六条，2007.10.01.
[2] 童林旭. 地下空间概论（一）[J]. 地下空间，2004，24（1）：133-136.
[3] 车建仁. 城市地下空间产权管理研究 [J]. 山西建筑，2011（24）.
[4] 赵奎涛，宋福春，胡克，等. 对城市地下空间开发利用的几点认识 [J]. 国土资源，2004（5）.
[5] 马栩生. 论城市地下空间权及其物权法构建 [J]. 法商研究，2010（3）.
[6] 刘琮如 . 城市地下空间开发的评价与原则 [J]. 国外建材科技，2004，25（3）：96-97.
[7] 李梁 . 城市地下空间的“人性化”设计探索 [D]. 天津：天津大学，2004.
[8] 马祖琦 . 新加坡轨道交通建设及其特征分析 [J]. 世界轨道交通，2007（2）：51-53.
[9] 缑小涛，谢凯旋，孙天铁 . 地下城市综合体公共空间构成及整合策略——以北京中关村购物中心为例 [J]. 建筑与文化，2016（4）：76-77.
[10] 谢和平 . 地下空间利用与深地生态圈 [R]. 2019.
[11] 香港特区政府土木工程拓展署 . 城市地下空间发展：策略性地区先导研究 [R]. 2013.
[12] 谢英挺 . 地下空间总体规划初探——以厦门为例 [J]. 地下空间与工程学报，2009，5（5）：849-855.
[13] 赵光，范杰，刘维，等 . 三版地下空间总体规划的比较—— 以天津为例 [C]. 中国城市规划年会，2013.
[14] 荣玥芳，秦蜜 . 国内基于城市设计层面的地下空间开发研究综述 [J]. 建筑与文化，2017（1）：215-216.
[15] 茹文，陈红，徐良英 . 钱江新城核心区地下空间规划的编制与思考——浅谈我国城市地下空间开发利用 [J]. 地下空间与工程学报，2006，2（5）：712-717.

第2章

城市地下空间资源评估和分区管控

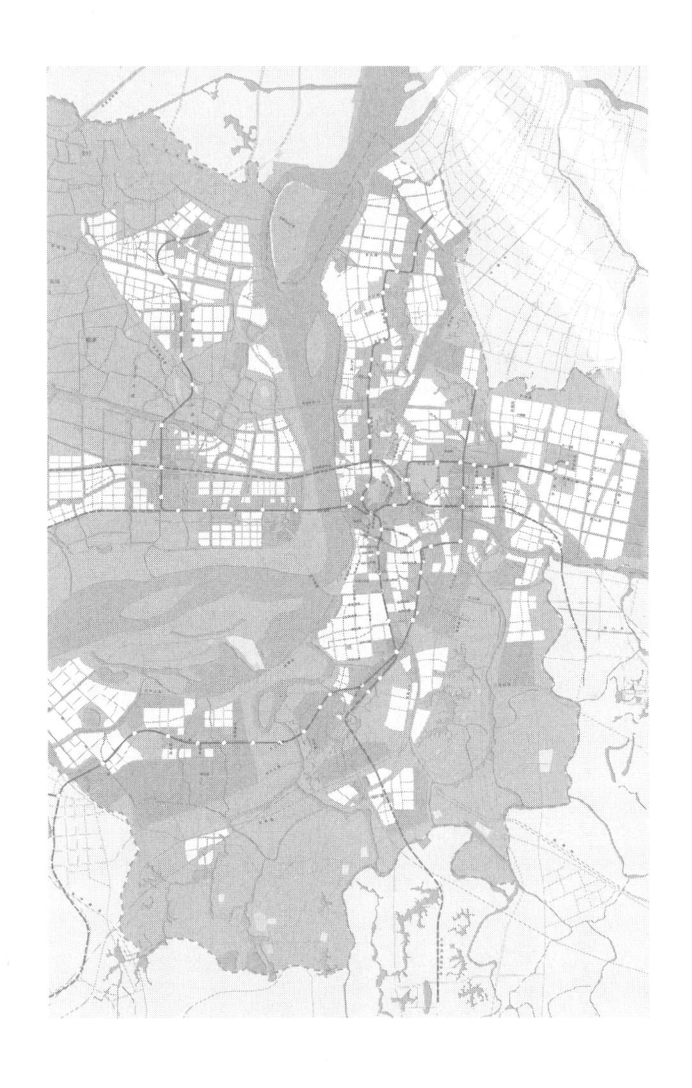

2.1 城市地下空间资料收集

地下空间规划作为国土空间规划的一部分，调查研究将成为一项不可或缺的前期工作，要做好城市地下空间就必须弄清城市发展的自然、社会、经济、历史、文化背景，才可能找出与地下空间相关的城市发展中存在的问题与矛盾。特别是城市交通、城市环境、城市空间要求等重大问题。

第一手资料的缺乏就意味着不能正确认识城市，也不可能制定合乎实际、具有科学性的城市地下空间规划方案。调查研究的过程也是城市地下空间规划方案的孕育过程，必须引起高度的重视。

调查研究也是对城市地下空间从感性认识上升到理性认识的必要过程，调查研究所获得的基础资料是城市地下空间规划定性、定量分析的主要依据。

城市地下空间规划的调查研究工作一般有三个方面：

（1）现场踏勘

进行城市地下空间规划时，必须对城市的概况，地上空间、地下空间有详细的了解，重要的地上、地下工程也必须进行认真的现场踏勘。

（2）基础资料的收集与整理

主要应取自当地自然资源规划部门积累的资料和有关主管部门提供的专业性资料，包括城市工程地质、水文地质资料，城市地下空间资源状况、利用现状，城市交通、环境现状和发展趋势等。

（3）分析研究

将收集到的各类资料和现场踏勘时反映出来的问题，加以系统地分析整理，去伪存真、由表及里，从定性到定量研究城市地下空间在解决城市问题、增强城市功能、改善城市环境等方面的作用，从而提出通过城市地下空间开发利用解决这些问题的对策，制定出城市地下空间规划方案。

城市地下空间规划所需的资料数量大、范围广、变化多，为了提高规划工作的质量和效率，要采取各种先进的科学技术手段进行调查、数据处理、检索和分析判断等工作，如运用遥感技术探明城市地下空间资源情况，采用航测照片准确地判断出地面空间现状，运用计算机技术可以将大量的城市数据进行贮存、分析判断和综合评价等，从而进一步提高城市地下空间规划方法的科学性。

根据城市规模和城市具体情况的不同，城市地下空间规划编制深度要求各不相同。基础资料的收集应有所侧重，不同阶段的城市地下空间规划对资料的工作深度也有不同的要求。一般来说，城市地下空间规划应具备的基础资料包括下列部分：

（1）城市勘察资料（指与城市地下空间规划和建设有关的地质资料）

主要是工程地质，即对工程建筑有影响的各种地质因素的总称，包括地形地貌、地层岩性、地质构造、地震、岩溶、滑坡、崩坍、砂土液化、地基变形等基础资料；水文地质，即自然界中地下水的各种变化和运动的现象，包括城市所在地区地下水的存在形式、储量及补给条件等基础资料。如在“芜湖市城市地下空间暨人防工程综合利用规划[1]”中就岩土体类型、水文地质、地下水开采条件、地质灾害分布及易发分区等方面进行了全面的研究（图 2-1-1~ 图 2-1-4）。

（2）城市测量资料

主要包括城市平面控制网和高程控制网、城市地下工程及地下管线等专业测量图以及编制城市地下空间规划必备的各种比例尺的地形图等。

（3）气象资料

主要包括监测区域的常年主导风向、风速、气温、气压、降水、日照时间、湿度、冰冻等资料。

（4）城市地下空间利用现状

主要包括城市地下空间开发利用的规模、数量、主要功能、分布及状况等基础资料。

（5）城市人防工程现状及发展趋势

主要包括城市人防工程现状，人防工程建设目标和布局要求，人防工程建设发展趋势等有关资料（项目名称、地址、建设单位、管理单位、工程类型、建筑面积、使用面积、战时面积、出入口数量等）。

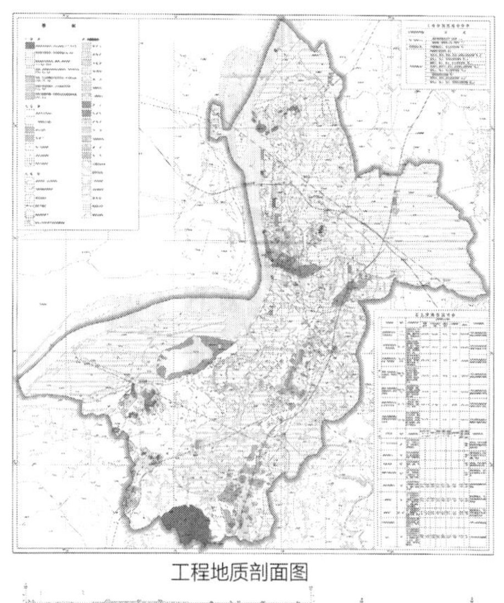

工程地质剖面图

图 2-1-1　安徽省芜湖市城市环境地质调查评价岩土体类型图

资料来源：芜湖市城市地下空间暨人防工程综合利用规划

水文地质剖面图

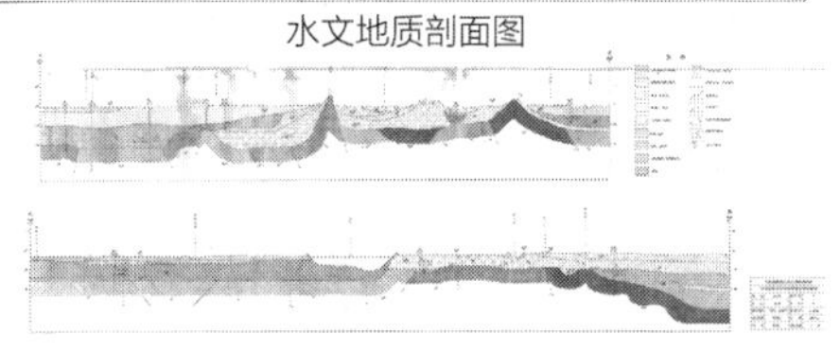

图 2-1-2　安徽省芜湖市城市环境地质调查评价水文地质图

资料来源：芜湖市城市地下空间暨人防工程综合利用规划

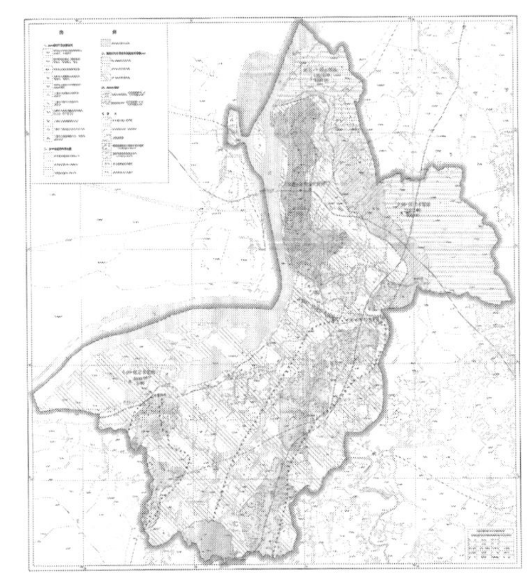

图 2-1-3　安徽省芜湖市城市环境地质调查评价地下水开采条件图

资料来源：芜湖市城市地下空间暨人防工程综合利用规划

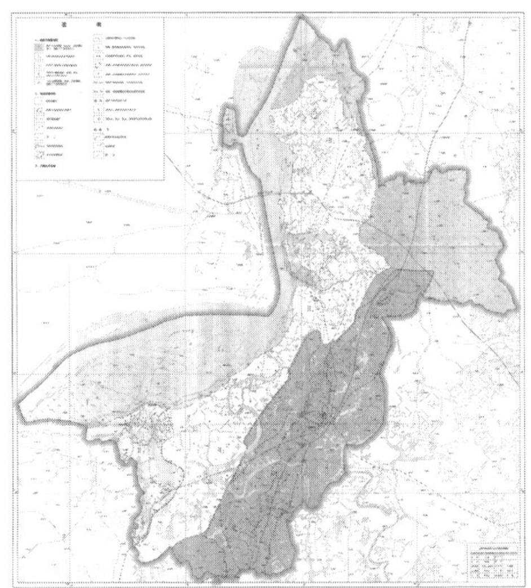

图 2-1-4　安徽省芜湖市城市环境地质调查评价地质灾害分布及易发分区图

资料来源：芜湖市城市地下空间暨人防工程综合利用规划

（6）城市交通资料

主要包括城市道路交通和常规公交现状，发展趋势和规划，轨道交通现状和规划，车辆增长情况，停车状况等。

（7）城市土地利用资料

主要包括现状及历年城市土地利用分类统计，城市用地增长状况，规划区内各类用地分布状况等。

（8）城市市政公用设施资料

主要包括城市市政公用设施的场站及其设置位置与规模，管网系统、综合管廊、容量以及市政公用设施规划等。

（9）城市环境资料

主要包括环境监测成果，影响城市环境质量有害因素的分布状况及危害情况，以及其他有害居民健康的环境资料。[2]

2.2 城市地下空间资源环境适建性评价

2.2.1 城市地下空间资源利用的评价目标

城市地下空间和地上空间相对应，一个是地表以下，一个地表以上。两者之间联系较为紧密，近年来，由于国土空间中建设用地可开发利用的面积越来越少，例如上海 2035 年总体规划提出建设用地减量规划的目标。城市发展不得不将注意力转移到地表以下，这也加速了地下空间资源的开发与利用。

地下空间并不是都适用于开发建设的，需要通过综合评价来认识城市地下空间资源环境禀赋特点，找出其优势与短板，发现城市地下空间开发利用过程中存在的突出问题及可能的资源环境风险，确定在生态保护、人文古迹、地下空间设施等功能指向下区域资源环境承载能力等级和资源环境适建性，为完善城市地下空间功能区战略，科学划分禁建区、限建区和适宜区，并提出管制措施要求。

2.2.2 评价原则

2.2.2.1 合理性和实用性

评价指标的选取、权重选定、数据采集与计算方式都是建立在合理性与实用性的前提下。在选取评价指标的过程中，首先要对理论是否完备和科学进行考虑；其次要确保所选指标可以如实反映出质量水平；最后要对各资料可比性与可取性等进行考量，也就是在确定权重、采集数据和计算合成时应贴近实际。

2.2.2.2 系统性和层次性

地下空间资源的开发和利用会受到很多因素的影响，需要对不同的影响因素实施分析，除了要对每一个因素进行深入分析，还要探索不同因素间的关系。所选评价指标必须具有一定层次性特征，可以从不同角度、层次体现出地下空间资源具体利用情况。

2.2.2.3 定量和定性相结合

地下空间资源的开发规划需要在相应措施的支持下实现量化，但那些在现有条件下无法进行量化，且还具有重要意义的评价指标，可暂且表示为定性指标。

2.2.2.4 可操作性

评价指标和方法都要尽可能的简洁扼要和实用，要具备良好的可操作性，优先使用具备更强现实性特征的数据，而成果则要直观、明确。[3]

2.2.3 城市地下空间资源环境适建性单项评价

城市地下空间资源环境适建性单项评价是对影响城市地下空间资源环境适建性的各要素进行评价，描述每种要素对应的能够承载的地下空间利用等级，对多种因素有一个基础详细的了解。

2.2.3.1 地形地貌

要充分考虑地形地貌对地下空间资源开发利用的影响，包括坡度、高程、地面起伏程度等（图 2-2-1）。

对于地面高程，城市的地形对地下空间资源开发利用影响不大，如果没有地质灾害并且地质条件也允许，原则上讲，无论何种地形条件，其地下空间都是可以开发的。但对于地势低洼区，遇到暴雨容易形成积水，地下空间在规划利用时对其防排水工程、出入口的位置与结构都应慎重考虑。

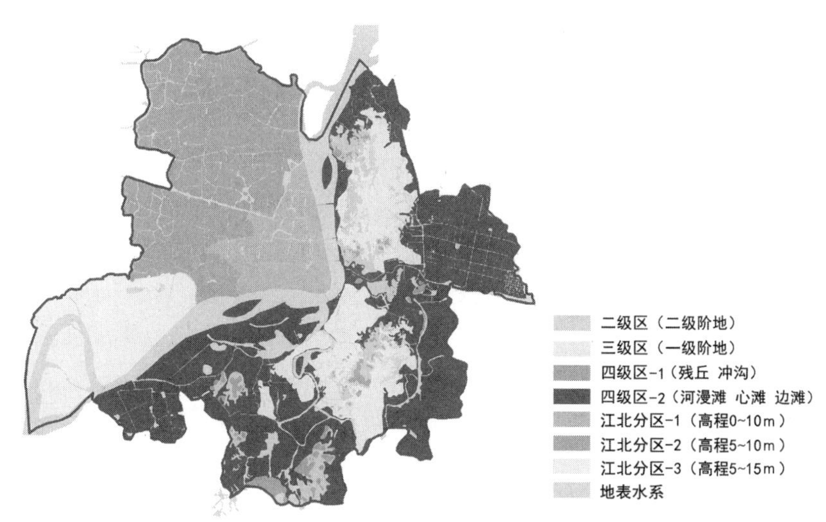

图 2-2-1 地下空间资源环境适建性地形地貌因素评价（0～-10m）

资料来源：芜湖市城市地下空间暨人防工程综合利用规划

地形坡度对城市的整体布局、道路走向、地下空间资源的开发方式与布局走向都有重要影响。对于平原地区，地下空间的施工方式多采用垂直下挖式的，施工难度低；在坡度较高的区域，多采用侧面挖掘的方式，施工难度大。[4]

水体的分布对城市地下空间的开发与利用有较大的影响，地表水大多于软土层分布，地下水位较浅，发生软土变形的可能性极大，不利于地下工程建设，地下空间开发利用适建性较差。因此,对浅层地下空间的适建性进行影响等级划分就显得极为重要。

2.2.3.2　地质条件

地质条件直接影响着某个地区地下空间资源利用的适建性，良好的地质条件能够支撑更大的地下空间开发量。评判地质条件适建性的因素很多，包括岩土体类别、岩土层分区、力学指标、单位涌水量、地下水的赋存类型、地下水埋深、地下水腐蚀等。

城市地下空间是以岩土体为介质和环境，由于岩石和土的形成过程及自然堆积情况不同，其组成物质及工程特性也各有不同，因而其强度及其对地下空间构筑物的承载能力亦不同，并影响城市地下空间开发利用。岩土体的强度越大，相应位置地下空间的资源就越好（表 2–2–1、表 2–2–2、图 2–2–2、图 2–2–3）。

土体对地下空间开发影响分析　　表 2–2–1

土层类别	土层详细类别	对地下空间开发的影响
普通土层	碎石类土	地基承载力大，但开挖和运营后的防水要求高
	砂类土	开发地下空间的理想场所，工程性能好，需要防水处理
	粉土	其对地下空间影响介于砂类土和黏性土
	黏性土	地基承载力低，变形量大，对地下空间影响较大
特殊土层	软土	属不良地基，需要特殊的工程处理措施，增加开发成本，影响较大
	填土	一般属于不良地基，需要特殊处理措施

岩体对地下空间开发影响分析　　表 2–2–2

岩体结构类型	岩石强度、岩层结合情况	工程地质特征	地下空间工程适建性评价
完整块状结构	硬岩	开挖较困难，但基体稳定性较高，工程地质条件好	优
	软硬岩	开挖有一定难度，但基层稳定性高，工程地质条件好	
	较软岩	开挖较容易，基层稳定性较高，工程地质条件好	
	软岩	开挖较容易，岩层稳定性较高，工程地质条件好	

续表

岩体结构类型	岩石强度、岩层结合情况	工程地质特征	地下空间工程适建性评价
层状结构	无软弱夹层	类似于完整块状结构，工程地质条件好	优
	无软弱夹层且岩层间局部结合较好	基岩具有一定的稳定性，施工过程中需要一定的支护，工程地质条件较好	良
	有软弱夹层且层间结合差	基层稳定性交叉，施工过程中需要加强支护，工程地质条件较差	中
	以软弱夹层为主	整体强度低，基岩稳定性差，工程地质条件差	差

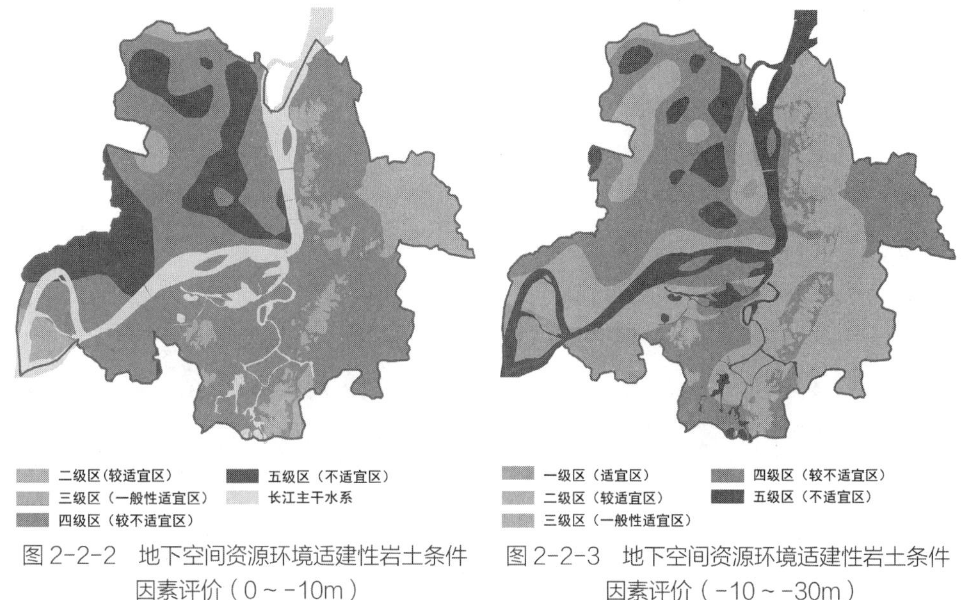

图 2-2-2　地下空间资源环境适建性岩土条件因素评价（0 ~ -10m）
资料来源：芜湖市城市地下空间暨人防工程综合利用规划

图 2-2-3　地下空间资源环境适建性岩土条件因素评价（-10 ~ -30m）
资料来源：芜湖市城市地下空间暨人防工程综合利用规划

土体的强度和稳定性条件，主要关系到在该层土体中地下空间开发利用的难易程度及对地表扰动变形影响的敏感程度。当地层条件较好时，施工成本较低，且开发导致的地表移动和变形的大小和分布也容易控制。如在软土地区由于土层强度低，压缩模量小，地下水位高，开挖面自承能力差，需要采取复杂的工艺设备和辅助技术措施，才能保证开挖后隧道断面的变形得到控制。

地下水的赋存类型是影响地下空间开发利用的重要水文地质条件，如上层滞水、潜水和承压水对地下空间开发利用时的施工排水难度等的影响存在很大的差异，并在很大程度上影响地下空间开发利用容量；单井涌水量直接影响地下空间开发利用时的施工排水难度，从而影响地下空间的开发和利用；对工程有影响的地下水（如潜水、承压水）层数越多，越不利于地下空间的开发和利用；若地下水埋藏较深，有利于减少地下空间开发利用中的施工排水费用、缩短工期。[5]

地下水类型、埋深、分布、流向、富水性、水位变化和腐蚀性对地下空间的规划布局和开发利用有重要影响。同时，地下空间的开发利用对地下水环境和地下水系运动形成影响，大型的地下空间开发可以改变地下水渗流等的一系列特性，破坏水的自然循环和流动，进而影响到生态的可持续发展，并且有可能对地下水造成污染。

土层中单井涌水量代表了土层的富水程度。在岩层中，单井涌水量的大小与岩层的结构、渗透性、风化破碎程度、裂隙的发育情况、地下水的存在形式、水体的性质及补给水源的形式等状况相关。当地下水补给能力强时，会增加施工期间地下水控制难度。维护期水位变动幅度和频率偏高，会对土层地基稳定性造成影响，水浮力的波动对地下空间结构不利（图 2-2-4、图 2-2-5）。

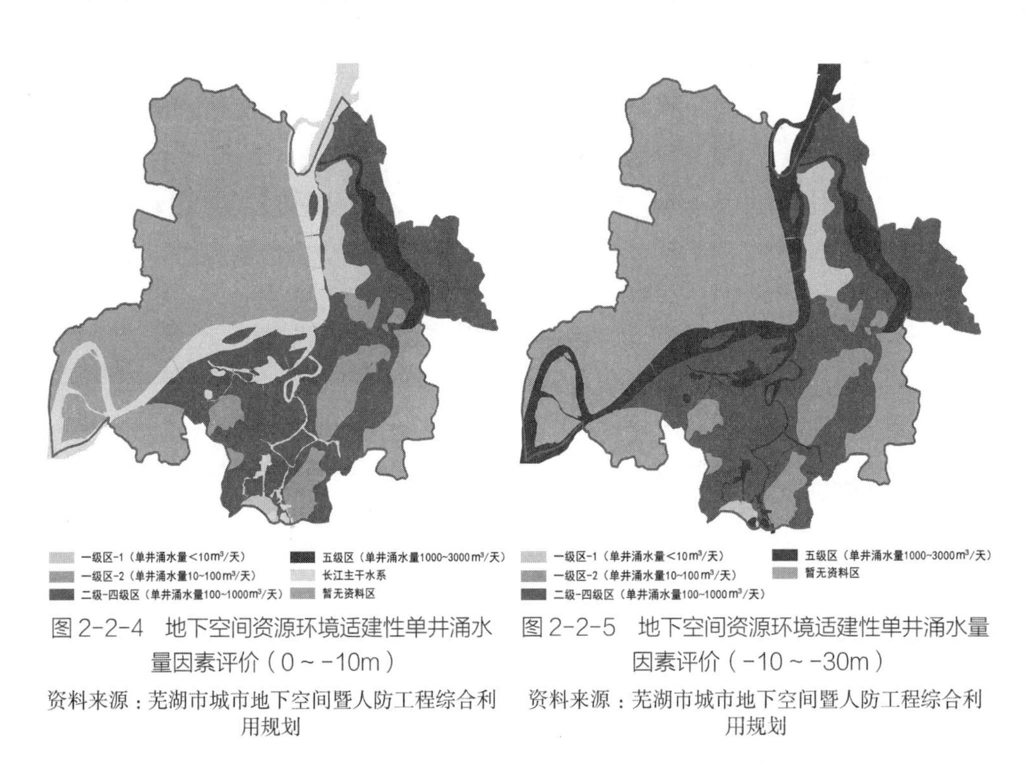

图 2-2-4　地下空间资源环境适建性单井涌水量因素评价（0 ~ -10m）

资料来源：芜湖市城市地下空间暨人防工程综合利用规划

图 2-2-5　地下空间资源环境适建性单井涌水量因素评价（-10 ~ -30m）

资料来源：芜湖市城市地下空间暨人防工程综合利用规划

地下水腐蚀性对地下空间的影响主要通过其对地下建筑的腐蚀作用表现。具有较强腐蚀性的地下水（例如含有较多 HSO_2^-，HCO_3^-），对钢筋混凝土产生比较强的腐蚀，降低建筑构件的强度，进而影响结构的安全性和耐久性。地下水腐蚀类型分为三种类型，结晶性腐蚀、分解类腐蚀和结晶分解复合类腐蚀，可按照影响程度划分腐蚀等级为：无腐蚀性、弱腐蚀性、中腐蚀性、强腐蚀性等（表 2-2-3、图 2-2-6、图 2-2-7）。

2.2.3.3　灾害影响

评价地下空间开发可能会面临的灾害分布与风险等级，灾害风险较高的地区对地下空间开发利用的适建性较低，应避免在这些地区进行地下空间的开发建设。在

地下水对地下建筑腐蚀影响分析　　表 2-2-3

腐蚀等级	对地下空间影响分析
无腐蚀性	水质状况良好，对地下建筑没有腐蚀性
弱腐蚀性	水质状况比较好，对地下建筑有轻微的腐蚀性
中腐蚀性	具有腐蚀性，地下建筑需要经过防腐处理措施，工程量增加
强腐蚀性	极具腐蚀性，地下建筑需要经过特殊处理

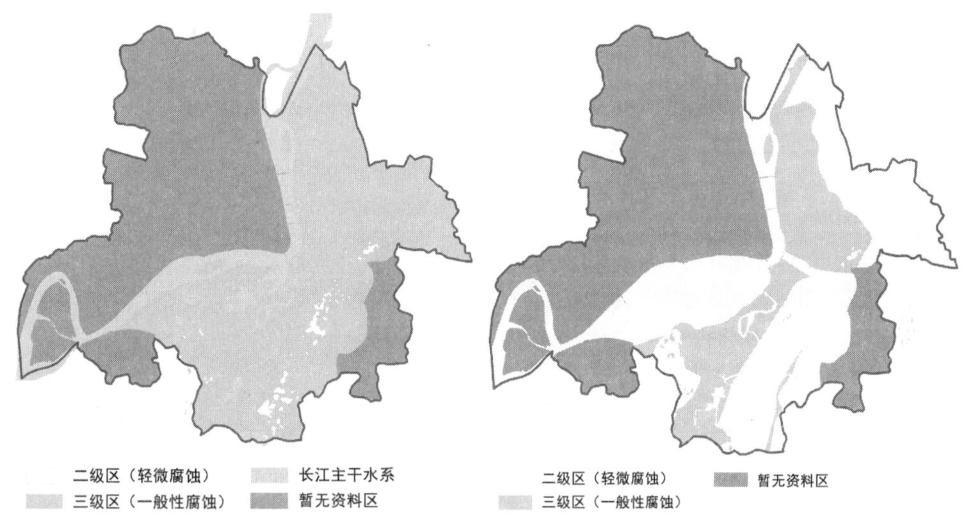

图 2-2-6　地下空间资源环境适建性地下水腐蚀性因素评价（0 ~ -10m）
资料来源：芜湖市城市地下空间暨人防工程综合利用规划

图 2-2-7　地下空间资源环境适建性地下水腐蚀性因素评价（-10 ~ -30m）
资料来源：芜湖市城市地下空间暨人防工程综合利用规划

我国，常见的影响地下空间开发的灾害要素包括地震烈度、活动断层分布、砂土液化分布、地面沉降分布等（图 2-2-8、图 2-2-9）。

活动断层是现今仍在活动或近代地质时期曾有过活动，将来还可能重新活动的地质断层，活动断层上发生地震的可能性较高，在建设中应尽量避让。

砂土液化是指粉土、砂土在振动作用下突然破坏而呈现液态的现象，会使得建筑物下沉、歪斜甚至破坏，砂土液化在地震时可大规模地发生并造成严重危害。

地面沉降又称为地面下沉或地陷。引起地面沉降的原因可归纳为两大类型：自然因素及人为因素。自然因素包括构造活动、软弱土层固结；人为因素主要是过量开采地下水、地下热水及油气资源，地表修建大型建筑物以及工程降水等。

2.2.3.4　生态与环境要素

地下空间资源环境适建性必须要考虑到对生态环境可能的影响，包括地面是否存在园林、公园、风景名胜区、生态敏感区、水源地保护区等。一般的地下建筑工程建设会造成地面的大量开挖，影响原有植被，并且对土壤中的生态系统产生一定

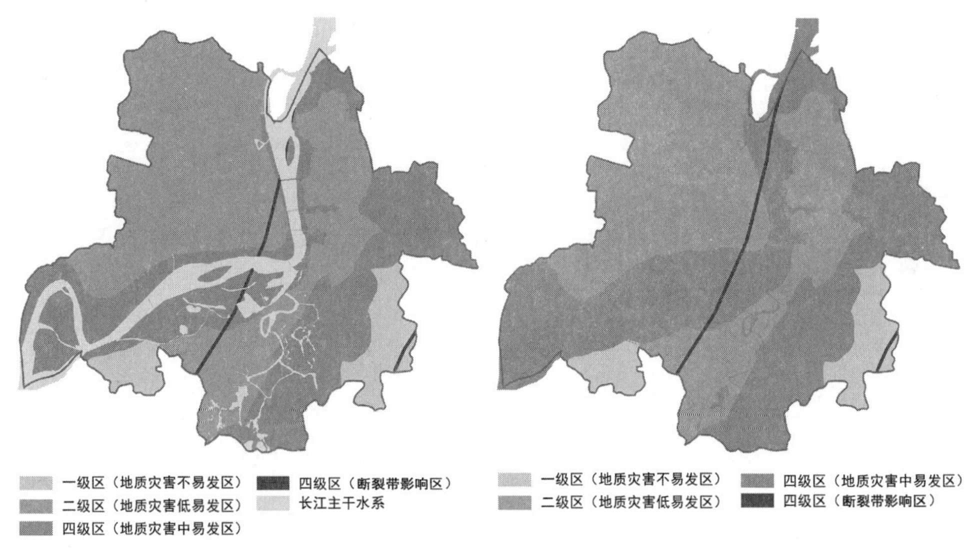

图 2-2-8　地下空间资源环境适建性地质灾害易发性因素评价（0～-10m）

资料来源：芜湖市城市地下空间暨人防工程综合利用规划

图 2-2-9　地下空间资源环境适建性地质灾害易发性因素评价（-10～-30m）

资料来源：芜湖市城市地下空间暨人防工程综合利用规划

破坏。另外，过于发达的植物根系会对地下工程结构造成破坏，影响建筑物的防水能力以及结构安全。

地下空间的开发建设对邻近水域的生态环境有很大影响，其影响表现在水域与周边地下水水脉的补给关系可能受到扰动甚至被切断。在丰水年，地下空间也面临一定的遭受水灾风险；不良的地下空间建设和运营过程，会对水域造成一定程度的污染。原则上，开发用地应尽可能远离水域，以免造成对水域生态系统的破坏和水体的污染（表 2-2-4、图 2-2-10）。

地下空间资源开发对地表水体生态影响敏感性的关系　　表 2-2-4

水域影响范围	一般水域及其影响范围	地表水源三级保护区	地表水源二级保护区	地表水源一级保护区
敏感程度	一般敏感	敏感	很敏感	极度敏感
浅层	一般不宜开发	不宜开发	不宜开发	禁止开发
次浅层	可开发	可开发	可开发	不宜开发

地下水生态要素主要涉及地下空间开发对地下水环境的影响程度，主要包括地下水敏感程度、地下水丰富程度两个因子。地下空间的开发给地下水环境造成的影响主要表现在：阻碍地下水的径流，造成地下水资源的重新分布，进而导致地面生态环境的不利改变；切断含水层和主要的地下水通道，改变地表水与地下

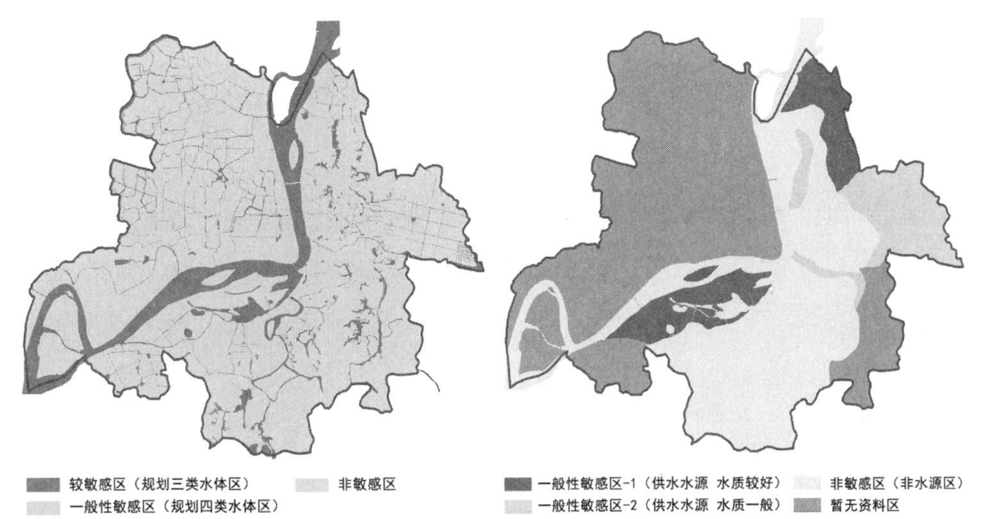

图 2-2-10 地下空间资源环境适建性地表水源保护因素评价（0～-10m）

资料来源：芜湖市城市地下空间暨人防工程综合利用规划

图 2-2-11 地下空间资源环境适建性地下水源保护因素评价（0～-10m）

资料来源：芜湖市城市地下空间暨人防工程综合利用规划

水的水力联系；促使局部地下水水位的升高或降低，从而导致引入新的污染源进入地下水系统。

参考我国环境保护行业标准（HJ/T 277—2006），把地下水的敏感程度分为三个大类，即敏感区、较敏感区和不敏感区。在敏感区内，地下空间对地下水环境的影响程度很大，不宜进行地下空间开发；在较敏感区内，地下空间开发对地下水环境影响较大，开发的适宜性较差（图 2-2-11）。

绿地地下空间的开发，对植被有一定不利影响，具体表现为：阻碍植物根系的正常生长。根据对地下空间开发的允许程度，把绿地分为保护性绿地和一般性绿地，用作划分地下空间资源可用范围的约束条件。

城市的重要生态保护区主要包括自然保护区、风景区、森林公园、湿地公园等，根据对地下空间开发的允许程度，把保护区分为核心区（绝对保护区）、缓冲区（相对保护区）和试验区（一般保护区）。

重要资源区包括地质遗迹景观资源、矿产资源等。

评价区内分布生态绿地、大型公园绿地、郊野公园、防护绿地、农林用地及一般性绿地。其中除一般性绿地，其余绿地类型为保护型绿地，对地下空间开发利用的敏感性较高。

根据生态敏感性要素对地下空间开发利用的影响机理分析，对浅层及中层地下空间的适建性影响进行分级划分。对生态敏感及较敏感区，一般不宜进行地下空间开发利用（图 2-2-12）。

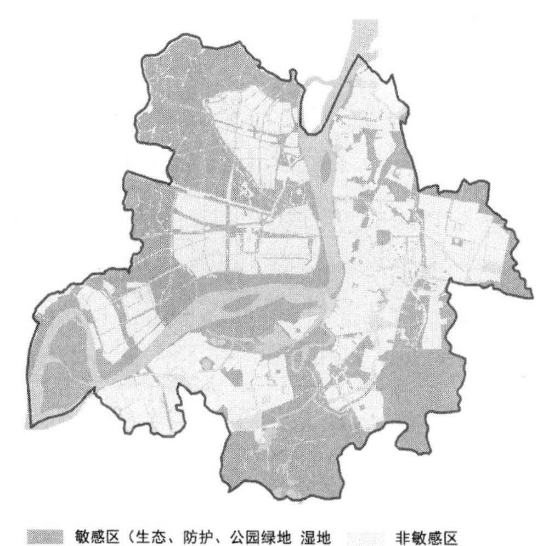

图 2-2-12　地下空间资源环境适建性生态绿地、地质遗迹、重要景观资源、农林用地因素评价（0～-10m）
资料来源：芜湖市城市地下空间暨人防工程综合利用规划

2.2.4　资源环境适建性集成评价

在对各单项适建性影响要素进行评价后，基于评价结果开展资源环境适建性集成评价，即综合各单项适建性评价结果，进行总体的城市地下空间资源环境评价，并将结果按照适建性水平划分等级（表 2-2-5、图 2-2-13、图 2-2-14）。

地下空间开发地质适建性分区表　　表 2-2-5

评价等级	场地使用评价	
	适建性	施工工法及需要注意的问题
地下空间开发较适宜区	岩土体工程地质性质较好、地下水富水性及腐蚀性较小，地质灾害易发性低，且不位于生态敏感性要素保护区	可采用明挖、暗挖法等通用地下施工技术，局部土层须做相应的地基处理。地铁建设可采用盾构法工艺，基坑开发应注意护壁及排水措施
地下空间开发一般性适宜区	地形地貌条件适建性一般，江南局部分布软弱土体区，江北软弱土体区广泛分布，地质灾害易发性普遍较低，局部为中易发区，同时分布大面积生态绿地等敏感性要素	须重视对地质灾害的防治，及可能产生的软土地基失稳、回填土产生的地基过量沉降与不均匀沉降、基坑开挖边坡失稳、坑底突涌等问题，同时应重视对生态要素的保护 应对地基土软弱区域进行必要的地基加固处理，并做好沉降设计标高预留；采用桩基工程时，应注意对填土的挖除换垫，做好桩基检测工作；采用基坑开发时，应做好降水并防止基坑边坡失稳及坑底突涌，并做好基坑周边环境的检测工作
地下空间开发较不适宜区	岩土体地质性能较差，软弱土体分布集中，断裂带有轻微影响，为地质灾害中易发区，长江地表水系及沿岸生态景观保护要素集中	无特别需求时，不宜进行大规模地下空间开发利用。必须开发建设时，应特别重视地下工程建设安全，对软土地基失稳及沉降、土层扰动变形、基底突涌、管涌、流砂等工程地质和环境地质问题，必须预判并制定专门的地下施工保障技术和措施。当不能避开地下水涌水量过大地区、暗河地区时，应及时采取暗河内部进行防水加固处理，并加强超前支护和初期支护；当不能避开断裂带影响区时，应充分加强注浆超前支护，并采取超前注浆堵水穿越富水断裂带，充分确保施工安全

资料来源：芜湖市城市地下空间暨人防工程综合利用规划

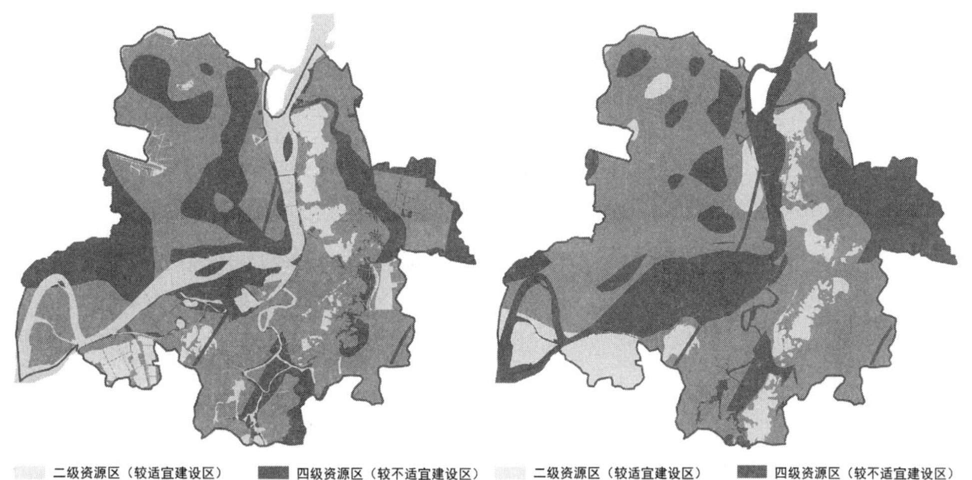

图 2-2-13　地下空间资源自然环境条件适建性综合评价（0 ~ -10m）

资料来源：芜湖市城市地下空间暨人防工程综合利用规划

图 2-2-14　地下空间资源自然条件适建性综合评价（-10~ -30m）

资料来源：芜湖市城市地下空间暨人防工程综合利用规划

2.3　城市地下空间开发适宜性评价

2.3.1　评价内容

城市地下空间开发适宜性反映地下空间中进行开发建设的适宜程度，是根据地下空间资源环境适建性评价并考虑其他方面因素后得出的综合评价结果。

2.3.1.1　根据地下空间承载能力适建性等级确定不同等级适宜区的备选区域

适宜地下空间布局的区域首先应具备承载地下建设活动的资源环境综合条件，水土资源条件越好，生态环境对一定规模的人口与经济集聚约束性越弱，地质灾害风险的限制性越低，地下空间开发适宜程度越高。按照地下空间资源环境适建性等级，确定地下空间建设适宜区、一般适宜区的备选区域。城市地下空间资源环境承载能力是开发适宜性评价的基础，只有具有一定资源环境承载能力的地区才对其进行开发适宜性评价，承载能力较低的区域一般也是不适宜开发建设的区域。

2.3.1.2　结合现状并优化城市地下空间建设格局

充分分析现有地下地上空间利用情况，按照不同类别、体量的现状确定地下空间开发的适宜性。地面空间已被利用且对地下空间影响程度较高，就不宜进行地下空间开发利用，如高层建筑、立交桥、水面等；地面现存的广场、空地、绿地则对地下空间开发有利，其适宜程度就较高。

根据《中华人民共和国文物保护法》第十七条，文物保护单位的保护范围内不得进行其他建设工程或者爆破、钻探、挖掘等作业。因此，这些文物保护单位是必须进行严格保护的。而浅层、中层的地下空间开发可能会破坏文物（通常是古建筑）的基础，对其造成严重影响。而历史街区保护的重点在于街区的格局、脉络、景观等，而不在于某一幢建筑。而事实上对于这些建筑也是可以进行一定改造的，因此，其保护的强度较文物保护单位要弱一些。另外，历史街区的保护重点是保护其形成、发展的环境，历史街区最基本的就是要对市政基础设施进行大规模的改造，这必然涉及地下空间的利用，并且采用综合管廊这些集约化的利用方式还可以很好地保护历史街区。因此，历史街区范围内地下空间的利用在一定程度上是可行的，同时也是存在需求的。

因此要在排查摸清文物保护单位、历史街区、地下文物埋藏区的基础上，合理进行地下空间开发建设。

已开发利用的地下空间对邻近地下空间的开发利用也有较大影响，在其周围一定范围内，特别是其下部一定厚度内的地下空间资源不宜任意开发。中心城区地下空间开发作为城市立体化开发的一部分，必须兼顾地面及地下空间开发利用现状，由单一系统向复合系统发展，使地下与地上相结合形成上下贯通、有机联系的空间体系。[6]

2.3.1.3 考虑城市发展区位因素对接上位规划

地下空间开发的适宜性评价还应考虑城市发展廊道、节点区位等区位条件，并且依据国土空间规划等上位规划要求，与开发强度要求相匹配。如在城市重点规划建设的商业中心、交通枢纽、公共服务中心等地区，开发适宜性较高；而在规划限制或禁止建设的地区，开发适宜性较低。

2.3.2 评价方法

2.3.2.1 层次分析法和专家问卷调查法

这两种方法主要的目的就是针对多种复杂影响因素作用的地下空间开发利用进行评价，充分解决评价要素中不同属性、不同度量标准、不同定性的问题；从而指导和规范地下空间资源评价的内容和过程，提高规划依据的科学性。

2.3.2.2 最不利等级判别法

对影响结果的各种因素综合分析然后进行分级，选择级别最低的以及作为评价结果的等级。比如，地面工程建设适宜性判别法。

2.3.2.3 排除法

城市现状广义地看可以分为地下和地上空间现状，它们对于地下空间的开发利用都有一定的限制性影响。采取科学的排除法对限制开发的区域进行排除，就可以得到可充分开发区域和可开发区域。[7]

2.4 城市地下空间资源评估

在资源环境适建性评价和开发适宜性评价的基础之上，还需要对城市地下空间资源进行整体评估，评估内容主要包括资源环境禀赋刻画、空间格局特征分布、问题和风险识别、潜力分析几方面内容。

2.4.1 空间格局特征分布

空间格局特征分布是根据地下空间开发适宜性评价结果，总结分析区域地下空间建设的空间格局特征。在分析中，要识别出不同适宜等级的区域分布，总结分布规律，从而利于指导规划引导管控。

不同于地上空间建设，同一块土地上通常仅有一个建设单位进行开发建设，而地下空间在同一块土地下的不同深度上可能会有不同的用途或相互独立的建设主体。由于地下空间资源开发具有这种立体化的特点，因此不仅要在平面上分析空间格局特征，还要按照地面以下不同深度范围进行评价结果分析。

2.4.2 问题和风险识别

问题和风险识别是将城市地下空间开发适宜性评价结果与地下空间开发利用现状进行对比分析，识别开发利用中的问题、冲突和风险。

2.4.3 潜力分析

潜力分析是分析地下空间建设适宜区剩余可用空间规模、利用现状及空间分布特征，按照国土空间规划有关要求，结合土地资源约束等条件，估算地下空间建设上限规模。

2.4.4 城市地下空间资源量计算

在上述几项评估内容中，潜力分析是地下空间资源评估的重要环节，决定了后续规划的科学性、合理性，是实现地下空间利用可持续发展的重要保障，其主要内容便是对地下空间资源量进行计算。

城市地下空间资源数量包括：可合理开发量、可有效利用量和实际开发量等几个不同的数量概念。

可合理开发量是指在指定区域内，不受各种自然因素和地面建筑因素制约的，在一定技术条件下可进行开发活动的空间容量。可有效利用量是指在可合理开发量的资源分布范围内，满足城市生态和地质环境安全需要，保持合理的地下空间距离、密度和形态，在一定技术条件下能够进行实际开发并实现使用价值的空间容量。[8]

影响城市地下空间资源量的因素有很多，包括建筑物基础、植物根系、水系等。与城市地上空间开发量以土地面积计算不同，地下空间资源涉及不同深度的利用，因此使用可开发体积计算更为合适。通常用下式对地下空间资源量进行估算：

$$V=\Sigma_i(H_i-h_i)S_i \tag{2-4-1}$$

式中　V——评估区域内地下空间资源量；

H_i——第 i 个地块下可开发的最大深度；

h_i——第 i 个地块中设施对地下空间的影响深度；

S_i——第 i 个地块的面积。

当 $h_i>H_i$ 时，取 $h_i=H_i$。可开发的地下最大深度通常由地下空间开发适宜性评价结果决定，并结合需求量进行修正。

不同设施对地下空间的影响深度需要根据地上地下设施的具体情况而定，影响深度除了包括设施本身对地下空间的占用外，还要考虑为了避让这些设施所留出的安全缓冲空间的深度。在实际评估中，由于地下设施详细资料的缺乏，通常根据某一类设施的常见影响深度进行估算，见表 2-4-1。

常见设施的影响深度[9]　　表 2-4-1

设施类型		影响深度（m）	设施类型		影响深度（m）
矿产资源		按实际勘测情况确定	地面道路、广场		1~3
文物埋藏区		3~40	市政管线		1.5~10
建筑物基础	低层	1.5~10	地表水系		隔水层厚度
	多层	10~50	植物根系	草本花卉	小于 0.5
	高层	50~100		灌木	0.3~1
地下建筑、道路		自身占用深度 + 建筑基础影响深度		乔木	1.5~3

2.4.5　建立地下空间信息系统

结合智慧城市的建设，推进城市地下空间综合管理信息系统建设。将评价分析成果纳入系统，动态维护地下空间开发利用信息，为城市地下空间规划管理提供支撑。后期可逐步将地下空间规划、规划许可、管理等纳入统一平台，建立地下空间管理信息共享机制，促进实现城市地下空间数字化管理，提升城市地下空间管理的标准化、信息化及精细化水平。[10]

2.5　城市地下空间分区管控

2.5.1　空间管制划分的内容

对城市地下空间资源从多个方面进行逐项分析，运用适当的分析模型，对地下空间资源质量进行综合评价，分析得出地下空间资源适宜性评价。以地下空间资源适宜性评价为基础，划定地下空间禁建区、限建区和适建区等，对城市集中建设区内地下空间资源划定管制范围，提出管制措施要求。

2.5.1.1 禁建区

禁建区要按照自然条件或城市发展的要求，在一定时期内不得开发城市地下空间区域；如土质条件多为砂土或位于地震断裂带上、并处于地表水周边的地区将被列入禁建区。

2.5.1.2 限建区

限建区为满足特定条件，或限制特定功能、或限制规模开发利用的城市地下空间区域；如在土质条件和水文条件等限制条件相对适宜，但受到日照、通风等气象条件的约束的区域将被列入限建区。

2.5.1.3 适建区

适建区应为规划区内适宜各类地下空间开发利用的城市地下空间区域。[11]

2.5.2 以芜湖为例分析管制区划分

以自然地质条件（岩土体工程地质条件、地形地貌条件、水文地质条件、地质灾害条件以及生态敏感性条件）对地下空间资源开发的适宜性评价为基础，结合城市建设影响条件，包括绿地、已开发利用的地下空间、文物保护单位、历史街区、高速公路、城市快速路以及主干路、外围农田等因素，把芜湖市城市集中建设区范围的地下空间开发控制分为四个区，分别为：禁止建设区、限制建设区、适宜建设区和资源储备区（图 2-5-1、图 2-5-2）。

图 2-5-1 地下空间资源空间管制图（0 ~ -10m）

资料来源：芜湖市城市地下空间暨人防工程综合利用规划

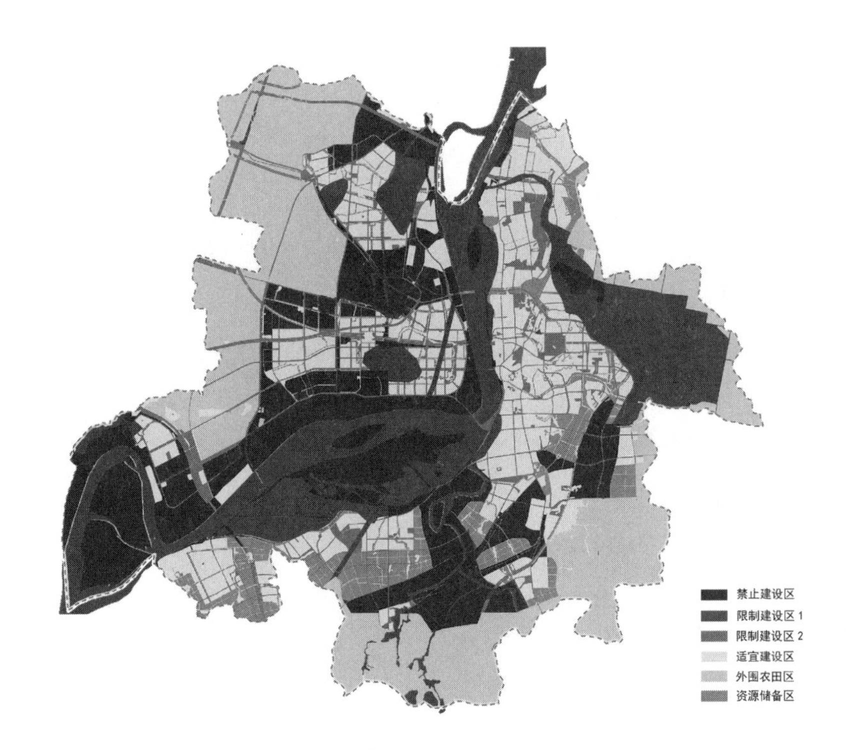

图 2-5-2　地下空间资源空间管制图（-10 ~ -30m）
资料来源：芜湖市城市地下空间暨人防工程综合利用规划

禁止建设区：0 ~ –10m 地下空间用地面积约为 61489hm²，–10 ~ –30m 地下空间用地面积约为 61489hm²。

限制建设区：0 ~ –10m 地下空间用地面积约为 34887hm²，–10 ~ –30m 地下空间用地面积约为 53799hm²。

适宜建设区：0 ~ –10m 地下空间用地面积约为 44507hm²，–10 ~ –30m 地下空间用地面积约为 29568hm²。

资源储备区：主要为远景发展备用地地下空间和 –30m 以深地下空间，0 ~ –10m 地下空间用地面积约为 8908hm²，–10 ~ –30m 地下空间用地面积约为 4928hm²，–30m 以深地下空间用地面积约为 39000hm²。

2.5.3 管控措施

禁止建设区：禁止一切开发。

限制建设 1 区：需要严格的工程论证方可建设。

限制建设 2 区：原则上只能用于公共利益的开发，不得用于非公共利益开发。

适宜建设区：可以用于规划期内的开发的地下空间资源区。

资源储备区：规划期内禁止一切开发（表 2–5–1）。

管控分区及管制措施一览表 表 2-5-1

分区名称	分区主要用地类型	分区面积（hm^2）	管控措施
禁止建设区	生态绿地 外围农田 部分水域 地下自然条件不适宜建设区	122978	禁止包括公共利益开发在内的一切地下空间开发
限制建设1区	主要分布于长江及沿岸漫滩、心滩、边滩地区。岩土体地质性能较差，软弱土体分布集中，为地质灾害中易发区	88686	需要严格的工程论证方可建设
限制建设2区	G1 公园绿地 G2 防护绿地 历史文化保护用地 规划主干道（宽度 50~60m） 高速公路		保障公共利益开发的地下空间资源区，原则上只能用于公共利益的开发，不得用于非公共利益开发。其中，公园绿地开发密度控制在 30% 以内，且草本植物下 1.5m，木本植物下 3m 原则上禁止开发；防护绿地、规划主干路、高速公路下开发仅限于市政公用设施、道路交通设施;历史街区，须根据专家意见来决定是否开发、如何开发、采取何种措施
适宜建设区	除上述三类以外的城市建设用地	74075	可以用于规划期内的开发的地下空间资源区。应集约、高效开发地下空间，鼓励地下空间相互连通，尤其重点地区地铁及周边地下空间应相互连通
资源储备区	发展备用地及适宜建设区 −30m 以深地下空间	52836	规划期内禁止一切开发

资料来源：芜湖市城市地下空间暨人防工程综合利用规划

本章注释

[1] 上海同济城市规划设计研究院有限公司 . 芜湖市城市地下空间暨人防工程综合利用规划（2015–2030）· 地下空间资源评估专题 [Z]. 2016.

[2] 陈志龙，刘宏 . 城市地下空间总体规划 [M]. 南京：东南大学出版社，2011：31–33.

[3] 张永志 . 城市地下空间资源利用评价 [J]. 资源信息与工程，2017，32（5）：111.

[4] 甄艳，鲁小丫，李胜，等 . 城市地下空间开发利用适宜性评价 [J]. 测绘科学，2018，5：65–70+89.

[5] 姜云，吴立新，独立群 . 城市地下空间开发利用容量评估指标体系的研究 [J]. 城市发展研究，2005，12（5）：47–51.

[6] 王永立 . 天津市中心城区地下空间资源评价 [J]. 地球科学与环境学报，2018，30（02）：166–171.

[7] 孙瑾 . 城市规划区地下空间开发适宜性评价 [J]. 建筑工程技术与设计，2014（19）: 24.

[8] 陈志龙，刘宏 . 城市地下空间总体规划 [M]. 南京 : 东南大学出版社，2011.

[9] 蒋旭，王婷婷，穆静 . 地下空间开发利用适宜性与资源量的应用研究 [J]. 地下空间与工程学报，2018，14（05）: 4–12.

[10] 张艳 . 城市地下空间承载力分析评价 [J]. 城市勘测，2018 : 163–164.

[11] 顾新，于文悫，李蓓蓓，等 . 城市地下空间规划标准 [S]. 北京 : 中国计划出版社，2019.

第3章

地下空间供需协同

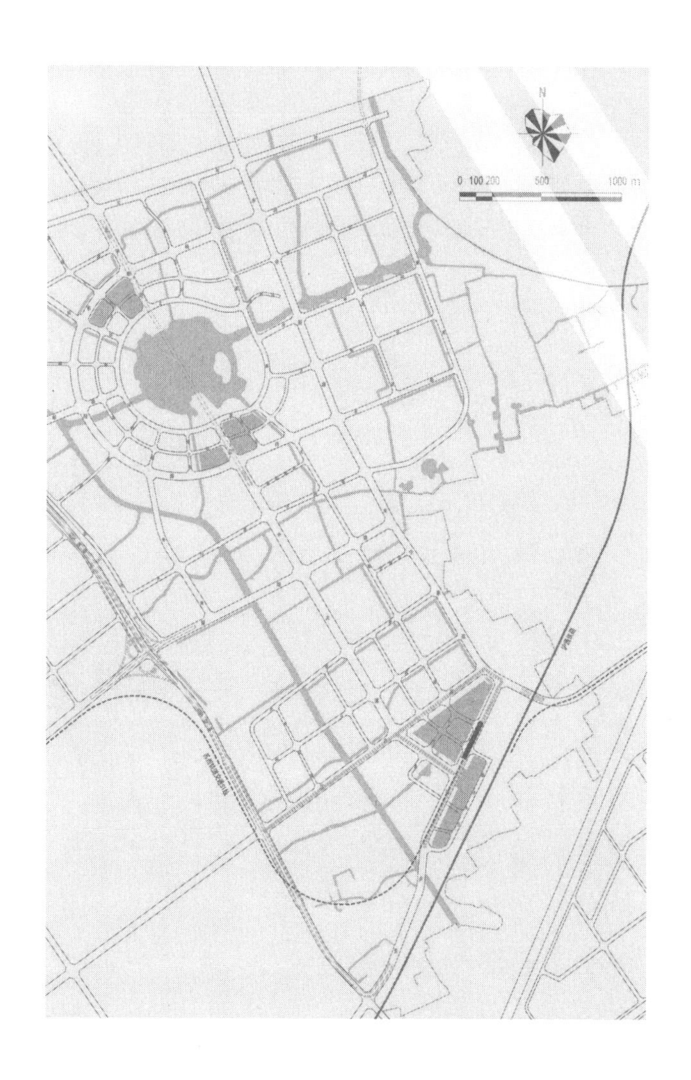

3.1 城市地下空间供给

城市地下空间是一个巨大而丰富的空间资源，城市地下空间供给量为可供开发的面积、合理开发深度与适当的可利用系数之积。[1]

地下空间的供给量与城市总体开发深度密切相关，开发深度的加大必然可以提供更多可利用的地下空间，因此，确定合理的开发深度是研究地下空间资源供给量的前提。

城市地下空间开发利用的深度受到区域地质条件、经济实力、土地价格以及工程施工技术等多方面的因素的制约。另外，国内外地下空间开发利用的实践证明，当人均GDP超过3000美元，城市就具备了大规模开发利用地下空间资源的经济基础。[2]

城市地下空间资源可包括：可合理开发量、可有效利用量和实际开发量。

可合理开发量是指在指定区域内，不受各种自然因素和地面建筑因素制约的，在一定技术条件下可进行开发活动的空间容量；

可有效利用量是指在可合理开发量的资源分布范围内，满足城市生态和地质环境安全需要，保持合理的地下空间距离、密度和形态，在一定技术条件下能够进行实际开发并实现使用价值的空间容量。[3]

3.1.1 城市地下空间供给原则

3.1.1.1 有据可查原则

地下空间建设用地应按照立项批文、建设用地规划许可证等有法律效力的用地批文进行供地。

3.1.1.2　公正公平原则

地下空间建设用地一般是在其他权利人已经取得地表土地使用权后，因城市建设需要，在其使用的土地范围进行地下工程建设，应按照公平原则和不损害原土地权利人的合法权益的原则，合理划分确认各自的权益。

3.1.1.3　尊重时序原则

地下空间建设用地在穿越他人建设用地时，遵循时序原则，即使某些土地权利人未对已获得的土地使用权进行登记，在对地上地下空间建设用地供地时，也应尊重其已取得土地使用权的事实。[4]

3.1.2　一般城市地下空间供给方式

我国城市地下空间的开发利用起步较晚，1997 年原建设部出台的《城市地下空间开发利用管理规定》指出，地下空间的开发利用应当按照有关法律法规规定取得地下建设用地使用权，地下建设用地使用权供应方式依法可采取划拨、出让、租赁、作价出资或入股等。

一般而言，用于国防、人防、防灾、城市基础设施（含地铁、地下道路、地下综合管廊、地下人行过街通道、地下工程连通工程等）和公共服务设施（含政府投资建设的公共停车设施）等使用地下建设用地使用权的，可采用划拨方式供地；不具备公开出让条件的以下情况，可采用协议方式出让地下建设用地使用权：

①原土地使用权人利用自有用地开发建设地下空间项目的；

②与城市公共设施配套同步建设、不能分割实施的经营性地下空间；

③政府投资已建成的人防工程用地，根据城市规划需要变更为经营性用途的。

此外，利用市政道路、公共绿地、公共广场等公共用地和政府储备用地建设经营性单建地下空间项目的，应通过招标、拍卖或挂牌的方式出让地下建设用地使用权，其供地程序和审批方式可参照地表建设用地供地要求办理。为规范地下空间建设用地供地程序，自然资源部门应组织研究土地立体空间基准地价，形成地表、地上、地下空间的地价体系，为标定地价设置、宗地地价评估提供依据。地下建设用地使用权单独有偿供应应当进行地下建设用地使用权地价评估，为土地资产审核提供依据。[4]

3.1.3　地铁建设用地供给方式

由于地铁建设用地的特殊性、复杂性，北京、上海、重庆、深圳、南京等地地铁建设用地都存在“先用后征”“先建后补”的情形。地铁工程建设用地范围涉及国有土地、集体土地，权利类型涉及地表建设用地、地下建设用地、地上建设用地，用地种类涉及临时性建设用地、永久性建设用地、环境限制性用地（特别用地、保护用地）等。规范地铁建设用地供地方式，有利于地铁建设等地下空间开发建设中的不动产登记与管理，服务于保障地铁建设用地的权益。

3.1.3.1 涉及国有土地的供地方式

地铁建设过程中会因地表已有建（构）筑物以及地下地质条件的限制，对建设工程进行适度调整，所以地铁建设用地供地方式与常规地表建设用地项目供地方式不同。以南京市地铁建设项目用地供应为例，其采用地表部分“前期建设用地整体预供地，建成后按实际建设用地现状调整”，地下、地上部分按地铁建设设计方案实际施工建设，建成后据实直接供地的方式。地铁建设的出站口、通风井等配套设施涉及地表用地可按规划预供地，对预供地进行拆迁建设，建成后按实测结果供地。地铁建设涉及的地下空间，采用按先期规划建设，建成后按实际直接供地[5]。对于市政道路、铁路、河流等地表上方的地铁高架部分用地，采用按先期规划建设、用地备案方式,即建设前期不供地,建成后按实地建设占用空间范围直接办理供地手续。

3.1.3.2 涉及集体土地的供地方式

地铁工程在城郊结合部从地上或地下穿越集体土地范围时，应明确地表为集体土地所有权时地上、地下空间的确权方法。以成都市在建地铁确权时的做法为例，采用以下方式：地上、地下为公共基础设施用地或其他公益性用地（人防、管道、管线、水库、交通、军事设施等）时，按国有土地使用权确权；地铁地下空间建设用地，在不破坏地表耕作层的情况下，直接利用，建成后按实际用地情况供地；地铁站出入口、设备附属用地、通风井等涉及占用集体土地地表时，先对集体土地办理征收手续，后对地铁建设用地供地，地铁建成后，对实际占用集体土地进行勘测、核准后，根据现状补偿完善征地手续。

3.1.3.3 配套商服用地供地方式

在地铁工程建设中有相当一部分是商服建筑，用地性质为商服用地。如果商服建（构）筑物与地铁主要建（构）筑物是不可分割的整体，且不以盈利为主，而是以方便顾客、完善服务为主，且其产权属于地铁运营管理者，可在建设前进行预协议出让，完善建设用地手续，待建成后根据实际用地状况确认商服用地范围，通过协议方式办理有偿用地出让手续。其他盈利性的商服项目必须通过招拍挂方式获取土地使用权，用地使用年限 40 年，但在建设时建筑物要后退轨道站点及线路的安全距离，考虑与站点建设统一规划、统一设计、统一实施，处理好与轨道线路及站点的衔接，并书面征求轨道公司意见。[4]

3.2 城市地下空间需求

城市地下空间开发需求规模总量，是指在城市发展的不同时期和不同阶段，依据社会和经济发展水平，对城市提出的在一定时期内的发展指标，将城市所能提供的地面和地下空间资源量与城市发展对空间的总需求量相对照，而大致地确定地下空间在不同时期的需求量和需要开发的规模。[5]

3.2.1 地下空间需求分析

城市地下空间需求分析可分为总体规划与详细规划两个层次。

总体规划阶段城市地下空间需求分析应结合规划期内城市地下空间利用的目标，对城市地下空间利用的范围、总体规模分区结构、主导功能等进行分析和预测，明确城市地下空间利用的主导方针。城市地下空间总体规划需求分析应依据规划区的地下空间资源评估结果，综合规划人口、用地条件和经济发展水平要素确定。

详细规划阶段城市地下空间需求分析应对规划期内所在片区城市地下空间利用的规模、功能配比、利用深度及层数等进行分析和预测。城市地下空间详细规划需求分析应统筹规划定位、土地利用、地下交通设施、市政公用设施、生态环境与文化遗产保护要求等要素，充分结合土地利用及相关条件明确地下交通设施、地下商业服务业设施、地下市政场站综合管廊和其他地下各类设施的规模与所占比例。[6]

3.2.2 地下空间需求预测的研究现状

根据目前掌握的资料，国内外对城市地下空间开发的需求量，并没有比较成熟和系统的预测方法。

目前既有的一些预测方法，大多是将地下空间开发需求总量，与城市发展至一定阶段的数个参数、指标等联系起来，如城市总人口、工作岗位数量、人均道路用地面积、人均绿化面积等，进而推出城市空间总需求量。再通过分析城市可开发的地上空间数量后再得出地下空间的需求量。但是，这种预测方法存在如下缺点：

①不能综合和涵盖影响地下空间发展的所有相关因素，因为这些因素非常复杂，有些因素无法用定量的指标来表示，有些因素具有一定的随机性和模糊性。

②某些因素之间不是相互独立而是具有相关性，它们与城市空间需求总量之间的关系并不能简单地用某种公式表达，这种关系应该不是线性关系，更可能是非线性的。

因此，影响地下空间开发规模的因素是一个复杂的大系统，应用系统工程的方法进行预测，才可能得到比较科学的预测结果。但由于上述的原因，影响因素相当复杂，参数与指标又不完善，因而预测方法的科学性、预测结果的可信性都存在疑问，故难以作为地下空间规划和开发的依据。

由此可见，对地下空间开发规模进行预测具有相当的难度，目前暂时可在对各影响因素进行适当简化和量化的基础上，选择一些“主导发展因素”，用相对简单的推算得到所需的结果。

影响城市地下空间开发需求量的因素是多方面的，城市发展阶段、城市发展规模、人口数量、经济水平、开发利用功能等是较主要的影响因素。城市总体地下空间的需求的分析可从研究这些因素与地下空间开发的相关性入手。

3.2.3 不同城市发展阶段的地下空间需求

对于城市的不同发展阶段，影响地下空间开发量的相关指标有所不同。比如，对于常规城市、生态城市、节约型城市的总体规划指标而言，其中包括环境容量控制指标，是为了保证城市良好的环境质量，对建设用地能够容纳的建设量和人口聚集量作出合理规定。其控制内容包括容积率、建筑密度、人口容量、绿地率等。这几项控制指标分别从建筑、环境、人口三个方面综合、全面地控制了环境容量。另外，依据“城市用地分类和规划建设用地标准”，对不同发展目标的城市而言，应有所不同，在其基础上，可建立各功能地下空间与地上用地标准的定性和定量的关系。

当然，城市发展的阶段之间并不是绝对独立的，而是一个连续的发展过程，地下空间的建设也同样如此。同时，地下空间开发需求规模的预测，是动态发展的预测，在不同的时期应随着社会经济和技术水平的不同而发展。[5]

3.2.4 不同开发利用功能下的地下空间需求

参照国内外其他城市的经验，城市地下空间开发利用的主要功能类型包括地铁、地下道路与地下停车库等在内的地下交通设施、人防工程设施、地下管线、综合管廊与地下市政场站等市政工程设施以及地下商业、娱乐、展示等公共服务设施。另外，建筑物的基础，尤其是高层建筑的深基础和桩基也是占用地下空间的主要方面。

3.2.4.1 交通设施对地下空间的需求

交通功能是地下空间所承担的一项主要的城市功能，可以说城市交通设施对地下空间的需求是地下空间大规模开发利用最直接的原因。目前在城市地下空间的开发利用中，较常见的用于承担交通功能的设施有：地铁、地下停车库、地下快速通道、地下步行街、道路下立交、地下过街通道等。

（1）地铁建设的需求分析

建设地铁是解决大城市交通问题的必由之路，当今世界上绝大多数发达国家的大城市都建设有地铁，一些发展中国家的大城市也同样建设了自己的地铁线路，并且，随着各国经济的发展和城市化水平的不断提高，地铁已经在越来越多大城市的城市建设中占据了重要的位置。

地铁作为一种交通设施，其建设和使用目的是为了解决城市交通问题，因此，地铁建设的需求实际上是城市交通的需求。而地铁的建设往往与人口与经济条件密切相关，根据我国国情，“申建地铁城市的要求是，地方财政一般预算收入在100亿元以上，国内生产总值达到1000亿元以上，城区人口在300万人以上”（《国务院办公厅关于加强城市快速轨道交通建设管理的通知》，国办发〔2003〕81号），这个指标在2018年7月调整为："一般公共财政预算收入、地区生产总值分别由100亿元、1000亿元调整为300亿元、3000亿元”（《关于进一步加强城市轨道交通规划建设管理的意见》，国办发〔2018〕52号）。

需要指出的是，并不是所有的地铁都是建设在地下的，通常情况下，在城市中心区，由于建筑密集，道路狭窄，环境及地面景观要求严格保护，这区段地铁宜设置在地下，并且地铁也是带动周边地区空间开发的重要因素，因此，地铁建设的需求对城市中心区地下空间的需求有较大的影响。[7]

（2）地下停车库建设的需求预测模型

停车设施作为静态交通设施，是城市交通系统的重要组成部分，而建设地下停车库则是当前城市尤其是地少车多的中心城区解决停车问题的一个主要途径。

地下停车库建设的需求与所在区域的停车需求、土地价格和地下工程建设的难易程度有关。考虑到小汽车拥有量增长带来的停车需求增长，地下停车库的需求可以用以下公式来表示：

$$DUP=\sum_{i} P_i U_i f(t) \tag{3-2-1}$$

式中 DUP——区域地下停车库需求量；

P_i——第 i 号地块的停车需求；

U_i——第 i 号地块的停车地下化率；

$f(t)$——停车需求的交通影响函数。

第 i 号地块的停车需求：

$$P_i=\sum_{k} C_k X_k \tag{3-2-2}$$

式中 C_k——第 k 类用地性质的停车需求系数；

X_k——第 k 类用地性质的建筑面积（绿地、广场等则为用地面积）。

第 i 号地块的停车地下化率：

$$U_i=f(l_i d_i) \tag{3-2-3}$$

式中 l_i——第 i 号地块的土地价格；

d_i——第 i 号地块的地下停车库平均建设单价。

停车需求的交通影响函数：

$$f(t)=(1+\alpha)^{t} \tag{3-2-4}$$

式中 α——机动车千人拥有量平均增长率；

t——规划年限。

首先，根据土地价格和地下工程建设的难易程度的不同，将被研究区域分成若干个地块，然后计算各个地块的停车需求。停车需求理论认为不同用地性质的地块对停车的吸引率是不同的。通过对同类型区域各类地块停车需求进行调查分析，可以得到两者之间的关系，再依据地块上建筑面积数据，便可以估算出各个地块的停车需求量。[7]

（3）其他地下交通设施建设的需求分析

除了地铁和地下停车库，还有地下快速通道、地下步行街、过江隧道、地下立交、过街地道等地下交通设施。近几年，由于高架道路割裂城市空间、破坏城市景观、污染城市环境等弊端越发凸显，欧美、日本和我国的一些城市开始重视地下快速道路的建设。地下快速道路代表着未来城市快速道路系统发展的方向，其规划建设应当十分慎重，立足城市综合交通体系规划，从全局的角度论证其必要性和可行性。相对来说，地下步行街、过江隧道、地下立交、过街地道等地下交通设施一般只是一种点状的地下空间，其建设多是因为局部交通的贯通需求。

3.2.4.2 市政基础设施对地下空间的需求

（1）地下综合管廊建设的需求分析

城市市政管线系统是城市的血脉，负责能源、信息、自来水、雨污水等的输送或排放，是最基础的城市设施之一，包括供水、排水、燃气、热力、供电、通信、消防、工业等八大类将近 30 种，种类繁多，管线量大。

随着城市建设的发展，城市对电力、通信、供水、燃气等的需求扩大，地下管线铺设频繁，管径、管位、管线数量均进一步增大；道路浅层地下空间出现拥挤、紊乱的现象，管线扩容、增设的难度与管线间的干扰越来越大，严重阻碍了城市基础设施建设的步伐，制约了城市经济的高速发展。同时，随着城市信息业迅猛发展，许多信息企业建立了专用信息传输网络，这些新的信息传输网络大多利用现有的供电线杆架空布线，安全性和可靠性无法得到保证，其蜘蛛网的形态严重影响市容环境，而这一部分线路的入地建设使部分城市道路地下浅层空间不敷使用的情况更加雪上加霜。

另外，城市的快速发展加重了原有市政管线的负担，超负荷运行使得设施事故频繁，检修时反复挖、填道路，不仅破坏了道路结构，而且也对城市交通造成了极大障碍，给沿线居民的生活带来很大不便。因此，提高城市市政管线建设的综合化、集约化已成为当务之急。换句话说，城市发展对地下综合管廊的建设提出了迫切的需求。

《城市工程管线综合规划规范》GB 50289—2016 提出了地下综合管廊的适建区域，包括：

①交通运输繁忙或工程管线设施较多的机动车道、城市主干道以及配合兴建地

下铁道、立体交叉等工程地段；

②不宜开挖路面的路段；

③广场或主要道路的交叉处；

④需要同时敷设两种以上工程管线及多回路电缆的道路；

⑤道路与铁路或河流的交叉处；

⑥道路宽度难以满足直埋敷设多种管线的路段。

地下综合管廊建设投资较大，其建设需求受到城市经济能力的制约，虽然其建成后有利于道路交通的畅通，但是在建设过程中对交通的影响很大，因此，地下综合管廊宜与城市新建道路同步建设。

（2）其他市政基础设施的地下化需求

从功能环境的适应性上来说，市政基础设施的环境需求能与地下空间的特点有较好的契合。所以，在土地资源十分紧缺的城市中心区，市政基础设施应该首先成为地下化的对象。市政基础设施的建设除了敷设管线还包括一些市政站场设施的建设，如变电站、污水泵站等。在大城市的中心城区建设这些市政站场设施时，如果利用地面空间建设，不仅占用了许多城市用地，而且其建筑不易于与周围环境协调，容易对景观造成影响。相反的，如果结合绿地建设对其实施地下化，则既节约了土地资源，又提高了城市的绿化覆盖率，美化了城市环境。

3.2.4.3　防护与防灾设施对地下空间的需求

（1）人防设施建设的需求分析

人防工程建设对于我国的地下空间开发利用的发展具有特殊的意义，可以说，直到城市建设地铁之前，人防工程建设都是我国地下空间开发利用的主导。满足城市人民防空的需要一直是地下空间开发利用的主要目的。

人防工程主要包括指挥工程、医疗救护工程、防空专业队工程、人员掩蔽工程和物资库、疏散通道、区域电站等人防配套工程，围绕指挥控制中心、交通枢纽、通信枢纽、城市生命线工程、重要经济目标、易造成次生灾害的目标等重要目标，应布置抢险抢修等防空专业队工程。同时根据指挥、通信、运输等需要建设相应的指挥工程，并建设地下电站、地下水库等。

对于留城人口的防护需求的确定，首先制定适当的疏散比例，剩余留城人口中，除部分属于指挥、医疗和专业队按照特殊要求掩蔽外，其他大部分人员按照《人民防空工程战术技术要求》规定的二等人员掩蔽面积给予满足。医疗救护工程宜结合平时医院建设。

综上所述，城市人防工程的建设需求基本上可以分为两大类：

一类是为了形成城市防护系统，保障重点目标及战时城市的基本运转而建设的人防骨干工程；另一类工程包括人员掩蔽工程、医疗救护工程、物资库工程等，是为了保障留城人口的安全和战时生活需要而建设的，其建设规模基本上由战时留城人口的数量及人均指标决定。

（2）地下防灾体系建设的需求

城市防灾系统是城市建设的重要方面，而地下防灾体系则是城市防灾系统有机整体中不可或缺的主要组成部分。地下空间由于其高防护性，使其在战争、地震、飓风等灾害发生时具有优于地面空间的安全性，即使是普通的地下空间，对这些灾害的防护能力也是地面建筑所不能比拟的。

人防工程是地下防灾体系的核心，所以充分发挥人防工程战时防空、平时防灾的功能，是城市防灾系统建设的关键。

但是，灾害发生时，城市人口并没有实施疏散，数量大、密度高，单靠人防工程是不可能满足防灾需求的，这时候兼顾人防的地下空间和普通地下空间就成了必要且十分有益的补充，这部分空间在地面上受到严重破坏后能够保存部分城市功能和灾后恢复的潜力。

可见，各类地下空间的相互连通是保证地下防灾体系完整性的前提。人防工程、兼顾人防的地下空间以及普通地下空间之间的相互连接通道的建设便成为地下防灾体系建设的具体需求和主要内容。

3.2.4.4 建筑物基础对地下空间的需求

建筑物的基础是占用地下空间的一类重要构筑物。以上海为例，一般六层以下的建筑采用天然地基，基础形式常用条形基础，埋深在1m到2m之间，更高的建筑则一般采用桩基础。根据建筑物的高度和对地基承载力的要求不同，常见的桩基有的打至地下–20多米的黏土层，有的打至地下–50米的粉土层。也就是说，当建筑物的高度较高，需要通过打桩来满足基础承载力要求时，建筑物的地下0~–20m的空间一般都将被其地下室和桩基础占用。

3.2.4.5 其他设施对地下空间的需求

参照国外城市的经验，地下空间的开发利用也包括了商业等服务设施的地下化。然而，由于地下工程的投资巨大，人员在地下的大量聚集又使公共安全存在隐患，我国当前城市地下空间的开发利用仍是以满足交通、民防和市政工程设施的需求为主，地下商业设施是作为附属设施存在的，为地下交通空间提供商业功能的补充。因此，绿地、广场和道路下部的公共地下空间不提倡大搞商业、娱乐设施。

3.2.5 城市地下空间需求预测

广义而言，地下空间开发需求的预测，不仅包括数量，也包括对功能、形态和位置等的预测。

城市地下空间需求量预测既包括对城市地下空间总需求量的预测，也包括对地下不同功能空间的需求预测。地下空间的功能组成是多种多样的。在不同类型的城市及城市的不同地区、不同发展阶段，对地下空间功能的要求都有所不同。

在山城的居住区，由于其地形和气候特点，对地下居住的需求可能较其他类型的城市大；在大城市的中心区，由于交通矛盾比较突出，可能对城市地下交通用地、地下物流系统的需求量更大；在以文化娱乐为主的城市功能区，对地下文化体育休闲、地下商业等公共建筑的需求就可能比城市交通换乘枢纽等需求多。

如前所述，城市地下空间开发包括交通系统、公共设施、居住设施、市政公用设施、工业设施、能源及物资储备设施、防灾与防护设施等功能空间。其中，地下交通系统又包括地下的轨道交通系统、道路系统、停车系统、人行系统及物流系统等。而地下公共设施则包括地下的商业、公共建筑等。地下公共建筑的功能性质包括行政办公、文化娱乐体育、医疗卫生、教育科研等，如：办公、医院、学校、图书馆、科研中心、实验室、档案馆、运动中心、游泳馆、展览馆、博物馆、艺术中心等。地下市政公用设施系统则包括地下的供水系统、供电系统、燃气系统、供热系统、通信系统、排水系统、固体废弃物排除与处理系统等。

根据不同城市或城市不同地区的特点，预测出其地下空间开发的特点和功能类型，再分别预测出地下交通、地下公用设施、地下市政基础设施等的分项需求，加总求和得出总规模。并与预测得出的地下空间开发需求总量相对照，互为校验。

计算公式如下：

$$S_{d总}=\sum_{i=1}^{n}S_{di} \qquad i=1,\ 2,\ \cdots,\ n \qquad (3\text{-}2\text{-}5)$$

式中 $S_{d总}$——第 d 阶段地下空间开发需求总量；

S_{di}——第 d 阶段某一地下空间功能的需求量；

n——总的地下空间功能类别项数。[5]

3.3 城市地下空间供需协同

3.3.1 城市地下空间供需协同的意义

地下空间是人类宝贵的资源，联合国自然资源委员会于 1981 年 5 月把地下空间确定为重要的自然资源，对世界各国开发利用给予支持。20 世纪 80 年代以来，我国在城市建设中开始注意地下空间资源的开发利用，城市地下空间资源是城市空间资源的重要组成部分，它是城市集约化发展，实施城市立体化开发的重要保障。[8]

由于城市地下空间资源开发建设所具有的长期性、复杂性和不可逆性，城市在地下空间开发规划、建设与运营的整个流程中，必须贯彻“尊重地下空间开发客观规律”和“保护城市地下空间资源”的原则，促进城市和谐发展、地下空间资源的永续利用。

基于“创新、协调、绿色、开放、共享”的基本国策与发展态势，城市地下空间资源开发利用应在“时间、空间、地域、功能、设施、环境、生态、安全、经济、社会”等重大要素指标上进行系统分析，建构对应协调关系，进行集约与整合，设计和谐发展方案，制定实施对策措施，促进城市整体或局部的协调和谐发展。[9]

3.3.2 城市地下空间供需协同的方法

影响地下空间开发的因素很多，涵括了影响城市发展的各个方面。根据城市地下空间开发利用的发展规律，可将这些因素归结为地下空间开发的内部影响因素和外部影响因素。

内部影响因素主要包括开发区域的地下空间资源的数量和质量、工程地质、水文地质、地质构造、地下埋藏物、区位条件、土地利用性质、地面现状和规划建设强度、地下轨道交通、地面已有建筑、现状地下空间、地面建筑总量等直接影响地下空间开发利用的自然与社会方面的影响因素。外部影响因素包括范围很广，有国家宏观政策与发展战略层次上的，如构建节约型社会、发展循环经济以及城市的可持续发展等国家宏观政策因素；有城市层次上的，如城市和区域的发展目标、城市人口、城市经济总量、三产结构、城市单位产出和产业密度、固定资产投资、房地产开发等经济因素；另外，包括城市绿线、紫线等禁止建设区，承载城市发展记忆的历史街区和各类文化遗产等城市环境与文化保护方面的因素。因此为实现城市地下空间供需协同需要采取以下方法。[8]

3.3.2.1 整理统计现状城市地下空间规模、数量、主要功能、分布及状况等

在城市地下空间开发建设前需要对城市已开发利用的地下空间（如地铁、地面建筑物基础、地下人防、地下埋藏物、地下商业街等）的数量、功能分布及状况进行统计，从而得出城市天然蕴藏的未开发利用的地下空间资源量。[10]

3.3.2.2 通过地下空间资源评估得出城市地下空间资源可开发量及质量

由于各个城市的地理环境、工程地质、水文地质、土地利用情况、城市环境、城市面临的问题各不相同，要对一个城市的地下空间资源有一个明确的认识，有必要对城市的地下空间资源进行评估，明确城市地下空间资源量及其分布和质量情况，落实城市地下空间的可开发量。[8]

3.3.2.3 通过地下空间需求预测得出城市地下空间发展规模

通过前述的城市地下空间需求预测，得出其开发利用的需求性质和数量、需求发生的空间位置以及需求程度等，为地下空间开发利用近期、长远战略目标和规划决策提供基本的参考依据。

3.3.2.4　对城市地下空间进行保护性开发

城市地下空间开发要与经济发展相适应，避免脱离社会盲目开发；在城市建设过程中，地下空间作为城市可持续发展的空间资源应得到保护，以空间储备的形式，为未来城市更新与改造预留空间；要确定科学合理的地下空间分层开发模式，提高地下空间资源的利用率，避免大面积开发利用浅层地下空间对进一步开发深层地下空间的影响，进而导致地下空间资源的浪费；在确定城市地面空间布局时，应充分考虑地下与地上空间相互协调，整体开发，避免地下空间滞后于地上空间情况的发生。[11]

3.3.2.5　充分结合市场经济背景及我国国情，建立相关管理及立法体制

在地下空间开发中应结合我国市场经济背景及我国现阶段经济社会发展实际，充分重视投资者在地下空间建设和开发中的作用和要求，制定既面向投资者需求又保障政府对其合理引导与控制的配套政策，建立相关管理及立法体制。[9]

3.4　地下空间规模预测

地下空间开发利用的规模与城市发展对地下空间的需求量有关。地下空间需求量取决于城市发展规模、社会经济发展水平、城市的空间（含地上、地下）布局、人们的生活方式、信息等科学技术水平、自然地理条件、法律法规和政策等多种因素。地下空间需求量是整个城市空间需求量的一部分，不可能脱离整个城市空间的需求，单独预测地下空间需求量。

3.4.1　地下空间需求量预测方法

3.4.1.1　人均指标法

预测方法：

以城市人口为参数，通过预测得到未来年份的城市人口，再根据各类指标计算人均总用地量，两者相乘得到各年的用地总需求量，对比各年市区实际陆地面积，得到地下空间总需求量。

计算公式：

人均总用地量 = 人均生活居住用地 + 人均公共建筑用地 + 人均公共绿地 + 人均广场道路用地；

用地总需求量 = 预测的城市人口 × 人均总用地量；

地下空间总需求量 = 用地总需求量—地上空间需求量。

基本思想：分系统预测、人均指标法、地上不足地下补。[12]

3.4.1.2　生态法

预测方法：

依据生态城市指标推导城市空间总需求量，然后依据地上与地下空间的空间协调系数，进而确定地下空间的总需求量。

计算公式：

$$S_{总}=(CL+\frac{CA}{n}+RA+GL)\cdot §\cdot P(m^2) \quad (3\text{-}4\text{-}1)$$

式中 $S_{总}$——城市生态空间需求总容量；

CL——城市人均建设用地指标；

CA——城市人均建筑面积指标；

n——容积率，是指项目建设用地范围内全部建筑面积与规划建设用地之比；

RA——城市人均道路面积指标；

GL——人均公共绿地指标；

P——规划城市建成区内从事第三产业的人口；

$§$——开发强度系数，考虑到生态空间作为城市发展空间需求的相对较高层次，所以在城市立体化空间开发过程中不会一次性开发建设完所需的全部空间容量，因而在对其容量进行预测的过程中，对于各指标的标准值应乘以开发强度系数，对于不同发展阶段该系数值有所不同，可结合城市发展目标及近期、远期规划最终给定 $§$ 值（$0 < § < 1$）。

地下空间总需求量 = 地上空间总需求量 ×I（空间协调系数，是地上、地下空间比例）

基本思想：分系统预测、人均指标法、地上地下开发量比例法。[13]

3.4.1.3　专家系统经验赋值法

预测方法：

采用专家问卷调查法与因子分析法得到地下空间需求量的 5 个影响因素：地面容积率、土地利用性质、区位、轨道交通、地下空间现状。

建立需求预测模型，对模型中的地下空间需求强度指标，采用专家系统经验赋值法来标定，用上述 5 个影响因素进行校正。根据专家系统经验赋值法标定城市不同区域的地下空间需求。

专家系统经验赋值法：首先根据区位进行需求等级划分，然后根据用地性质进行需求等级划分，最后对不同需求等级进行赋值。

基本思想：专家经验赋值。[14]

3.4.1.4　分系统单项指标预测法

预测方法：

将城市地下空间需求划分为 9 个单系统需求：居住区地下空间需求、公共设施用地地下空间需求、道路广场绿地地下空间需求、工业及仓储区地下空间需求、轨道交通系统需求、地下公共停车系统需求、地下道路及综合隧道系统需求、防空防灾系统需求以及地下战略储库需求。

居住区预测模型思路：可根据人均人防面积、户均停车数、居住区公建地下化率来推算居住区人均地下空间需求量。

地下空间需求量 = 人均需求量 × 人口数量。

公共设施用地预测模型思路：以地下空间开发强度或地下地上建筑比例为指标，地下空间开发强度乘以建设用地的面积即可得到地下空间需求量。广场和绿地、工业及仓储区的预测模型思路与此相同。

地下空间开发强度是预测地下公共设施用地模型的直接指标，但是却无法直接得到，需要通过其他影响因素指标推算。需引入地价、容积率、用地类型、轨道交通、人口密度等影响因素。

城市基础设施各系统（轨道交通、地下公共停车、地下道路及综合隧道）预测模型思路：城市基础设施各系统由相关专业规划决定，对地下空间的需求是已知的，故只需根据规划进行测算。防空防灾系统、地下战略储库也是依据规划测算。

基本思想：分系统预测、人均指标法、地上地下开发量比例法、数学相关性、根据专业规划。[15]

3.4.1.5　类比法

预测方法：

以国内外类似城市、类似地区已建成地下空间的规模为参考，分析城市地下建筑规模占地上总建筑规模的比例。根据规划区与参考城市中心区发展阶段、发展目标、规划范围、轨道交通等条件相近程度，赋予不同的值，确定该规划区地下建筑规模与地上总建筑规模的比值；再依据上层次规划中确定的地上建筑总规模，计算出规划区地下空间开发总量。

地下空间总需求量 = 地上空间总需求量 $\times I$（空间协调系数，是地上、地下空间比例）。

基本思想：类比法、地上地下开发量比例法。[16]

3.4.1.6　功能补充法

预测方法：

功能补充法是通过分析区域整体功能缺失和局部地块更新难易，将重点地段地面缺失功能的规模统筹规划至可更新地块地下空间的规模论证方法。功能补充法主要适用于城市更新需求迫切、地面限制因素显著、规划占地面积较大的已建成区重点地段。

步骤：

①对比重点地段所属区域各项城市功能的规划布局，结合人口密度分布，原则

判定该地段缺失的主要功能。

②根据重点地段的规划人口和《城市公共设施规划规范》GB 50442—2008 中的相关指标，计算得到该地段缺失功能的规模总量。

③考虑总规定位、"五线" 控制、更新难度、用地性质、轨道站点、市政管线等因素，筛选出重点地段中可进行地下空间开发的地块。

④汇总筛选地块地面可用于补充地段缺失功能的开发量。该开发量与步骤②中地段缺失功能总量的差值即为该重点地段地下空间开发的总体规模。

⑤通过总体规模和地块面积得出地下空间开发层数，验算重点地段地下空间开发规模的合理性。

地下空间容量 = 功能缺失总量 – 地面该功能可开发量

基本思想：地上不足地下补。[17]

3.4.1.7　空间预测法

预测方法：空间测算法是以地下不同空间深度的主导功能所决定的空间尺度为基本依据，排除空间限制因素从而得到地下可建设区域的规模论证方法。该方法从纯粹的功能和空间入手，因此适用于地下空间限制复杂、规划功能相对单一的城市重点地段。[17]

3.4.1.8　预估待验法

预测方法：

预估待验法既是一种以规划部门初步估算为推手、联合其他部门检验结果最终校核得到合理数值的规模论证方法，更是一套应对目前职能部门流程设置谨严与投资主体前期策划匮乏之间矛盾的项目运作策略。其主要适用于投资主体明确、规划区域敏感、涉及部门众多的城市重点地段。[17]

3.4.1.9　统计分析法

预测方法：

地下空间总体发展规模采用统计分析的方法，通过对地下空间及人防工程历年建设的数据分析，核定现状地下空间开发建设的增长速度，推算规划期末地下空间增长的总规模。[18]

3.4.1.10　固定资产投资法校核

预测方法：

根据地下空间研究中心的相关研究成果显示，城市地下空间建设的合理投资额与城市社会固定投资呈正比例关系，我国特大城市的每年地下空间的投入约占城市社会固定资产的 1/120~1/150。计算得到预测年的地下空间总投资额，然后除以单位面积地下空间开发成本就能得到预测年地下空间的总规模。[18]

3.4.2 地下空间开发规模预测方法体系

通过总结常见的地下空间开发规模预测方法，提出了地下空间开发规模预测方法体系（图 3-4-1）。

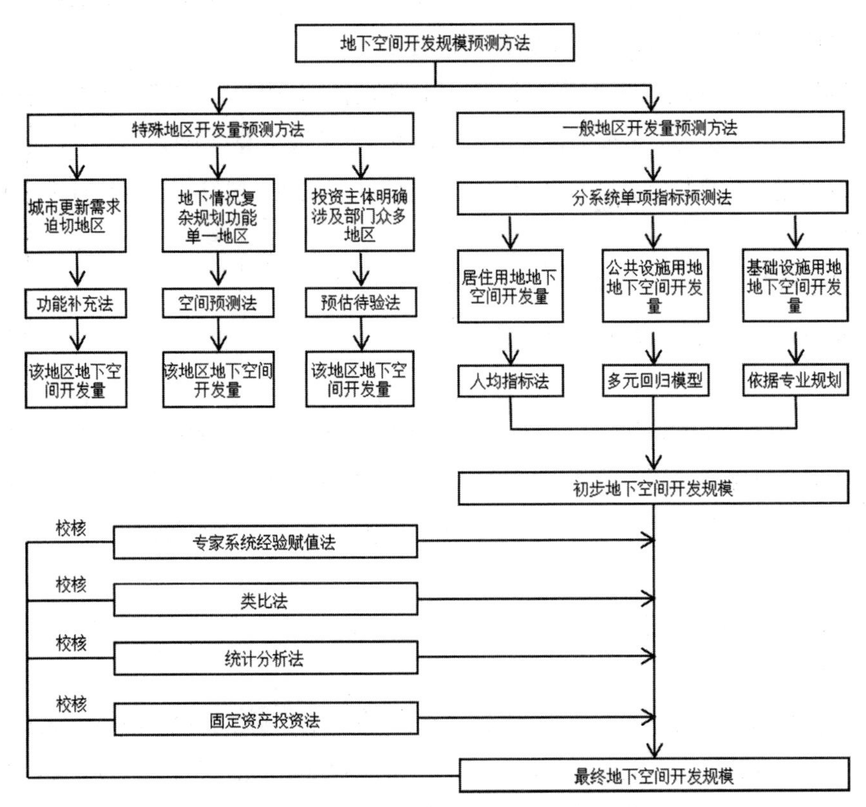

图3-4-1 地下空间开发规模预测体系图

地下空间预测分为一般地区地下空间预测与特殊地区地下空间预测。

3.4.2.1 特殊地区地下空间开发规模预测

对于城市更新需求迫切、城市建成区面积较大，部分功能缺失的地区，应该采用功能补充法进行地下空间开发规模的预测。

对于地下空间情况复杂，已经存在一些地下空间构筑物且开发功能单一的地区，应该采用空间预测法进行地下空间开发规模的预测。

对于投资主体明确，地下空间开发涉及多个管理部门的地区，采用预估待验法进行地下空间开发规模的预测。

3.4.2.2 一般地区地下空间开发规模预测

对于一般地区，应该以分系统单项指标预测法为基础得到初步地下空间开发规模，通过专家系统经验赋值法、类比法、统计分析法和固定资产投资法进行校核，得到最终地下空间开发规模。

分系统单项指标预测法针对不同的用地类型和城市系统采用不同的预测方法，最后将各系统的地下空间预测规模加起来，得到城市的地下空间开发规模。不同的用地类型采用不同的预测方法，这样更加科学，同时预测过程也更容易实现。

专家系统经验赋值法比较依赖专家的经验，所以不具有普遍适用性。对于类比法而言，每个城市各有不同，地下空间开发量不能通过简单的类比进行确定。统计分析法和固定资产投资法是通过简单的数学方法进行的预测，城市发展变化很快，预测难度较大。所以，专家系统经验赋值法、类比法、统计分析法和固定资产投资法都不适合作为地下空间预测的基础方法，但是可以作为校核方法，对地下空间的开发规模进行修正。

3.4.3 案例分析：芜湖市地下空间开发规模预测

本次芜湖市地下空间开发规模预测主要采用统计分析法、分项预测法、经验比值法和人均指标法进行预测，并用固定资产投资法校核。

3.4.3.1 统计分析法

地下空间总体发展规模采用统计分析的方法，通过对地下空间及人防工程历年建设的数据分析，核定现状地下空间开发建设的增长速度，推算规划期末地下空间增长的总规模。

根据芜湖市地下空间建设规模现状统计分析（图 3-4-2），2008~2014 年间地下空间每年平均新增建筑量约为 110 万 m^2，规划地下空间建筑量以每年 80 万 ~110 万 m^2 的速度增加，估算 2030 年新增地下空间总规模约为 1280 万 ~1760 万 m^2。现状地下空间建成面积约 905.40 万 m^2，则至 2030 年地下空间开发总量约为 2185.4 万 ~2665.4 万 m^2，人均量约为 6.4~7.8m^2。

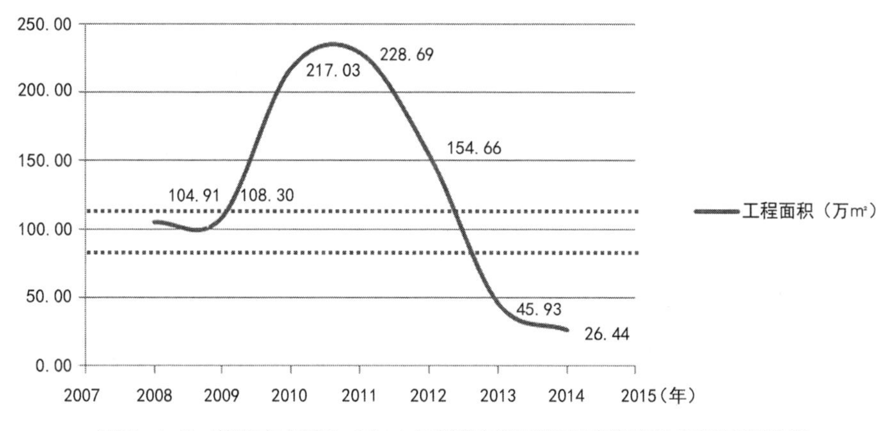

图 3-4-2 芜湖市 2008~2014 年间每年新增地下空间审批项目建设规模

资料来源：芜湖市城市地下空间暨人防工程综合利用规划（2015~2030）

3.4.3.2　分项预测法 Q

根据重点性原则，把握几类主要地下设施的开发规模，对于地下空间总体开发规模则可以通过对几类设施规模的比例适当放大来给出一个总体概念上的预测。由于许多地下设施的规模不能进行预测，并且其相对城市地下空间开发利用的总体规模要小得多，可以忽略不计，所以在总体发展需求预测中，我们主要预测地下道路与交通设施、地下公共空间（包括地下公共管理与公共服务设施和地下商业服务业设施）、地下市政公用设施、地下人防设施这四个方面的开发规模，再结合国内外城市发展的经验，通过设定一定的比例，确定其他地下设施的规模，然后将各类地下设施预测的规模相加，预测出城市地下空间开发的总体规模。

（1）地下道路与交通设施规模预测

地下道路与交通设施系统分为动态交通系统和静态交通系统两类。地下动态交通系统包括地下轨道交通、地下步行道路和地下车行道路等，地下静态交通系统主要指地下停车场。

1）地下轨道交通设施

按我国现行的轨道交通设计标准，再结合地下轨道交通建设的实际情况，每米区间隧道需要开发地下空间的值平均可取 $20m^2$，每座车站的建筑面积值平均可取 1.2 万 m^2。故轨道交通的地下空间的需求规模可以通过下式计算：

$$U_M=A\times 20+B\times 1.2\times 10^4 \tag{3-4-2}$$

式中　U_M——轨道交通建设对地下空间的需求规模；

A——轨道交通建设的线路长度；

B——轨道交通建设的车站总数。

根据《芜湖市轨道交通建设规划（2016—2020 年）》，规划期内，地下轨道交通线网长度为 9.45km，地下站 5 座（表 3-4-1）。

轨道交通建设对地下空间的需求预测　　表 3-4-1

	规划轨道交通长度 A（m）	规划轨道交通车站数 B（座）	地下空间需求总量 U_M（万 m^2）
需求量	9450	5	24.89

2）地下步行道路

地下步行道路主要存在于流量很大的十字路口下、轨道交通换乘场站、地下商业街等地区，以缓解较大的交通压力。

由于地下步行道路的需求量与其他各项量相比要小很多，城市总体层面上的规模需求预测可以忽略不计。

3）地下车行道路

计算公式：

$$U_R = D \times L \quad （3-4-3）$$

式中 U_R——地下道路开发需求规模；

D——地下道路宽度；

L——地下道路总长度。

目前，芜湖市现状无地下车行道路。

根据芜湖市火车站修建性详细规划方案，在火车站南北两侧分别布置地下道路，地下道路长度分别为450m和420m，地下空间规模2.09万m^2。

根据《芜湖市城市总体规划（2012—2030年）》，建设大工山路过江通道，机动车双向六车道，地下道路长度4770m，地下空间规模11.45万m^2。

则芜湖市地下车行道路为13.54万m^2。

4）地下公共停车场

根据《芜湖市中心城区停车场（库）专项规划（2014—2030）》，2030年芜湖市公共停车泊位数约4万个。

根据芜湖市城市发展的需要及特点，结合芜湖市公共停车现状情况，同时对比国内地下公共停车比例，从而确定芜湖市中心城区地下公共停车比例为25%。

故地下公共停车需求规模可以通过下式计算：

$$UP_{（公共）}=P \times S \quad （3-4-4）$$

式中 $UP_{（公共）}$——公共地下车库开发需求规模；

P——地下停车泊位需求数；

S——平均单个地下停车位所占的建筑面积。

通过计算得出，芜湖市公共停车地下泊位数为1万个，平均单个地下停车位所占的建筑面积取35m^2。最终得出，芜湖公共地下车库开发需求规模为35万m^2。

5）配建停车

按照《芜湖市中心城区停车场（库）专项规划（2014—2030）》，配建停车泊位约125万个，按照配建停车地下化率约80%，地下车位面积35m^2/个。

根据芜湖市城市发展的需要及特点，结合芜湖市公共停车现状情况，同时对比国内地下公共停车比例，从而确定芜湖市中心城区地下配建停车比例为80%。

故地下配建停车需求规模可以通过下式计算：

$$UP_{（配建）}=P \times S \times C \quad （3-4-5）$$

式中 $UP_{（配建）}$——配建地下车库开发需求规模；

P——地下停车泊位需求数；

S——平均单个地下停车位所占的建筑面积；

C——按照实际建设情况折算系数，取值 0.5。

通过计算得出，芜湖市配建停车地下泊位数为 100 万个，平均单个地下停车位所占的建筑面积取 35m^2。最终得出，芜湖配建地下车库开发需求规模为 1750 万 m^2。

6）地下道路与交通设施总需求量

最终得出，2030 年芜湖中心城区地下道路与交通设施总需求量为 1823.42 万 m^2（表 3-4-2）。

芜湖地下道路与交通设施预测统计表　　表 3-4-2

	地下轨道交通	地下车行通道	地下公共停车	地下配建停车	合计
地下空间需求量（万 m^2）	24.89	13.54	35	1750	1823.42

（2）地下公共服务设施规模预测

1）地下商业设施规模

国内外成熟商圈经验，地下商业设施不宜超过区域商业设施总量的 20%。根据《芜湖市商业网点规划（2013—2030）》建议未来需要控制地下商业开发量，芜湖市规划期末地下商业设施占城市集中建设区商业设施总量的比例取 10%~15%，则地下商业设施规模为 65 万 ~97 万 m^2 左右。

2）地下公共服务设施规模总量

考虑到芜湖市的一些特殊情况：现状地下公共服务设施还未形成系统，以地下商业为主，开发利用深度不够，仅局限于浅层。

本次规划取芜湖市城市集中建设区地下商业设施占地下公共服务设施总量的 60% 左右，由此可以推出地下公共服务设施的需求量约为 110~160 万 m^2。

（3）地下市政公用设施规模预测

地下市政公用设施主要为综合管廊和地下垃圾转运站，规模为 18.77 万 m^2。

（4）人防设施规模预测

根据人防工程需求预测与计算，规划期末芜湖市指挥工程、医疗救护工程、防空专业队工程、人员掩蔽工程和配套工程总量约 649.22 万 m^2。

（5）地下空间需求总量预测

即规划期末，芜湖市城市集中建设区地下空间需求总量为 2504.48~2599.48 万m^2，人均量为 7.4 万 ~7.5m^2（表 3-4-3）。

3.4.3.3　经验比值法

按照各类用地的规模及开发强度，估算地上建筑规模，并按照一定比例估算地下空间建筑规模，计算公式为：

芜湖市城市集中建设区地下空间需求总量预测一览表　　表 3-4-3

	地下道路与交通设施	地下公共服务业设施	地下市政公用设施	人防设施（去除重复计算：人防设施总量的 50%）	需求总量
地下空间需求量（万 m^2）	1823.42	110~160	18.77	324.61	2504.48 ~ 2599.48
比例放大系数	a=1.1				

地下空间新增开发规模 =（新增用地面积 + 现状用地面积 × 现状改造比例 – 禁建区用地面积）× 平均容积率 × 地下开发与地上比例

（1）各类用地指标确定

1）各类建设用地规划新增用地面积

根据《芜湖市城市总体规划（2012–2030 年）》《安徽省江北产业集中区总体规划（2013–2030）》（送审稿）及芜湖市现状用地状况，计算出到 2030 年城市集中建设区内各类用地新增建设用地面积。

2）平均容积率

参照《合肥市城市规划管理技术规定》中建筑容积率控制指标，并根据目前芜湖市城镇建设的经验以及未来发展，估算出芜湖市集中建设区内各类城市建设用地的平均容积率。

3）地下与地上开发比例

考虑到芜湖市未来用地集约化的需求，借鉴国内外类似城市的经验，估算出各类用地地下与地上开发的比例。

（2）各类用地新增地下空间开发规模（表 3-4-4）

现状及规划期末集中建设区内各类用地指标一览表　　表 3-4-4

序号	用地性质	用地代码	现状用地面积（hm^2）	规划用地面积（hm^2）	规划新增用地面积（hm^2）	平均容积率	现状用地改造比例	地下与地上开发比例
01	居住用地	R	5201.33	10372	5170.67	1.6	5%	10%~15%
02	公共服务与公共管理用地	A	1305.70	3086.45	1780.75	1.5	5%	5%~10%
03	商业服务业用地	B	1194.18	3318.32	2124.14	2.0	10%	10%~20%
04	工业用地	M	6889.72	8229.65	1339.93	0.4	—	1%~2%
05	物流仓储用地	W	559.58	1744.12	1184.54	0.4	—	2%
06	道路与交通设施用地	S	1778.03	4925.48	3147.45	—	—	—
07	市政公用设施用地	U	251.07	611.97	360.90	0.4	5%	4%~5%
08	绿地与广场	G	1546.52	4977.31	3430.79	0.1	—	8%~10%
总计	城市建设用地		18725.51	37000	18274.49	—	—	—

1）居住用地

现状建成区居住用地为 5201.33hm^2，规划新增用地面积为 5170.67hm^2，现状改造比例按 5% 估算，平均容积率取 1.6，地下与地上开发比例取 10%~15%，则新增地下空间开发规模为 868.92 万 ~1303.38 万 m^2。

2）公共服务与公共管理用地

现状建成区公共服务与公共管理用地为 1305.70hm^2，规划新增用地面积为 1780.75hm^2，现状改造比例按 5% 估算，平均容积率取 1.5，地下与地上开发比例取 5%~10%，则新增地下空间开发规模为 138.45 万 ~276.91 万 m^2。

3）商业服务业用地

现状建成区商业服务业用地为 1194.18hm^2，规划新增用地面积为 2124.14hm^2，现状改造比例按 10% 估算，平均容积率取 2.0，地下与地上开发比例取 10%~20%，则新增地下空间开发规模为 448.71 万 ~ 897.42 万 m^2。

4）绿地与广场

新开发或再开发的城市广场和大型公共绿地，可以作为未来地下空间资源的开发利用途径和储备资源，是新增单建城市人员掩蔽工程的主要场所。城市集中建设区内规划新增绿地与广场用地面积为 4977.31hm^2，平均容积率取 0.1，地下与地上开发比例取 8%~10%，则新增地下空间开发规模为 27.45 万 ~34.31 万 m^2。

5）工业用地

工业区多为单层厂房，地下空间开发利用主要应按人防要求，并适当开发地下空间用于关键生产线的防护和重要设备、零部件的贮存等。城市集中建设区内规划新增工业用地面积为 1339.93hm^2，平均容积率取 0.4，地下与地上开发比例取 1%~2%，则新增地下空间开发规模为 5.36 万 ~10.72 万 m^2。

6）物流仓储用地

仓储物流园区地下空间应按人防要求用于贵重物资的安全贮存和部分货运车辆的防护。城市集中建设区内规划新增物流仓储用地面积为 1184.54hm^2，平均容积率取 0.4，地下与地上开发比例取 2%，则新增地下空间开发规模为 9.48 万 m^2。

7）市政公用设施用地

城市新建区域鼓励综合管廊的建设，在市中心区及对城市景观有重要要求的地区，鼓励新增基础设施向地下化转移。城市集中建设区内规划新增市政公用设施用地面积为 360.90hm^2，平均容积率取 0.4，现状改造比例按 5% 估算，地下与地上开发比例取 4%~5%，则新增地下空间开发规模为 5.98 万 ~7.47 万 m^2。

（3）规模总量预测

按照上述指标，计算得出规划期内城市集中建设区地下空间新增建筑量约为 1504.34 万 ~2539.68 万 m^2，加上现状地下空间 905.40 万 m^2，地下空间总量达到

2409.74万~3445.08万m^2，人均量为7.1~10.1m^2。

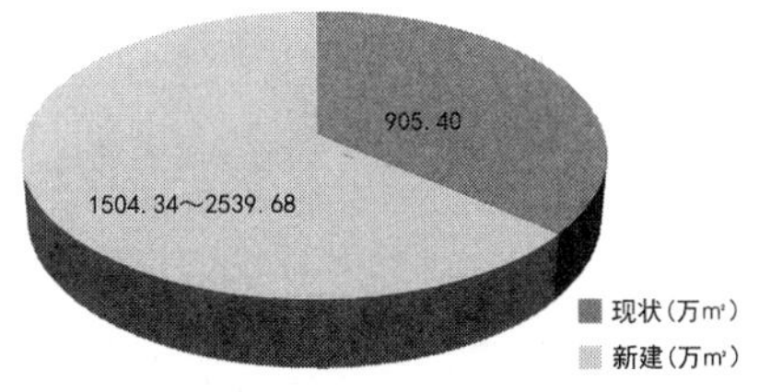

图3-4-3 规模总量预测

资料来源：芜湖市城市地下空间暨人防工程综合利用规划（2015-2030）

3.4.3.4 人均指标法

依据《城市地下空间规划标准》GB/T 51358—2019（条文说明）预测地下空间规模，由于标准中预测的内容不包括轨道交通、地下市政道路、市政管线及特殊工程等地下空间。因此，本预测方法地下空间开发利用总量包括三个部分：地下空间规模（不含地下交通设施和地下市政公用设施）、地下交通设施规模、地下市政公用设施规模。

（1）地下空间规模预测（不含地下交通设施和地下市政公用设施）

1）计算公式

地下空间总体规划规模预测，应依据地下空间资源评估成果，综合地下空间人均面积指标、规划人口、用地布局、社会经济发展水平及人防等要素确定。可按如下公式测算：

地下空间利用总体规模＝规划区人口规模 × 城市地下空间人均建筑面积指标 × 社会经济发展水平系数 × 地下空间开发利用系数

公式中的城市地下空间人均建筑面积指标、社会经济发展水平系数、地下空间开发利用系数可参考表3-4-5~表3-4-7的数值。

2）规划指标的选取

2030年，中心城区规划人口为280万人，江北产业集中区可提供承载60万人的居住空间，则地下空间人均面积指标取4.0m^2/人，考虑到芜湖现状人均面积较高

城市地下空间人均建筑面积指标参考值　　表3-4-5

集中建设区人口规模（万人）	城市地下空间人均建筑面积指标（m^2/人）
小于100	1.3~2.0
100~500	2.0~4.0
500~1000	3.0~5.0
300以上	—

资料来源：《城市地下空间规划标准》GB/T 51358—2019

社会经济发展水平系数参考值　　表3-4-6

年人均国内生产总值（人民币 元/人）	社会经济发展水平系数
不大于49351	0.50~1.00
大于49351	1.01~1.50

资料来源：《城市地下空间规划标准》GB/T 51358—2019

地下空间开发利用系数参考值　　表 3–4–7

地下空间适建区面积占建设用地面积的比例（%）	地下空间开发利用系数
不大于 30.0	0.3
30.0~45.0	0.6
45.0~60.0	0.9
60.0 以上	1.2

资料来源：《城市地下空间规划标准》GB/T 51358—2019

等因素以及相应的幅度，取 3.0~5.0 m^2/ 人；根据《芜湖市城市总体规划（2012—2030 年）》，2030 年人均国内生产总值大于 49351 元 / 人，则社会经济发展水平系数取 1.2；由于近年来芜湖市地下停车量剧增，地下停车库开发量较大，大大增加了地下空间的开发量，2030 年，地下空间开发占建设用地比例取 45%~60%，则地下空间开发系数取 0.9。

3）地下空间规模预测（不含地下轨道交通设施和地下市政公用设施）

按照上述指标，代入公式得出：

地下空间规模为：340 ×（3.0~5.0）× 1.2 × 0.9=1101.6 万 ~1836.0 万 m^2，即地下空间规模约为 1101.6 万 ~1836.0 万 m^2。

（2）地下空间规模总量预测

综上所述，芜湖市到 2030 年地下空间开发规模总量为 1145.26 万 ~1879.66 万 m^2，人均量为 3.4~5.5m^2（表 3–4–8）。

集中建设区地下空间规模总量预测统计表　　表 3–4–8

地下空间类别	地下空间（不含地下轨道交通设施和地下市政公用设施）	地下轨道交通交通设施	地下市政公用设施	地下空间规模总量
地下空间规模（万 m^2）	1101.6~1836.0	24.89	18.77	1145.26~1879.66

3.4.3.5　地下空间需求预测结论

综上所述，2030 年芜湖市城市集中建设区地下空间规模总量及人均指标预测结果见表 3–4–9。

预测到 2030 年，芜湖市城市集中建设区地下空间规模总量约为 2500 万 m^2，人均量约为 7.4m^2。

3.4.3.6　固定资产投资法校核

根据地下空间研究中心的相关研究成果显示，城市地下空间建设的合理投资额与城市社会固定投资呈正比例关系，我国特大城市的每年地下空间的投入约占城市社会固定资产的 1/120~1/150。表 3–4–10、图 3–4–4 所示为芜湖市 2008~2014

芜湖市 2030 年地下空间规模总量及人均指标预测一览表　　表 3-4-9

预测方法	地下空间规模总量（万 m^2）	地下空间人均指标（m^2/ 人）
统计分析法	2185.4~2665.4	6.4~7.8
分项预测法	2504.48~2559.48	7.4~7.5
经验比值法	2409.74~3445.08	7.1~10.1
人均指标法	1145.26~1879.66	3.4~5.5
推荐值	2500	7.4

年固定资产投资额，从 2008 年的 614.95 亿元到 2014 年的 2392.64 亿元，年均增速为 25.4%。

按固定资产投资额年均增速为 25%，测算出 2030 年芜湖市社会固定资产投资总额约为 8.5 万亿元，城市地下空间投资总额在 567~708 亿元，地下空间建设成本按照 3000~3500 元 /m^2 计算，可推测出规划期内新增地下空间面积约 1619~2361 万 m^2，加上现状地下空间 905.4 万 m^2，地下空间总量可达到 2524.4~3266.4 万 m^2，人均量为 7.4~9.6m^2。

2008~2014 年芜湖市固定资产投资一览表　　表 3-4-10

年份	固定资产投资（亿元）	GDP（亿元）
2008	614.95	749.65
2009	900.69	902
2010	1220.1	1108.63
2011	1354.21	1658.24
2012	1700.79	1873.63
2013	2040.65	2099.53
2014	2392.64	2307.9

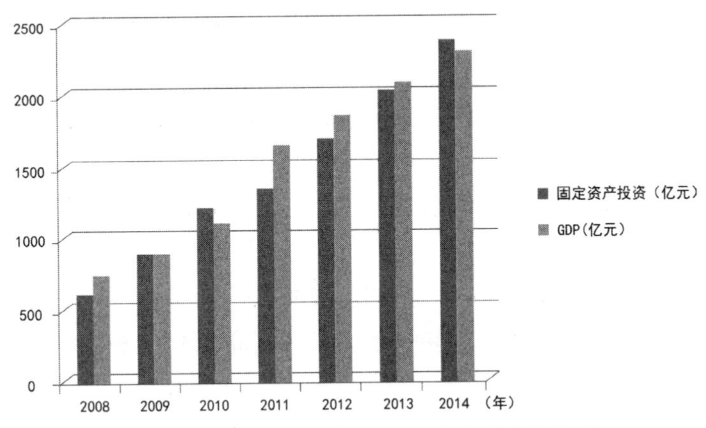

图 3-4-4　2008~2014 年芜湖市固定资产投资概况

资料来源：芜湖市城市地下空间暨人防工程综合利用规划（2015—2030）

综上所述，规划期末城市集中建设区建设能力可以满足本规划预测的地下空间总量（2500 万 m^2），地下空间需求总量预测结果较为合理。[18]

本章注释

[1] 地下空间百度词条 https：//baike.baidu.com/item/ 地下空间 /1408548.
[2] 高忠，张兴胜，何芳 . 城市地下的空间利用及制度的研究 [J]. 中国房地产，2015：60-63.
[3] 陈志龙，刘宏 . 城市地下空间总体规划 [M]. 南京：东南大学出版社，2011：37.
[4] 郭宁，尹鹏程，张浩，等 . 徐州市地下空间建设用地供给探讨 [J]. 安徽农学通报，2017，04：9-12.
[5] 董丕灵 . 城市地下空间开发需求的规模预测 [J]. 上海建设科技 . 2006，02：34-37.
[6] 顾新，于文悫，李蓓蓓，等 . 城市地下空间规划标准 GB/T 51358—2019[S]. 北京：中国计划出版社，2019：10.
[7] 王敏 . 城市发展对地下空间的需求研究 [D]. 上海：同济大学，2006：46-50.
[8] 陈志龙，刘宏 . 城市地下空间总体规划 [M]. 南京：东南大学出版社，2011：36-66.
[9] 束昱，路姗，赫磊，等 . 城市地下空间规划理论方法与编制体系 - 青岛 [G]. 上海：同济大学地下空间研究中心：15-23.
[10] 姜云，吴立新，杜立群 . 城市地下空间开发利用容量评估指标体系的研究 [J]. 城市发展研究，2005，5：48.
[11] 叶蕾 . 城市发展新趋势下的地下空间保护性开发研究 [J]. 城市建设理论研究（电子版），2011，23：6-9.
[12] 陈立道，陶一鸣，韩广秀 . 上海市地下空间需求预测 [J]. 地下空间，1990，01：25-33.
[13] 杨林德，戴胜 . 城市生态地下空间开发总量研究 [J]. 民防苑，2006，S1：73-76.
[14] 陈志龙，王玉北，刘宏，等 . 城市地下空间需求量预测研究 [J]. 规划师，2017，10：10-13.
[15] 刘俊 . 城市地下空间需求预测方法及指标相关性实证研究 [D]. 北京：清华大学，2009：28.
[16] 姚文琪 . 城市中心区地下空间规划方法探讨——以深圳市宝安中心区为例 [J]. 城市规划学刊，2010，7：40.
[17] 王瀚，程婧 . 城市重点地段地下空间开发规模论证方法初探——以武汉市为例 [C]// 中国城市规划学会 . 转型与重构——2011 中国城市规划年会论文集 . 南京：东南大学出版社，2011：7037-7041.
[18] 上海同济城市规划设计有限公司 . 芜湖市城市地下空间暨人防工程综合利用规划 [Z]. 2016，11，说明书：38-41.

第4章

城市地下空间布局

城市的总体布局是通过城市主要用地组成的不同形态表现出来的。城市地下空间的总体布局是在城市性质和规模大体确定，城市总体布局形成后，在城市地下可利用资源、城市地下空间需求量和城市地下空间合理开发量的研究基础上，结合总体规划中的各项方针、策略和对地面建设的功能形态规模等要求，对城市地下空间的各组成部分进行统一安排、合理布局，使其各得其所，将各部分有机联系后形成的。城市地下空间布局是城市地下空间开发利用的核心，用以指导城市地下空间的开发工作，并为下阶段的详细规划和规划管理提供依据。

城市地下空间布局，是城市社会经济和技术条件、城市发展历史和文化、城市中各类矛盾的解决方式等众多因素的综合表现。因此，城市地下空间布局要力求合理、科学，能够切实反映城市发展中的各种实际问题并予以恰当解决。

当然，城市地下空间布局受到社会经济等历史条件和人的认识能力的限制，同时由于地下空间开发利用相对滞后于地上空间，因此，随着城市建设水平的不断提高，人们对城市地下空间作用认识的不断加深，对城市地下空间布局也将不断改变和完善。所以，在确定城市地下空间布局时，应充分考虑城市的发展和人们对城市地下空间开发利用认识的提高，为以后的发展留有充分的余地，即对城市地下空间资源要进行保护性开发，也即城市规划的“弹性”。[1]

4.1 城市地下空间适建区划分

城市地下空间适建区是城市地下空间开发利用的主要区域。城市地下空间总体规划应根据城市国土空间总体规划的功能和空间布局要求，在城市地下空间资源评估和需求分析的基础上，进一步将适建区分为城市地下空间重点建设区和一般建设区，并对其建设内容和开发强度进行引导。城市地下空间重点建设区包括城市重要功能区、交通枢纽和重要车站周边区域，其开发应满足功能综合、复合利用的要求，城市地下空间一般建设区应以配建功能为主。[2] 如图 4-1-1、图 4-1-2 所示。

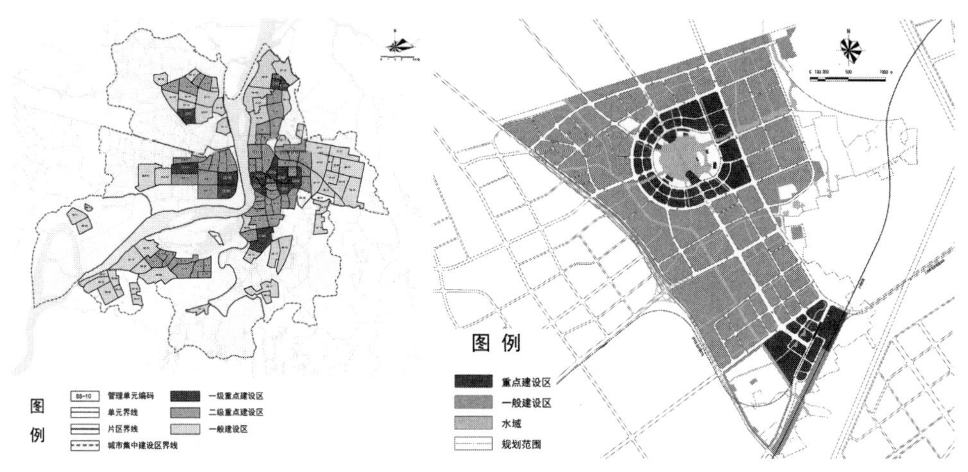

图 4-1-1　芜湖市地下空间管控分区图
资料来源：芜湖市城市地下空间暨人防工程综合利用规划

图 4-1-2　太仓市科教新城地下空间建设分区图
资料来源：太仓市科教新城地下空间规划研究及沪通铁路太仓南站周边区域地下空间利用规划

4.1.1　城市地下空间重点建设区

城市地下空间重点建设区是指地下空间功能要素集中、公共活动人群密集的地区，一般包括城市高强度开发的商务中心区、商业中心区、行政中心区等重要功能区和主要轨道交通车站（枢纽站和重要换乘站）周边半径 500m 地区两类。城市地下空间重点建设区规划鼓励地块间地上、地表、地下的相互连通，形成完善的步行网络。[2]

参考国内多个城市地下空间规划案例，一级重点建设区一般为总体规划确定的城市商务中心区、商业中心区、行政中心区和交通枢纽地区、公共设施集中地区等市级重要功能区，地下开发强度为 0.30~0.60。二级重点建设区一般为城市总体规划确定的城市副中心、重要商务区、重要商业区等地下空间开发利用的集中区，地下开发强度为 0.25~0.35。[2]

4.1.2　城市地下空间一般建设区

城市地下空间一般建设区指地下空间适建区内除重点建设区以外的地区。城市地下空间一般建设区规划以人民防空和停车配建功能为主，与轨道交通车站周边联系较密切地块，在与地面功能协调的前提下，从有利于实现土地的合理利用和提高步行通道空间舒适性角度出发，可进行地下商业开发。

参考国内多个城市地下空间规划案例，一般建设区通常为城市一般地区，地下开发强度为 0.10~0.25。[2]

4.2 城市地下空间功能、结构与形态的关系

城市地下空间布局的核心是城市地下空间主要功能在地下空间形态演化中的有机构成，它主要研究城市地下空间之间的内在联系，同时考虑人们对城市地下空间开发利用认识的提高，城市化的进程、城市发展过程中各种矛盾的出现，在不同时间和空间发展中的动态关系也是研究的重点。其工作任务是根据城市发展战略，在分析城市地下空间作用和使用条件的基础上，将城市地下空间各组成部分按其不同功能要求、不同发展序列，有机地组合在一起，使城市地下空间有一个科学、合理的布局。

城市地下空间是城市空间的一部分，因此，城市地下空间布局以国土空间总体布局为依据，以城市地下活动的承载为重点。城市的功能、结构与形态将作为研究城市地下空间布局的切入点，通过城市地下空间发展的内涵关系的全面把握，提高城市地下空间布局的合理性和科学性。[1]

4.2.1 城市发展与城市地下空间功能演化

城市是由多种复杂系统所构成的有机体，城市功能是城市存在的本质特征，是城市系统对外部环境的作用和秩序。城市地下空间功能是城市功能在地下空间上的具体体现，城市地下空间功能的多元化是城市地下空间产生和发展的基础，是城市功能多元化的条件。但一个城市地下空间的容量是有限的，若不强调城市地下空间功能的分工，势必造成城市地上地下功能的失调，无法实现解决各种城市问题的目的。

城市地下空间的开发利用是由于城市问题不断出现，人们为了解决这些问题而寻求的出路之一，因此，城市地下空间功能的演化与城市发展过程密切相关。在工业社会以前，由于城市的规模相对较小，人们对城市环境的要求相对较低，城市交通矛盾不够突出，因此城市地下空间开发利用很少，而且其功能也比较单一。进入工业化社会后，城市规模越来越大，城市的各种矛盾越来越突出，城市地下空间就越来越受到重视，最典型的是 1863 年世界第一条地铁在英国伦敦建造，这标志着城市地下空间功能从单一功能向以解决城市交通为主的功能转化。此后，世界各地也相继建造了地铁，以解决城市日益增长的交通问题。

随着城市的发展和人们对生态环境要求的提高，特别是 1987 年联合国环境与发展委员会提出城市可持续发展议程后，城市地下空间的开发利用已从原来以功能型为主，转向以改善城市环境、增强城市功能并重的方向发展，世界许多国家的城市出现了集交通、市政、商业等一体的综合地下空间开发，如巴黎拉·德方斯地区、

蒙特利尔地下城和北京中关村西区等综合型地下空间开发项目。

今后，随着城市的发展，城市用地越来越紧张，人们对城市环境的要求越来越高，城市地下空间功能必将朝以解决城市生态环境为主的方向发展，真正实现城市的可持续发展。[3]

4.2.2 城市地下空间功能、结构与形态的关系

城市地下空间的功能是城市地下空间发展的主体和核心。城市地下空间的结构是空间形态的抽象总结，是城市地下空间构成的主体，分别以经济、社会、用地、资源、基础设施等方面的系统结构来表现，并纳入非物质的构成要素，如政策、体制、机制等。城市地下空间形态是具体表象，具有动态变化等特征，是一种复杂的经济、社会、文化现象和过程。从城市地下空间形态的变化也可看到城市发展轨迹的缩影。吴良镛教授指出："城市形态的探求不仅是模式的追求，而是一种发展战略研究，它来自更高的目标的追求。"城市地下空间功能、结构与形态三者的协调关系是城市地下空间发展研究的关键。

城市地下空间功能和结构之间应保持相互配合、相互促进的关系。一方面，功能的变化往往是结构变化的先导，城市地下空间常因功能上的变化而最终导致结构的变化。另一方面，结构一旦发生变化，又要求有新的功能与之相配合。通过城市地下空间功能、结构和形态的相关性分析，可以进一步理解城市地下空间功能、结构和形态之间相关的影响因素，在总体上力求强化城市地下空间综合功能，完善城市地下空间结构，以创造完美的地下空间形态。[1]

4.3 城市地下空间功能的确定

4.3.1 地下功能确定的原则

城市地下空间功能的确定是地下空间规划的重要内容，根据城市地下空间的特点，功能确定应遵循下面的原则。

4.3.1.1 合理分层的原则

城市地下空间开发应遵循"人在地上，物在地下""人的长时间活动在地上，短时在地下""步行在地上，车行在地下"等原则。目的是建设以人为本的现代城市，与自然相协调发展的生态城市，将尽可能多的地表空间留给人休憩，享受自然。

4.3.1.2 因地制宜的原则

根据地下空间的特性，对适宜进入地下的城市功能应尽可能地引入地下，不适应的城市功能不应盲目引进。技术的进步拓展了城市地下空间功能的范围，原来不适应的可以通过技术改造变成适应的，地下空间的内部环境与地面建筑室内环境的

差别不断缩小即证明了这一点。因此对于这一原则应根据这一特点进行辩证分析，具有一定的前瞻性，同时对阶段性的功能给予一定的明确。

4.3.1.3 上下呼应的原则

城市地下空间的功能分布与地面空间的功能分布有很大联系，地下空间的开发利用是地面的补充，扩大了容量，满足了对某种城市功能的需求，地下管网、地下交通、地下公共设施均有效地满足了城市发展对其功能空间的需求。

4.3.1.4 多元协同的原则

城市的发展不仅要求扩大空间容量，同时应对城市环境进行改造，地下空间开发利用成为改造城市环境的必由之路，单纯地扩大空间容量不能解决城市综合环境问题，单一地解决问题对全局并不一定有益，交通问题、基础设施问题、环境问题是相互作用、相互促进的，因此必须做到“一盘棋”，即协调发展。城市地下空间规划必须与地面空间规划相协调，做到城市地上、地下空间资源统一规划，才能实现城市地下空间对城市发展的重要作用。[1]

4.3.2 地下空间的功能类型

4.3.2.1 人防工程（空间）

人防工程包括不能转换的人防工程和可转换的人防工程。不能转换的人防工程包括通信指挥工程、防空专业队工程等；可转换的人防工程包括医疗救护工程、人员掩蔽工程、人防物资储备设施等。可转换的人防工程应结合工程特点，兼顾平时城市交通、公服、市政等功能进行规划、设计、建设。

4.3.2.2 非人防工程（空间）

非人防工程包括地下动静态交通空间、地下市政空间、地下公共服务空间（包括地下商业空间、地下文化娱乐空间、地下科研教育空间、地下行政办公空间、地下体育健身空间等）、地下仓储物流空间等。非人防空间以满足城市需求，缓解城市动静态交通矛盾等功能为主，应根据开发规模、项目区位以及与其他地下设施的关系等条件，兼顾相应的人防功能。[1]

4.3.3 地下空间的主要功能

4.3.3.1 居住空间

地下室或半地下室中的居住环境条件一般不如地面，属于低标准的居住条件。日本有法律禁止在地下室中住人，就是出自这种考虑。在经济和技术方面都达到一定水平后，或由于某种特殊需要，例如为了节能，使地下居住环境接近地面上的标准还是可能的，在可以预见的未来，大量人口到地下空间中居住是不现实的。

4.3.3.2 业务空间

作为办公、会议、教学、实验、医疗、社会福利等各种业务活动的地下空间。这些一般不需要天然光线的短时间活动内容，当具备良好的人工环境时，安排在地下空间内是很适合的。

4.3.3.3 商业空间

商业本身也是一种业务活动，包括批发、零售、金融、贸易等，因一般规模较大，参与活动的人数较多，在地下空间中的商业活动又较普遍，故可作为一项独立的内容。商业活动在地下空间中进行，可吸引地面上大量人流到地下去，有利于改善地面交通，在一些气候严寒多雪或酷热多雨地区，购物活动在地下空间更受居民欢迎。但是由于地下环境封闭，在人员非常集中的情况下，必须妥善解决安全与防灾问题。

4.3.3.4 活动空间

像文化、娱乐、体育等活动，即使在地面建筑中，也多采用人工照明和空气调节。因而在地下空间中进行就更为合适，但其中影剧院由于人员集中，疏散不便，在没有可靠的安全措施时不宜布置。

4.3.3.5 交通空间

这是城市地下空间利用开始最早和迄今最为普遍的一项内容，也是目前在城市生活中起作用最大的一种地下设施。城市动态交通的一部分转入地下后，因快速、方便、安全、不受气候影响而受到广泛的欢迎，快速轨道交通、高速公路和步行道路均可布置在地下，承担城市客运量的相当地下空间还为城市静态交通服务，如车站设在地下，乘降和换乘方便，减少地面上的人流；停车场放在地下，容量大，位置适中，节省城市用地。从长远看，一些物资的运输，如邮件、日用商品、食品等，在地下进行是完全可能的。

4.3.3.6 市政空间

主要是指各种城市公用设施的管线等所占用的地下空间，包括各个系统的一些处理设施，如自来水厂、污水处理场、垃圾处理场、变电站等。其中管线过去多分散直接埋置在浅层地下空间中，对城市建设和地下空间的综合利用不利，因此发展方向应当是综合化、廊道化。

4.3.3.7 生产空间

在地下进行某些军事工业、轻工业或手工业生产是适宜的，特别对于精密性生产，地下环境就更为有利。

4.3.3.8 储存空间

地下环境最适合于储存各种物资，故地下储库是地下空间利用最广泛的内容之一。在地下储存物资成本低，质量高，经济效益显著。此外，封闭的环境对于储存珍贵图书、文物、贵金属等，比在地面上安全得多；把某些危险品和有害的城市废弃物储存在深层地下空间中，对安全和环境都是有利的。

4.3.3.9 防灾空间

地下空间对于各种自然和人为灾害都具有较强的防护能力，因而被广泛用于防灾。在近几十年中，一些国家建造了大量地下核掩蔽所等民防工程，这些工程对于平时的防灾也是有效的，无灾害时可以发挥其他使用功能。

4.3.3.10 埋葬空间

不论是实行土葬还是火葬，利用地下空间都符合许多民族和国家的传统习俗；问题在于在地下埋葬后，在地面上仍要占用一块土地。应采取移风易俗措施，使埋葬、存放、殡仪、纪念等活动均能在地下空间中进行。

此外，中国等历史悠久的国家，地下埋藏的古墓和文物很多，这些文物和古墓所占用的地下空间，应妥善保留起来，这也是地下空间利用的一项内容。[3]

4.3.4 地下空间功能的引入

如第1章所述，城市地下空间设施可分为8大类、27中类，城市地下空间应优先布局地下交通设施、地下市政公用设施、地下防灾设施和人民防空工程等功能。当地下民用设施与此类设施发生冲突时，应坚持此类设施优先的原则。地下轨道交通设施布局应为地下市政设施预留足够的建设空间。

在满足地下交通设施、地下市政公用设施、地下防灾设施布局的前提下，可根据实际建设需要并结合地面功能，适度布局地下公共管理与公共服务设施、地下商业服务业设施和地下物流仓储设施等功能，不应布局居住、养老、学校（教学区）和劳动密集型工业设施等。[2]

4.4 城市地下空间功能的演进

4.4.1 城市地下空间发展阶段与功能特征

城市地下空间开发一般遵循以下几个阶段，如表4–4–1所示[1]。

城市地下空间发展阶段分析表　　表4–4–1

	初始化阶段	规模化阶段	网络化阶段	地下城阶段
功能类型	地下停车、人防	地下商业、文化娱乐等	地下轨道交通、综合管廊	地下城市综合体、现代化地下交通和基础设施系统
发展特征	单体建设、功能单一、规模较小	以重点项目为聚点，以综合利用为标志	以地铁系统为骨架，以地铁站点综合开发为节点的地下网络	交通、物流、市政等实现地下系统化构成的城市生命线系统
布局形态	散点分布	聚点扩展	网络延伸	立体城市
综合评价	基础层次	基础与重点层次	网络化层次	功能地下系统化层次

4.4.2 城市地下空间开发各发展阶段规划要点

城市地下空间规划应符合城市经济和社会发展水平，与国土空间总体规划所确定的空间结构、形态、功能布局相协调；依托城市发展阶段和地下空间开发的需求特征，通过对地下空间开发的功能类型、发展特征、布局形态、总体定位等方面进行宏观层面的规划与引导。

以珠海市为例，其地下空间开发当前处于规模化的发展阶段，结合城市经济社会发展水平、城市性质、发展战略与发展目标，判断本次规划期末，珠海市地下空间开发的阶段和功能有以下几个特征，如表 4-4-2 所示。[1]

规划期末珠海市地下空间发展阶段与功能分析表　　表 4-4-2

发展阶段	现状（2014 年）	近期规划（2020 年）	远期规划（2030 年）
功能类型	人防单建工程、平战结合地下商业服务业、地下停车、隧道、人行通道等	地下综合体、地下交通设施、地下综合管廊、地下变电站等	地下能源物资储备、地下污水处理设施
发展特征	单体建设、功能单一、规模较小	以重点项目为聚点，以综合利用为标志	以轨道交通系统为骨架，以地铁站点港珠澳交通枢纽、口岸枢纽的综合开发节点，逐步向周边区域扩展
布局形态	散点分布	聚点扩展	网络架构，节点延伸
总体定位	人防工程分布广泛，功能类型相对单一；少数结合对外交通枢纽、地面商业中心建设的重点项目较为突出；开发层次上，以浅层地下空间资源开发为主	重点扩展的聚点发展层次，表现为以地下空间开发利用为手段，建设服务于城市可持续发展的各类地下现代化城市功能设施，较成熟发达的地下商业服务设施；开发层次上则表现出对浅层地下空间资源的充分开发利用	快速增长的网络化发展层次，表现为在城市基础设施能满足城市持续发展需求的基础上，以开发利用地下空间资源为手段，来创造更加舒适宜人的城市环境；开发层次以浅层地下空间资源的充分开发利用，少量接近次浅层

4.5 地下空间发展模式

城市地下空间不仅是城市形态的体现，还是城市功能的延伸和拓展，是城市空间结构的反映。城市地下空间的形态是各种地下结构、形状和相互关系所构成的与城市形态相协调的地下空间系统，是一种非连续的人工空间结构，表现为平面和竖向的不连续，城市地下空间的表现形式可以概括为点状地下空间、线状地下空间、由点状和线状地下空间设施构成的较大面状地下空间等。

城市地下空间布局可划分为四种模式："中心联结" 模式、"整体网络" 模式、"轴向滚动" 模式和 "次聚焦点" 模式。[4]

4.5.1 “中心联结”发展模式

指通过建设城市中心区的整体连片的地下空间（地下城），由地铁线网连接城市其他区域的布局模式，相邻建筑间设置地下联络通道，通道两侧设置为商业设施，并最终与地铁车站相连形成网络，此种模式的城市中心区地下空间几乎包含了所有的功能。这种发展模式以加拿大的蒙特利尔和多伦多最具代表性。如图 4–5–1 所示。

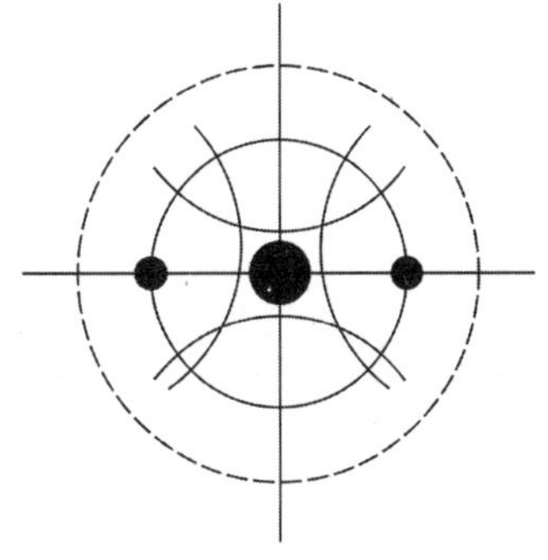

图 4-5-1 “中心联结”模式[5]

4.5.2 “整体网络”发展模式

指在较小的范围内高强度地开发地下空间的布局模式，此种模式的地铁线网非常发达，并且地铁车站往往与城市上部空间的高层建筑地下部分相结合，多数存在于节奏快速的超大城市，以香港、纽约的 CBD 地区地下交通网络体系为代表。如图 4–5–2 所示。

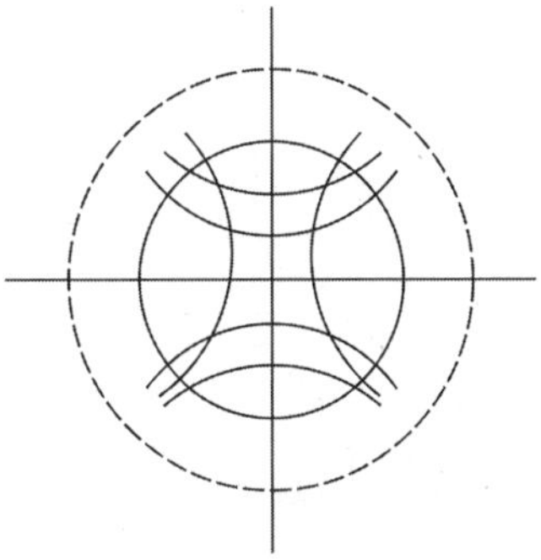

图 4-5-2 “整体网络”模式[5]

4.5.3 “轴向滚动”发展模式

指一种全面立体化的布局模式，在利用地铁线网或地下街所形成的发展轴上，地下空间不断发展。此种模式的地铁线路或地下街交会点成了大型地下综合体的建设最佳位置，以线性空间的形式来组织区域地下空间系统连接区内各建筑和地铁车站，以东京和大阪为代表。如图 4–5–3 所示。

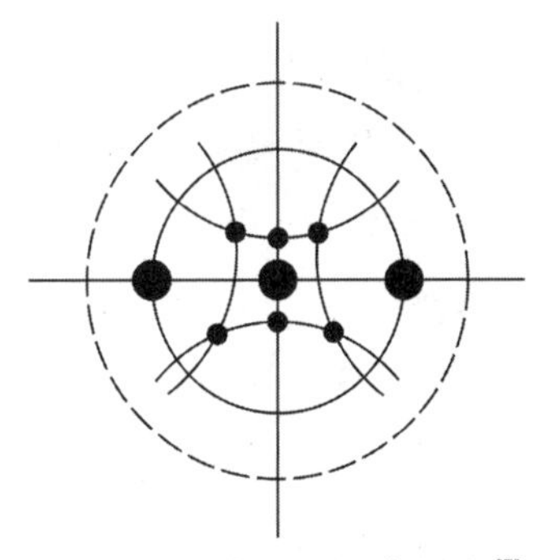

图 4-5-3 “轴向滚动”模式[5]

4.5.4 “次聚焦点”发展模式

指发生在新区开发建设中的布局模式，以疏解大城市中心职能为目的结合城市新区开发，主动针对综合空间体系进行城市设计，地上地下联合开发，综合处理人、车、物流和建筑间的关系。由于此种模式中的新区开发条件完善，没有较多的地面形态以及建筑的影响，有利于大规模的地下空间特别是大型公共空间（综合体）的有序建设。在城市地下空间规划中，可将以上几种开发布局模式综合起来考虑，以形成功能更加紧凑的城市中心区，以法国巴黎拉·德方斯新区为代表。如图 4–5–4 所示。

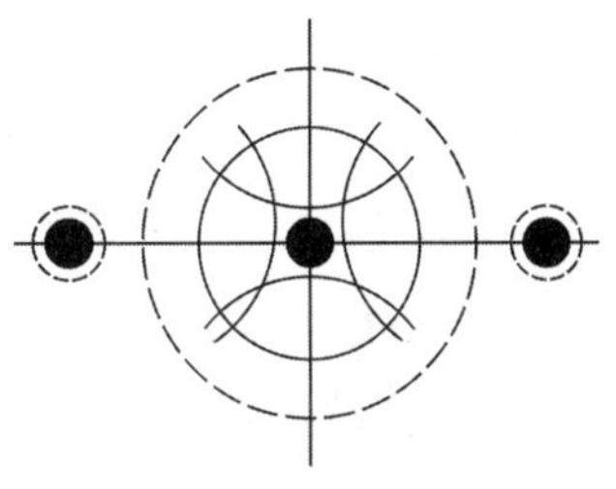

图 4-5-4 “次聚焦点”模式[5]

由于我国大、中城市规模的不断扩大，城市中心区的功能也会扩散为多个城市核心或城市中心，如上海市的徐家汇、五角场、真如和花木等副中心。这种城市中心区内部功能的调整必然会带来城市空间上的变化，通过连接各个核心之间的地铁线网形成"轴向滚动"的地下空间布局模式，在城市中心区、轨道交通站点周边的地区鼓励地下空间的复合开发，提高土地利用效率。如图 4-5-5 所示。

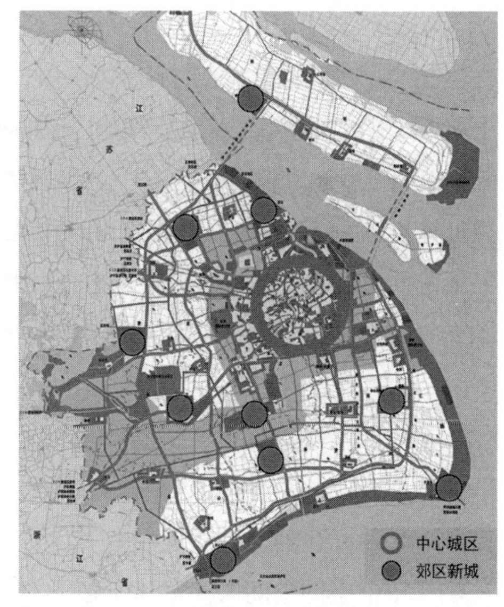

图 4-5-5 上海地下空间开发重点区域分布图

4.6 城市地下空间的总体布局

4.6.1 地下空间布局的基本原则

尽管城市地下空间规划是国土空间总体规划下的一个专项规划，但由于城市地下空间涉及城市的方方面面，同时要考虑与城市上部空间的协调，城市地下空间的布局是一个开放的巨大的系统，因此，在研究城市地下空间布局时，除要符合城市总体布局必须遵循的基本原则外，还应遵循下面的基本原则。

4.6.1.1 持续发展的原则

可持续发展的概念是在 1987 年提出的。挪威前首相布伦特兰夫人及其主持的由 21 个国家的环境与发展问题著名专家组成的联合国环境与发展委员会（World Commission on Environment and Development），在全球范围内历经 900 天的调查研究，于 1987 年 4 月发表了长篇调查报告《我们共同的未来》，它系统地阐述了人类所面临的一系列重大经济、社会和环境问题，正式提出了可持续发展的概念，即"既能满足当代人的需求，又不对后代人满足其需求的能力构成危害的发展"。这一概念得到了全世界的广泛接受和认可，并于 1992 年在巴西召开的联合国环境与发展政府首脑会议上得到共识，从而成为全世界社会经济发展所遵循的基本原则。

我国政府于 1994 年发表了《中国 21 世纪议程——中国 21 世纪人口、环境与发展白皮书》，其中也明确"在现代化建设中，必须把实现可持续发展作为一个重大战略，要把控制人口、节约资源、保护环境放到重要位置，使人口增长与社会生产力的发展相适应，使经济建设与资源、环境相协调"。建设布局合理、配套设施齐全、环境优美、居住舒适的人类社区，促进相关领域的可持续发展，成为城市总体布局的基本原则之一。

可持续发展涉及经济、自然和社会三个方面，涉及经济可持续发展、生态可持续发展和社会可持续发展协调统一，具体地说，在经济可持续发展方面，不仅重视经济增长数量，更注重和追求经济发展质量，绝不能走“先污染、后治理”的老路，加大社会环保意识，整治污染于产生的源头，解决污染于经济发展之中。要善于利用市场机制和经济手段来促进可持续发展，达到自然资源合理利用与有效保护、经济持续增长、生态环境良性发展的根本目的。

在生态可持续发展方面，要求发展的同时，必须保护和改善生态环境，保证以持续的方式使用可再生资源，使城市发展不能背离环境的承受能力。

在社会可持续发展方面，控制人口增长，改善人口结构和生活质量，提高社会服务水平，创建一个保障公平、自由、教育、人权的社会环境，促进社会的全面发展与进步，建立可持续发展的社会基础。此外，历史文化传统、生活方式习惯也是实现可持续发展的衡量标准和决策取舍的参照依据。

在城市地下空间布局中，坚持贯彻可持续发展的原则，力求以人为中心的经济社会自然复合系统的持续发展，以保护城市地下空间资源、改善城市生态环境为首要任务，使城市地下空间开发利用有序进行，实现城市地上地下空间的协调发展。

4.6.1.2　系统综合的原则

当今我国的经济体制已经开始转变，城市化进入加速发展阶段，城市数量不仅有了大幅度的增加，城市规模也迅速膨胀，城市用地紧张，城市问题的严重性和普遍性在某些地区明显加剧，甚至呈现出区域化的态势。在实际工作中，空间资源的整体性和社会经济发展的连续性要求我们不能就城市论城市，而要从更宽的视野，从更高的层面上寻求问题的妥善解决。需要增强城市立体化、集约化发展的观念，以促进城市的整体发展。

城市的发展不是城市的简单扩大，而是体现新的空间组织和功能分工，具有更高级的复杂多样的秩序，土地等资源的集约作用，要求城市有更多空间选择，这些双向互补的关系，既为城市增添了发展的原动力，也为城市地上地下空间的协调发展提出了更高的要求。

城市地下空间规划的实践证明，城市地下空间必须与地上空间作为一个整体来分析研究。这样，城市交通、市政、商业、居住、防灾等才能统一考虑、全面安排，这是合理制订城市地下空间布局的前提，也是协调城市地下空间各种功能组织的必要依据。城市地下空间得到地上空间的支持，将充分发挥城市地下空间的功能作用，反过来会有力地推动城市地上空间的合理利用；当城市地上空间发展了，城市地下空间就有它的生命力，城市可持续发展就有了坚实的基础。城市的许多问题局限在城市地上空间这个点上很难得以全面地解决，综合地考虑城市地上空间和地下空间的合理利用，城市问题的解决就不至于陷于孤立和局部的困境之中。

4.6.1.3　区域协同的原则

城市中心区是城市发展的核心，随着现代城市理论的不断丰富，城市中心区也衍生出多种功能不同的内涵，如城市行政中心、商务中心、交通枢纽以及新城中心等。这些城市的中心具有不同的功能内涵，在空间上有分有合。日本在20世纪80年代后，为配合城市更新事业的展开，将旧市中心结合地下街进行城市设计改造，并对地下街内部进行维护和重新设计，甚至与城市地面空间整合为新的城市公共空间。因此，城市不同区域地下空间的功能应与地面空间功能相适应，地下空间功能要起到优化地面空间功能的作用，尤其是要建立完善的地上、地下综合的交通系统，促进城市中心区的交通立体化并最大限度地实现地面步行化。城市行政中心地下空间要开发地铁站、停车、会议办公、文化等设施，城市商务中心要开发地铁、停车、大型商业、文化旅游、娱乐、健身等设施，城市交通枢纽要根据城市的交通节点疏散需求考虑结合地铁、地下道路、地下商业等多功能的综合体。

4.6.1.4 环境协调的原则

城市空间是城市人工环境和自然环境共同作用的三维空间，是城市社会和经济系统的重要载体，对城市生态系统具有重要的影响。作为人类生态系统的一个重要组成内容，城市环境具有动态性和不平衡性的特点，表现在城市空间要素之间的离散和不协调。新时期城市环境的可持续发展对城市上、下部空间的有机协调要求越来越高，地下空间与地面道路、广场、建筑、公园绿地等之间的关系越来越密切。一方面，地下空间开发中通过“采光天窗”“下沉广场”等将地面开散的空间、充沛的阳光、新鲜的空气和优美的园林绿化景观引入地下空间环境，使大面积园林绿化与地面建筑街道、广场以及地下空间有机融为一体；另一方面，地下空间开发利用的指导思想包括扩大城市空间容量容纳更多的城市功能等方面，更重要的是通过借助于地下空间开发，降低了地面上的建筑密度，扩大开敞空间的范围，这样就有可能增加城市绿地面积，提高绿化率，从而增加地面的开敞空间和绿化，实现城市地面大气环境的改善，构筑现代意义上的“森林城市”“山水城市”和“生态城市”。如果大部分机动车辆转入地下空间行驶和停放，废气和噪声的污染将明显减轻，也应视为地下空间对城市生态环境所起的积极作用。该原则应考虑到地面种植乔木和地面雨水渗透等生态环境的需要，还要注意地下建筑的布局不应覆盖全部开发区域，控制地下建筑出入口的数量与位置，以提高地下建筑空间的可达性。

4.6.1.5 以人为本的原则

中国历史上的人本思想，主要是强调人贵于物，“天地万物，唯人为贵”。在紧凑城市形态的理念下，应该倾向于“人性化”的设计思想，在对地下空间利用的研究加以优先排序时，必须先把地下空间对人的影响排在第一位。“人性”是人区别于其他动物的特质、基本属性，主要区别在于人有精神活动和心理运作。城市地下空间有着“立体化”的空间属性，城市地下空间的总体布局、整合与协调，除了满足人们在使用上的功能要求，还应考虑人们对空间的物理环境感受、生理安全感受和心理安全感受。人性化环境是以人的生理、心理行为和文化特质为出发点的环境，它融汇了现实世界的各种因素，是生活的外化，因而它能为人类的生存活动提供物质及精神方面的条件，寓含人类活动的各种意义。因此，“人性化”设计，也就是指设计中要从人的具体需要、心理行为特征出发进行空间设计，以满足人在空间中的活动为最终目的的设计思维模式，其主要内容包括满足人们的生理需求、心理需求和精神需求三个层次，为人们创造具有自然亲和力的环境和良好的精神方面的感受，提升城市地上、地下空间的品质。

4.6.1.6　综合效益的原则

地下空间土地利用的需求由存在于当代城市中的许多因素激发而生，其中包括地价上涨、缺少扩展空间、城市土地消费量增长、用地分散、交通堵塞、城市效率低以及维护费用高等。通过城市地下空间的总体布局规划，可以满足城市空间不断增长的需求和城市地下公共空间的开发利用，能够在更大的范围内为城市带来良好的经济效益、环境效益和社会效益。取得最佳的综合效益是城市地下空间开发的主要目的，为此，必须深入研究城市地下开发空间区域的社会、经济、环境等的现状与开发条件，认真分析地下空间开发所获取的最直接的效益是什么。

4.6.1.7　近远结合的原则

城市地下空间的开发与建设对城市建设起着至关重要的作用，是一次涉及大系统、大投资的决策行为，并且在很大程度上具有不可逆性。在经济实力和技术水平尚不具备大规模开发条件时，若盲目在城市重要地段进行开发，势必造成地下空间资源的浪费，成为今后高层次开发的障碍。由于各地经济发展不平衡，城市问题突出、经济实力较强的城市可以进行大规模的地下空间开发利用，但必须从前期决策到项目实施以及具体规划设计都要作出详细论证。即使暂无条件开发的城市也应着手前期研究，减少建设的盲目性，树立城市建设全局和长远的观点。

开发地下空间是城市发展的新课题，首次开发是否成功，会在很大程度上影响未来发展，如果顺利，可能在短时间内统一认识并蓬勃发展起来，如果首期失败，则也可能将城市地下空间大规模开发的时间大大地滞后，所以城市地下空间规划的合理与否相当重要。[1]

4.6.2　国外地下空间布局理论

4.6.2.1　欧仁·艾纳尔（Eugene Henerd）

著名法国建筑师欧仁·艾纳尔堪称倡导地下空间开发利用的先驱，他著名的思想如下：

（1）环岛式交叉口系统

他提出为了避免车辆相撞和行驶方便，只需车辆朝同一个方向行驶，并以同心圆运动相切的方式出入交叉口。与此同时，为了解决人车混行的矛盾，在环岛的地下构筑一条人行过街道，并在里面布置一些服务设施，初步显露了利用地下空间解决人车分流的思想。

（2）多层交通干道系统

欧仁·艾纳尔就城市空间日益拥挤的问题，于1910年提出了多层次利用城市街道空间的设想。干道共分五层，布置行人和汽车交通、有轨电车、垃圾运输车、排水构筑物、地铁和货运铁路。"所有车辆都在地下行驶，实现全面的人车分流，使大量的城市用地可以用来布置花园，屋顶平台同样用来布置花园"，他的这些设想，在现代化城市建设和改造中得以实现。

4.6.2.2 勒·柯布西耶（Le Corbusier）

法国著名学者勒·柯布西耶在其所著的《明日之城市》及《阳光城》中非常具有远见地阐述了城市空间开发实质。

1922年至1925年，柯布西耶在进行巴黎规划时，非常强调大城市交通运输需要，提出建立多层交通体系设想。地下走重型车辆，地面用于市内交通，高架道路用于快速交通，市中心和郊区通过地铁及郊区铁路相连接，使市中心人口密度增加，柯布西耶的思想实质可归纳为两点：其一，就是指出传统的城市出现功能性老朽，在平面上力求合理密度，是解决这个问题的有效方法；其二，就是指出建设多层交通系统是提高城市空间运营的高效有力措施。柯布西耶论证了新的城市布局形式可以容纳一个新型的交通系统。

4.6.2.3 汉斯·阿斯普伦德（Hans Aspliond）

汉斯·阿斯普伦德是著名的"双层城市"理论模式创导者，"双层城市"理论所寻求的是一种新的城市模式，以使城市中心、建筑、交通三者的关系得到协调发展。他通过分析传统的城镇，指出：传统的交通中各种交通在同一平面上混合，新城则是各种交通在同一水平面上的分离，而"双层城市"则要求交通在两个平面上分离。人与非机动车交通在同一平面上，而机动车交通则在人行平面以下，通过这种重叠方式，改变了新城大量城市用地作道路使用的做法，省下的土地扩大了空地和绿化。

4.6.2.4 封闭型再循环系统

日本学者尾岛俊雄在20世纪80年代初提出了在城市地下空间中建立封闭型再循环系统（Recycle System）的构想，把开放型的自然循环转化为封闭型再循环，用工程的方法把多种循环系统组织在一定深度的地下空间中，故又称为城市的"复合回路"（Integrated Urban Circuit）。

在资源有限的条件下，建立这样的系统对于城市未来的发展，无疑具有深远的意义。如图4-6-1所示。

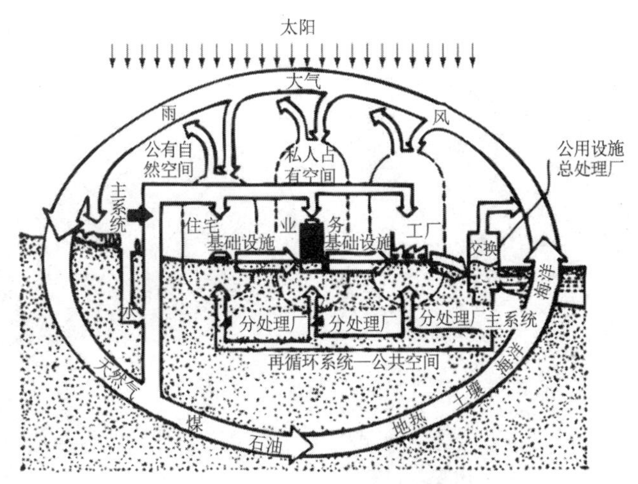

图 4-6-1　城市再循环系统概念示意

资料来源：https：//wenku.baidu.com/view/3072d9baf5335a8103d2203f.html

从欧仁·艾纳尔提出立体化城市交通系统的设想，勒·柯布西耶阐明空间开发实质，直到“双层城市”理论模式的提出与部分实践，均体现了人类对地下空间开发认识这一过程的不断深化。[1]

4.6.3　地下空间平面布局方法

4.6.3.1　以城市形态为发展方向

与城市形态相协调是城市地下空间形态的基本要求，城市形态有单轴式、多轴环状、多轴放射等。如我国兰州、西宁城市为带状，城市地下空间的发展轴应尽量与城市发展轴相一致，这样的形态易于发展和组织，但当发展趋于饱和时，地下空间的形态变成城市发展的制约因素。城市通常相对于中心区呈多轴方向发展，城市也呈同心圆式扩展，地铁呈环状布局，城市地下空间整体形态呈现多轴环状发展模式。城市受到特有的形态限制，轨道交通不仅是交通轴，而且是城市的发展轴，城市空间的形态与地下空间的形态不完全是单纯的从属关系。多轴放射发展的城市地下空间有利于形成良好的城市地面生态环境，并为城市的发展留有更大的余地，如图 4-6-2 所示。

4.6.3.2　以城市地下空间功能为基础

城市地下空间与城市空间在功能和形态方面有着密不可分的关系，城市地下空间的形态与功能同样存在相互影响、相互制约的关系，城市是一个有机的整体，上部与下部不能相互脱节，其对应的关系显示了城市空间不断演变的客观规律。

4.6.3.3　以城市轨道交通网络为骨架

轨道交通在城市地下空间规划中不仅具有功能性，同时在地下空间的形态方面起到重要作用。城市轨道交通对城市交通发挥作用的同时，也成为城市规划和形态演变的

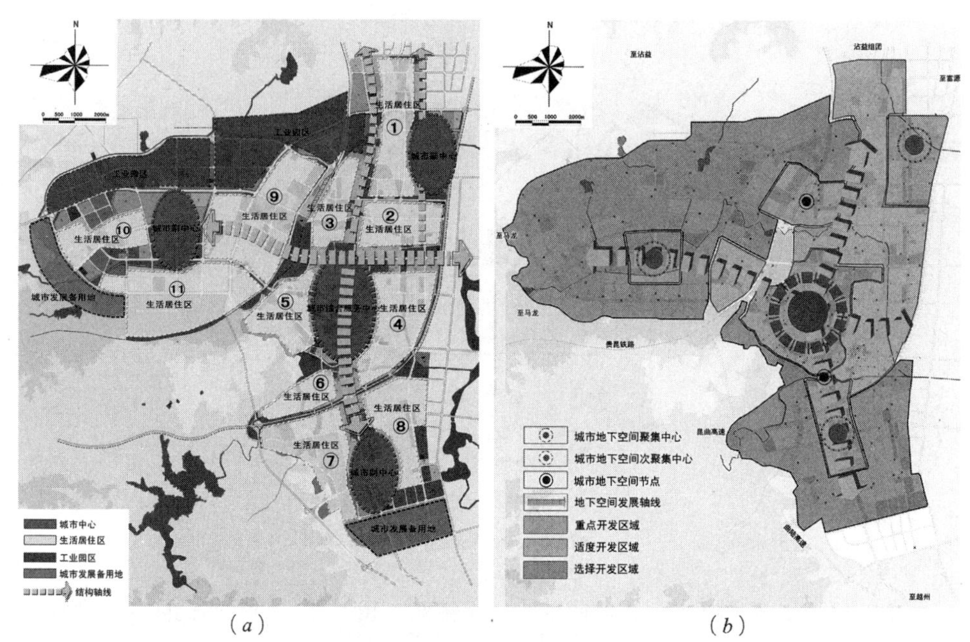

（*a*）（*b*）

图 4-6-2 曲靖市中心城区城市结构与地下空间总体布局图

（*a*）中心城区地面总体结构图；（*b*）中心城区地下空间总体布局图

资料来源：曲靖市中心城区人防和地下空间开发利用规划

重要部分，尽可能地将地铁联系到居住区、城市中心区、城市新区，提高土地的使用强度。地铁车站作为地下空间的重要节点，通过向周围的辐射，扩大地下空间的影响力。

地铁在城市地下空间中规模最大并且覆盖面广，地铁线路的选择充分考虑了城市各方面的因素，将城市中各主要人流方向连接起来，形成网络。因此，地铁网络实际上是城市结构的综合反映，城市地下空间规划以地铁为骨架，可以充分反映城市各方面的关系。图 4–6–3 为南京市地铁网络骨架的地下空间形态。

另外，除考虑地铁的交通因素外，还应考虑到车站综合开发的可能性，通过地铁车站与周围地下空间的连通，增强周围地下空间的活力，提高开发城市地下空间的积极性。

城市地铁网络的形成需要数十年，城市地下空间的网络形态就更需要时日，因此，城市地下空间规划应充分考虑近期与远期的关系，通过长期的努力，使城市地下空间通过地铁形成可流动的城市地下网络空间，城市的用地压力得到平衡，地下城市初具规模，同时城市中心区的环境得到改善。图 4–6–4 是克拉玛依市中心城区以地铁为发展轴的地下空间总体布局。

4.6.3.4 以大型地下空间为节点

城市面状地下空间的形成是城市地下空间形态趋于成熟和完善的标志，它是城市地下空间发展到一定阶段的必然结果，也是城市土地利用、发展的客观规律。

图 4-6-3　南京市地铁网络骨架的地下空间形态

资料来源：http：//www.zhihuirenfang.com/newsDetails/show-922.html

http：//www.lovfp.com/wendangku/zcs/fc0g/j62bc9cdb38v/k376baf1ffc4ffe4733687e21fc02l.html

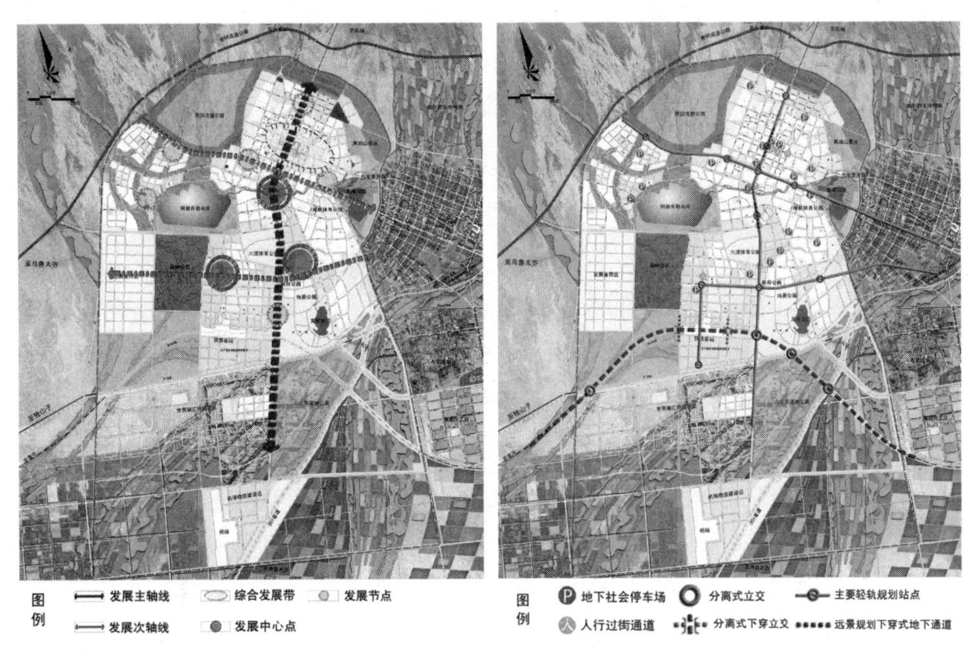

图 4-6-4　克拉玛依市中心城区以地铁为发展轴的地下空间总体布局

资料来源：克拉玛依市城市地下空间利用规划

城市中心是面状地下空间较易形成的地区，对交通空间的需求，对第三产业空间的需求都促使地下空间的大规模开发，土地级差更加有利于地下空间的利用。由于交通的效益是通过其他部门的经济利益显示出来的，因此容易被忽视，而交通的作用具有社会性、分散性和潜在性，更应受到重视，应以交通功能为主，并保持商

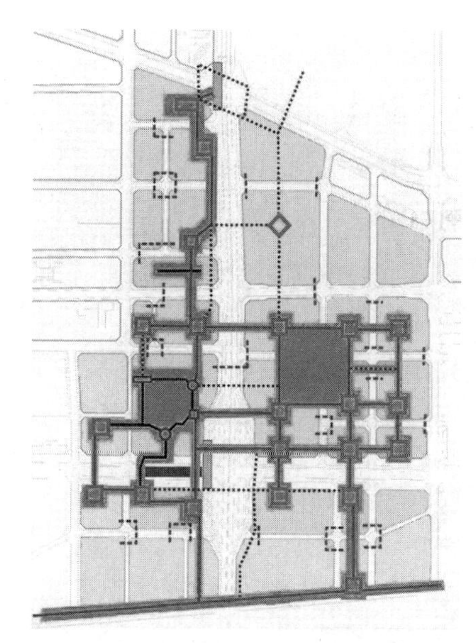
图 4-6-5　以地铁站为节点的地下空间网络状形态

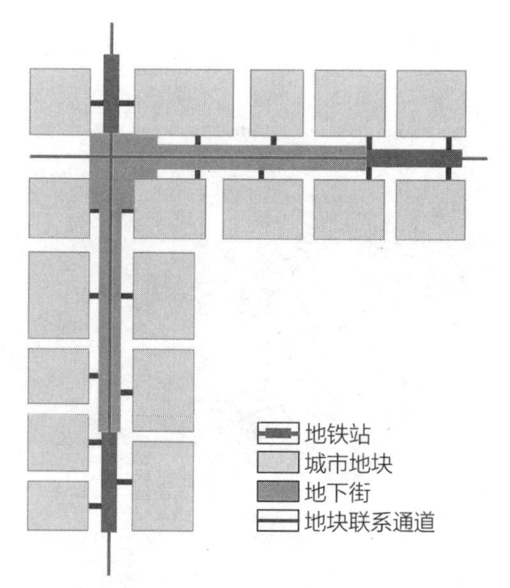

图 4-6-6　以地下街为轴线的脊状地下空间形态

业功能和交通功能的同步发展。面状的地下空间形成较大的人流，应通过不同的点状地下设施加以疏散，不对地面构成压力。大型的公共建筑，如商业建筑、商务建筑等通过地下空间的相互联系，形成更大的商业、文化、娱乐区。大型的地下综合体担负着巨大的城市功能，城市地下空间的作用也更加显著。

在城市局部地区，特别是城市中心区，地下空间形态的形成分为两种情况，一种是有地铁经过的地区，另一种是没有地铁经过的地区。

有地铁经过的地区，在城市地下空间规划布局时，都应充分考虑地铁站在城市地下空间体系中的重要作用，尽量以地铁站为节点，以地铁车站的综合开发作为城市地下空间局部形态，图 4-6-5 为以地铁车站为节点的地下空间网络状形态。

在没有地铁经过的地区，在城市地下空间规划布局时，应将地下商业街、大型中心广场地下空间作为节点，通过地下商业街将周围地下空间连成一体，形成脊状地下空间形态（图 4-6-6 为以地下街为轴线的脊状地下空间形态），或以大型中心广场地下空间为节点，将周围地下空间与之连成一体，形成辐射状地下空间形态。[1]

4.6.4　地下空间竖向布局

理论上，人类开发地下空间的深度可以达到地球相当深度。但是，结合经济因素以及地球环境的考虑，目前开发深度在 100m 以内即可获得可观的开发量。由于这个深度范围内要容纳众多的城市功能，因此需要进行地下空间开发的竖向分层开发，以平衡城市区域内的各种要素，多层分配功能区域，提高城市土地承载力和开发强度，实现紧凑型城市功能。朝鲜出于备战的考虑，同时为了不影响地面建筑的安全，在平壤建成了世界上最深的地铁，垂直深度约有100m，而自动扶梯的长度更是达到150m，为世界各国城市地下深层空间的利用提供了很好的借鉴。如图4–6–7所示。

图4–6–7　朝鲜首都平壤市地铁

资料来源：http：//www.hrbtv.net/folder47/folder51/2018–06–14/278878.html

地下空间竖向分层开发的层次划分要符合地下各类设施的性质和功能要求。紧凑城市功能的实现，要求加强地面建筑物（特别是高层建筑）下的地下空间开发利用，并且强调各个单体地下建筑之间的相互配合，在竖向上统一规划建设。竖向层次的划分除与地下空间的开发利用性质和功能有关外，还与其在城市中所处的位置（道路广场、绿地或地面建筑物下）地形和地质条件有关，应根据不同情况进行规划，特别要注意高层建筑的桩基对城市地下空间使用的影响。丁小平（2008）将城市中心区的地下空间划分为四个层次：地表层（地面以下5m）、地下浅层（地面以下5~10m）、地下中层（地面以下10~20m）、地下深层（地面以下20m），并对各层次所容纳的城市功能进行了分析。

童林旭将城市空间划分为五个层面，如表4–6–1所示。

地下空间竖向布局与地面空间布局的关系示意表　　　　表4–6–1

层面	民地 （建筑红线以内）	公地 （道路）	公地 （公园、广场）
城市上空	办公楼 商业设施 住宅	高架道路	
地表附近	办公楼 商业设施 住宅	步行道　步行道	防灾避难设施
地面	商业设施	道路	停车场
浅层（±0.00~−10.00m）	住宅 步行道 建筑设备层	地铁车站 商店街 停车场、公用设施	防灾避难设施 公用设施 处理系统
次浅层（−11~−50m）	防灾避难设施	地铁隧道 公用设施干线 道路	
大深度（−50m以下）	地铁隧道 公用设施干线 道路		

由于国内外土地制度的不同，目前国内外对竖向分层标准的划分尚不统一，但是在竖向布局的原则上是基本一致的，即先浅后深先易后难，有人的在上，无人的在下。在城市中心区实现向立体分层发展，合理利用地上和地下间的节地建设模式是形成功能紧凑型城市的关键。对城市中心区进行立体架构和改造，促进中心区的多维发展，对加强城市中心区尤其是商业区的建设，对提升城市现代化水平和提高城市交通效率具有重要意义。如图 4-6-8 所示。

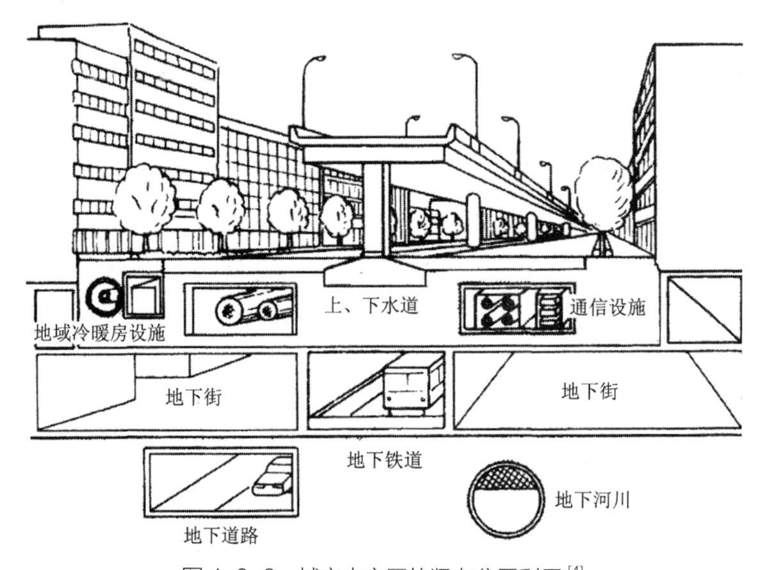

图 4-6-8　城市中心区的竖向分层利用[4]

城市中心区的竖向分层划分应该结合城市功能的延续和互补，不仅实现紧凑的城市功能，还要实现紧凑的城市形态。一些发达国家城市地下空间的开发利用已具有相当的水平与规模，有的发达国家（如日本）已开始尝试开发利用地表下 50~100m 的深层地下空间[4]。

城市中心区竖向分层控制及功能聚集的深度最佳范围是在地表下 10m 内的地下空间。其中，地表下 5m 内的空间能够容纳市政设施、管沟、停车场以及地面功能的延伸（如下沉广场空间）；地表以下 5~10m 范围内的地下空间，开发强度最大，能够取得最佳的经济效益，可以容纳商业、科研教育、文化娱乐、医疗卫生、轨道交通站台、人行通道、停车库和生产企业等功能设施；地表以下 10~20m 范围内的地下空间，具有较强的独立性和封闭性，可以容纳轨道交通机动车道、市政基础设施的场站、调蓄水库和贮藏等功能设施；地表以下 20~30m 范围内的地下空间，适合于容纳城市多层次的地铁交通；地表以下 30m 范围外的地下空间，更适合于容纳城市某些特殊功能的需求，如大型实验室、公用设施干线地下贮藏库等。图 4-6-9 为新加坡 Tanjong Pagar 中心地下空间竖向布局。

图 4-6-9 新加坡 Tanjong Pagar 中心地下空间竖向布局

资料来源：https：//www.baidu.com/link?url=QlDlPoIQLO3aoWoj1JVUzTtrDTVYeVRap5aEgQ0uFK8WEe-QFxAflp6vPkWDp0u64GzTwsLB90RD8p13D-S_iRKefvGp5TkoIzODaK8oiXC&wd=&eqid=9b2e0af30002da24000000045d6b9646

新加坡 Tanjong Pagar 中心由美国 SOM 事务所设计。作为新加坡第一高楼，该建筑是 Tanjong Pagar 商业区混合开发的一部分。这座高 290m 的 64 层塔楼竖立在 Tanjong Pagar 历史商业街区中心区域的东半部，总占地面积约 15.79hm^2，是一个集办公、居住、零售和医疗为一体的综合区域。建筑低层用作 A 级办公空间，高层是豪华公寓。西边独立的体量较小的高层塔楼内设有豪华商业旅馆和相应设施，包括餐厅、一个会议中心、健身房和一个可俯瞰重新设计后的 Tanjong Pagar 城市公园的游泳池。底部突出的六层裙房容纳了立体停车场、商店、餐厅、娱乐和一个提供公共艺术展示及室外活动的区域，其地下人行网络与现有的地铁站相连接。这个项目的核心将是一个经过重新设计的 Tanjong Pagr 城市公园，能够产生独特的公共空间，从而向参观者提供各种活动和城市开放空间。依据新加坡城市重建管理局的规定项目致力于营造活泼和有吸引力的公共空间、安全有效的室外聚会场所和可持续的城市环境，从而成为新加坡可持续发展和宜居环境建设的典范，吸引更多人来新加坡定居。这一项目的发展将成为新加坡不断变化的天际线的部分，并且作为未来滨水城市的入口，成为该区域的地标。

综上所述，城市各类设施地下空间开发利用适宜深度如表 4-6-2 所示。

从表 4-6-2 可以看出，相邻的地下空间层次上可能同时存在城市的某种功能，这就要求在编制地下空间利用专项规划或详细规划时，应该按照总体规划在地下空间竖向上的要求，结合城市地下空间的功能需求和城市的现状地上、地下的条件，具体地确定各种功能的地下空间开发利用的竖向位置。[4]

城市各类设施地下空间开发利用适宜深度表　　表 4-6-2

类别	设施名称	开发深度（m）
地下交通设施	地下轨道交通设施	0.0~-30.0
	地下车行通道（隧道、立体交叉口）	0.0~-20.0
	地下人行通道	0.0~-10.0
	地下机动车停车场	0.0~-30.0
	地下自行车停车场	0.0~-5.0
地下公共管理与公共服务设施	地下行政办公设施、地下文化设施、地下教育科研设施、地下体育设施、地下医疗卫生设施	0.0~-15.0 0.0~-15.0
地下商业服务业设施	地下商业设施、地下商务设施、地下娱乐康体设施、地下其他服务设施	0.0~-15.0
地下市政公用设施	地下市政管线、综合管廊	0.0~-10.0
	地下市政场站、电缆隧道、排水隧道、地下河流等	0.0~-40.0
地下防灾设施	雨水调蓄池、人防工程	0.0~-40.0
地下物流仓储设施	动力厂、机械厂、物资库	0.0~-20.0
	地下室（设备用房、储库）	0.0~-30.0

4.7　城市地下空间总体规划案例

4.7.1　北京市地下空间规划布局

4.7.1.1　规划背景

北京是中国的首都，是全国的政治中心、文化中心，是世界著名古都和现代国际城市。北京的战略地位，对城市综合防空、防灾能力提出了很高的要求；北京的发展使城市用地规模和空间容量需求不断扩大。城市的地下空间不仅是有效的防护空间，还是潜力巨大的城市空间资源。有序、合理地开发利用城市地下空间既是巩固北京战略地位的重要手段，也是科学、有效地节约土地资源、改善人居环境、拓展城市空间、保护历史文化名城以及实现城市可持续发展的有效途径。[6]

《北京中心城中心地区地下空间开发利用规划（2004—2020 年）》是迄今为止国内编制体系最完善，覆盖内容最全面，架构最清晰的地下空间总体规划，具有代表意义。规划编制采取了“政府组织，专家领衔，先期研究，部门合作，总规落实”的方式，历时 4 年，经历了“编制要则，规划纲要，专题研究，规划综合”4 个阶段。规划范围为中心城中心地区（约 336 平方千米），同时兼顾北京中心城（约 1085 平方千米），以及整个市域（约 16410 平方千米）相关的规划原则、政策法规和布局结构统一考虑。

4.7.1.2　地下空间总体布局

（1）地下空间布局与功能规划原则

1）综合利用

地下空间开发利用应注重地上地下协调发展，地下空间在功能上应混合开发、复合利用，提高空间效率。

2）连通整合

高效的地下空间在于相互的连通形成网络和体系，应对规划和现有地下空间进行系统整合，方便联络，合理分类，重点将地下公共空间、交通集散空间和地铁车站相互连通提高使用效率，依法统一管理。

3）以轨道交通为基础、以城市公共中心为重点进行布局

以地铁网络为地下空间开发利用的骨架，以地铁线为地下空间开发利用的发展轴、线、环、点，以地铁站为地下空间开发利用的发展源，形成依托地铁线网，以城市公共中心为重点建立地下空间体系。

4）分层开发与分步实施

将地下空间开发利用的功能置于不同的竖向开发层次，充分利用地层深度。在现阶段科学利用浅层作为近期建设和主要城市功能布置的重点，积极拓展次浅层，统筹规划次深层和深层。

（2）地下空间平面布局

北京城市地下空间的布局结构应与整个城市空间的布局发展相协调，应是整个城市有机体地上地下协调发展的最终体现。

强调以轨道交通线网为基础，遵循市域城镇体系规划“两轴两带多中心”和中心城“分散集团式”的布局结构。

在市域，在规划11个新城的中心区应考虑地下空间开发利用。其中通州、顺义、亦庄及黄村新城中心区应重点积极开发利用地下空间；昌平、怀柔、密云、延庆、门头沟等新城中心区适度开发利用地下空间；房山、平谷等应有控制地开发利用地下空间。镇建设可根据各自需求与条件考虑地下空间的开发利用。

在中心城，以地铁网络为地下空间开发利用形态的网络化骨架体系，以城市重点功能区为布局重点，形成中心城“双轴、双线、双环、多点”（双轴：长安街和中轴线；双线：地铁4号线和5号线；双环：地铁2号线和7号线、9号线、10号线；多点：结合中关村高科技园区核心区、奥林匹克公园中心区、中央商务区（CBD）、石景山休闲娱乐中心及主要地铁枢纽等重点地区）的布局模式。

以城市公共活动中心和主要交通节点为地下空间开发利用的发展源，以大型公共建筑的密集区、商业密集区、地铁换乘站、城市公共交通枢纽及大型开放空间等为地下空间开发利用重点。

（3）地下空间竖向布局

浅层空间位于地下 10m 以上，是人员活动最频繁的地下空间。在城市建设用地下的浅层空间主要安排停车、商业服务、公共步行通道、交通集散、人防等功能。在城市道路下的浅层空间可安排市政管线、综合管廊、地铁等功能。

次浅层空间位于地下 10~30m 之间，人员的可达性较浅层稍差。在城市建设用地下的次浅层空间主要安排停车、交通集散、人防等功能。在城市道路下的次浅层空间可安排地铁、地下道路、地下物流等功能。

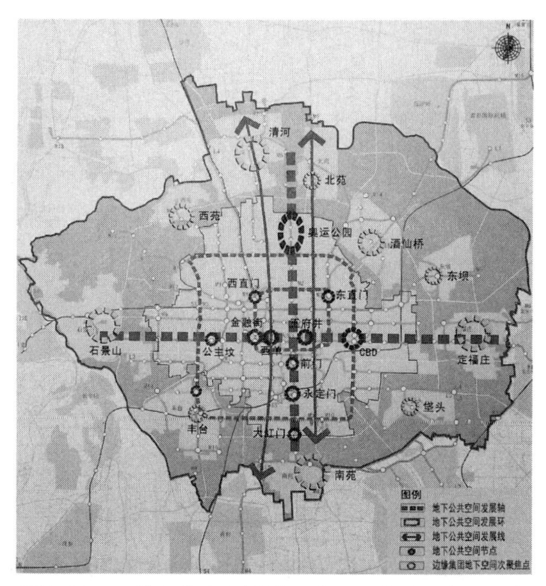

图 4-7-1　北京市中心城地下空间开发利用布局示意

次深层空间位于地下 30~50m 之间，深层空间位于地下 50~100m 之间。这两个层次的地下空间应统筹部署，安排城市基础设施和城市公用设施，如地下市政设施、深层储藏设施和地下道路等。

重点地区的地下空间开发利用深度较深，规划期内达到次浅层（图 4-7-1）。

4.7.2　上海市地下空间规划布局

4.7.2.1　规划背景

为加强上海市地下空间的综合利用与开发，避免开发的盲目性和建设过程中出现各自为政的混乱局面，上海市建委和规土局牵头开展了上海市地下空间开发利用的研究和规划编制工作，最终成果定名为《上海市地下空间概念规划》。

到 2010 年，配合世博会的举办，在城市的重点地区建设一批骨干性的地下空间工程，逐步形成城市地下空间开发利用的良性运行的初步框架。到 2020 年，实现对城市地下空间全面、充分、高效的利用，形成城市地上、地下空间功能协调一体开发机制健全完善、运行管理规范有序的良好局面。

在规划层次上，此项工作定位在总体规划阶段，其目的是统一对地下空间资源的认识和态度，在总体上，对上海城市地下空间开发在性质、原则、布局、重点、各类专项系统之间的关系处理等重要问题上进行引导和把握，制定近、远期开发的目标和策略，并对下层次规划起指导作用。[7]

《上海市地下空间概念规划》共包含了序言，规划目标及原则，规划布局，专项系统规划导则，近、中期建设重点，工作推进建议六个章节，其中：

序言是对国内外地下空间开发利用的经验总结和上海城市地下空间开发利用的现状评估，目的在于希望通过对现状情况的分析和评估，对成功经验的学习和发展趋势的把握，探求适合上海特点的城市地下空间开发利用的理念、途径和方法。规划目标和原则是今后相当长一段时期内上海城市地下空间开发的总体行动纲领和准则，体现了规划“以人为本，和谐、有序发展”的核心理念。

规划布局明确了本市对于地下空间资源的利用在平面和竖向上的安排，目的是阐明地下空间对于城市发展方向和布局结构的呼应，协调各类地下设施的空间关系。

专项系统规划导则关注的对象是在地下空间开发过程充当主要角色的重大公共设施，要求在对其进行规划、设计、建设时强调系统性和综合性的高度统一。

根据城市近期建设规划制定的综合性、枢纽型地下基础设施建设项目，将构建上海市地下空间的基本框架，从而为日后形成理想化的良性开发局面打下坚实的基础。

工作推进建议是针对当时存在的诸如地下空间开发的机制、体制不完善，法规、规范不适应，相关基础研究滞后等情况提出的，旨在提请政府有关部门给予高度的重视。

4.7.2.2 地下空间总体布局

《上海市地下空间概念规划》在平面布局中的总体安排是，地下空间开发应结合城市的城镇结构体系，形成以中心城为核心，新城为节点，依托地下交通设施和其他城市基础设施辐射到其相邻的地区。而在纵向上以地下 15m、40m 为界划分为三个层次，每个层次中根据特点分别安排了各类地下设施，并在地下设施分布最广的 0~15m 空间内制定了优先原则（图 4–7–2）。

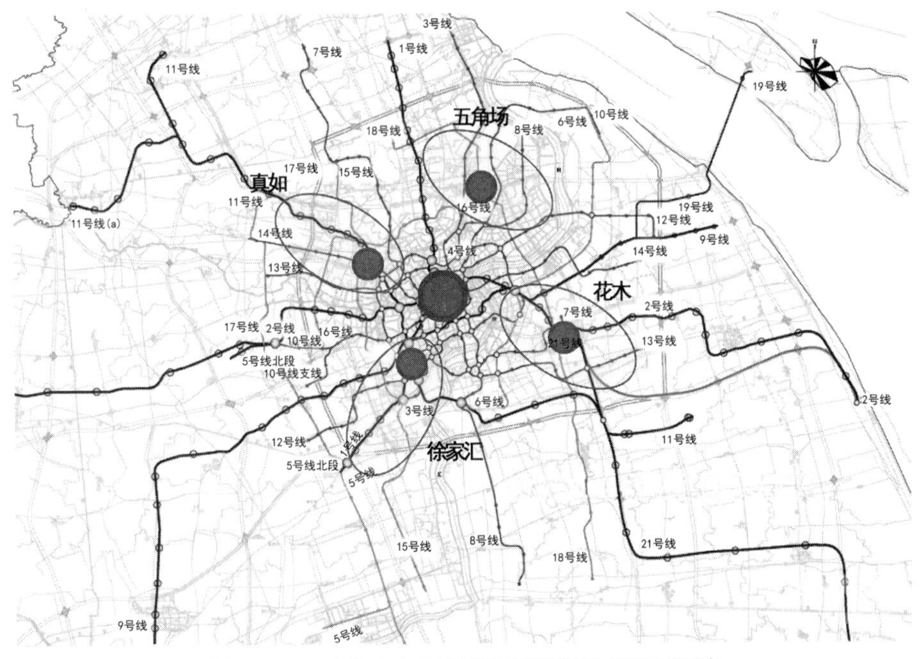

图 4–7–2 上海市中心城地下空间开发利用布局示意

前者是根据上海特殊的地质环境条件和城市发展趋势，注重以点、线带动面的集约化开发策略。中心城和郊区新城作为开发的主要对象各自被赋予不同的任务和侧重点，其中中心城核心区在地下空间开发强度和规模上应是全市最高的；各个以交通枢纽为核心的地下综合体在其中将发挥辐射源的作用。

后者则是针对建设过程中出现的竖向上的冲突制定布局原则，前瞻性地提出地下40m以下空间作为战略储备，留待以后条件成熟时开发。地下0~15m范围内的优先使用原则体现了“以人为本”的规划理念和规划的公共政策属性。

4.7.3 青岛市地下空间规划布局

4.7.3.1 规划背景

青岛市是中国东部沿海的重要中心城市和对外开放城市，在国家经济空间布局体系中占有重要的地位。随着青岛城市的快速发展，各类城市问题也随之产生。城市土地资源紧缺、土地价格上涨、房地产价格攀升、各商业中心交通阻塞严重、城市建设的粗放化等,造成城市空间在经历了快速发展之后,功能提升的难度不断加大。在这种情况下，开发利用城市地下空间成为解决城市问题的重要途径之一，也是实现城市可持续发展的必由之路。[4]

城市经济发展为城市地下空间开发建设提供了重要的基础。胶州湾海底隧道的开通，轨道交通3号线、11号线和2号线东段的开通运行，标志着青岛市地下空间开发进入高速发展的历史时期。轨道交通的建设会使沿线地带的地价区位级差城市形态与结构发生较大变化；与此同时，轨道交通带来的大量人流及物流也将迅速刺激轨道站点周边区域的地下空间开发建设，轨道交通网络的逐渐完善将促使青岛市地下空间进行更大规模的开发建设。

青岛将依托“走向深蓝、走向高端”的国家海洋战略要求，实施“全域统筹、三城联动、轴带展开、生态间隔、组团发展”的空间发展战略加快建设组团式、生态化的海湾型大都市，以胶州湾为核心，建设功能互补、相互依托、各具特色的东岸、西岸、北岸三大城区，形成大青岛的核心区域。在此背景下，青岛市地下空间开发利用及人防工程总体规划的重点区域已突破上轮规划所确定的主城区范畴，加之城市面临中心空间拥挤、交通堵塞、环境恶化等诸多问题亟须编制新一轮青岛市全域地下空间总体规划，引导青岛市城市地下空间资源的有序开发利用，使城市地下空间的开发利用与城市保持协同发展，促进节约型和环保型城市的建设，实现城市的可持续发展，遵循总体规划制的“平战结合、突出重点、与城市建设协同开发”方针（图4–7–3）。

4.7.3.2 地下空间总体布局

根据总体规划，青岛市城市公共中心规划结构形成三主、五副、多层级网络型

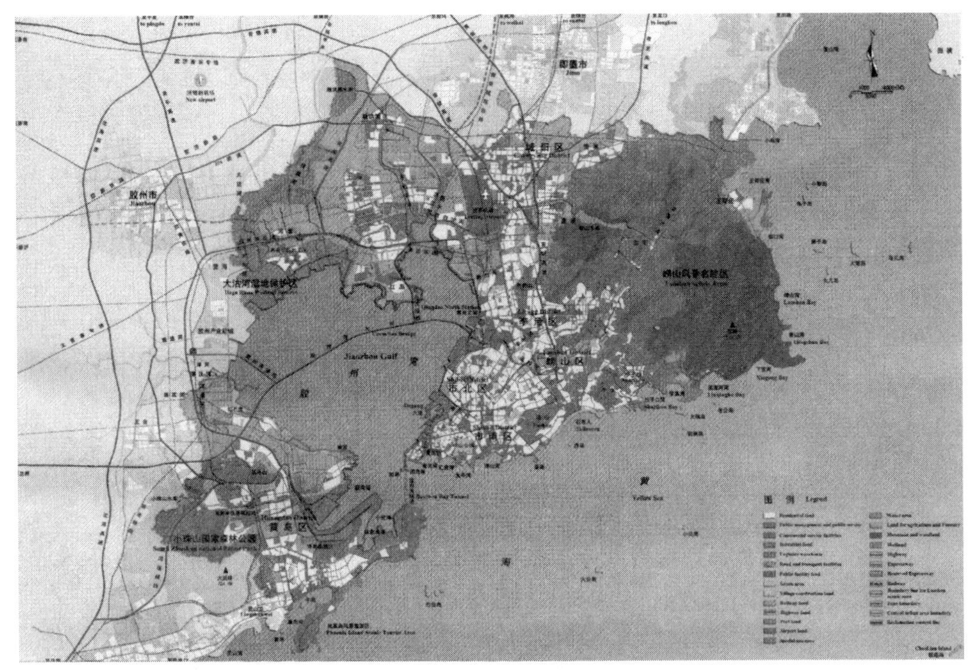

图 4-7-3 青岛市中心城区总体规划图

城市公共设施服务体系：三个城市主中心，即东岸青岛主中心、西岸黄岛主中心、北岸红岛主中心；五个城市副中心，即李沧副中心、崂山副中心、城阳副中心、中山路副中心和黄河路副中心（图 4-7-4）。

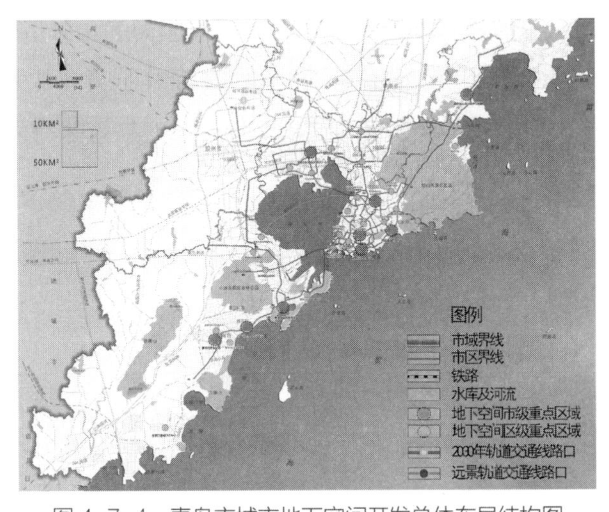

图 4-7-4 青岛市城市地下空间开发总体布局结构图

根据《青岛市城市轨道交通线网规划》，2030 年之前形成由 9 条市区轨道交通线和 4 条轨道交通快线构成的 2030 年轨道交通线网线路全长 500km。青岛市地下空间布局以 13 条轨道交通线路为发展轴线，串联、带动 31 处地下空间重点建设区域，形成完整、有机的地下空间网络，串联各地下空间开发重点区域，总体形成“轨交串联、片网相融”的布局结构。

结合总体规划对中心体系和商业服务设施的布局，规划 9 处地下空间开发市级重点区域，分别是市南总部商务中心、市北中央商务区、李沧中央文化商贸集聚区、崂山金融新区核心区、高新区科技创新商务中心、西海岸商务会议中心、人民路商业中心、西海岸经济新区中央商务区以及蓝色硅谷核心区中心组团，并将22个商业中心区、商务办公区、城市重要节点等列为地下空间开发区级重点区域（图4-7-5）。

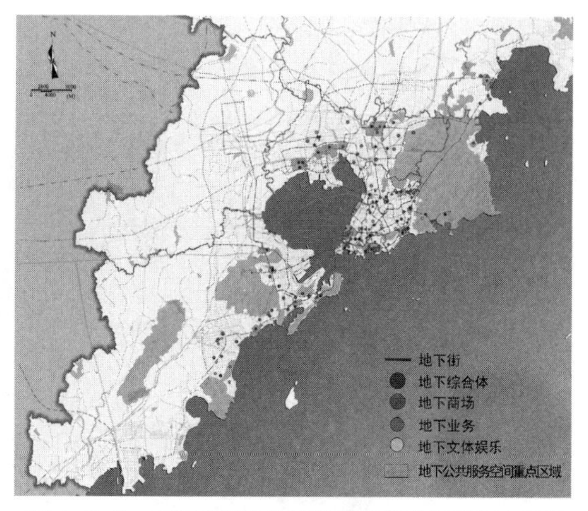

图4-7-5　青岛市城市地下公共服务空间规划布局图

4.7.4　昆明市地下空间规划布局

4.7.4.1　规划背景

昆明中心城区现有地下空间开发总体规模在1200万m^2左右，以地下一层商业和地下二层停车模式以及单一地下停车模式为主，有30%左右达到三层，开发深度集中在10m以内。商业地下空间零散分布于主城商业中心区和北辰财富中心、小西门地区、白塔片区、南亚第一城地区等现状商业区，其余单一功能地下空间零散分布于城市各区域。[8]

（1）规划编制方面，规划方案操作性不足

昆明市在2010年和2011年分别编制过两版地下空间规划，但规划缺乏有效规划管理手段与策略的研究，对下位规划的指导性不强，规划系统性不足，可操作性有限。

（2）开发水平低，有效利用不足

昆明主城区现有地下空间规模不到300万m^2，人均0.9m^2，总量不足；部分大型地下空间、人防设施处于闲置状态或仅作单一用途简单使用，合理、有效利用不足。此外，单个地下空间孤立，不上规模、缺乏连接，地下空间环境品质一般，大型特色地下综合体缺乏。

（3）开发利用功能单一、不成系统

昆明市现状地下空间功能主要以单一的商业、停车、交通为主，没有形成综合利用局面；全市现有地下空间多以单独地面建筑结合地下空间开发为主，布局零散，缺乏相互联系，没有与城市公共设施和公共空间衔接；与地铁站点尚未形成有机联系，地铁综合效益未能充分发挥。

4.7.4.2　地下空间总体布局

（1）地下空间布局结构

规划以“构建与轨道线网紧密结合，与地上功能有机联系，开发集约高效、功能完善合理、管理科学有效的城市地下空间系统”为全市地下空间开发总体目标，突出地下空间开发与轨道交通及城市发展结构的契合。在规划设计中，结合轨道线网规划，通过对用地功能布局、就业岗位密度、开发潜力等叠加分析，在中心城范围形成“三核、两带、六心、三‘十’字轴”的地下空间总体布局结构。

三核：昆明主城核心商务区、巫家坝新中心、呈贡核心区。

两带：结合城市主干道和地铁1、2号线，形成南北向的城市发展轴线；结合轨道3号线及其沿线打造成城市地下空间发展的东西向主要发展带。

六心：结合总体规划用地布局与公共服务设施规划，在北部山水新城、火车北站地区、火车南窑站地区、西部梁家河车场地区、金产中心地区、长水机场南部打造六个地下空间开发利用的区域中心。

三“十”字轴：规划在老城区结合轨道2号线、3号线、6号线形成老城区地下空间发展“十”字轴；在至家坝片区，结合轨道7号线、8号线、南北快线形成中部“十”字轴；在呈贡新区，结合轨道1号线、4号线形成南部的地下空间发展“十”字轴（图4-7-6）。

（2）地下空间功能布局规划

1）地下空间属性分类

公共地下空间：面向公众开放和服务，由政府重点控制、引导或主导开发的地下空间。

自有地下空间：服务单位、集体或个人，由单位、集体或个人依法依规自主开发的地下空间。

2）地下空间属性分布

公共地下空间：主要布局于地铁站点周边500m半径范围内的商业服务业设施用地；城市公共服务中心区、市级商圈内的商业服务业设施用地；城市交通枢纽周边地下空间；重要城市公共空间周围的地下空间（绿地、广场等）；城市主、次干道

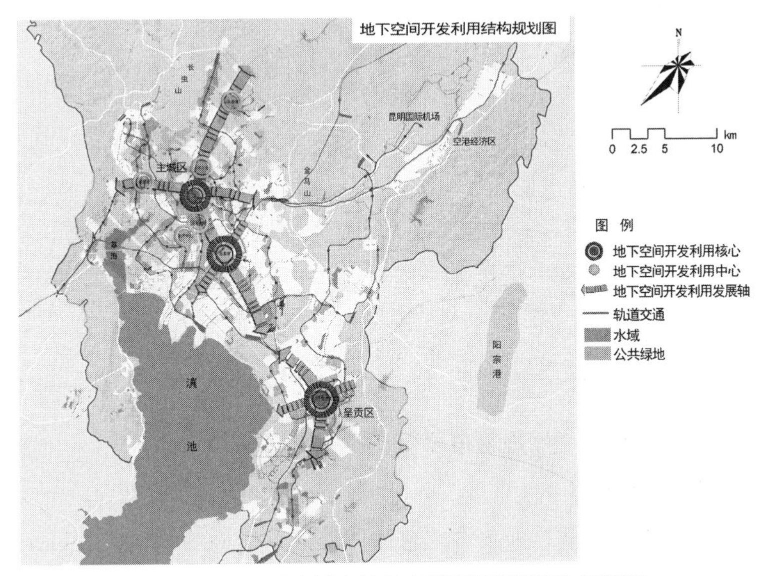

图4-7-6 昆明市城市地下空间开发利用结构规划图

下方的地下空间；城市基础设施地下空间。

自有地下空间：主要布局于居住区配建地下空间；工矿、学校、企事业单位内配建地下空间；党政机关配建地下空间。

（3）地下空间开发利用层次规划

昆明城市地下空间开发利用专项规划中按照国际普遍的地下功能分布规律，将地下空间竖向层次划分为浅层、次浅层、中层和深层四个层次。

浅层（主要开发层）：位于地下 15m 以上，是一般地下商业功能开发的主要集中区域。

次浅层（延伸开发层）：位于地下 15~30m 之间，是地铁、地下道路、部分地下仓储物流和地下市政设施的建设区域（地铁北京路站在地下 25m）。

中层（缓冲层）：位于地下 30~50m 之间，少数特殊设施、军事设施、物流设施可达该深度。

深层（保护层、大深度层）：位于地下 50m 以下，昆明目前的经济技术条件很难涉及该深度，应作为地质环境保护和远景预留的层次。规划期内昆明城市地下空间开发利用深度将以浅层、次浅层开发为主。对中层加强引导与管理，对深层地下空间资源予以严格保护和控制，一般商业项目禁止开发至次深层以下区域（图 4-7-7）。

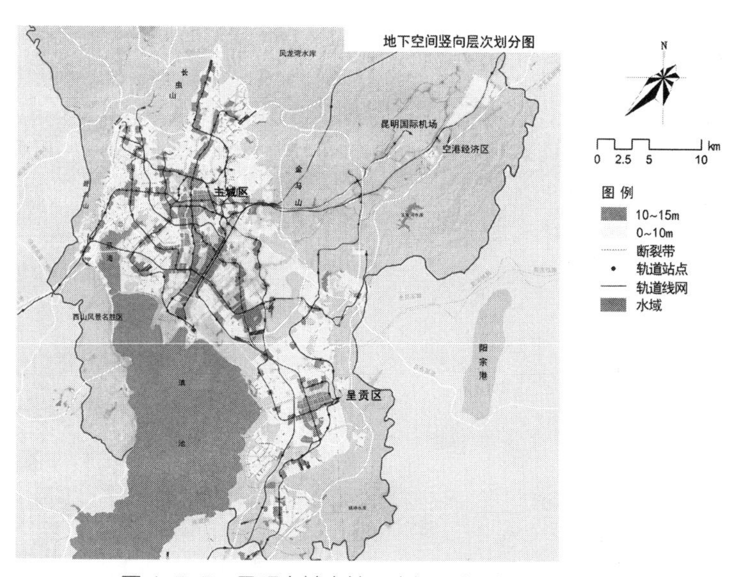

图 4-7-7　昆明市城市地下空间开发利用层次规划图

4.7.5　成都市地下空间规划布局

4.7.5.1　规划背景

自 2005 年成都市编制《地下空间总体规划纲要（2005—2020）》以来，成都市地下空间建设快速发展，从最初的地下停车、人行通道，逐渐演变为地铁综合体、地下道路、地下综合管廊等复合开发。[9]

根据编制完成的《成都市地下空间开发利用总体控制规划》，未来成都将形成“638”格局的全新地下空间体系，包括6个重点开发的区域，38个重点开发的节点。规划的特色和创新主要有以下4点：

（1）创新规划思路，聚焦公共空间

规划从宏观上通过平面梳理、分层布置，统筹各类设施布局；微观上通过方案协调保证规划的可实施性。优先保障地下公共设施建设，有利于保护公共利益，预留可持续发展条件。

（2）广泛统筹，精细协调，保障落地

针对成都市各类地下设施规划建设的各自为政、冲突严重的问题，本次规划首次确立了设施避让原则，分层排查各类地下设施的规划与现状建设情况，并针对29处冲突区域提出了具体的优化方案，为地下空间的实施管理提供了示范。

（3）研究新兴地下公共设施，前瞻性预留远期空间资源

规划针对国内外新兴地下公共设施进行研究，提出了大直径盾构车行隧道、深层排水隧道、综合管廊、地下变电站、地下污水处理厂的布局规划，为将来城市发展预留地下空间资源。

（4）转化公共政策，完善管理要求

规划同步形成《成都市中心城区地下空间规划管理规定》，为成都市规划管理局规范地下空间规划编制与实施管理提供了有力支撑。

4.7.5.2　地下空间总体布局

（1）平面布局

地下空间资源总体控制按照“点轴发展，分区控制，分层布局”的思路，对成都市中心城区地下空间按照“点，线，面”的要素实行总体布局（图4-7-8）。具体如下：

点：指地铁站点周边地下公共通行系统拟建区域。

线：指地铁线网，主要地下车行通道、市政管线走廊等“线网状”地下基础设施拟建区域。

面：指地下空间建设的平面分区，包括“禁止区，限制区，一般区”。

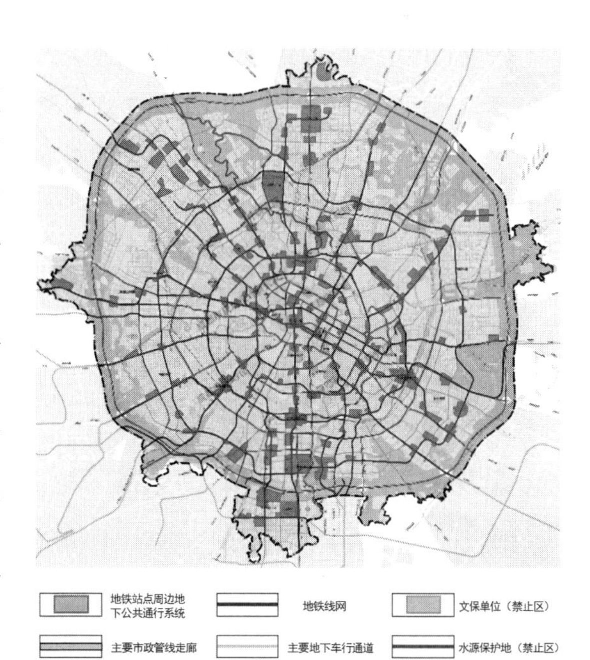

图4-7-8　成都市地下空间总体控制规划图

（2）竖向分区

中心城区地下空间分为浅层（0~-10m），中层（-10~-30m），深层（-30m 以下）（图 4-7-9）。

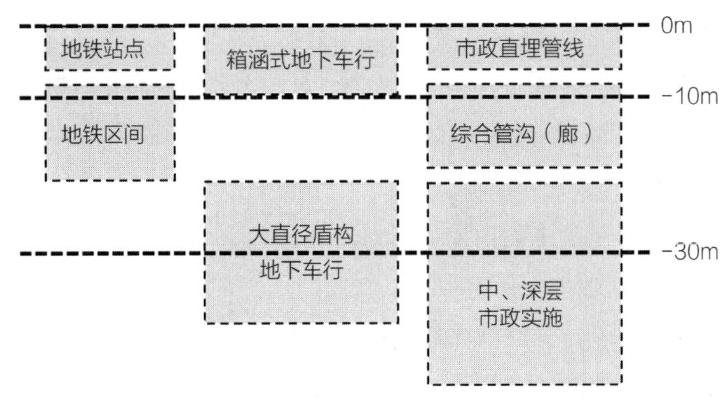

图 4-7-9　成都市地下公共设施一般竖向分布图

浅层协调：浅层地下空间集中较多类型的地下公共设施，在空间布局与建设中统筹协调。

中层延伸：将地下市政设施与地下交通设施向中层地下空间延伸。

深层预留：探索利用深层地下空间（交通与市政设施），预留公共空间远景需求。

4.7.6　合肥市地下空间规划布局

4.7.6.1　规划背景

合肥市作为安徽省省会，是全省的政治、经济、文化中心。近年来合肥城市面貌日新月异，作为合肥省会经济圈战略的推进以及合肥现代化滨湖大城市战略的实施，城市发展空间将进一步拓展，其经济和城市建设将以更大的规模和更快的速度发展。

但在其现代化发展中，合肥同其他大城市一样，出现了城市综合征，越来越拥挤的城市、越来越显得脆弱的各类城市基础设施需要更多的空间。如何为各种城市设施安排空间，实现合肥城市的可持续发展，是合肥发展必须解决的难题。因此，充分利用其城市地下空间资源，对增强合肥城市抗灾能力、完善城市功能、走内涵式的城市发展之路都起着极其重要的作用。

截至 2012 年，合肥城市地下空间的开发进程与其城市地位还不相适应，主要以人防工程和地下停车场为主，大型地下综合体和地下商业设施等其他类型的地下设施刚刚起步，对地下空间开发利用的系统化不够，也未进行地下空间的专项规划，地下空间开发缺乏正确引导和科学的开发机制。但是，合肥轨道交通 1、2 号线相继建成，地下空间开发利用进入加速发展阶段。[10]

4.7.6.2 地下空间总体布局

（1）平面布局

以城市轨道交通网络为骨架，以城市中心、副中心、高强度商业（商务）区、综合交通枢纽为片区，以两线换乘轨道站点以及大型公共设施等为节点，结合城市一般地区的地下空间开发，逐步形成“点、线、面相结合”的地下空间开发利用总体结构。规划充分结合轨道交通建设、结合城市公共中心体系、结合城市空间结构、结合人防工程。

规划10个重点地区：合肥火车站地区、老城商业中心区、高铁站地区、滨湖核心区、市政务文化核心区、省级文化中心区、王咀湖地区、少荃湖地区、东部新城中心区、西南新城中心区。

规划20个主要节点：合肥站、大东门站、三孝口站、三里庵站、太湖路、宿松路站、潜山路站、祁门路站、望江西路站、庐州大道站、紫云路站、上海路站、蒙城路站、北二环路站、习友路站、翡翠路站、东二环路站、当涂路站、采石路站、大众路站（图4-7-10）。

（2）竖向分层布局

在规划期内，合肥市地下空间适宜开发深度主要控制在浅层（0 ~ –15m）和中层（–15 ~ –30m）之间，一般地区以浅层开发为主，城市重点地区的地下空间开发利用深度在规划期内应达到中层。远景时期，随着地下空间的大规模开发，部分重点地区地下空间开发利用的深度可达深层（–30m以下）。

浅层（0 ~ –15 m）：商业服务、公共步行通道、交通集散、停车、人防等功能，在城市道路下的浅层空间优先安排市政管线、综合管廊、轨道、人行道等功能。

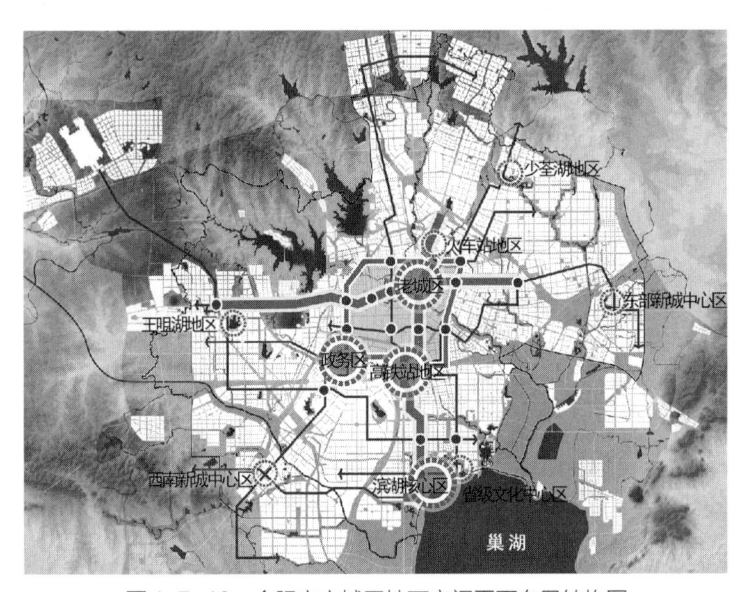

图4-7-10 合肥市主城区地下空间平面布局结构图

中层（-15~-30m）：停车、交通集散、人防等设施，在城市道路下的中层空间可安排轨道、地下道路等功能。

深层（-30m 以下）：资源储备、特种工程、公用设施干线和轨道交通线路等设施（图 4-7-11、图 4-7-12）。

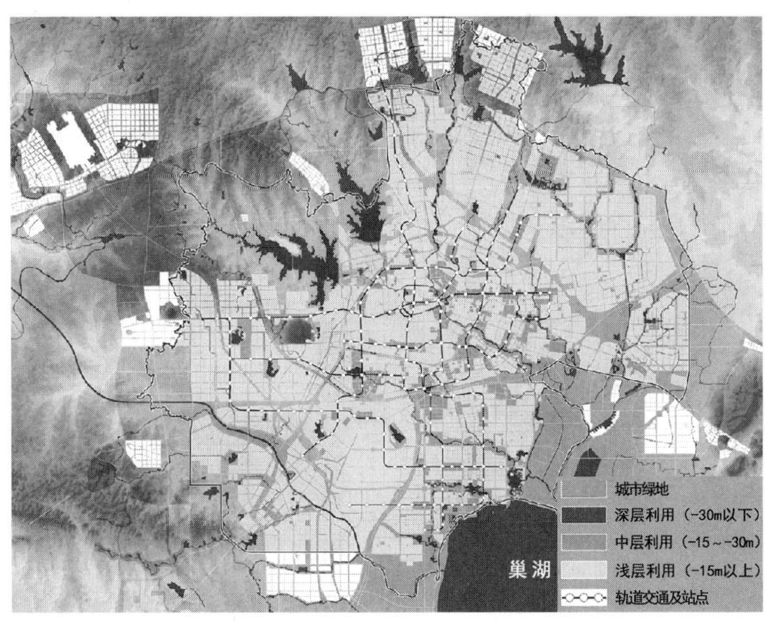

图4-7-11　合肥市主城区地下空间竖向层次分布图

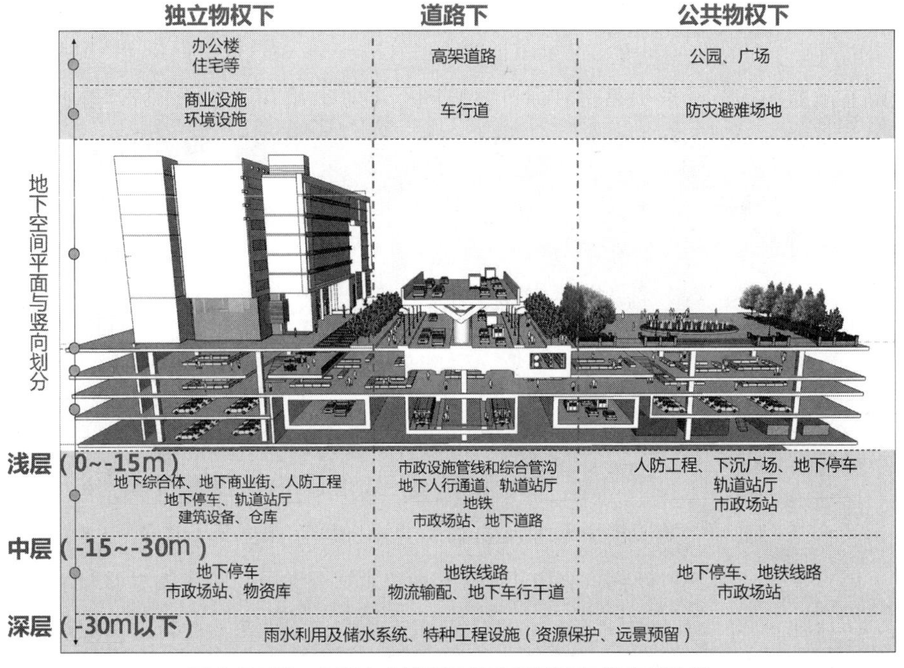

图4-7-12　合肥市主城区地下空间平面与竖向划分图

4.7.7 芜湖市地下空间规划布局

4.7.7.1 规划背景

2014 年 3 月，国家新型城镇化提出建立健全城市地下空间开发利用协调机制，统筹规划地上、地下空间开发，推动商业、办公、居住、生态空间与交通站点的合理布局与综合利用开发。

2014 年 6 月 12 日，住房和城乡建设部、国家人防办增补安徽省、山东省为试点省。随之安徽省住房和城乡建设厅、省人防办确定芜湖市、安庆市、滁州市为安徽省城市地下空间暨人防工程综合利用规划编制试点城市。

芜湖市老城区存在地面用地紧张、部分路段交通不畅、停车位不足、公共绿地分布不均、公共设施有待加强等城市建设问题，与芜湖市自身城市战略定位和发展方向产生一定差距。随着城市建设规模快速发展，城市承载空间需求越来越大，城市建设向空间综合化、立体化发展成为必然。

为了达到试点要求，从规划编制体系融合、控制指标体系融合、管理体制融合来实现两规合一，同时适应地面用地紧张、城市交通系统发展、市政公用设施扩容、城市环境改善、历史文化保护、人防工程建设等要求，推进芜湖市城市建设，特编制《芜湖市城市地下空间暨人防工程综合利用规划（2015—2030）》。[11]

4.7.7.2 城市集中建设区地下空间总体布局

（1）地下空间平面布局

充分考虑芜湖市组团型城市的特征、人防建设要求，结合地下轨道交通、综合管廊建设，城市集中建设区地下空间形成“中心突破、环状连通、七核协同”的总体布局结构。

“中心突破”：结合地下轨道交通枢纽站点，进一步强化江南城市商业中心（包括四个片区，分别为华强广场片区、鸠兹广场片区、大剧院片区、万达商业片区）的核心地位，形成地下空间发展的中心，地下空间的开发从江南城市商业中心逐渐向外围突破。

“环状连通”：由轨道交通 2 号线地下段、人防疏散通道和大工山路过江通道组成地下空间的中心环，将中心片区、大龙湾片区、城南片区三个片区的地下空间进行连通，实现地下空间跨江联动发展。两条“口”字形综合管廊在大龙湾片区和沈巷片区内部各自形成地下空间的环状连通通道。

“七核协同”：“七核”是城市地下空间发展的重要节点、片区地下空间发展的核心，分别为江北新城中心、沈巷临港商业中心、华山路商业中心、中江文化中心、芜湖火车站、江北火车站、弋江站等地下空间发展核心。“七核”与江南城市商业中心等地下空间协同开发（图 4-7-13）。

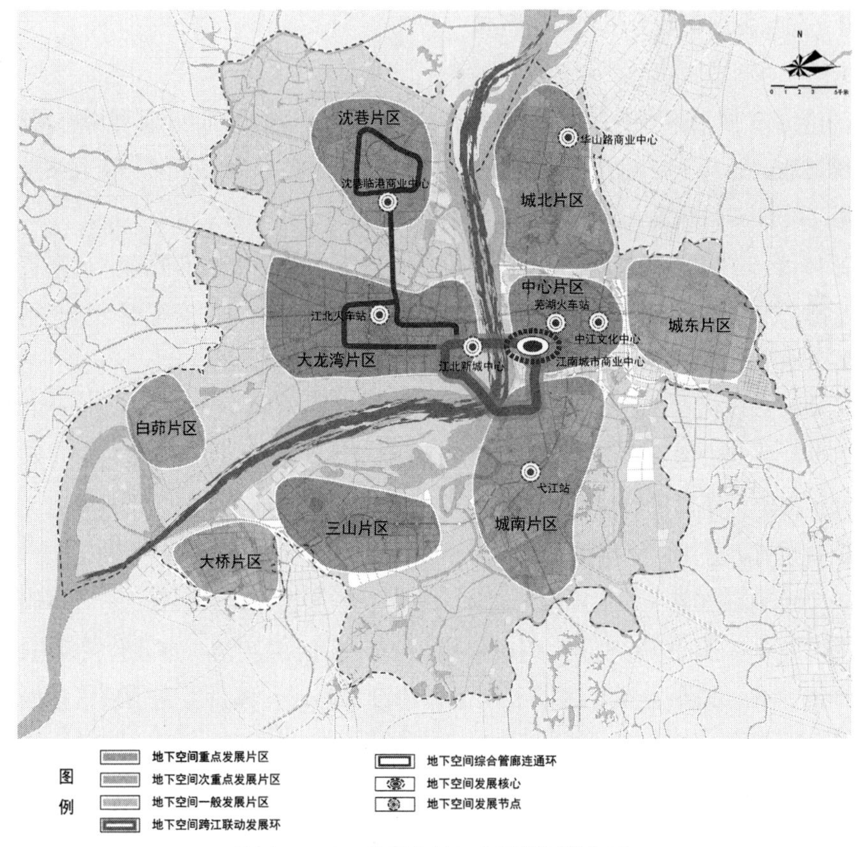

图4-7-13　芜湖市地下空间规划结构图

（2）地下空间竖向规划

由于地下空间开发一旦实施，要想再开发和复原是极为困难的，因此，必须对地下空间实行有计划分期分批地综合开发，制定地下空间竖向分层规划。结合国内外经验和国内实际情况，把地下分为四层：

浅层地下空间（0~-10m）：人员活动最频繁的地下空间。主要布置地下商业服务业设施、地下公共管理与公共服务设施、地下交通枢纽、人行通道、地下停车库、人防工程、地下市政管线、综合管廊等。芜湖市城市集中建设区内的地下空间开发以浅层为主。

中层地下空间（-10~-30m）：人员的可达性较浅层稍差。开发地下轨道交通设施、地下车行通道（隧道、立体交叉口）、地下停车库、地下物流仓储设施，建设地下综合体以及结合地下综合体的市政公用设施、部分高防护等级的人防工程。商务办公、商业中心、文化中心、综合交通枢纽、城市节点等公共空间地区的地下空间开发深度可达到中层。

深层地下空间（-30~-50m）：目前国内重点开发利用的是浅层、中层地下空间，对深层地下空间必须实行保护控制。城市进一步发展后，深层地下空间可作快速地下交通线路、危险品仓库、城市设施更新之用。

超深层（-50m 以下）：一般为特大城市地下空间的远期开发深度。

根据城市地下空间资源的特点，规划期内，芜湖市地下空间开发利用深度主要为 0~-30m 之间，即开发到浅层和中层，深层和超深层作为远景预留地下空间（图 4-7-14）。

（3）地下空间功能分区

根据地下空间的使用情况和地上城市用地性质的不同，地下空间的功能主要表现为人防功能、商业功能、交通集散功能、停车功能、市政公用设施以及物流仓储功能等。地下空间的功能与地上不同，呈现出不同程度的混合性，分为以下几个层次。

1）单一功能区

城市集中建设区内一般地区的地下空间开发以单一功能区为主。

2）复合功能区

城市集中建设区内的复合功能区主要分布在商务办公、商业中心、文化中心、综合交通枢纽、城市节点等公共空间地区。

3）综合功能区

综合功能区主要分布在商业中心、商务办公、交通换乘枢纽等地区（图 4-7-15）。

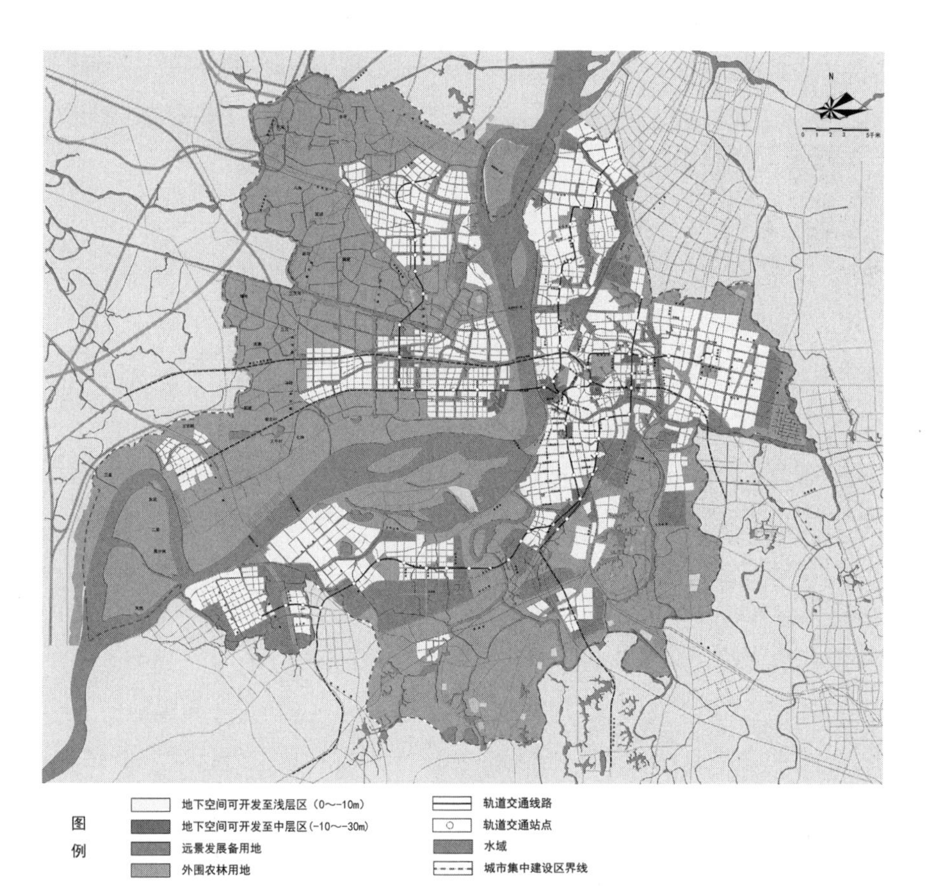

图4-7-14　芜湖市地下空间竖向层次分布图

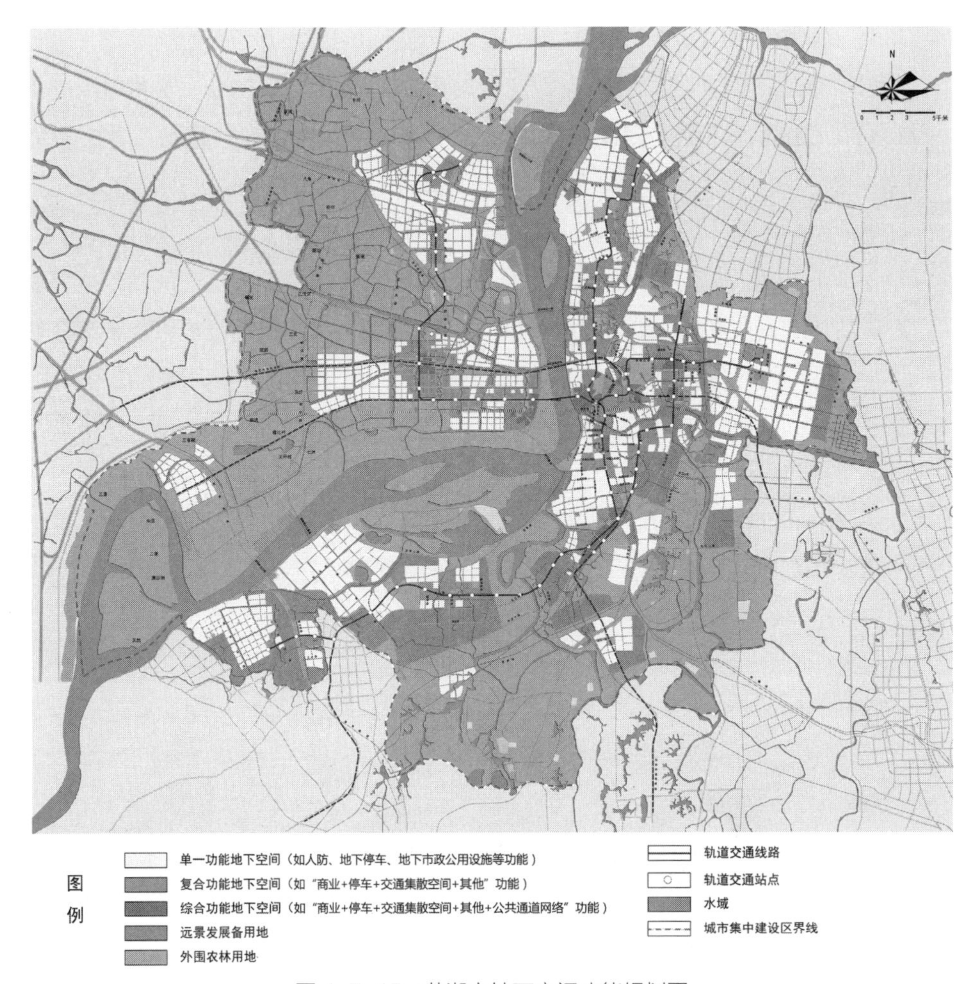

图 4-7-15 芜湖市地下空间功能规划图

4.7.8 太仓市科教新城地下空间规划布局

4.7.8.1 规划背景

太仓市是苏沪对接的桥头堡、昆太嘉合作共赢区、上海都市边缘枢纽城，科教新城作为太仓城市副中心，需发挥自身的特色，规划先行，通过上下一体化的整体规划，促进地上、地下协同发展，优势互补，充分提高空间利用效率。

通过国内外相关实践证明，当人均 GDP 达到 2000 美元时，地下空间的全面开发开始起步，当人均 GDP 超过 3000 美元时，就具备了有序化、规模化开发利用城市地下空间资源的经济基础。截止到 2016 年底，太仓市全年实现地区生产总值 1155.13 亿元，按常住人口计算，太仓市 2016 年人均 GDP 已经达到 16.25 万元（约 23700 美元），已经具备大规模开发利用地下空间资源的经济基础。

随着一系列国家、省、市的多项通知与意见出台，加快推进城市地下空间开发利用的相关工作势在必行。[12]

4.7.8.2 地下空间总体布局

（1）总体布局结构

科教新城地下空间布局应遵循控规的空间结构布局，与控规中确定的整个城市的空间布局发展相协调，达到高效率利用的目的。

并根据地下空间管制要求，规划科教新城地下空间形成“一带、一轴、两核、三片、多组团”的总体布局结构。

一带：由太平新路地下隧道、地下车库联系通道组成的南北向地下空间联系发展带。

一轴：沿苏州轨道交通S1线、综合管廊形成地下空间发展轴。

两核：天镜湖商业休闲核心、枢纽站前服务核心。

三片：环天镜湖综合开发片区、健雄科教文化片区、站前综合开发片区。鼓励地块间的连通，形成各片区内的地下空间网络。

多组团：依据控规划分为多个功能组团（图4-7-16）。

（2）地下空间平面功能布局

在功能分配上，地上与地下空间的功能关系应遵循对应、适用的原则。

根据地下空间的使用情况和地面城市用地性质的不同，地下空间的功能在城市建设用地下主要表现为地下停车、交通枢纽、商业、娱乐、医疗、人防、市政设施以及仓储等功能。其中，地下停车、商业、医疗、仓储等考虑平战结合，兼顾人防功能。

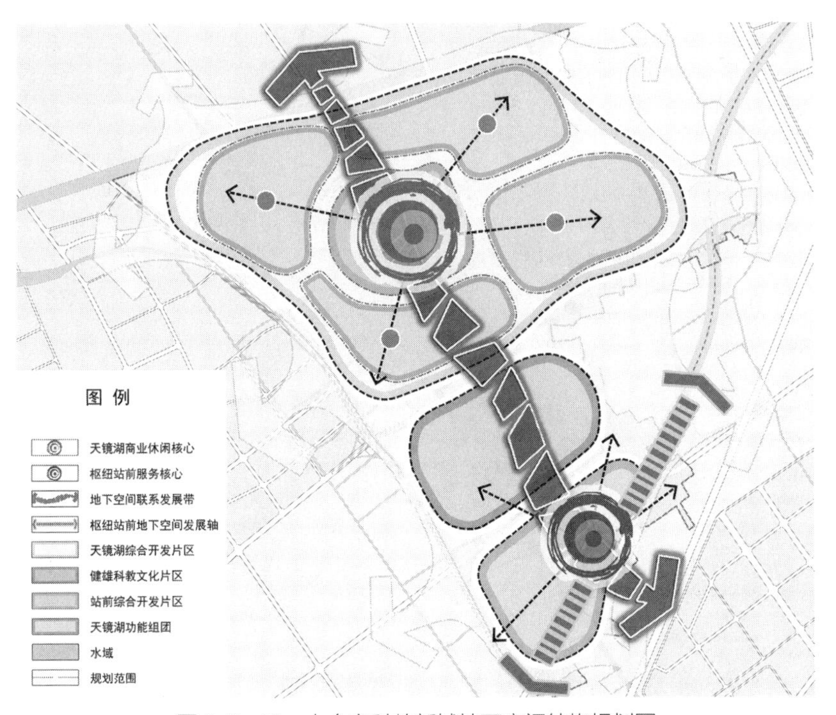

图4-7-16 太仓市科教新城地下空间结构规划图

1）地下一层平面

地下一层规划地下公共服务设施、公共停车设施主要集中在天镜湖商业休闲核心区、枢纽站前服务核心区；地下配建停车设施分布较均匀；地下轨道交通站厅结合枢纽站布局；地下水源热泵及能源站布局在天镜湖北侧（图 4–7–17）。

2）地下二层平面

地下二层主要规划太平新路地下隧道、地下停车设施及地下车库联系通道等（图 4–7–18）。

3）地下三层平面

地下三层主要规划地下综合管廊、地下停车设施，主要分布于天境湖商业休闲核心区、枢纽站前服务核心区（图 4–7–19）。

（3）地下空间竖向分层布局

科教新城地下空间开发利用深度主要为 0~–30m 之间。

浅层地下空间（0~–10m）：科教新城的地下空间开发以浅层为主，即开发到地下一层和地下二层。浅层主要开发地下停车、交通枢纽、商业、娱乐、医疗、人防、市政设施以及仓储等功能。

中层地下空间（–10~–30m）：科教新城天镜湖商业休闲核心和枢纽站前服务核心地下空间开发深度局部可达到中层，即开发到地下三层。中层主要开发地下停车、综合管廊及人防等功能（图 4–7–20）。

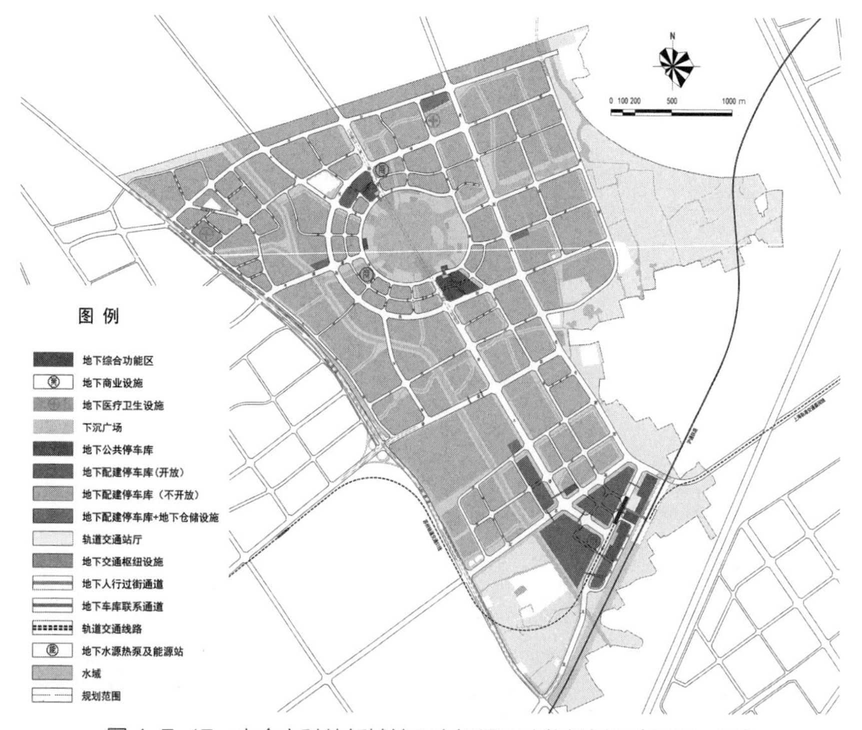

图 4–7–17　太仓市科教新城地下空间平面功能规划图（地下一层）

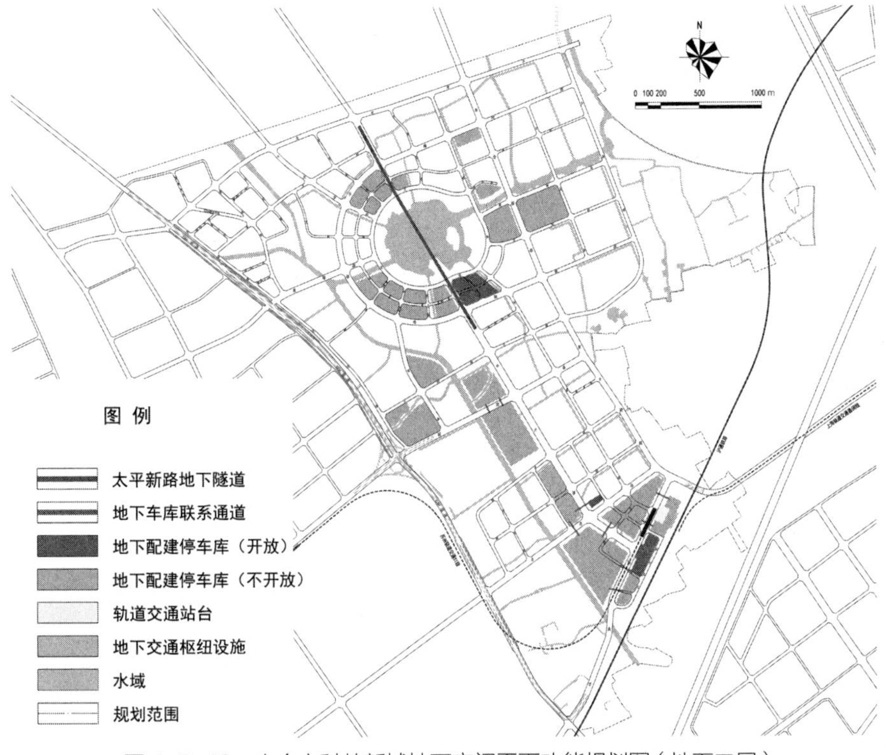

图 4-7-18　太仓市科教新城地下空间平面功能规划图（地下二层）

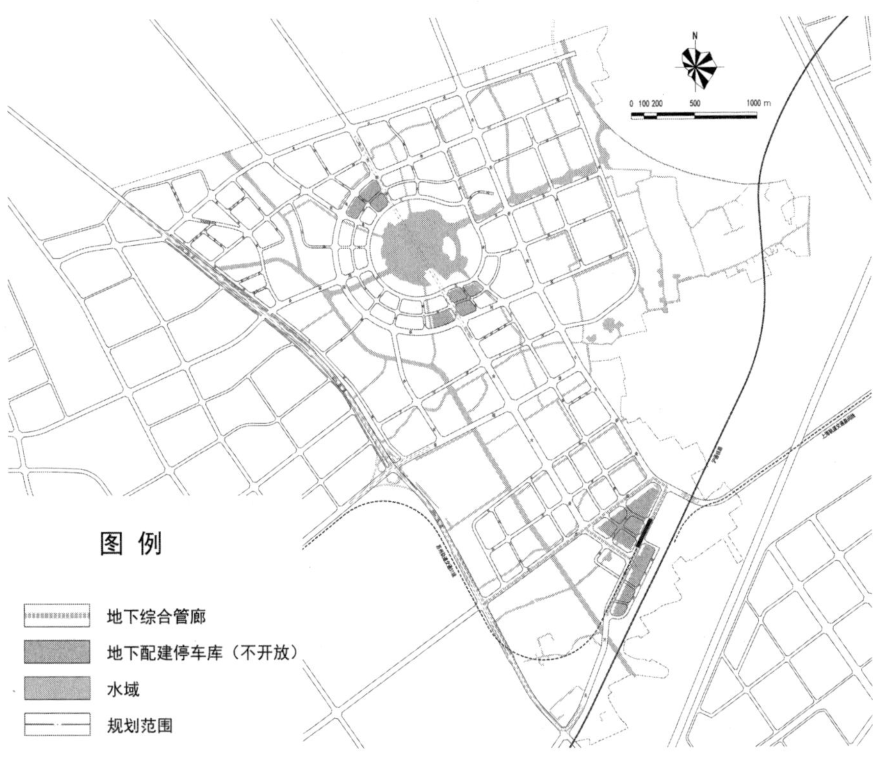

图 4-7-19　地下空间平面功能规划图（地下三层）

图 4-7-20　太仓市科教新城地下空间竖向分层规划图

本章注释

[1] 陈志龙，刘宏 . 城市地下空间总体规划 [M]. 南京：东南大学出版社，2011.

[2] 中华人民共和国住房和城乡建设部 . 城市地下空间规划标准 [S]. 北京：中国计划出版社，2019.

[3] 代朋 . 城市地下空间开发利用与规划设计 [M]. 北京：中国水利水电出版社，2011.

[4] 赵景伟，张晓玮 . 现代城市地下空间开发：需求、控制、规划与设计 [M]. 清华大学出版社，2016.

[5] 许琦，尹彦 . 长沙城市地下空间发展前景及模式浅析 [C]// 湖南省城乡规划学会 . 规划引领下的新型城市化研究——2009 年湖南省优秀城乡规划论文集 . 2009：208-214.

[6] 北京市城市规划设计研究院 . 北京地下空间规划 [M]. 北京：清华大学出版社，2006.

[7] 陈克生 . 探寻上海地下空间协调有序开发之道——解读《上海市地下空间概念规划》[J]. 城市规划学刊，2008（21）：238-240.

[8] 昆明市自然资源和规划局网站 . 昆明城市地下空间开发利用专项规划 [Z]. 2015.

[9] 成都市规划设计研究院网站 . 成都市中心城区地下空间规划 [Z]. 2015.

[10] 合肥城市地下空间开发利用规划（2013—2020）[Z]. 2013.

[11] 上海同济城市规划设计研究院有限公司 . 芜湖市城市地下空间暨人防工程综合利用规划（2015—2030）[Z]. 2017.

[12] 上海同济城市规划设计研究院有限公司 . 太仓市科教新城地下空间规划研究 [Z]. 2018.

第5章

城市地下交通设施规划

5.1 城市地下交通设施规划概述

城市地下交通是指一系列交通设施在地下进行连续建设所形成的地下交通体系和网络。地下交通设施规划是城市地下空间规划中最为重要的功能设施规划，地下空间的发展布局、总体形态、发展方向以及地下空间服务设施的分布、重点建设区域等规划内容往往是围绕着地下交通设施中的地下轨道交通线网及站点展开。在近二三十年中，地下轨道交通、地下道路、越江或越海隧道，以及地下人行道、地下停车场等都有了很大发展。尤其在国外许多大城市，比如伦敦或东京，已经形成了相对完整且成熟的地下交通系统，在城市交通中发挥了重要作用。[1]

5.1.1 城市地下交通设施分类

城市地下交通系统按其交通形态，可分为地下动态交通系统和地下静态交通系统两大类。地下动态交通系统包括地下轨道交通系统、地下道路系统，地下静态交通系统可分为地下停车场设施和地下综合换乘设施。城市地下交通设施分类如图 5-1-1。

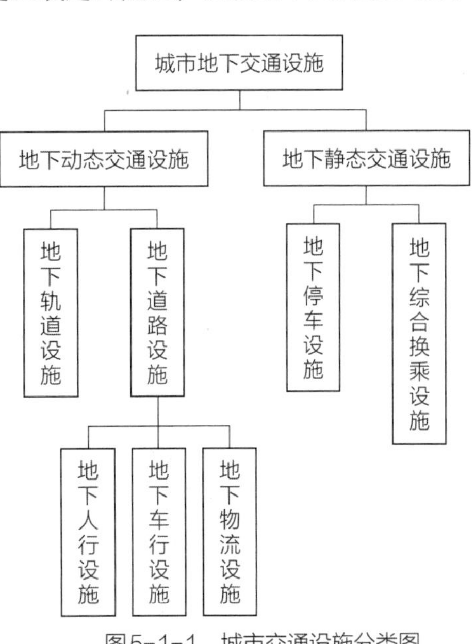

图5-1-1 城市交通设施分类图

5.1.2 城市地下交通设施规划原则

5.1.2.1 适应性原则

适应城市发展建设的要求，使城市地上、地下交通系统有机统一，协调发展，上下各种交通方式之间合理衔接、换乘便捷；地下交通建设应与城市总体布局相适应。

5.1.2.2 适度超前原则

城市地下交通设施规划应基于发展的角度，以国土空间总体规划为依据，结合城市中长期发展目标，适度超前地对地下交通设施进行规划布局，为城市的不断拓展做出前瞻性计划，以满足持续增长的交通需求。

5.1.2.3 公交优先原则

地下交通系统应以疏导地面交通为首要任务，以缓解城市交通拥堵和停车难为导向，通过大力发展地下公共交通设施，消除道路对城市的分割，拉近城市内部各区之间的距离，充分发挥土地的集聚效应。

5.1.2.4 统筹规划原则

地下交通设施规划建设应该充分考虑动、静态交通的衔接以及个体交通工具与公共交通工具的换乘，城市主要道路的规划建设应为未来开发利用不同层次的地下空间资源预留相应的空间；城市建设与更新应该充分考虑交通设施的地下化、交通立体化的发展模式。

5.1.3 城市地下交通设施布局

地下交通设施规划以引导城市现代化、公交优先化为导向，以营造一个以人为本的便捷、舒适的交通环境为目标。

在开发布局上，逐步形成以地下轨道交通线网为骨架，以地铁车站和枢纽为重要节点，注重地铁和周边地下空间的联合开发，形成有机的交通网络服务体系。

在空间层次上，避免地铁与建筑和市政浅埋设施的相互影响，地铁尽量利用次浅层和次深层地下空间。

在城市中心城区范围内，以地铁为依托，结合轨道交通线网的建设，形成地下和地面相互联系的立体交通体系，利用地铁客流合理开发商业，提高地下空间的使用效率和开发效益。规划的社会停车场原则上应该地下化，既充分利用主城区内稀缺的土地资源解决停车难的问题，又留出相应的空间用于绿化，不影响城市景观；在中心商业区应适时规划地下步行交通系统，净化地面交通，实现人车分流，达到商业功能与交通功能的和谐统一。

5.2 城市地下轨道交通设施规划

5.2.1 城市地下轨道交通概况

城市轨道交通是城市公共交通系统中的重要组成部分，泛指在城市沿特定轨道运动的快速大运量公共交通系统。根据我国2007年颁发的《城市公共交通分类标准》CJJ/T 114—2007，城市轨道交通主要有7类，即地铁系统、轻轨系统、单轨系统、有轨电车、磁浮系统、自动导向轨道系统和市域快速轨道系统。目前，我国的城市轨道交通以地铁、轻轨两种制式居多。

将城市轨道交通系统建造于地下，称为"地下铁路"，简称为地铁、地下铁或捷运（如我国台湾地区）等。目前，地铁已经不再局限于运行线在地下隧道中的这种形式，而是地下、地面、高架三者有机结合，一般以地下线路为主。

地铁是地下空间开发的先导之一，往往在地铁站点附近进行高强度的开发，地下空间开发强度也随之提高，但是地铁线路会对地下空间产生分隔，因此，需要合理确定地铁线路、地铁站台、地铁站厅的标高。为了减少对其他地下空间的干扰，往往在站台附近，地铁线路需要设置在地下三层的位置。如图5-2-1，为青岛西海岸新区地铁长途客运站分层空间示意。

地铁需要形成网络，才能充分发挥其交通疏解的作用，两条或多条地铁线路的交汇使得地下交通枢纽地区的地下空间更为复杂。在这种情况下，宜尽量缩短步行换乘距离。地铁设计年限一般分为初期、近期与远期三个阶段，时间均从工程建成通车之年算起。目前，国内准备修建地铁与轻轨的城市，在工程可行性研究和设计中，为了从客流角度评估现时修建工程的必要性和减少工程初期投资，都预测了工程建成通车后三年，即初期的客流量，并据此配备运营车辆和相应的车辆检修设备。

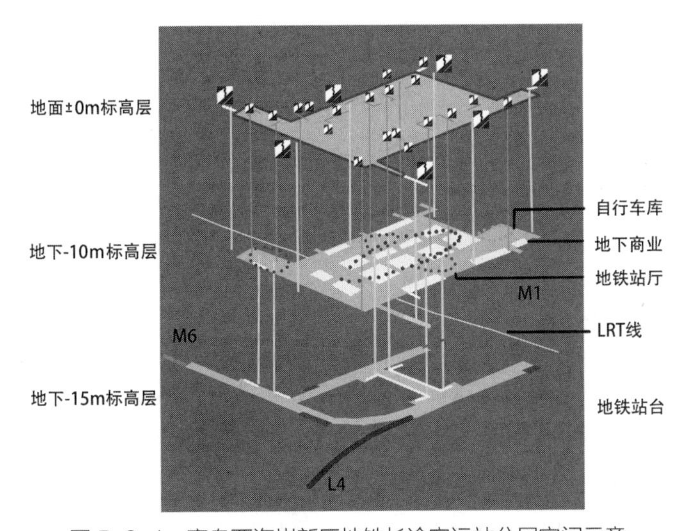

图5-2-1 青岛西海岸新区地铁长途客运站分层空间示意

“轻轨”（Light Rail Transit，LRT）指的是客流量较小或编组规模较小的轨道交通线路。轻轨以高架和地面较为常见，但也同样适用于地下。从运输能力、车辆设计以及建设投资等方面来看，轻轨与地铁均有所差别，主要区分是运量不同，地铁能适应的单向最大高峰客流量为 3 万 ~6 万人次 /h，轻轨能适应的单向最大高峰客流量为 1 万 ~3 万人次 /h。运量的大小决定了车辆编组数（地铁列车编组可达 4~10 节，轻轨列车编组为 2~4 节）、列车车型、轴重、站台长度等。本章讲述的城市地下轨道交通系统主要指城市地铁运输系统。

5.2.1.1　城市地下铁路交通系统组成

（1）区间隧道

区间隧道是供列车通过，内铺轨道，并设有排水沟、安装牵引供电装置、各种管线及通信信号设备的地方。

（2）车站

车站是旅客上、下车及换乘地点，也是列车始发和折返的场所。地下轨道交通车站选址和方案设计应结合周边土地利用确定，促进车站周边土地的复合利用。地下轨道交通车站出入口应结合周边土地利用现状及规划、车站平面布局和竖向埋深情况综合设置，并应与车站周边步行系统相衔接。

（3）折返设备

指供运营列车往返运行时的掉头转线及夜间存车、临时检修等。

（4）车辆段（车库）

车辆段一般位于靠近线路端点的郊区，早上车辆向市中心发车，夜间收班向郊区入库。车辆段设有待避线、停留线、检车区、修理厂、调度指挥所和信号所等。其规模由该地铁所拥有的车辆数（运行车辆、预备车辆、检修车辆的总和）来决定。

（5）联络线

路网中地下线路与地面车库应有专用线联系，此种专用线一般不宜和折返线合用。此外，在线路的交叉线附近，为了便于两线间车辆互相调配，也可设联络线。为了便于车辆折返，在适当位置设有渡线（渡线又称横渡线、过渡线、转辙段，是指用以连接两条平行铁轨的一种道岔，使行驶于某路线的列车可以换轨至另外一条路线）。

5.2.1.2　城市地铁线网的形态

地铁线网的形态是数条线路和车站在平面上的分布形式。在几何上，是线段之间组合关系的总和。带节点的线段是路网的基本单元，其表现形式为单线或单环。根据线环的组合方式，城市地铁线网可以分为放射形、环形及棋盘形三种基本形态及其组合形态。随着城市的发展和功能的日益完善，城市地铁网的形态也由简单变复杂,其路网的功能和结构也日臻完善和强大。基本形态是城市地铁线网的初级形态。

在基本形态的基础上，将出现多种组合形态，如放射形、棋盘形、环形 + 线形、棋盘形 + 环形、棋盘形环形对角线形及其混合形等。

（1）放射形

以市中心为原点，径向线向周围地区发射，形成放射状的形态。放射形是线形的一种组合形态，其特点是通过径向地铁线路和站点，将城市中心区与城市发展圈连接起来，郊区客流可直达市中心，也可通过市中心由一条线路转往另一条线路。其缺点是城市各圈层之间不能直接由地铁贯通，线路之间换乘不便，须借助地面公共交通系统。例如，美国波士顿地铁线网就属于典型的放射形，如图 5-2-2。

（2）环形

环形是以城市中心区为圆心，布置环形线路而形成的路网结构。其特点是路网与城市圈层外延发展相一致，覆盖范围广。不足之处是路网环间缺乏联系，须借助地面交通。这种形态往往出现在地域辽阔的平原地区且在地理上各向发展均衡的城市。例如，德国柏林地铁，如图 5-2-3。

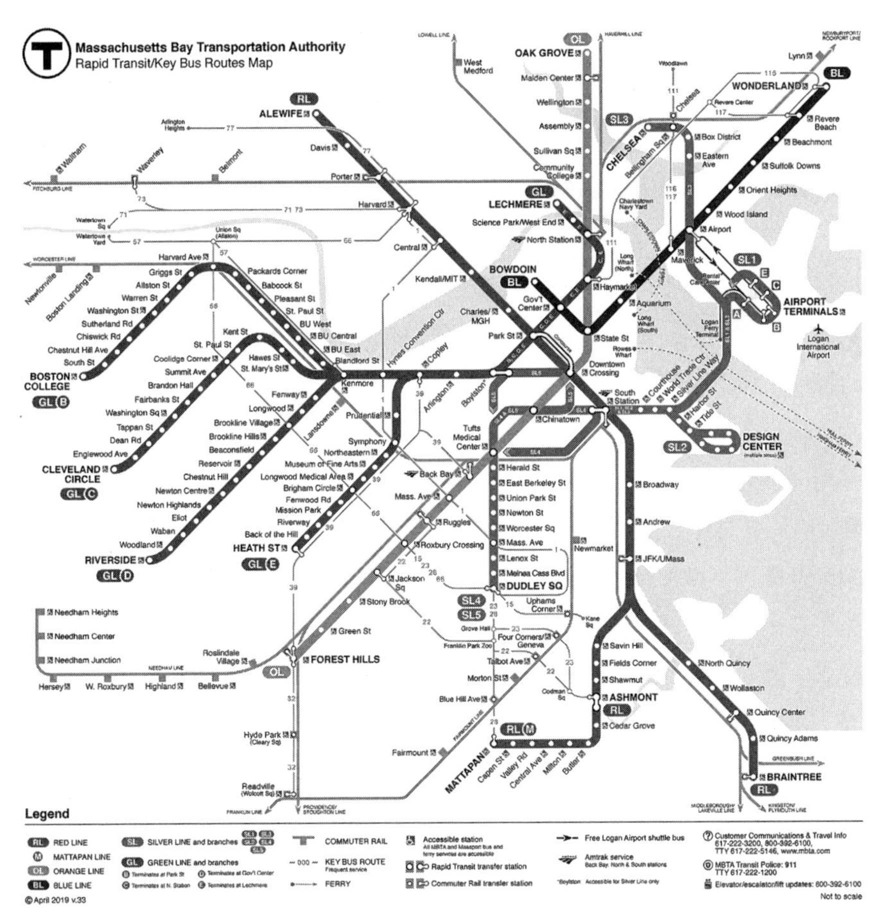

图 5-2-2　美国波士顿地铁线网图

资料来源：https：//www.mbta.com/schedules/subway

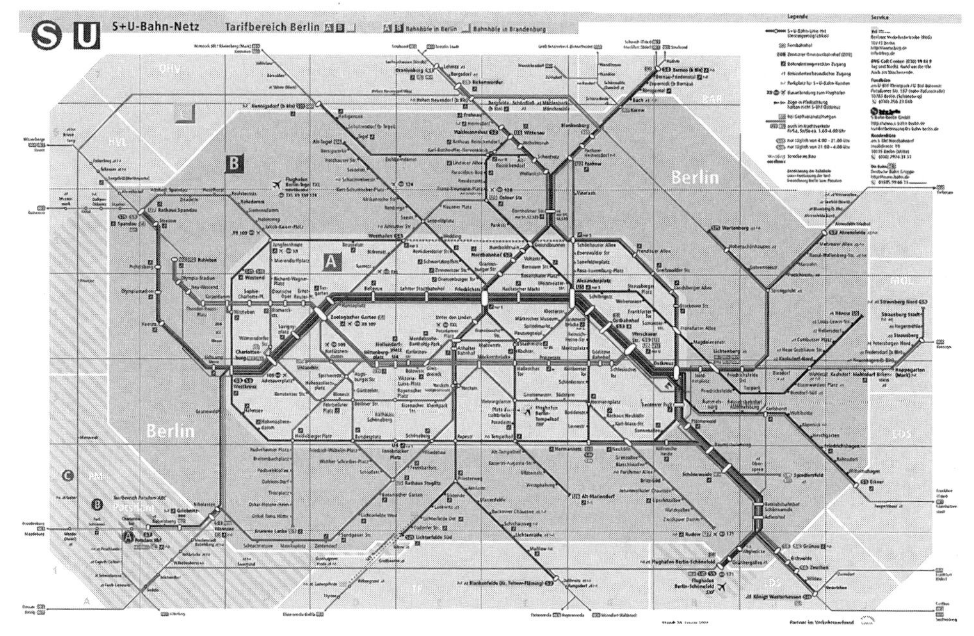

图 5-2-3　柏林地铁线路图

资料来源：https：//www.mapametro.com/zh/page/3/

（3）棋盘形

棋盘形是指由近似相互平行与垂直的线形地铁线路构成的路网。棋盘形是线形的另一组合形式，其特点是路网在平面上纵横交错，呈棋盘格局，换乘节点多，通达性好，但线路节点相互间的影响较大。棋盘形路网由典型的纵横线路构成，形成棋盘形格局。随着城市的发展，棋盘形也会发展为多种复合类型，如纽约地铁属于非规则型棋盘式路网，就具有棋盘形 + 放射形的特点，上海地铁则具有环形棋盘式路网的特点，如图 5-2-4。

（4）环形 + 线形

环形 + 线形是指环形地铁线路与线形地铁线路组合而成的路网结构。在几何上，环形是具有一定曲率半径的闭环或开环线段，线形则是曲率半径无穷大的开环线段，两者的组合既可以增加环形线路的连接点，又可激活环形路网的外延。它综合了环形线路覆盖范围广、线形线路单向通达距离长、可通过线形路线达到与环形各向连通的特点，例如，莫斯科地铁线网（图 5-2-5）和名古屋地铁线路图（图 5-2-6）。

（5）棋盘形 + 环形

棋盘形 + 环形是指棋盘形与环形地铁线网组合而成的复合型地铁线网，属于环形与线形组合的另一类型。它具有棋盘形与环形路网的特点，网形规整，覆盖范围大，通达性强。在棋盘形地铁线网中采用复合环形路网，结合对角放射形路网的布局可扩大覆盖范围，减少换乘节点，提高路网的通达效率。例如，伦敦地铁线网是一种典型的棋盘形 + 环形路网，如图 5-2-7。

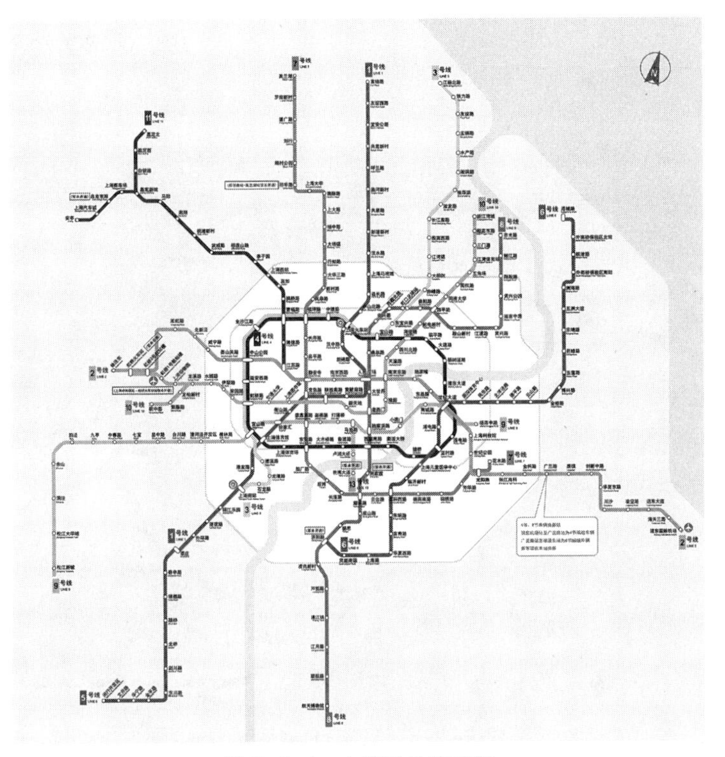

图 5-2-4 上海地铁线网图

资料来源：http：//www.freep.cn/zhuangxiu_6/News_1981005.html

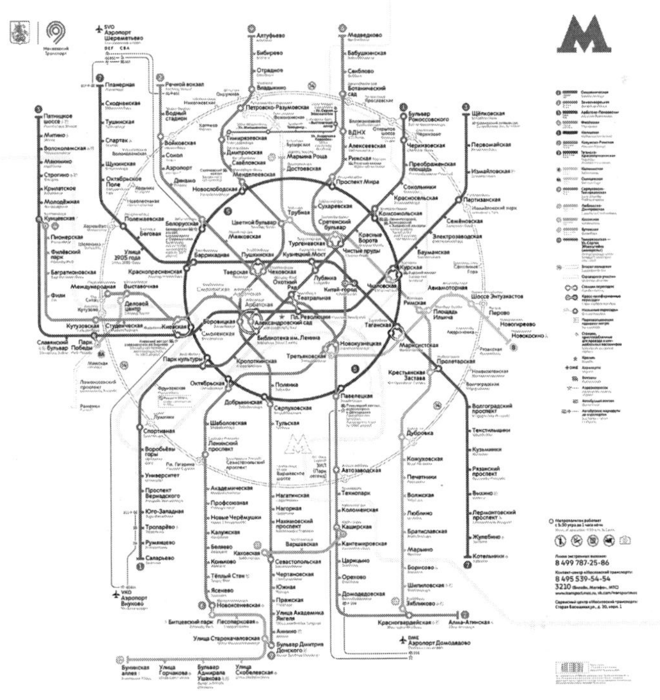

图 5-2-5 莫斯科地铁线路图

资料来源：http：//www.51wendang.com/doc/2d4e55905243d1800dbd4913

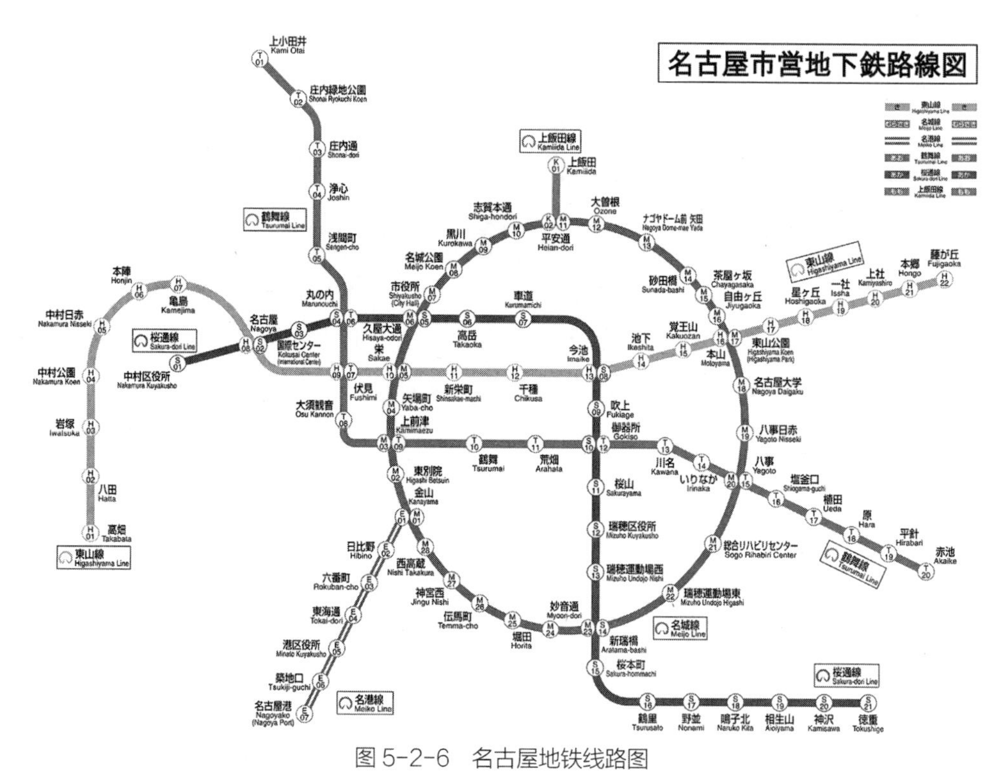

图 5-2-6　名古屋地铁线路图

资料来源：http：//bbs.aoyou.com/forum.php?mod=viewthread&tid=117897&page=1&authorid=142123

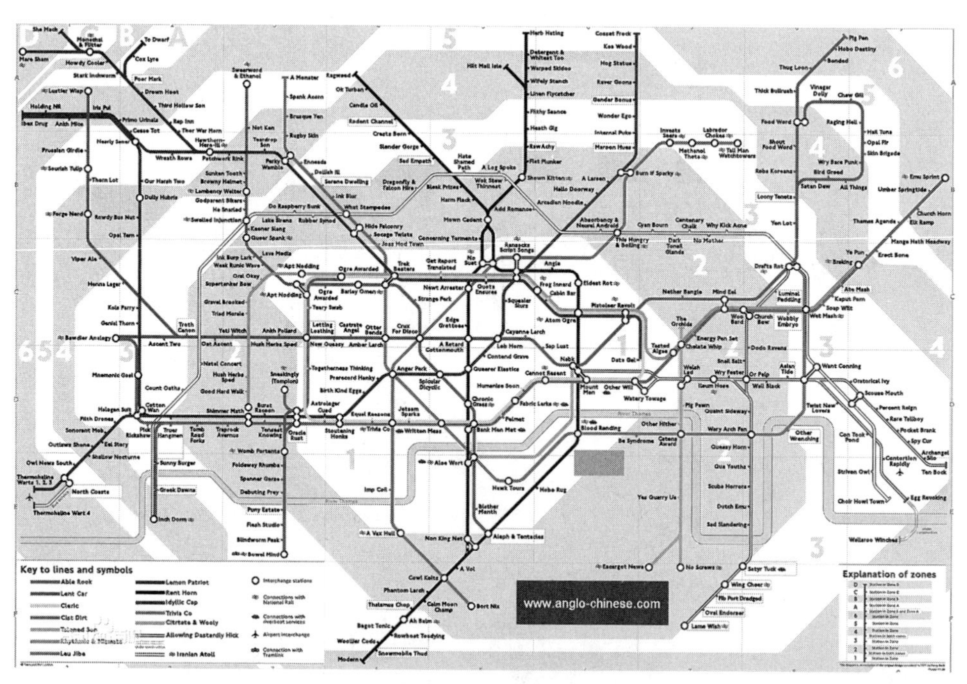

图 5-2-7　伦敦地铁线路图

资料来源：http：//m.kdnet.net/share-13184543.html?from=singlemessage

（6）棋盘环形对角线形

它是指由棋盘环形地铁线网与对角线形构成的一种地铁线网形式。这种路网除具有棋盘环形路网的特点外，最主要特点是具有贯穿市中心区的对角线形地铁线路，路网覆盖范围大，由市中心达到市区及远郊的换乘站点最少，交通便捷。许多现代化大城市都具有棋盘环形对角线形路网的特点。北京地铁就属于棋盘环形对角线形，如图 5-2-8。

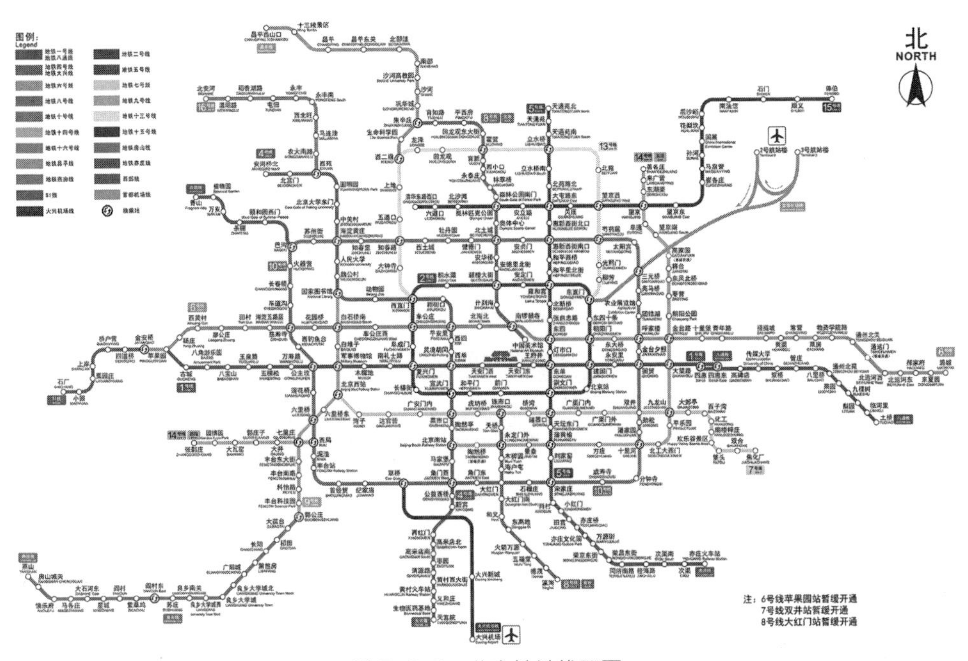

图 5-2-8　北京地铁线网图

资料来源：https：//www.bjsubway.com/jpg.html

（7）混合形

混合形是指由多种路网形式组合而成的综合路网形态。这种路网由于线路和站点错综复杂，在平面上很难用一种主体形式来体现。例如，巴黎、东京、纽约、首尔等国际大都市的地铁线网都呈现出混合形的特点。巴黎地铁线网如图 5-2-9。

（8）其他形式

对于许多规模不大，或地理位置特殊的城市，客流流向较为集中单一，往往不需要修建多条轨道交通线进而形成较大规模的路网，也就因地制宜地出现了其他各种形式的几何图形，如日本京都的地铁线为“十”字形（图 5-2-10），法国里尔的“X”形（图 5-2-11）。

以上介绍了城市地铁线网常见的一些形式。地铁线网的形式与城市形式、地形地质条件及城市发展规划密切相关，其形式多种多样，人们可以从城市主体形态中抽象出能反映地铁线网的形式。

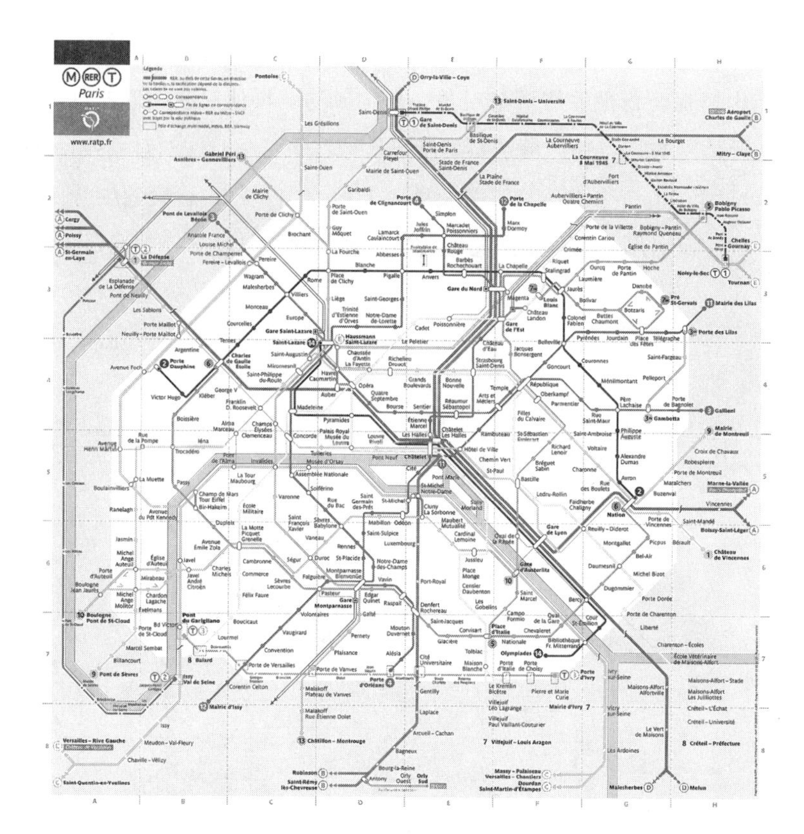

图 5-2-9 巴黎地铁线路图

资料来源：https：//www.mapametro.com/zh/francia/

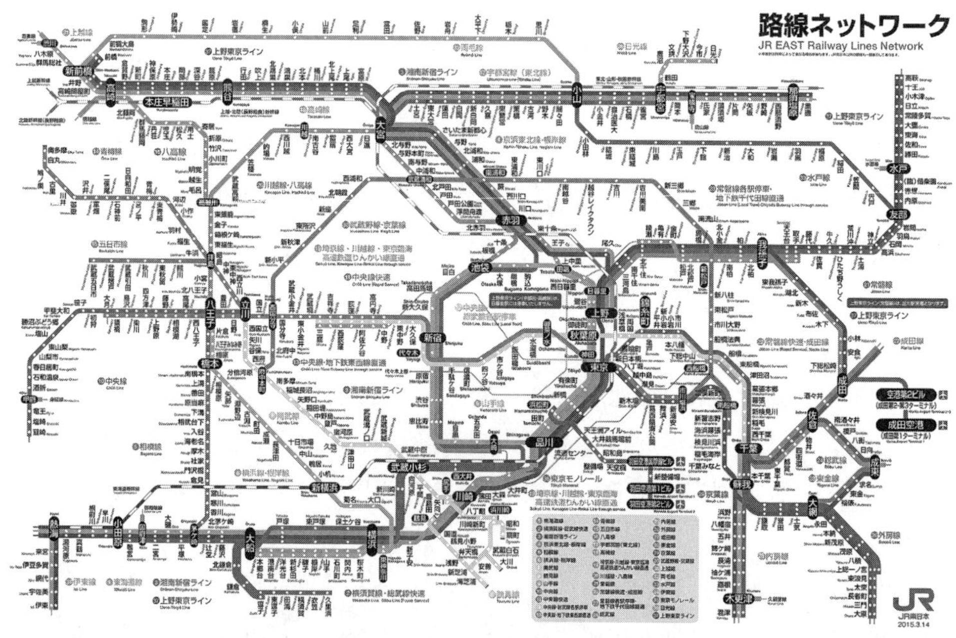

图 5-2-10 东京地铁线路图

资料来源：http：//bbs.aoyou.com/forum.php?mod=viewthread&tid=117897&page=1&authorid=142123

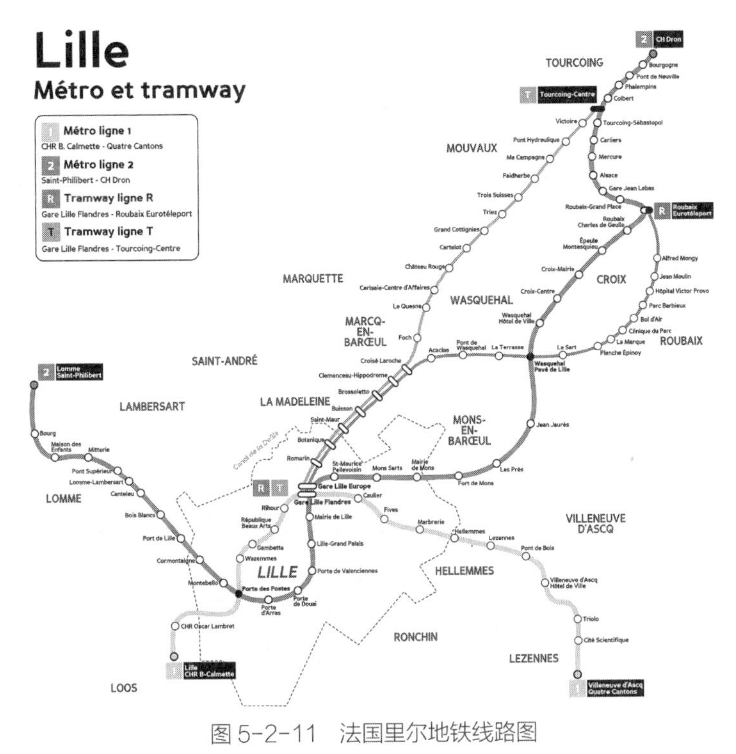

图 5-2-11　法国里尔地铁线路图

资料来源：https：//www.mapametro.com/zh/francia/

但是，随着城市的发展，城市地铁线网的路线及站点增多，覆盖范围增大，通达性越来越强，路网的构成由简单到复杂，很难以一种简单的线网形式出现。因此，也很难对线网的形态进行详尽地分类，往往在一种形式中包含了其他形式，混合形是今后大城市地铁线网发展的必然趋势。

5.2.2 地铁线网规划的基本原则

地铁建设涉及原有城市的状态及交通运输近期状况和远期发展方向、规模和城市的战备防护要求等，并且地下铁路是地下工程，所以改建、扩建极为困难。因此，在修建地铁开始，就应该对各方面的因素进行周密考虑，从长远角度做好线网规划。在具体的规划中，一般应遵循以下原则：

（1）线网规划要与城市客流预测相适应

通过对城市主要通道的客流预测，定量地确定各条线路单向高峰小时客流量，也就可以确定每条线路规模。在大城市，轨道交通能为居民提供优质的交通服务，尤其对中、远程乘客来说，轨道交通是最能满足其出行要求的交通方式。居民每天出行的交通流向与城市的规划布局有着密切的关系，规划路线沿城市交通主客流方向布设，这就照顾了大多数居民快速、方便出行的需求，并且能充分发挥地铁运量大的作用。

（2）线网规划必须符合国土空间总体规划

根据国土空间总体规划和城市交通规划，做好地铁线网规划，该规划又是国土空间总体规划的重要组成部分。交通引导城市发展是一条普遍规律。其目的是根据城市规模、用地性质与功能、城市对内与对外交通情况，经详细的交通调查和综合研究，编制科学的线网规划，力求使乘客以最短的行程和最少的时间到达目的地。

地铁线网规划要与城市远景规划相结合，要具有前瞻性。随着城市经济的发展，城市规模会不断扩大，一般为了减少中心城（老城区）过重的负荷，往往规划成组团式的城市，即在中心城的周围发展若干个卫星城的方式来拓展城市，所以，在制定地铁线网规划时，一定要根据城市规划发展方向留有向外延伸的可能性。

（3）规划线路要尽量沿城市主干路布设

沿交通主干道设置的目的在于接收沿线交通，缓解地面压力，同时也较易保证一定的客运量。线路要贯穿连接城市交通枢纽对外交通中心（如火车站、飞机场、码头和长途汽车站等）、商业中心、文化娱乐中心、大型生活居住区等客流集散数量大的场所，最大限度地吸引客流。

（4）线网中线路布置要均匀，线路密度要适量，乘客换乘方便，缩短出行时间

线网密度、换乘条件及换乘次数同出行时间关系很大，并且直接影响着吸引客流的大小问题。一般认为，市区地铁吸引客流的半径以700m为宜，即理想的线网线间距在市区是1400m左右，除特殊情况外，最好在800~1600m之间。线网布局尽量减少换乘次数，使乘客能直达目的地，缩短出行时间。

（5）线网要与地面交通网相配合，充分发挥各自优势，为乘客提供优质的交通服务

地铁是城市大运量的交通体系，由于投资巨大，为了达到较高的运输效益和经济效益，线网密度不宜过小；否则，会给长距离乘坐地铁的乘客带来不便并增加出行时间。而路面常规公共交通是接近门到门的交通服务，若能与地铁衔接，既方便了乘客，使其缩短了出行时间，又能为地铁集散大量客流，使其充分发挥运量大的作用。所以，大城市的交通规划，一定要发展以地铁为骨干，常规公共交通为主体，辅以其他交通方式，构成多层次立体的有机结合体，使其互为补充。在编制地铁线网规划时，一定要重视与其他交通的衔接问题，只有这样才能充分发挥各自的优势和地铁的骨干作用。

（6）线网中各条规划线上客流负荷量要尽量均匀，避免个别线路负荷过大或过小的现象。注重考虑线路吸引客流能力，穿越行政中心、商业中心、文化中心、旅游点、居民集中区次数要均衡。

（7）选择线路走向时，应考虑沿线地面建筑空间布局情况，要注意保护重点历史文物古迹和环境。要充分考虑地形、地貌和地质条件，尽量避开不良地质地段和重要的地下管线等构筑物，以利于工程实施和降低工程造价。线路位置应考虑能与地面建

筑、市政工程相互结合及综合开发的有利条件，以充分开发利用地上、地下空间资源，有利于提高工程实施后的经济效益和社会效益，可以考虑同一定规模的其他地下建筑相连接，如与商业中心地下街、下沉式广场、地下停车场、防护疏散通道等连接。

（8）车辆段（场）是轨道交通的车辆停放和检修的基地，在规划线路时一定要规划好其位置和用地范围。

（9）在确定线网规划中的线路修建程序时，要与城市建设计划和旧城改造计划相结合，以保证快速轨道交通工程建设计划实施的可能性和连续性以及工程技术上和经济上的合理性。

5.2.3 地铁线网规划的基本步骤

（1）调查收集资料

收集和调查城市社会经济指标及线路客流量指标，如城市GDP、人均收入、居住人口、岗位分布、流动人口、路段交通量、OD（Origin Destination）流量，为城市交通现状诊断及客流预测提供基础数据。这里，OD流量是指线路起点到终点的客流量。

（2）交通现状分析

通过对交通线网各路段的交通量、饱和度、车速、行程时间等指标进行统计、计算和分析，对现状交通网进行诊断，确定问题。

（3）客运需求量预测

根据城市社会经济发展规划，对城市人口总量、出行频率、出行距离、交通方式、交通结构等进行调查和分析，以对城市地下轨道交通的客运需求量进行预测。

（4）城市发展战略与政策研究

包括远景城市人口、工作岗位数量及分布、总体规划发展形态及布局、中心区及市区范围人口密度及岗位密度分布。

1）城市交通战略研究

从城市交通总能耗、总用地量、总出行时间等角度论证城市地铁交通在不同时期客运份额的合理水平，确定不同时期城市地铁交通的客运目标。

2）确定发展规模

在现状诊断和需求预测的基础上，结合城市综合交通战略、城市地铁建设资金供给等情况，确定未来若干规划期地铁交通网的发展规模。

（5）编制线网方案

根据地铁交通线网规模，结合客流流向和重要集散点，编制线网规划方案。应考虑重要换乘枢纽的点位，确定平面图，根据城市发展现在或将来的需要，先确定由几条线路组成，包括环线，再进行其他线路的扩展。方案设计与客流预测是相互作用的，在预测过程中需要不断重复上述过程。

（6）客流预测及测试

针对线网方案，利用预测的客流分析结果进行客流测试，获得各规划线路断面和站点的客流量、换乘量及周转量等指标，为方案评价提供基础数据。

（7）建立评价指标体系，对各方案进行定性和定量的分析比较

（8）确定最优方案，并结合线路最大断面流量等因素确定轨道交通的系统模式

5.2.4 城市地下轨道交通场站规划

5.2.4.1 车站定位

车站定位应充分考虑地铁与公交汽车枢纽、轮渡和其他公共交通设施及对外交通终端的换乘，应充分考虑地铁之间的换乘。

车站定位要保证一定的合理站距，原则上城市主要中心区域的客流应尽量予以疏导。地铁车站的规模可因地而异，但应充分考虑节约。

5.2.4.2 地铁车站设计

地铁作为大城市的重要交通手段，已广泛地应用于人们的日常出行、购物休闲等方面。地铁车站是供旅客乘降、候车、换乘的地下建筑空间，应保证旅客方便、安全、迅速地进出站，并有良好的通风、照明、卫生、防灾设备等，给旅客提供舒适、清洁的环境。地铁站与周围地下空间相通，是城市空间系统的有机组成部分，其开发利用的规模和布局受城市发展的具体情况影响，处于不同城市区位的地铁车站周边地下空间具有不同的开发模式。总体而言，城市地铁提高了地下空间的可达性和使用价值，促使周围土地开发多层地下空间。由于商业对可达性的要求较高，地铁站周围地区设有地下商业层的建筑明显多于其他地区。同时，由于地铁站在城市交通中的骨干地位，将促进周围其他换乘设施的发展。

5.2.4.3 地铁车站的形式与分类

通常，地铁车站按其运营功能、站台形式等可以进行不同分类。按运营功能分为中间站、换乘站、区域站、枢纽站、联运站、始末站等；按站台形式分类可分为岛式站台、侧式站台和混合式站台。

（1）按运营功能分类

1）中间站。中间站仅供旅客乘降之用，是线网中数量最多、最通用的车站。中间站的通过能力，决定了线路的最大通过能力。线网修建初期，线路交叉点数目不多的时候，多数车站属于中间站。

2）换乘站。位于两条或两条以上线路交叉点上的车站。除具有中间站的功能外，更主要的是它还可以从一条线上的车站通过换乘设施转换到另一条线路上的车站。

3）区域站。即折返站，是设在两种不同行车密度交界处的车站。站内设折返线和设备，区域站兼有中间站的功能。

4）枢纽站。由一个车站分出另一条线路的车站，该车站可接、送两条线路上的乘客。

5）联运站。车站内设有两种不同性质的列车线路进行联运及客流换乘。联运站具有中间站及换乘站的双重功能。

6）始末站。是指地铁线路两端的车站，除了供乘客上下或换乘外，通常还供列车停留、折返、临修及检修使用。

（2）按站台形式分类

1）岛式站台：站台位于上、下行车线路之间。此种站台供两条线路使用，如图5-2-12。岛式站台适用于规模较大的车站，如区域站、换乘站。这种方式上、下行线共用一个站台，可以起到分配和调节客流的作用，对于需要中途折返的乘客比较方便。

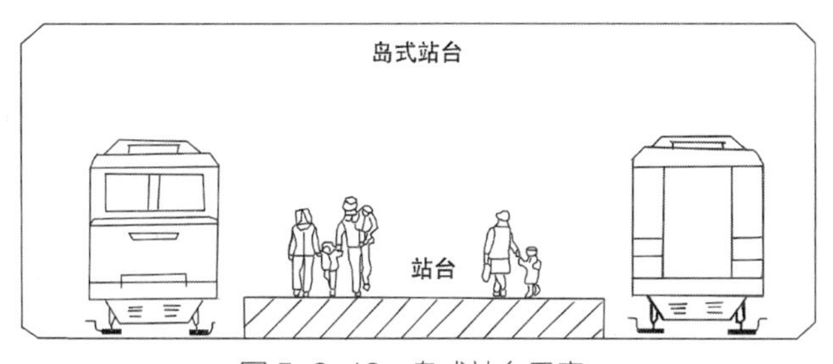

图5-2-12　岛式站台示意

资料来源：http：//roll.sohu.com/20130912/n386470712.shtml

2）侧式站台：站台位于上、下行车线路的两侧，如图5-2-13。侧式站台适用于轨道布置集中的情况，有利于区间采用大的隧道或双圆隧道双线穿行，具有一定的经济性。但在城市地下工况条件复杂的情况下，大隧道双线穿行缺乏灵活性。而且，候车客流换乘不同方向的车次必须通过天桥才能完成，会给乘客带来一定不便。侧式站台多用于客流量不大的车站及高架车站。

3）混合式站台：混合式站台是将岛式站台及侧式站台同设在一个车站内，如图5-2-14。此种站台的主要目的一方面是为了解决车辆中途折返，满足列车运营上的

图5-2-13　侧式站台示意

资料来源：http：//roll.sohu.com/20130912/n386470712.shtml

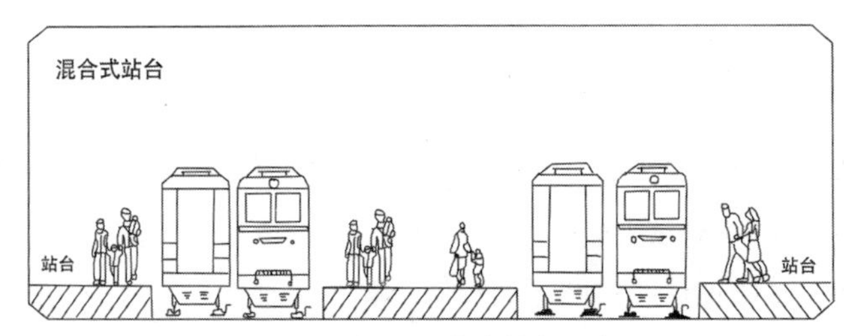

图 5-2-14 混合式站台示意

资料来源：http：//www.sohu.com/a/207008626_803224

要求；另一方面也是为了避免站台产生超荷现象。但此种站台形式造价高，进出站设备比较复杂，因而较少采用。

对于岛式或侧式站台的选用，没有特别决定性的条件可循，两者各有优缺点，在使用时应根据实际情况选用。但对客流随时间而有向某一方向偏大的车站来说，采用岛式站台较为有效。

5.2.4.4 出入口布置

出入口是连接地面与地铁站内部的通道，直接联系地面空间和地铁车站地下空间。确定出入口位置前，应先根据规划、消防疏散等专业的要求确定其数量。每个车站直通地面室外空间的出入口数量不应少于 2 个，并能保证在规定时间内，将车站的全部人员疏散出去。地铁车站的出入口数量与地铁站高峰客流输送量有关。在选择出入口位置时注意以下几个方面的问题：

（1）出入口布置应与主客流的方向一致，一般选在城市道路两侧、交叉口及有大量客流的广场附近，或者结合地面商业建筑设计。出入口宜分散均匀布置，出入口之间的距离应尽可能大些，使其能够最大限度吸引客流，方便乘客进出车站。

（2）单独修建的出入口，其位置应符合自然资源规划部门的规划要求，一般都设在建筑红线以内。如有困难不能设在建筑红线以内，应经自然资源规划部门同意，再选定其他位置地面出入口的位置，不应妨碍地面行人交通。

（3）出入口宜设在火车站、公共汽车站等地面交通集散地附近，方便换乘。应尽量避免与地面客流相互干扰，减少出入口被堵塞的可能。

（4）在建设条件许可的情况下，宜与过街天桥、过街地道、地下街、邻近公共建筑物相结合或连通，统一规划，同步或分期实施。如兼作过街地道或天桥时，其通道宽度及其站厅相应部位应计入过街客流量，同时考虑地铁夜间停运时的隔离措施。

（5）出入口布置时还需要考虑火灾等灾害工况下的人员安全疏散及消防救援实施的要求。我国《地铁设计规范》GB 50157—2013 规定，车站出入口的数量，应根据客运需要与疏散要求设置，浅埋车站的出入口不宜少于 4 个。当分期修建时，初期不得少于 2 个。规模较小的站出入口数量可酌减，但不得小于 2 个。车站出入口的总设计客流量，应按该站远期高峰小时的客流量乘以 1.1~1.25 的不均匀系数。

5.2.4.5　换乘方式与特点

轨道交通车站的换乘方式与线路走向、换乘客流量、线网建设时序、站点周边环境、施工工艺等因素密切相关，其中线路间的交汇形式是换乘方式的首要控制因素。

（1）站台换乘

站台直接换乘有两种方式。一种是两条不同线路的站线分设在同一站台的两侧，乘客可在同一站台由A线换到B线，即同站台换乘。双岛式站台的结构形式可以在同一平面上布置，也可以双层布置。如图5-2-15上海5号线，东川路地铁站，为双岛式车站。这两种形式的换乘站只能实现4个换乘方向的同站台换乘，另外4个方向换乘要采用其他换乘方式。采用同站台换乘方式要求两条线要有足够长的重合段，在两线分期修建的情况下，近期需要为后期线路车站及区间交叉的空间做好预留，同站台换乘存在工程量大，线路交叉复杂，施工难度大等问题，所以尽量选在两条线建设期相近或同步建成的换乘点上。另一种站台直接换乘是指乘客由一个车站的站台通过楼梯或自动扶梯直接换乘到另一个车站的站台。这种换乘方式要求换乘楼梯或自动扶梯应有足够的宽度，以免造成乘客堆积拥挤，发生安全事故。

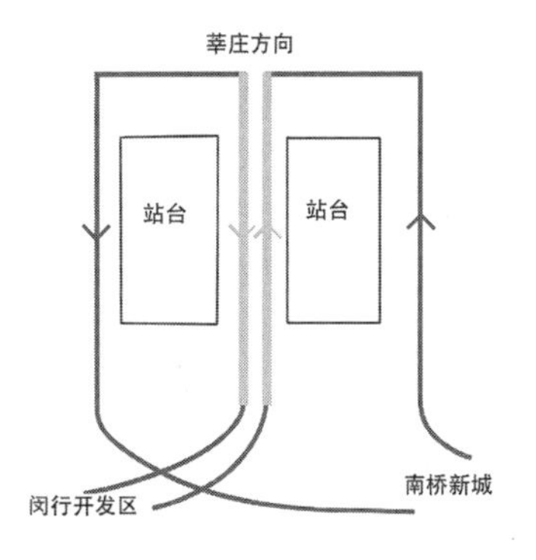

图5-2-15　换乘车站示意

资料来源：https：//www.jfdaily.com/news/detail?id=41472

（2）站厅换乘

站厅换乘是指乘客由一个车站的站台通过楼梯或自动扶梯到达另一个车站的站厅或两站共用的站厅，再由这一站厅通到另一个车站的站台的换乘方式。在站厅换乘方式下，乘客下车后，无论是出站还是换乘，都必须经过站厅，再根据导向标志出站或进入另一个站台继续乘车。站厅换乘一般用于相交车站的换乘，换乘距离比站台直接换乘要长。站厅换乘方式与站台直接换乘相比，由于乘客换乘线路必须先上（或下），再下（或上），换乘总高度落差大，较为不便。若站台与站厅之间采用自动扶梯连接，则可改善换乘条件。站厅间换乘方式有利于各条线路分期建设。如图5-2-16。

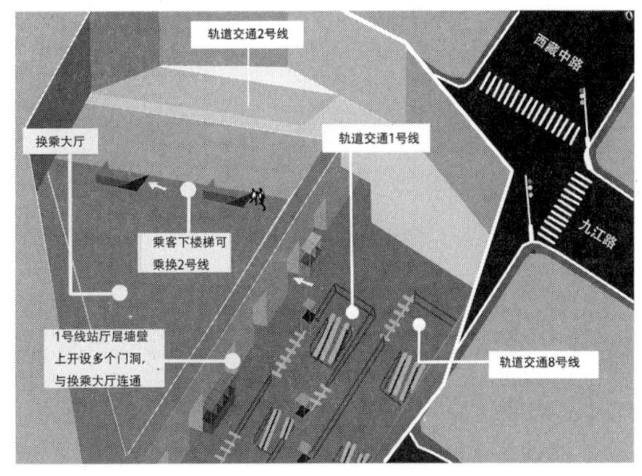

图5-2-16　上海人民广场地铁站换乘大厅示意

资料来源：http：//news.sina.com.cn/c/2006-05-13/08548913282s.shtml

（3）通道换乘

在两线交叉处，车站结构完全脱开，车站站台相距有些距离

图 5-2-17　上海人民广场地铁站 1、2 号线换乘通道
资料来源：https：//www.quanjing.com/imginfo/65-0434.html

或受地形条件限制不能直接设计通过站厅进行换乘时，可以考虑在两个车站之间设置单独的换乘通道来为乘客提供换乘途径。用楼梯将两座车站站台直接连通，乘客通过该楼梯与通道进行换乘，这种情况也称通道换乘。通道换乘设计要注意上下楼的客流组织，更应该避免双方向换乘客流与进出站客流交叉紊乱。通道换乘方式布置较为灵活，对两线交角及车站位置有较大适应性，预留工程少，甚至可以不预留，容许预留位置将来作适当调整。通道宽度根据换乘客流量的需要设计，换乘条件取决于通道长度，一般不宜超过 100m，这种换乘方式最有利于两条线路工程分期实施，后期线路位置调节有较大的灵活性。换乘通道一般应尽可能布置在车站的中部，并避免和出入站乘客交叉。由于受各种因素影响，换乘通道一般都较长，这样使得乘客的换乘距离和时间都比前两种换乘方式要长，要注意尽可能减少通道长度。如图 5-2-17。

（4）站外换乘

站外换乘方式是乘客在车站付费区以外进行换乘，实际上是没有专用换乘设施的换乘方式，往往是无地下交通线网规划而造成的后遗症。由于乘客增加一次进、出站手续，再加上站外与其他人流交织和步行距离长而显得极为不方便。对轨道交通自身而言，是一种系统性缺陷的反映。因此，站外换乘方式在线网规划中应注意尽量避免。

（5）组合式换乘

在换乘方式的实际应用中，往往采用两种或几种换乘方式组合，以达到完善换乘条件，方便乘客使用，降低工程造价的目的。例如同站台换乘方式辅以站厅或通道换乘方式，使所有的换乘方向都能换乘；站厅换乘方式辅以通道换乘方式，可以较少预留工程量等。通过换乘方式的组合，不但有足够的换乘通过能力，还有较大的灵活性，为工程实施及乘客换乘提供方便。

5.3　城市地下交通场站设施规划

5.3.1　城市地下交通场站设施规划要求

根据《城市地下空间规划标准》GB/T 51358—2019，城市地下交通场站设施规划有以下几点要求：

（1）考虑公交车辆爬坡能力和噪声、尾气等影响，具有上下客的候车功能的公交首末站、停靠站宜设置于地面。

（2）交通场站存在一定的噪声、尾气等负面影响，居住、办公等设施对此类负面影响较敏感。因此，嵌入式开发的地下交通场站应与居住、办公有一定的间隔距离，以减少负面影响。缓冲空间可设置地下商业、管理、设备、仓储等对噪声和尾气等负面影响敏感性较弱的设备。

（3）地下公交场站的净高应符合现行行业标准《车库建筑设计规范》JGJ 100—2015的相关要求，公交车对应的中大型车的外轮廓高度为3.2~3.5m，场站净高为3.7m。依据现状双层巴士的高度，见表5-3-1，同时考虑车辆高度有增长趋势及预留车辆行驶过程中的弹性增高，标准结合部分城市附设式公交首末站的实际使用情况，提出双层巴士地下停放公交场站的净高推荐值为4.6m。

部分城市常用公共汽车车型技术参数[2]（m）　　表5-3-1

车型	长度	宽度	高度
宇通客车	11.6000	2.500	3.265
五洲龙混合动力车	11.490	2.500	3.140
比亚迪纯电动车	12.000	2.550	3.300
金龙双层巴士	10.800	2.490	4.200

资料来源：《城市地下空间规划标准》GB/T 51358—2019 表9

5.3.2 城市地下公交场站的特点

地下空间开发受结构形式、防灾救援、投资造价等因素影响，对于公交车进入地下空间需因地制宜、谨慎思考、灵活设计；地下空间中公交场站一般具有以下5个特点。

（1）公交车车身长，转弯半径大，大型公交车车长一般为12m，BRT车辆车长可达18m，按照《车库建筑设计规范》JGJ 100—2015第4.1.3条：大型车最小转弯半径为9.00~10.50m，实际使用中，大型铰接车的转弯半径为10.50~12.50m，考虑行车安全性和舒适性，一般地下空间中公交车设计的最小转弯半径取值13m，按此要求，结构柱距一般取15m。

（2）公交车高度。大中型客车车身高度可达3.20m，大型客车可达3.50m，按照《车库建筑设计规范》JGJ 100—2015第4.2.5条，室内最小净高不得低于3.7m。

（3）公交车车辆重。车长12m的公交车总重可达17.9t，前轴重6.4t，后轴重11.5t；车长18m的BRT车辆总重可达28.0t，前轴重6.0t，中轴重10.8t，后轴重11.2t。楼面荷载越大，结构梁的高度越大，对室内净高影响越大。

（4）公交车辆在地下空间中的室内噪声较大，尾气排放对室内环境影响较大；在加强场站内部进排风系统设计的同时，尽量将公交车车行区控制在相对封闭的环境中，与其他地下空间功能区相分隔。

（5）公交车首末车场站需设置各种配套设施，如车班休息、调度指挥、维修保养、车辆清洗等，不宜设于地下空间；一般地下空间中适宜设置过路车车站、地面设有场站基地或仅供发车和到达的首末站。

因此，进入地下空间的公交车服务功能应尽量统一，仅供到达或发车使用，公交场站对地下空间的建筑布局、柱网结构、楼面荷载等整体设计影响较大，应尽可能控制车行范围，将场站规模控制在合适的尺度，减少对地下其他功能空间的不利影响，避免过多增加项目投资。

5.3.3 城市地下公交场站平面布局

5.3.3.1 “一”字形多岛式布局

公交车上客岛采用多岛式布局，一字排开，每个上客岛相对独立，公交车在各岛之间穿行。平面布局如图 5-3-1。

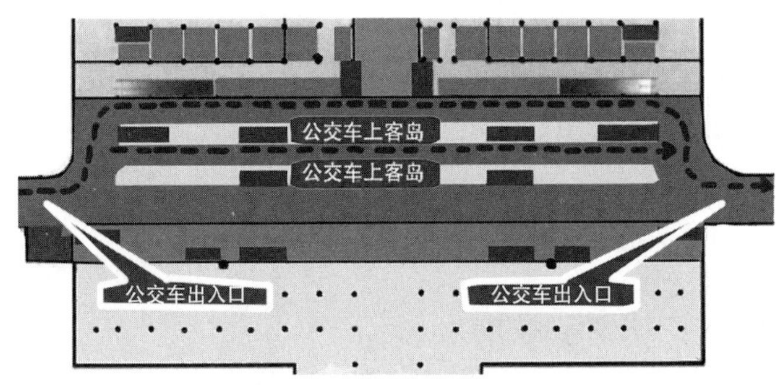

图 5-3-1 “一”字形多岛式布局

资料来源：刘建辉 城市住宅 2019

此种布局方式中，车行线路简单清晰，但每个上客岛站水平距离过长，人行路线较远；且候车区和上车区合并为一个狭长的岛式空间，无法分离，候车环境受车辆噪声和尾气干扰较大；多个公交岛站被公交车车行流线完全分隔，换乘客流在无法准确掌握每个上客岛的发车路线时会在各岛之间穿行，形成人车交叉，既造成安全隐患，不符合“以人为本、人车分离”的设计原则，又影响了车行速度，降低换乘站效率。每个上客岛为与地面或地下二层换乘厅联系便捷，至少设有一组楼扶梯，投资造价较高，运营成本大；车行流线穿越地下空间，若实现同方向进出，公交车需在地下空间内调头转向，占用大量地下空间，对地下空间整体布局影响很大。[3]

5.3.3.2 单独大岛式布局

公交车换乘区仅设置一个岛式大空间，所有线路的公交车均围绕这个大空间设置上客岛，环岛而行。平面布局如图 5-3-2。

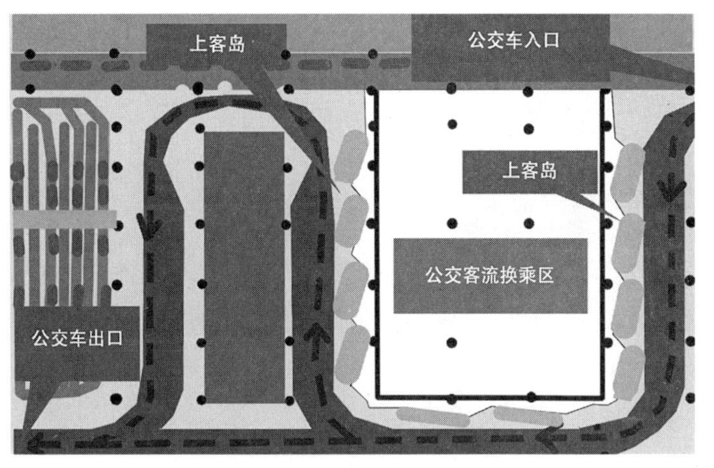

图 5-3-2 单独大岛式布局

资料来源：刘建辉 城市住宅 2019

此种布局方式可在一个完整的宽敞区域内完成公交换乘，客流选择线路简单，标识清晰，步行距离最短，便于枢纽大客流快速换乘。大空间换乘区与外侧设置的上客岛采用屏蔽门隔离，能有效隔绝公交车行区噪声和尾气污染，为乘客提供舒适的候车环境。公交车充分利用大岛各个边长设置停靠站点，若实现同方向进出，公交车需在地下空间调头转向，弯道多，穿行距离远，车道间的地下空间使用不便，存在一定行车安全隐患，对地下空间整体布局影响较大。

5.3.3.3 “U”形岛式布局

公交车换乘区设计为“U”形大空间，公交车辆在“U”形内部环行，沿内部长边设置上客岛。平面布局如图 5-3-3。

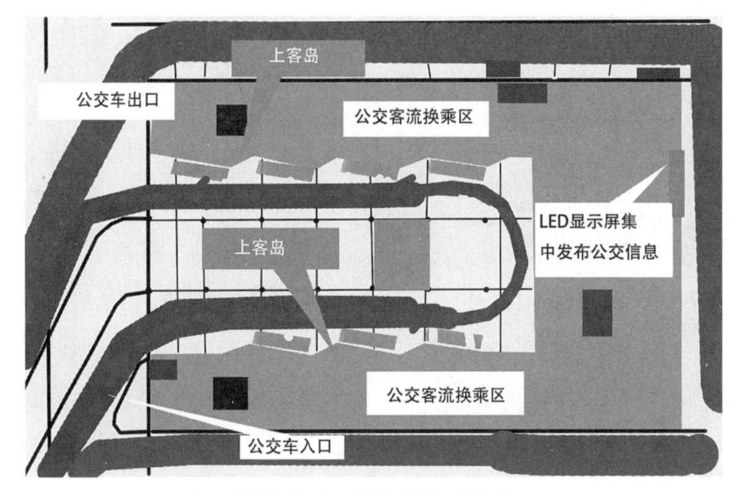

图 5-3-3 “U”形岛式布局

资料来源：刘建辉 城市住宅 2019

公交客流换乘区采用“U”形布局，两个长边为主要候车区，在短边空间内设置集中的LED全彩显示屏，发布各条公交线路换乘信息，让客流在此位置能清晰了解换乘车辆信息，目的明确地进入两个长边候车区。公交车在“U”形换乘区内部回转，线路短，弯道少，流线清晰。沿车道设置的上客岛与客流换乘区之间设置屏蔽门，隔绝车辆噪声和尾气的不利影响。设计方案将公交车辆的行车范围压缩到最小范围，最大限度减少公交车辆对地下空间的不利影响，缺点是换乘客流至远端上客位的距离较长，在换乘区室内空间布局时应注意客流通行的空间感受，营造舒适的换乘环境。

5.3.4 城市地下公交场站竖向布局

公交系统在用地面积允许的情况下，一般将其布置在地面层。但随着枢纽向集约型发展，节约土地资源，并讲求零换乘的交通衔接方式，不少公交系统考虑在地下空间建设，一般以设置在地下0~-15m为宜。利用地下空间的公交系统竖向配置方式一般有以下几种[4]：

（1）地面设置公交场站，地下布置停车场

目前南京龙江新城市广场的公交场站就是采用了这种立体公交场站，它利用一层的部分空间建设公交场站，地下设置停车场，而建筑体地上部分则是商业中心。

（2）选择地下一层布置公交站厅，地面层布置公交

这种布置方式在枢纽建设中应用较多。它具有节约用地、布局灵活和实现零换乘与人车分流的优点。其中深圳福田综合交通枢纽，如图5-3-4，采用了这种立体公交体系。一般公交首末站会针对不同方向的车流，应用不同的出入口及车道边进行组织，而乘客可以通过自动扶梯由地下站厅层到达地面层搭乘公交。

（3）考虑地下一层落客站台

天津站地下交通枢纽负二层是地铁2、3、9号线的站厅，乘客可以在负二层购买地铁票检票进站，根据指引牌的提示，选择楼梯或滚梯，到达负三层乘坐地铁2、9号线或到负四层乘坐地铁3号线。天津站地下综合交通枢纽将实现地铁、铁路、长途客运、公交等多种交通方式的“零换乘”。而天津站的站前广场公交站就是地下一层落客站台这一模式。到达天津站的乘客可以考虑在地下公交站下车后，通过自动扶梯前往站前广场地上部分，然后购票进站乘坐火车。如图5-3-5。

图5-3-4 深圳福田综合枢纽分层效果图
资料来源：https：//www.cc362.com/content/2pRQJ6Mdag.html

（4）公交完全地下化

它是指将公交首末站和公交停车场等空间完全布置在地下，欧洲最大的公交换乘中心拉德芳斯（La Defense）换乘枢纽就是这样的典型实例。它是集公交、RER、高速地铁、轨道交通和高速公路等于一体的综合交通枢纽。枢纽裙楼中间建有一个巨大的空中广场，地下空间则设置有地下道路、地下停车场和地下公交车站等，这样的布局让原本拥挤的巴黎市区增加了 $67hm^2$ 的步行系统。在地下一层设置有 14 条公交线路，公交进出车道环绕中央地下停车场。地下二层中央为换乘大厅，设有售票点及商业设施。地下三层为地铁 1 号线站台层，地下四层为 RER-A 线的站台层，有 4 股轨道平行排列。目前天津的于家堡交通枢纽是我国第一座全地下换乘的交通枢纽，公交汽车的交通换乘将全部通过地下空间解决（图 5-3-6）。[6]

图 5-3-5 天津站地下换乘大厅

资料来源：http：//bbs.zol.com.cn/dcbbs/d34075_16328.html

图 5-3-6 天津于家堡地下空间利用效果图

资料来源：http：//www.sucdri.com/case/casedetails-466.html

5.4 城市地下物流系统规划

5.4.1 地下物流系统概述

地下物流系统（Underground Logistics System，ULS）也称地下货运系统（Underground Freight Transport System，UFTS），是指运用自动导向车（AGV）和两用卡车（DMT）等承载工具，通过大直径地下管道、隧道等运输通道，对固体货物实行输送的一种全新概念的运输和供应系统。20 世纪 90 年代来，利用地下物流系统进行货物运输的研究受到了西方发达国家的高度重视，并作为未来可持续发展的高新技术领域。

将城外的货物通过各种运输方式运到位于城市边缘的机场、公路或铁路货运站、物流园区（City Logistic Park）等，经处理后进入，由 ULS 运送到城内的各个客户（如超市、酒店仓库、工厂、配送中心等）。城内向城外的物流则采取反方向运作。事实上，由于技术和经济等方面的原因，除了少数大超市、仓库、工厂等之外，城市地下物流系统不可能连接每个最终客户。通常是在全市范围内合理规划建设一些与地下物流系统相连的区域配送中心（Distribution Centers，DC），通过地下物流系统将运往同一区域的货物运到该区域的配送中心，再由区域配送中心负责向最终客户配送。地下物流运输系统如图 5-4-1。

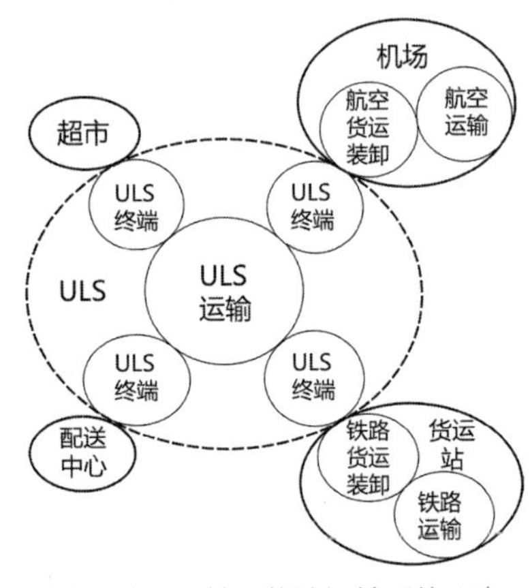

图5-4-1　地下物流运输系统示意

5.4.2　城市地下物流系统分类

由于目前发展地下物流可以采用较高自动化的水平，并能通过自动导航系统对各种设备、设施进行控制和管理，信息的控制在其中的重要地位不言而喻。地下物流系统可以分为硬件和软件两部分。硬件部分主要对应系统的运输网络实体，即地下物流网络，软件部分主要对应物流系统的信息控制和管理维护部门。地下物流系统的运输主要包括管道和轨道两种。

5.4.2.1　管道形式的地下物流系统

管道运输出现的时间较早，可以追溯到 19 世纪的城市地下排水管道，现在城市里的煤气、暖气、天然气、排污管道、自来水等也可以看作管道形式地下物流的雏形，这些管道运输共同的特点是只能输送连续介质的气体或液体，而城市地下物流系统则是能够输送搭建固体的运输管道。管道式运输可分为气体输送、浆体输送和舱体输送三种运输方式。

（1）气体输送

以气体作为传播介质，通过气体的高速流动来携带颗粒状或粉末状的物质。可输送的物质种类通常有煤炭和其他矿物、水泥、谷物、粉煤灰以及其他固体废物等。

（2）浆体运输

将颗粒状的固体物质与液体输送介质混合，采用泵送运输，并在目的地将其分离出来。输送介质通常采用清水。

（3）舱体运输

以空气或水作为输送介质，舱体作为载货工具来输送货物，根据介质的不同分为水力舱体运输管线和气力舱体运输管线。

5.4.2.2　隧道形式地下物流系统

目前研究开发的隧道形式的地下物流系统，多为轨道形式，运输工具有自动导向车、两用卡车、GargoCap（这一系统应该是目前管道物流系统的最高级形式，运输工具按照空气动力学的原理进行设计，下面采用滚轮来承受荷载，在侧面安装导向轮来控制运行轨迹，所需的有关辅助装置直接安装于管道中。该系统的最终发展目标是形成一个连接城市各居民楼或生活小区的地下管道物流运输网络，并达到高度智能化。）等，主要以电力驱动，运输各种形态的货物，如美国休斯敦地下物流系统项目和日本东京地下货物运输系统项目。隧道式地下物流是目前城市地下物流系统研究的热点，也是为未来城市地下物流系统的发展方向。

5.4.3 城市地下物流主要实现方式

城市地下物流主要实现方式有三种：

（1）对城市地下物流系统进行独立规划设计。也就是直接在地下进行物流系统的规划和建设，将包括站内仓储、分拣、装卸等区域在内的物流系统在地下重新构建，这种模式可以最大限度地利用地下空间。

（2）地上地下一体化货运网络耦合。也就是把地上的货运网络和地下的货运网络结合起来，比如通过地下管廊将地上的物流中心和配送中心连接起来。在耦合网络中，相比于地上道路运输，耦合网络的货运安全事故风险成本下降了近45%。而利用耦合网络，相比于单独的地上道路运输或地下物流系统，其运输费用分别下降了近30%和10%。

（3）基于地铁的地下货运系统。也就是将地铁纳入地下货运网络的建设布局之中，这种模式最大的优势是可以利用已有的地铁，从而减少建设投资。

以地上地下一体化货运网络耦合为例，这是一种安全性较高、运输成本较低的典型方式，有着被广泛认可的实现场景，无人车或物流胶囊穿梭于地下隧道或大直径管道，连接起城市物流中心及市内商超、仓库、工业园、末端站点。地下输送管廊将与楼宇自动连接，实现货物全流程自动化流转（城市物流发展论坛2019）。

5.4.4 城市地下物流系统优点

（1）提高运输的安全性与时效性

通过开发地下物流系统，能够分流地面货运交通，促进货物运输的通畅性，降低交通事故率，同时也给私人小汽车的发展留下适当的空间。

（2）促进电子商务的发展

对地下物流系统而言，“即时配送”是这个系统的核心特征。地下物流系统使用专用的运输通道，极大地提高了运输效率，具有低成本、准时、可靠的特点，可以很好地解决制约电子商务发展的“物流瓶颈”。

5.4.5 城市地下物流系统发展前景

城市可持续发展要沿着经济学、社会学、生态学和系统学方向不断完善，同时，城市可持续发展的研究还涉及自然环境的加速变化、社会效应、文化痕迹、城际与城乡之间发展的相对均衡、发展效率、发展质量与发展公平的有机统一等，力图把当代与后代、区域与全球、空间与时间、结构与功能等有效地统筹起来。在中国实施可持续发展战略，必须制定符合中国实际的战略目标和发展途径。地下物流系统作为新兴的物流方式，能够满足循环经济的发展模式，符合资源节约型社会的发展要求，开发建设地下物流系统将是我国城市实施可持续发展战略的必要选择。

目前，我国对地下物流系统的探索正步入一个关键时期，以京东物流为代表的国内企业已经可以研发自有品牌技术，拥有构建地下运输系统的能力。同时，我国城市地下空间开发利用的规模和速度已居世界前列，城市地下空间开发、地下基础设施工程一直是我国投资的重点领域，在政策上也为我国地下物流系统的研发与落地带来利好。当前大城市的货运需求高，但是交通现状却难以满足需求，地下物流潜能和效益巨大，一旦实施，无论是国家、城市还是普通居民，都将从中获益。2018 年，雄安新区发布了《河北雄安新区规划纲要》（以下简称《纲要》），提出打造集约智能共享的物流体系，并构建由分拨中心、社区配送中心组成的两极城乡公共物流配送设施体系。

充分结合雄安新区容东片区的规划用地布局，提出人车立体分流的综合交通规划，在物流方面，作为先行先试区，落实无人驾驶的货运车辆、机器人作为地下物流的重要载体，规划布局现代化的分拨中心、末端站点，地下物流网络，机器人配送网络，充分结合物联网，形成未来生活的全方位体验。

我国的几大物流公司也针对此次《纲要》进行了相应部署。菜鸟智慧物流表示将在雄安新区建设北方智慧物流“决策大脑”，利用物联网和大数据，打造数字、安全、信用的智慧物流中枢体系。作为阿里的合作伙伴，苏宁物流准备在雄安新区实现更集约化的运输方式，提高社会物流效率，并且通过设施共享共用实现最小的资源占用，不仅如此，苏宁更是在新区计划设立智慧物流研究院，致力于未来前沿物流技术的研发和落地。 京东物流在十年的自建物流道路中，摸索出了一条独特的物流建设道路。新城市物流将是未来物流的缩影，打造无界零售趋势的过程中，大数据、云计算等应用为整个无人配送的底层软件优化打下了坚实的基础，无人机和无人车体系也将日益完善，从而为京东的智慧城市物流建设贡献一份力量。京东物流作为城市智能物流研究院（雄安）的发起方之一，未来将继续通过在智能物流领域的前瞻性布局，带动整个物流行业的创新性发展。坚持未来视角和世界眼光，提供更多更先进的城市智能物流解决方案，助力智能物流在城市落地成型，加快未来城市建设进程，真正实现智能物流与城市发展同频共振。

毫无疑问，雄安新区作为北京非首都功能疏解集中承载地，将建设成为高水平社会主义现代化城市、京津冀世界级城市群的重要一级、现代化经济体系的新引擎、推动高质量发展的全国样板。

（a）

（b）

图 5-4-2 物流系统示意

资料来源：https：//mp.weixin.qq.com/s/tHGkt3wpMfHvNWOcO33JbA

5.5 城市地下道路设施规划

5.5.1 城市地下道路设施概况

相对于地面道路、高架道路，城市地下道路是指地表以下供机动车或兼有非机动车、行人通行的城市道路。作为城市道路网的重要组成，城市地下道路在缓解城市交通压力、改善城市生态环境和提高区域品质等方面具有重要意义。从 20 世纪初开始，欧洲各国以及美国、日本等就开始进行了地下道路规划和建设，以解决地面交通空间不足的问题，通过整合交通系统置换地面空间。在 20 世纪 70~80 年代，很多国家根据自身特点制定了一系列城市隧道的设计及安全、运营方面的规范。

在地下道路规划建设上，日本走在世界的前列。由于东京地块开发已定型，且日本房地产业拥有地表建筑及地下 40m 空间范围的所有权，导致为改善交通而建设道路的土地成本巨大。为缓解日益拥堵的交通，完善规划路网，东京都于 2003 年通过《大深度地下法》。法案允许东京都在地下大于 40m 及建筑桩基下大于 10m 的地下空间建设地下道路等市政设施，且无需土地补偿费。自此，东京将建设大深度地下道路作为缓解道路拥堵的一种重要手段。

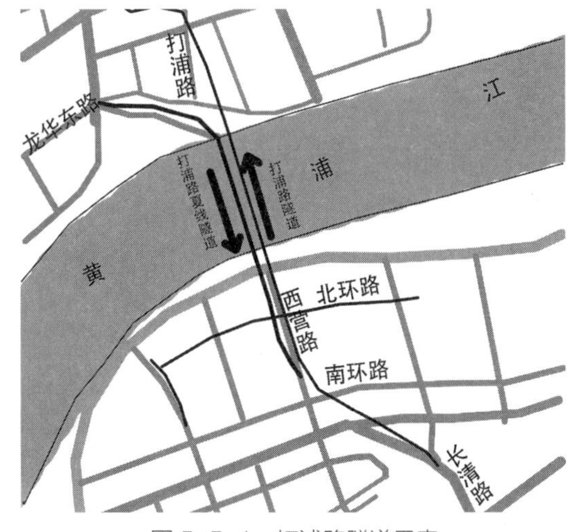

图 5-5-1 打浦路隧道示意

资料来源：http：//news.bitauto.com/jiaotong/20100202/0905096653.html

我国的地下道路系统研究同样是伴随着地下空间开发利用的研究而日益兴起的。1966 年上海开始修建我国第一条地下道路——打浦路隧道，如图 5-5-1。打浦桥隧道全长 2736km，原为双向两车道（2010 年 2 月修建了打浦路复线，改造后的断面为双向 4 车道），限速 40km/h，并于 1971 年 6 月建成通车。此后一段时间内地下道路建设工程较少。自 20 世纪 90 年代开始，地下道路逐渐成为地下空间开发的一个重要研究对象。出于对缓解交通拥堵、提高路网连通性等因素的考虑，全国多个城市开始修建地下道路。

我国早期建设的地下道路大多以地下立交和穿越城市障碍物的越江和山体隧道为主，近年来，北京、上海等大城市中心区也逐渐出现了系统化和规模化的地下道路系统。根据国际上许多发达国家大城市的经验，规划和发展城市地下道路，可以从一定程度上改善区域路网，降低污染，保护生态，加强地面绿化和改善城市环境。

5.5.2 城市地下道路设施分类

5.5.2.1 按长度分类

城市地下道路按照主线封闭段长度可分为特长距离、长距离、中等距离和短距离 4 类。见表 5-5-1。国内外一般认为 500m 以下为短距离地下道路，大多是交叉口下立交，可采用自然通风，设施配置简单。中等距离地下道路长度为 500~1000m，通常为跨越几个交叉口，或穿越较长障碍物的地下道路，设施要求较高。长距离地下道路长度为 1000~3000m，此类地下道路应充分考虑其交通功能和配套设施，尤其是地下道路出入口与地面道路的衔接，以及内部交通安全配套设施。特长地下道路大于 3000m，其中不少为多点进出快速路或主干路，交通功能强，实施影响大，上海市规划设计中的北横通道属于此类地下道路。该类型地下道路需充分考虑总体布置、通风、消防、逃生等系统设计。

地下道路长度分类[5] **表 5-5-1**

分类	特长距离地下道路	长距离地下道路	中等距离地下道路	短距离地下道路
长度 L/m	$L > 3000$	$3000 \geqslant L \geqslant 1000$	$1000 > L > 500$	$L \leqslant 500$

资料来源：《城市地下道路工程设计规范》CJJ 221—2015

5.5.2.2 按服务车型分类

城市地下道路根据服务车型一般可分为混行车地下道路和小客车专用地下道路。以往地下道路大多是大型车和小客车混合使用，由于城市道路服务车种以小客车为主，考虑到实施条件、工程成本、运行安全等因素，近年来小客车专用的地下道路越来越多，如法国 A86 地下道路、上海外滩隧道等。对于小客车专用地下道路，道路设计的相关技术标准可以适当降低，减小工程实施难度和经济成本，节约地下空间资源。

除上述小客车专用地下道路，近年来还出现了其他专用车型的地下道路，如公交专用地下道路，在地下建造适合公交车运营的专用道路与车站设施，形成地下公交快速通道，减少公交车延误，提高公共交通出行服务水平。地下公交快速通道造价相对昂贵，迄今为止，世界上投入营业运营的道路极少。

5.5.2.3　按断面形式分类

（1）单层式与双层式横断面。

城市地下道路横断面根据道路用地和交通运行特征可分为单层式和双层式两种布置方式。

例如，在建的上海市北横通道，如图 5–5–2。全线长 19.1km，工程总投资 263.7 亿元，是中心城区北部东西向小客车专用通道。主线为双向 4 车道 + 两侧集散车道或紧急停车带，连续流长 17.8km，其中隧道段长 14.7km，采用 15m 直径单管双层隧道，通行限高 3.2m；高架段长 3.1km。全线共设置长宁路、江苏路等 8 对进出匝道。

全线分西段工程和东段工程，西段工程自中环北虹路立交至天目路立交热河路接地点，计划 2021 年 6 月建成通车；东段工程自热河路接地点至周家嘴路内江路，计划 2023 年 12 月建成通车。

北横通道西段盾构段采用一台直径 15.56m 的泥水气平衡盾构，建造双层地下通道，集约土地利用，合理空间布置，减少环境影响。如图 5–5–3。

图 5–5–2　北横通道走向示意

资料来源：http：//shanghai.xinmin.cn/msrx/2015/12/22/29165567.htm

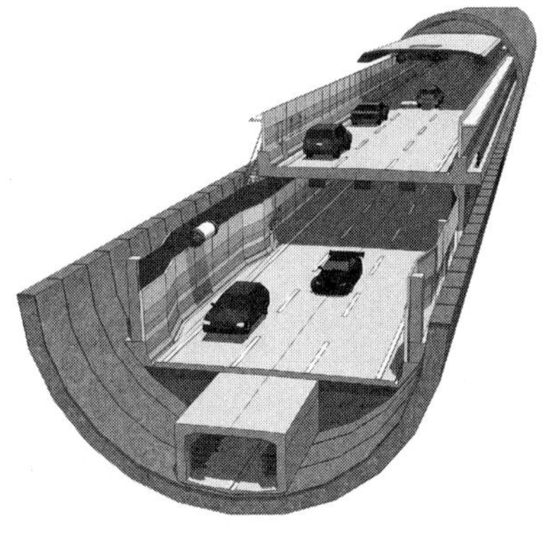

图 5–5–3　北横通道隧道内部结构剖面图

资料来源：https：//mp.weixin.qq.com/s/UZmf2LiHEbeuZYBkBmjFTg

采用盾构技术，通过急曲线（隧道段轴线多处连续急转，500m 最小半径占 34%）（图 5–5–4）、近穿越（盾构在城市核心区近距离连续穿越多处建（构）筑物）、深开挖（在地层复杂多变环境下，基坑围护深度达 65m）、多交叉（通道先后与 13 处轨道交通线路交叉）（图 5–5–5）的方式进行隧道开挖。

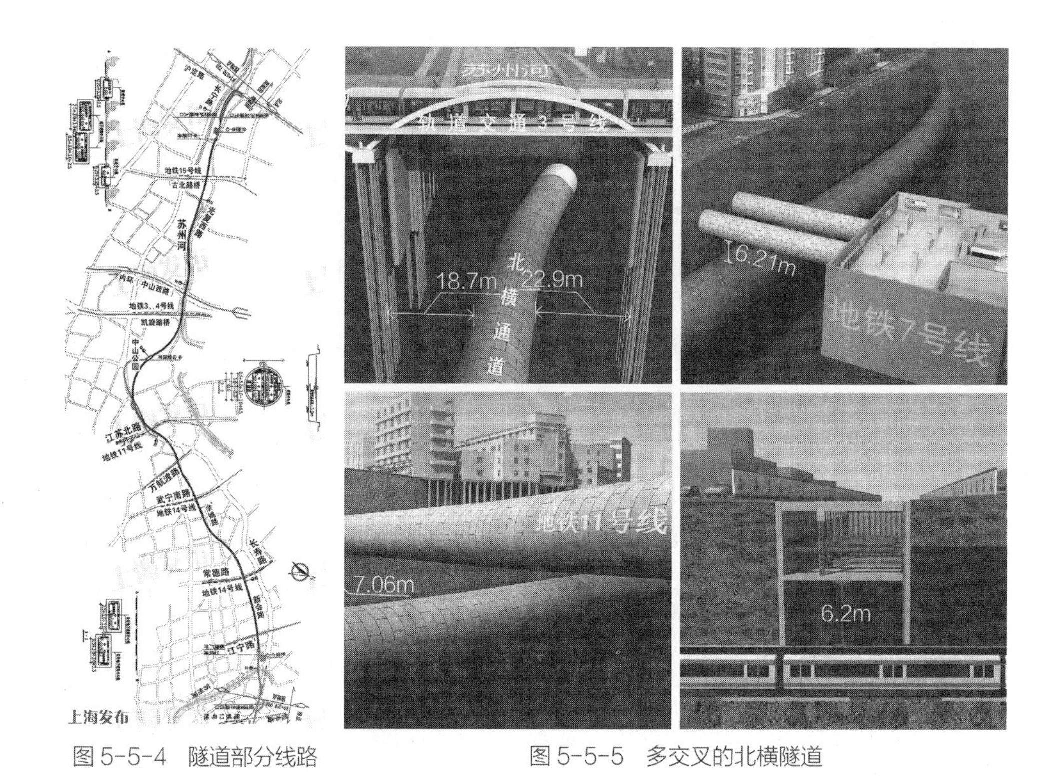

图 5-5-4　隧道部分线路平面图　　　图 5-5-5　多交叉的北横隧道

资料来源：https：//mp.weixin.qq.com/s/UZmf2LiHEbeuZYBkBmjFTg

（2）敞开式与封闭式横断面布置

城市地下道路横断面根据地下道路的空间是否封闭，可分为敞开式和封闭式两种形式，敞开式地下道路是指交通通行限界全部位于地表以下、顶部打开的形式。其中，顶部打开包含两种形式：顶部全部敞开和顶部局部敞开。敞开式和封闭式的地下道路在通风、照明等方面的设计存在较大差异。对于顶部局部打开的地下道路，可利用敞开口作为自然通风口，利用地下道路外风压、内外热压差、交通通风压力进行通风换气，火灾时结合机械系统排烟。合理设置开口的位置和面积，一般情况下能够满足正常运营时污染物的稀释、分散排放的需要（来源：shanghaifabu）。

5.5.2.4　按交通功能分类

根据已建的城市地下道路交通的功能形态特点，城市地下道路主要可分为以下类型。

（1）地下快速道路

布置于城市地下的快速机动车道。此种类型地下道路通常距离较长、规模较大，设有多个出入口，与地面路网联系紧密；以服务中长距离交通为主，或因城市风貌保护等原因而修建，连通两端地面道路。根据两端衔接路网情况，可以分为两类：一类是与快速路网衔接的地下道路；另一类是与地面主、次干道衔接的地下道路。在布置模式上，这些地下道路一般都以单点进出为主，中间不设出入口，内部没有车流交织，交通功能较为单一。这种类型的地下道路应用较为广泛。例如我国香港特别行政区及青岛、上海、武汉等城市建成使用的穿越海底或江底的隧道，以及武汉的东湖隧道、南京的玄武湖隧道等。

（2）地下交通联系隧道

地下交通联系隧道（Urban Traffic Link Tunnel，UTLT）是一种新型城市地下交通系统，具有缓解城市重要区域地面交通压力的功能，此类隧道常设置于城市繁华区或中心区的路面下，与大型公共建筑地下车库相连，由“环形主隧道”和“连接隧道”组成。其中环形主隧道引导车行方向，连接隧道将地下开发空间与地面道路连接。我国典型的交通联系隧道设计见表5-5-2。

我国典型交通联系隧道统计　　表5-5-2

编号	工程名称	全长/km	隧道断面尺寸/m	出入口数量/个	车道/条	隧道埋深/m
1	北京中关村科技园西区UTLT	1.9	宽7.7 高3.4	10（连地面） 29（连车库）	1~2	5~10
2	北京金融街UTLT	2.2	宽9.2~10 高5.5	6（连地面） 29（连车库）	1~2	11
3	北京奥林匹克公园UTLT	5.5	宽12.25 高3.5	25（连地面） 34（连车库）	1~4	7.8~13
4	北京CBD UTLT	1.5	宽12.25 高3.5	4（连地面） 18（连车库）	1~3	15~20
5	苏州火车站UTLT	2.17	宽7.5 界限高3.6	4（连地面）	1~2	—
6	上海CBD UTLT	3.29	宽12.25 限界高3.2	3（连地面）	1~3	12
7	重庆解放碑UTLT	3.0	宽7~9 净高5.5	—	—	20

5.5.3 城市地下通道设施规划原则

城市地下道路系统对既有的地面道路网络起到补充完善的作用，并改良局部道路交通状况和道路景观。但地下道路的规划建设具有投资大、周期长、不可逆转性等显著特点。所以地下路网的规划是否合理，直接影响到地下道路发挥功效的大小。城市地下道路规划设计应遵循以下原则：

（1）地下道路建设应与当地经济规模及国土空间总体规划协调一致

地下道路工程作为耗资大、技术要求高的建设项目，路网的规划和建设需要有一定的经济和交通量支撑。规模过大，直接造成设施闲置与浪费，也会产生不良经济效果和社会评价。因此地下路网的规划必须要与当地的经济规模、发展预期以及国土空间规划协调一致，这样不仅可以满足经济发展需要，也使城市发展更加有序、高效；同时地下道路网的规划，也直接为城市发展提供一种指导思路、发展方向和引导布局。

（2）城市地下道路规划建设要与其他路网协调统一

城市地下道路与现有路网的结合是一项系统工程，如果不能慎重考虑其流动性、复杂性，将导致整个地下道路网规划事倍功半或局部失效。在进行地下道路交通规划设计时，应协调地面、地上空间的交通体系，与地面路网、高架道路形成协调统一的有机联系。充分考虑路网之间的协调可以减小地下道路对周边道路的影响、合理分流；如果不能处理好这种衔接关系，不仅不能保证机动车出行的通达性，同时给地面交通带来压力。在城市中心区，地下道路可以与主要商业中心、文娱体育中心、办公商务中心等主要地下空间连通，与地面、地上高架、地铁等交通形式实现三位一体，解决中心城区的客流输送问题。

（3）地下道路的建设需要充分考虑地质条件的适宜性

隧道工程作为地下道路的主体，地质条件对它的规划、建设及运营有决定性影响。影响城市地下道路的地质条件主要包括：工程地质及水文条件、地下空间利用现状。工程地质及水文条件的评价主要参考地质环境稳定性、适宜性，隧道涌、突水，以及隧道围岩的稳定性。地质活动不强烈区以及适宜的地应力是修建地下道路的良好条件；围岩的性状决定施工方法、工艺和造价。

城市地下空间利用现状，包括已有地下道路、地下停车设施、已有地铁洞室等各种地下设施。充分考虑已有地下设施，不仅能够使现有路网更加合理，还能为机动车出行等提供便捷，满足“以人为本”的规划理念，更重要的是从规划上保证建设过程中的安全性。

（4）地下道路的规划建设要注意与周边环境协调

城市地下道路规划要注意处理好城市历史风貌、城市空间环境的关系。洞口、风亭及其地面附属设施设计应与周边环境、景观相协调。穿越名胜古迹、风景区时，应保护原有自然状态和重要历史文化遗产。

（5）城市地下道路规划建设必须要充分考虑其功能定位

城市地下道路服务对象是日益增加的机动车辆，包括中小货车及小汽车，其功能要求相对明确。针对服务对象的出行特点，地下道路规划时可以重点考虑城市重要的地上地下停车设施、机动车拥有率高的居民社区、商务中心及城区物流中心等。

城市地下道路的隧址属于不可再生资源，其具有封闭和半封闭的特点。结合建筑形式和线路特性，可以适当考虑市政管网基础设施及其他交通基础设施的合建等，这样不仅可以高效地利用路网，也方便了市政设施的维修养护，同时避免基础设施的重复建设。如图5-5-6，武汉三阳路长江隧道为“公铁合建”过江通道，隧道分楼上楼下两层结构，上层为汽车专用通道，下层为地铁专用通道，通道左侧设置烟道和管廊，右侧设置紧急疏散通道和逃生楼梯间。

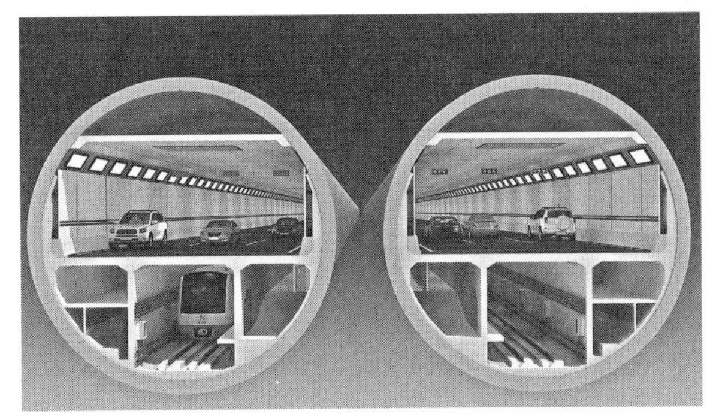

图 5-5-6 武汉三阳路长江隧道断面图

资料来源：https：//mp.weixin.qq.com/s/tHGkt3wpMfHvNWOcO33JbA

此外，地下道路网系统的功能可以分为多功能服务系统及区域性道路服务系统，针对这样的划分结合城市的交通问题，就可以从功能上考量规划的总体规模及布局。如地下交通联系隧道，要考虑服务区域的范围和大小。

地下道路的规划要有一定的前瞻性和拓展性。城市的发展日新月异，对交通的需求不断增长，家庭用车的增长对城市地下路网的规划提出更高要求。准确地预测城市未来的交通需求非常困难，这需要我们在路网的规划过程中具有一定的前瞻性和拓展性。

5.5.4 城市地下道路规划设施要点

5.5.4.1 合理选择道路形式

地下道路形式不单纯是对地下空间的开发利用，而是从路网系统需要到社会、经济、环境影响全面权衡的选择结果。对于城市中心区的重要通道，地下道路形式固然可以化解诸多难以协调的矛盾，但并非需要全线采用，而是根据具体工程环境灵活选用。以城市地面、上部、地下空间立体开发，对城市快速交通网络和城市现状进行全面分析，优化原有城市交通网络体系，找出其中适宜或只能利用地下空间的部分。

5.5.4.2 比选及优化平面线位

对选定路段的地下管线布置与埋设、构筑及建筑物等地下空间利用现状的制约因素进行研究，确定适合于道路的有利地段。在骨干路网中确定基本方位后，地下道路具体平面线位的选定在很大程度上取决于实施条件和投资成本。在一些城市中心区，除了地面建筑的动迁以外，还涉及地下管线等的迁改。在很多旧城区，地下管线密集。因此，在项目前期规划设计阶段应对地下主要管线进行梳理勘察，并将其纳入方案综合优化比选的要素。

5.5.4.3 综合统筹交通组织

地下道路规划需从区域路网整体角度出发，统筹确定交通组织和管理方案，其中出入口匝道位置和间距的设定是关系区域路网服务能力和交通组织的重点。不合理的出入口设置和交通组织会使地下道路交通对周边地区路网产生冲击，导致交通瓶颈产生。影响地下道路与周边道路交通功能发挥。进出口匝道之间的距离应满足最小距离要求。

5.5.4.4 合理控制竖向间距

城市中心区地下道路沿线会与各类建筑物、河道及管线发生穿插，在规划时需要合理把握竖向控制间距指标。适宜的竖向间距控制能够优化影响地下道路整体结构埋深，保证工程自身及相关工程的结构安全，对节省工程投资也具有积极作用。

5.5.4.5 合理选用技术标准

城市地下道路技术标准具有特殊性，规划设计时需要符合相关的要求。设计速度、功能等级宜与两端接线的地面道路相同，具体设计速度的选择应根据道路交通功能、通行能力、工程造价、运营成本、施工风险、控制条件以及工程建设性质综合确定。地下道路的设计净空、车道宽度是影响地下道路截面尺寸的重要因素，考虑到工程经济性，在满足行车安全的情况下应尽可能采用较低标准，但对于较长的地下道路，低标准的车道宽度和设计净空对驾驶的舒适性存在影响，规划设计时需要选择合适的标准满足人性化的行车要求。

此外，根据《城市地下空间规划标准》GB/T 51358—2019 的要求，还应关注以下内容：

（1）土地经济价值高或空间价值高的地区，可将道路下地，设置地下道路应经专项论证确定。以提高土地利用的经济性及将有限的空间资源优先满足公共空间和慢行系统的要求，以打造更好的环境空间品质。

（2）由于视距、光线等不利条件，地下道路相交时设置信号灯存在较大的安全隐患。因此，地下道路网络一般宜采用单向交通组织形式。双向交通组织的地下道路交叉一般采用立体交叉，确实需要联络的道路也宜通过主路的辅道实现与横向道路的联系，或对横向道路相交路口实施右进右出的组织形式。

（3）地下道路由于施工的工法和与地面道路衔接的要求，一般埋深不宜太大，而地下轨道交通线路区间因势能坡和盾构施工要求等原因，一般埋深较深。因此，当地下轨道线路区间与地下道路相交时，地下道路宜设置于轨道线路区间的上层。但轨道线路先于道路建成，且未预留相交道路空间，道路可置于轨道之下。由于不同轨道交通车站站点条件复杂且差异较大，当地下道路与地下轨道交通车站相交时，应经专题研究。

5.6 城市地下停车设施规划

5.6.1 城市地下停车设施规划概况

地下停车场出现于第二次世界大战后，当时主要是出于战争防护、战备物资储存及物资输送方面的需要，此时的地下空间是地下停车场的雏形。到 20 世纪 50 年代后期，欧美等国家和地区经济迅速崛起，私用汽车数量大增，原地面建筑的规划空间有限，停车设施严重不足，问题初显端倪。应时之需，迫切需要建造大规模的地下停车场。例如，1952年建造的洛杉矶波星广场的地下停车场，共3层，4个地面进出口，6个层间坡道，拥有41座地下停车场。日本于20世纪60年代进行地下停车场规划，到20世纪70年代，在主要大城市进行了公共停车场规划，共拥有214座。

中国地下停车场的规划建设始于20世纪70年代，主要是出于民防的需要。随着科技水平的迅速发展和城市机动化水平的提高，汽车已逐渐成为人们生活中的必需品，城市汽车保有量迅速增加。2006年中国已超过德国，仅次于美国、日本，成为世界第三大汽车生产国。截至2017年6月，全国机动车保有量达3.04亿辆，其中汽车保有量达2.05亿辆，由此带来的城市交通拥堵、能源安全和环境问题将更加突出。以北京为例，截至2018年末，全市机动车拥有量为608.4万辆，按小型机动车停车面积为18~28m^2/辆，若70%为小型车，则所需停车面积达到7665.8万~11924.6万m^2。由于车辆处于非行驶状态时都需要足够空间停放，所以城市中车辆的增多直接导致停车空间需求量的增长。

随着经济的发展，作为城市静态交通主要内容的停车设施有了较大的发展。但当前城市停车仍以地面停车为主，而地面停车又以路边停车为主，地下停车库停车所占的比例仍较低。在很多城市，由于中心城区规划建设早，道路相对狭窄，交通流通能力差，地面停车空间有限，地下停车规划开发度低。要解决城市中心旧城区的停车空间问题，除了要进行旧城规划改造，扩大地面交通和加强地下交通空间开发外，对旧城内绿地、公园的地下空间开发也是一条有效的解决途径。

随着一个国家经济和社会的发展，汽车将成为大多数家庭的生活必需品，汽车保有量将持续增长。城市未来的土地资源、空间资源、城市环境及规划建设将面临新的挑战。在充分利用城市地面、地上空间解决快速增长的动、静态交通需要的同时，还须通过地下空间资源的开发利用，加强地下交通规划建设，优化城市空间结构，整合城市空间资源、动态使用路内停车设施，并发挥经济的杠杆作用，调整停车收费政策，提高地下停车的便捷性。

地下停车的高代价及不便性是停车问题的两个技术瓶颈。对于地下停车的高代价问题，应根据城市等级进行政策性调整。对于大城市，城市交通问题涉及政治、经济及社会等多个方面，应鼓励地下停车，以减少路内停车，缓减交通压力。应加强大都市公共地下停车设施的运营、维护成本等方面的经济调查，研究在中心区地下停车采用政策性补贴的可行性，使地下停车费用低于地面停车的费用。地下停车场使用不便问题可以通过停车设施系统的综合规划加以有效解决，优化出入口设置，减少步行距离，缩短地下停车出入库时间，同时把静态交通视为城市大交通的一个子系统，在城市化的进程中与动态交通系统相协调，将动、静态交通相结合，在综合解决城市交通问题的大背景下解决停车问题，正确处理地面与地下关系、主体与出入口布置等地下空间规划和设计中的问题，有利于地下车库平战结合和地下空间合理利用，可将宝贵的地面空间让给居住地面建筑和绿地。

5.6.2 城市地下停车系统的分类

地下停车场是指在城市某个区域内，具有联系的若干个地下停车位及其配套设施所构成的停车设施的总体。地下停车场具有整体的平面布局和停车、管理、服务及辅助等综合功能。

（1）按照地下停车场建造位置及与地面建筑的关系，可分为单建式地下停车场、附建式地下停车场及混合式地下停车场。

1）单建式地下停车场，指地下停车场的地面没有建筑物，独立建立于城市广场、道路、绿地、公园及空地之下的停车场。其特点是不论其规模大小，对地面上的空间和建筑物基本上没有影响，除少量出入口和通风口外，顶部覆土后仍是城市开敞空间。此外，柱网、外形轮廓不受地面建筑物的限制，可根据工程地质条件按照行驶和停放技术要求，合理优化停车场形态与结构，提高车库面积利用率。单建式地下停车场结构如图 5–6–1。

2）附建式地下停车场，指地面建筑物下的地下停车场。其特点是新建停车场须同时满足地面建筑、地下停车场使用功能的要求，柱网的选择及停车场形态、结构等受建筑物承载基础的限制。通常利用大型公共建筑高低层组合特点，将地下停车场布置在较大柱网的低层地下室，把裙房中餐厅、商场、活动室、动力房及中水处理设施等使用功能与地下停车场相结合。这种类型的地下停车场，使用方便，节省

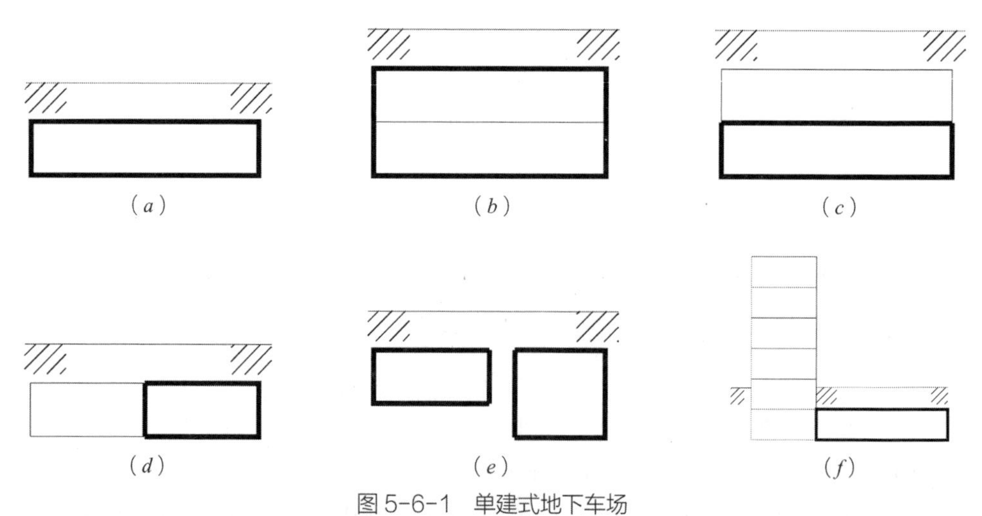

图 5–6–1 单建式地下车场

（a）单建式单层；（b）单建式多层；（c）地下一层商业、地下二层停车；（d）地下一层商业、停车；（e）地下小型与中型单独布置；（f）毗邻多层（高层）建筑地下室单建式地下停车库

用地，规模适中，但设计中要选择合适的柱网，以满足地下停车和地面建筑使用功能的要求。

随着城市的发展，大城市的住宅小区对地下停车场的需求将越来越大。这些居住区的地下停车场通常都属于附建式停车场，大部分位于建筑物及住宅小区空地下方。附建式地下停车场结构如图 5–6–2。

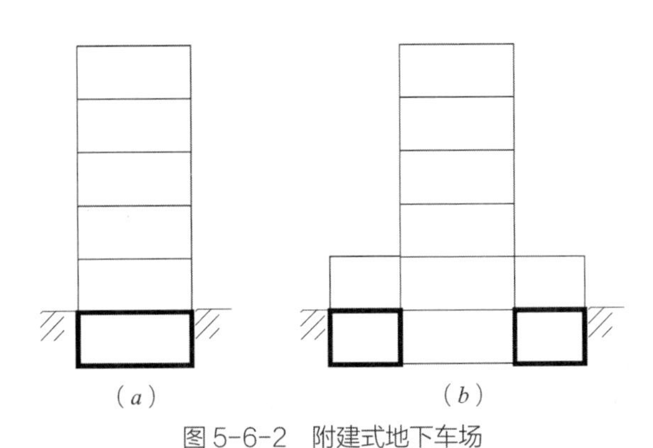

图 5–6–2 附建式地下车场
(a) 高层（多层）地下停车场；(b) 高层裙房下的地下停车场

例如，同济联合广场位于四平路、彰武路交汇处。它是由一幢 22 层甲级办公楼、一幢 11 层精品写字楼、一幢 10 层商务酒店和一幢沿街商业房围合而成的标志性综合建筑群。建筑群下方建有地下停车场，总占地面积 16736m^2，建筑面积 81568m^2，由地下两层停车库组成，可提供停车位 150 个。地下停车场分层平面图如图 5–6–3。

嘉定新城地铁站主要功能包括轨道交通枢纽、高档办公楼、星级酒店、宾馆、有特色的现代化商业服务设施、文化娱乐及会所、酒店式公寓、中档住宅及相关配套设施，地下设置两层停车场，除了满足公共设施的需求外，服务于 P+R（停车 + 换乘）的需求，如图 5–6–4。

3）混合式地下停车场，指单建式与附建式相结合的地下停车场。其特点是在位置上建筑物与广场、公园、空地等毗邻，且建筑物内办公、购物等活动与公共交通均具有大的静态交通需求。

（2）按照使用性质与功能特点可以分为公共地下停车场、配建停车场和专用地下停车场。

1）公共地下停车场，指为社会车辆提供停放服务的、投资和建设相对独立的停车场所。主要设置在城市出入口、广场、大型商业、影剧院、体育场馆等文化娱乐场所和医院、机场、车站、码头等公共设施附近，向社会开放，为各种出行者提供停车服务，服务于社会大众。

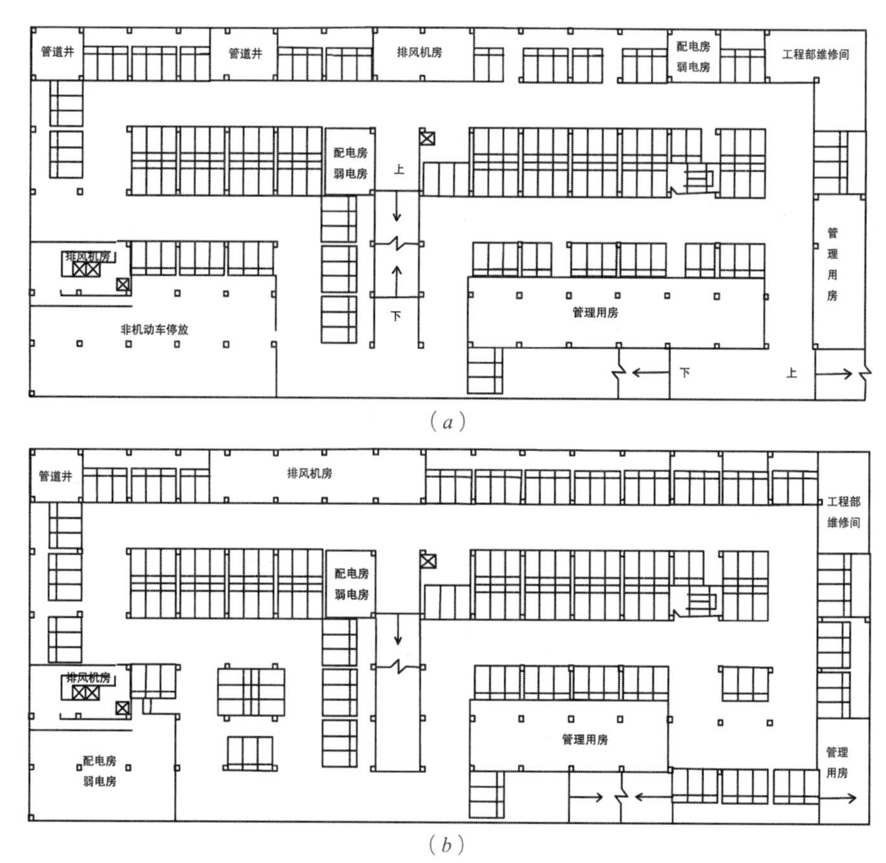

（*a*）

（*b*）

图 5-6-3　同济联合广场地下停车场分层平面图
（*a*）B1 平面图；（*b*）B2 平面图

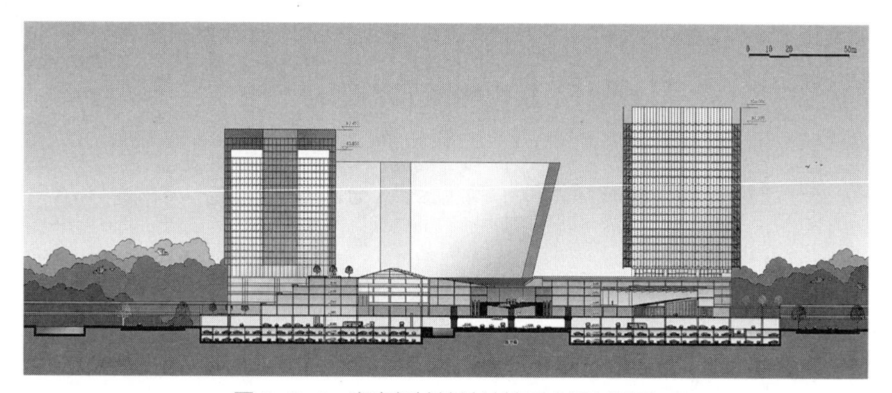

图 5-6-4　嘉定新城地铁站地下空间剖面图

2）配建停车场，指在各类公共建筑或设施附属建设，为与之相关的出行者及部分面向社会提供停车服务的停车场。

3）专用地下停车场，指服务于专业对象的停车场所，如地下消防车库、救护车库等。

（3）按停车方式分为自走式停车场、机械式停车场和自走机械混合式停车场。

1）自走式地下停车场

其优点是造价低，运行成本低，进出车速快，驾驶员将车辆通过平面车道或多层次停车空间之间衔接通道直接驶入/出停车泊位，从而实现车辆停放目的，不受机电设备运行状态影响。不足之处是交通运输使用面积占整个车场面积的比重大。

2）机械式地下停车场

图5-6-5 杭州密度桥“井筒式”地下停车场

资料来源：http：//www.xiziiuk.com/newsinfo.aspx?id=9

机械式地下停车场，是一种立体的停车空间，利用机械设备将车辆运送且停放到指定泊位或从指定泊位取出车辆，从而实现车辆停放目的。机械式停车场具有减少车道空间、提高土地利用率和人员管理方便等优点。缺点是一次性投资大，运营费高，进出车速低。如图5-6-5为2016年投入使用的杭州密度桥路“井筒式”地下车库立体停车效果图。该车场设了3个井筒，相对应的，停车库设了3个出入口，每个井筒19层，能停38辆车，两边是停车位，中间是提升通道。

3）自走机械混合式

自走机械混合式，是一种自走式与机械式结合的半机械式地下停车场。其特点是没有垂直升降梯，采用坡道进出地下停车场，当车辆驶入停车单元后，通过电动的水平输送带定位到所泊车位，然后通过垂直升降到停车场地面水平，车辆驶入输送带，再通过输送带垂直升降，将所停车辆停放到指定泊位。

由于半机械化停车场一般采用双层布置，因此，大大提高了地下空间的利用效率。其不足之处是初期投资大，受数字自动化水平的限制，通常需要有专门的停车调度人员操作完成停车过程。

（4）按停车车辆特性分为机动车停车场和非机动车停车场。

1）机动车停车场，是指供机动车停放的场地，包括机动车停放维修场地。

2）非机动车停车场，是指供各种类型非机动车停放的场地，主要是自行车停车场。图5-6-6为荷兰最大的Strawinskylaan地下自行车停车场。

（5）按照地下停车场所处地层建设介质的地质条件，可分为土层地下停车场和岩层地下停车场。

（*a*）

（*b*）

图 5-6-6　荷兰 Strawinskylaan 地下自行车停车场
（*a*）非机动车地下停车场出入口；（*b*）地下停车库
资料来源：http：//www.soujianzhu.cn/news/display.aspx?id=4470

5.6.3　城市地下停车设施规模

按照我国的行业标准《车库建筑设计规范》JGJ 100—2015，机动车车库建筑规模应按停车当量数划分为特大型、大型、中型、小型，非机动车车库按照停车当量数划分为大型、中型、小型。

5.6.4　城市地下停车设施系统组成

从系统设置方式看，地下停车场系统是由地面设施和地下设施两部分组成。地面设施包括车辆出入口及进入出入口之前的路段（包括减速车道及候车排队区域）、人员出入口及紧急出入口、引导标示系统、通风采光等配套设施等；地下设施包括若干地下停车场（库），这里统称为地下停车单元，以及连接各个停车场（库）的地下通道、各种辅助配套设施等。

从系统功能分类看，地下停车场系统由“硬件”设施和“软件”系统两部分组成。“硬件”设施包括地下停车设施（停车单元），地下停车服务设施（收费站、洗车站、餐厅等），地下停车管理设施（门卫室、调度室、办公室、防灾中心等），地下停车辅助设施（风机房、水泵房、消防水库等）;“软件”系统包括停车智能管理系统、停车诱导系统等。

5.6.5 城市地下停车场规划

5.6.5.1 地下停车场的规划步骤

地下停车场规划应遵循以下基本步骤：

①城市现状调查。内容包括城市性质、人口、道路分布等级、交通流量、地面下建筑分布及其性质、地下设备设施的分布及其性质等。

②城市土地使用情况。内容包括土地使用性质、价格、政策、使用类型及其分布等。

③机动车发展预测、道路发展规划、机动车发展与道路现状及发展的关系。

④原有停车场和车库的总体规划方案、预测方案。

⑤停车场的规划方案编制与论证。

5.6.5.2 地下停车场的规划要点

在进行单建式地下停车场规划时，应注意以下几点：

①结合国土空间总体规划，重点以市中心向外围辐射形成综合整体布局，考虑中心区、副中心区、郊区道路交通布局及主要交通流量规划。

②停车场地址选择交通流量大、集中、分流地段。注意地段公共交通流及客流，是否有立交、广场、车站、码头、加油站及宾馆等。

③考虑地上、地下停车场比例关系。地下空间造价高、工期长，尽量利用原有地面停车设施。

④考虑机动车、非机动车比例。预测非机动车转化为机动车、停车设施有余量或扩建的可能性。

⑤结合旧区改造规划停车场，节约使用土地，保护绿地，重视拆迁的难易程度等。

⑥规划应注意停车场与车库相结合，地面与地下停车场、原停车场、建筑物地下车库相结合。

⑦尽量缩短停车位置到目的地的步行距离，最大不要超过 0.5km。

⑧应考虑地下停车场的平战转换及其作为地下工程所固有的防灾、抗灾功能，将其纳入城市综合防灾体系规划。

5.6.5.3 地下停车场的选址原则

城市干线道路、铁路网络、交通枢纽、城市绿地等构成了城市的基本骨架，其空间位置是地下停车场选址的主要依据。中心区交通枢纽附近通常聚集了许多商业设施，相应地产生了更多的停车需求，而中心区交通枢纽地下化成为地下停车场建设的契机。对于附建式地下停车场，由于建造于地面建筑下，其位置由地面建筑的总体布局确定，一般不存在选址问题，只需满足地面建筑和地下停车两种功能要求，把裙房中餐厅、商场、楼前广场等功能与地下停车相结合即可。这里，主要介绍单建式地下停车场选址应遵循的原则：

①根据国土空间总体规划及城市综合交通规划，选择道路网中心地段、人流集散中心及地面景观保护地段，如城市中心广场、站前广场、商业中心、文体娱乐中心及公园等。

②停车场与地下街、地铁车站、地下步行道等大型地下设施相结合，充分发挥地下停车场的综合效益。

③保证停车场合理的服务半径。公用汽车库服务半径不超过 500m，专用车库服务半径不超过 300m，停车场到目的地步行距离为 300~500m。

④工程地质及水文地质条件良好，避免地下水位过高、工程地质及水文地质复杂的地段。

⑤避开已有地下市政设施主干管、线及其他地下工程。

⑥地下停车场设置在露出地面的构筑物如出入口、通风口及油库等位置时，应符合防火要求，与周围建筑物和其他易燃、易爆设施保持规定的防火间距，避免排风口对附近环境造成污染。

⑦地下公共停车场的规划在容量、选址、布局、出入口设置等方面要结合该区域已有或待建建筑物附建式地下停车场的规划来进行。

⑧要考虑地下停车场的平战转换及其防灾减灾功能，可以将其纳入城市综合防护体系规划。

5.6.5.4　地下停车场的平面形态

地下停车场的平面形态可分为广场式矩形平面、道路式长条形平面、竖井环形式及不规则平面。

（1）广场式矩形平面

地面环境为广场、绿地，在广场道路的一侧设地下停车场，可按广场的大小布局，也可根据广场与停车场的规模来确定。地下停车场总平面一般为矩形等规则形状。例如，美国的洛杉矶波星广场的地下停车场为 3 层，有 4 组进出坡道和 6 组层间坡道，均为曲线双车线坡道，广场地面为绿地和游泳池，可供停车 2150 辆。如图 5-6-7。

（2）道路式长条形平面

停车场设在道路下，基本按道路走向布局，出入口设在次要道路一侧。此类停车场把地下街同停车场相结合，即上层为地下街，下层为停车场，停车场的柱网布局与商业街可以吻合，平面形状为长条形。如图 5-6-8 为法国巴黎某地下停车场平面图。

（3）竖井环形式

竖井环形式是一种垂直井筒的地下停车场，通常采用地下多层，环绕井筒四周

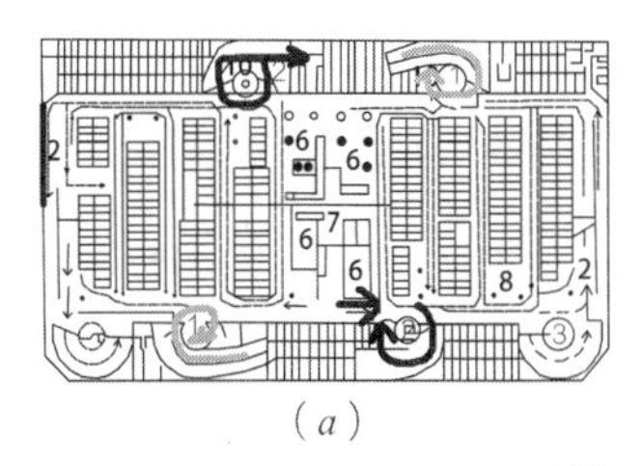

（a）

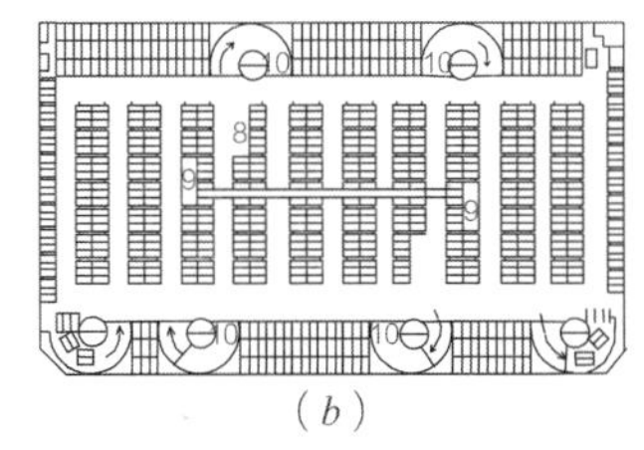

（b）

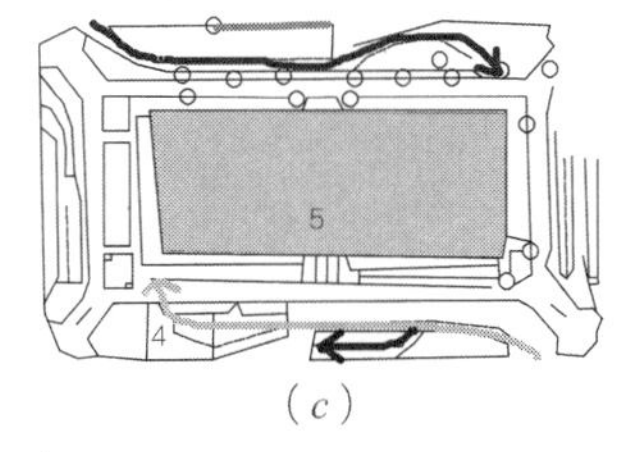

（c）

图 5-6-7　美国洛杉矶波星广场地下车库
（a）地下一层停车场；（b）地下二、三层停车场；（c）停车场平面图
1- 入口坡道；2- 出口坡道；3- 自动扶梯；4- 排气口；5- 水池；6- 服务站；7- 附属房；
8- 加油站；9- 人行通道；10- 通风机房
资料来源：https：//wenku.baidu.com/view/e7eb2d74580102020740be1e650e52ea5518ce2f.html

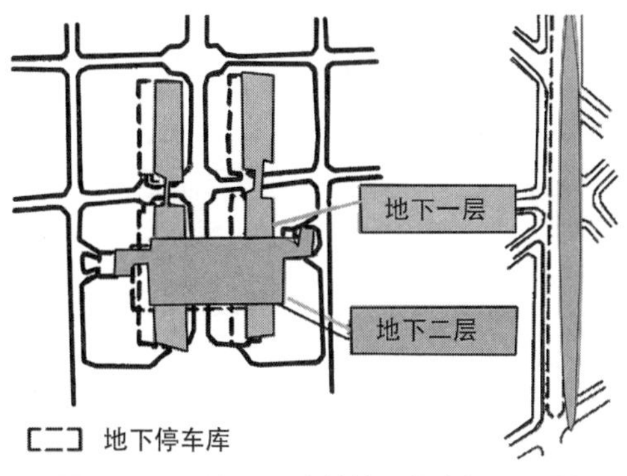

图 5-6-8　法国巴黎某地下停车场平面图
资料来源：https：//wenku.baidu.com/view/e7eb2d7458 0102020740be1e650e52ea5518ce2f.html

图 5-6-9　竖井环形式地下立体停车库
资料来源：http：//blog.sina.com.cn/s/blog_676fc61201018r9k.html

呈放射形布置泊车位。一般竖井采用吊盘，竖井直径 6m，停车场外径 20m，每层可布置 10 个泊位，可供机关、商场及住宅等使用。多个竖井式可通过底部地下停车场等连通。如图 5-6-9。

（4）不规则平面

附建式地下停车场受地面建筑平面柱网的限制，其平面特点是与地面建筑平面相吻合。不规则平面的地下停车场是停车场的特殊情况，主要是地段条件的不规则或专业车库的某些原因造成的。如图 5-6-10。

岩层中的地下停车场，其平面形式受施工影响会引起很大变化，通常是以条状通道式连接起来，组成 T 形、L 形、井形或树状平面等多种形式。

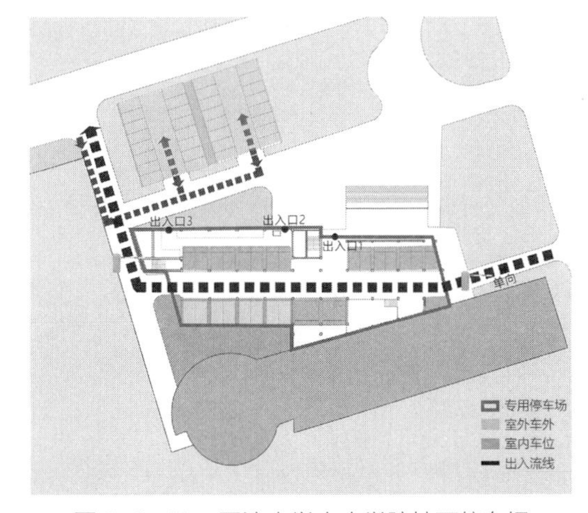

图 5-6-10　同济大学土木学院地下停车场

5.6.5.5　地下停车场的整体布局形态

城市空间结构与城市路网布局，既相辅相成，又互相制约，而城市的路网布局决定了城市的行车行为，进而决定了城市的停车行为。所以，地下停车场的整体布局必然要求与城市结构相符合。城市特定区域的多种因素，如建筑物的密集程度、路网形式、地面开发建设规划等，也对该区域地下停车场的整体布局形态产生影响。

根据城市结构的不同，地下停车场的整体布局形态可分为脊状布局、环状布局、辐射状布局和网状布局 4 种。[7，8]

（1）脊状布局

在城市中心繁华地段，地面往往实行中心区步行制，即把车流、人流集中，地面交通组织困难的主要街道设为步行街。这些地段通常商业发达，停车供需矛盾较大。实行步行制后，地面停车方式被取消，停车行为一部分转移到附近地区，更多的会被吸引进入地下。沿步行街两侧地下布置停车场，形成脊状的地下停车场。出入口设在中心区外侧次要道路上，人员出入口设在步行街上，或与过街地下步道相连通。如图 5-6-11。

（2）环状布局

新城区非常有利于大规模的地上、地下整体开放，便于多个停车场的连接和停车场网络的建设。可根据地域大小，形成一个或者若干个单向环状地下停车场。如图 5-6-12。

例如青岛西海岸新区地下停车场，相邻停车场由单向行车道相连，形成环状布局。如图 5-6-13；广岛地下停车场联络道，如图 5-6-14；品川地下停车场联络道，如图 5-6-15；上海北外滩地下停车场联络道，如图 5-6-16。

（3）辐射状布局

大型地下公共停车场与周围的小型地下车库相连通，并在时间和空间两个维度上建立相互关系，形成以大型地下公共停车场为主，向四周呈辐射状的地下停车场。如图 5-6-17。

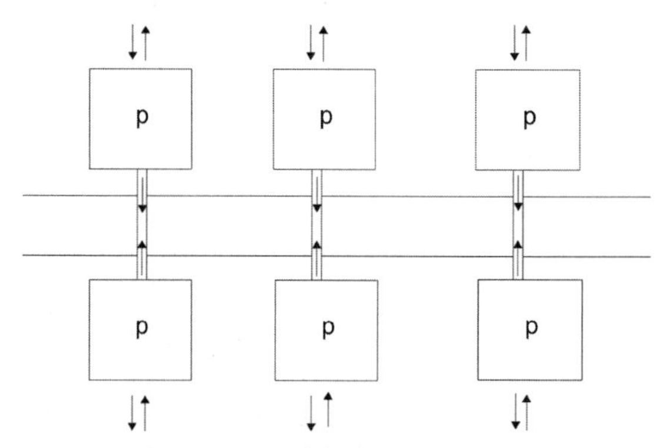

图 5-6-11　脊状地下停车场系统

资料来源：https：//wenku.baidu.com/view/0f84ba0cf46527d3240ce0e7.html

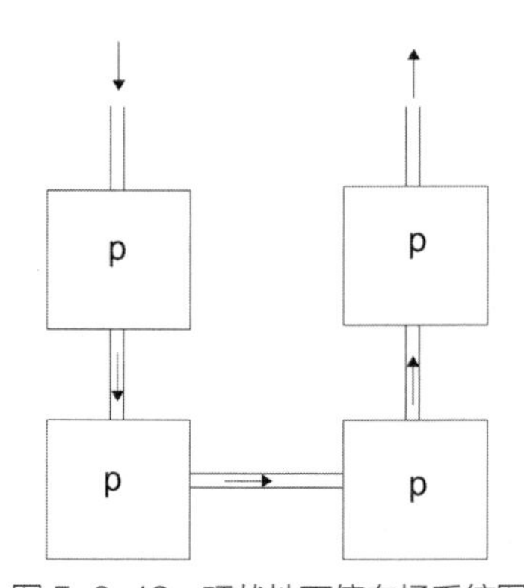

图 5-6-12　环状地下停车场系统图

资料来源：https：//wenku.baidu.com/view/0f84ba0cf46527d3240ce0e7.html

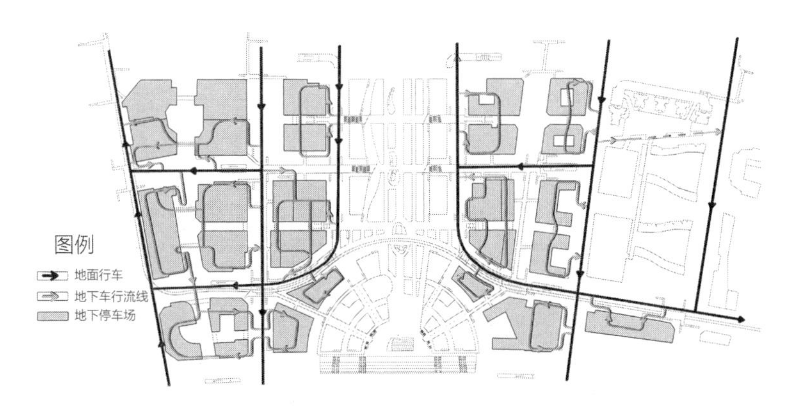

图 5-6-13 青岛西海岸新区相邻车库地下停车系统

资料来源：青岛经济技术开发区商务中心区地下空间规划

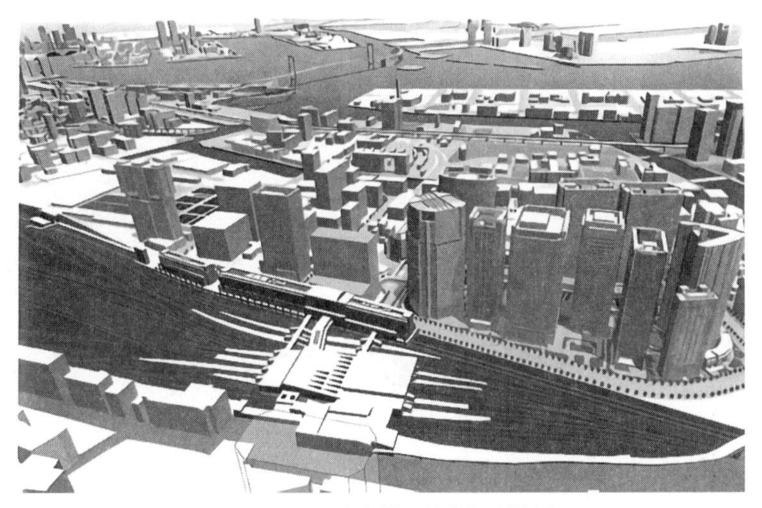

图 5-6-14 广岛地下停车场联络图

资料来源：青岛经济技术开发区商务中心区地下空间规划

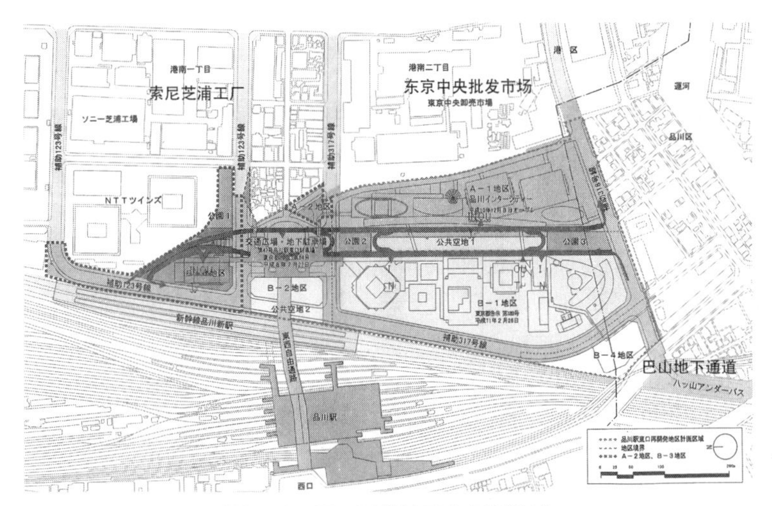

图 5-6-15 品川地下车场联络道

资料来源：青岛经济技术开发区商务中心区地下空间规划

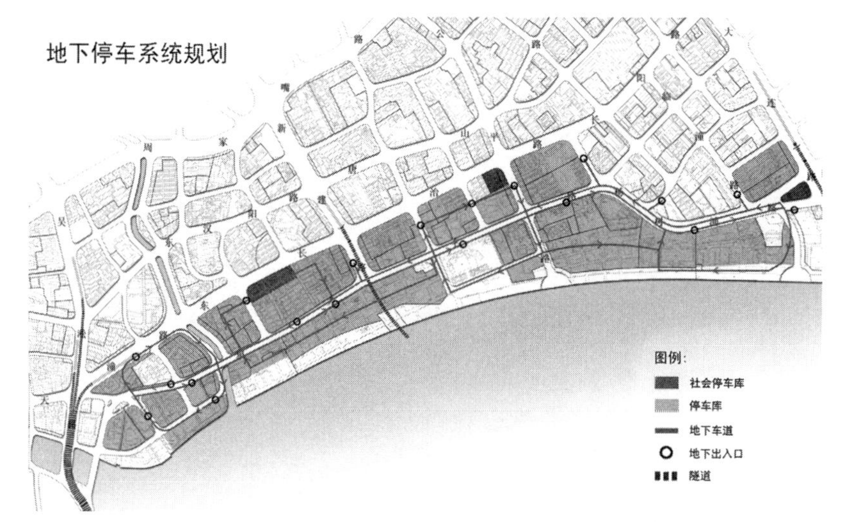

图 5-6-16　上海北外滩地下车库联络道规划
资料来源：上海北外滩地下空间规划

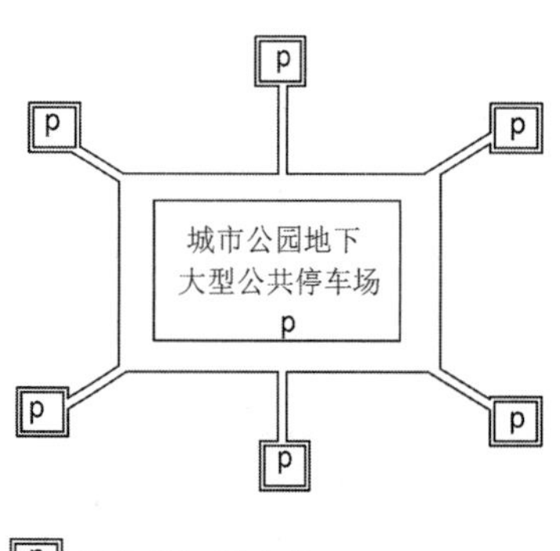

图 5-6-17　辐射状地下停车场系统
资料来源：https：//wenku.baidu.com/view/0f84ba0cf46527d3240ce0e7.html

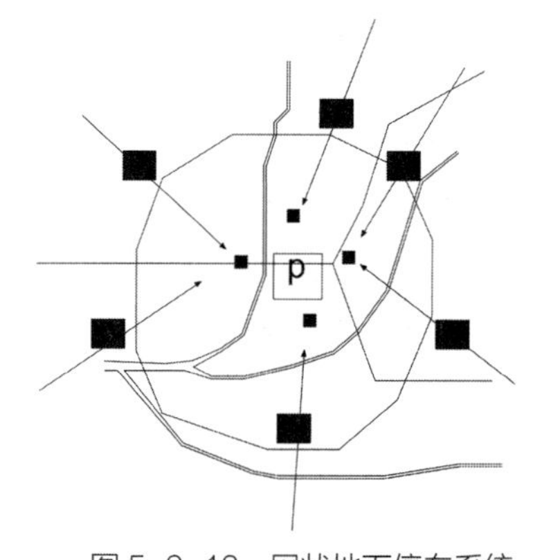

图 5-6-18　网状地下停车系统
资料来源：https：//wenku.baidu.com/view/0f84ba0cf46527d3240ce0e7.html

地下公共停车场与周围建筑物的附建式地下停车场在空间维度上建立一对多的联系，即公共停车场与附建式停车场相连通，而附建式停车场相互之间不连通。在时间维度上建立起调剂互补的联系，即在一段时间内，公共停车场向附建式车场开放，另一段时间内各附建式车场向公共停车场开放。例如，在工作日公共停车场向周围附建式的小型停车场开放，以满足公务、商务的停车需要，在法定假日附建式小型车库向公共停车场开放，以满足娱乐休闲的停车需要。

（4）网状布局

团状城市结构一般以网格状的旧城道路系统为中心，通过放射型道路向四周呈环状发展，再以环状路将放射型道路连接起来，如图 5-6-18。我国一些大城市如北京、天津、南京等，城区面积较大，有一个甚至一个以上的中心或多个副中心，具有路网密度大、道路空间狭窄、街区规模小的特征。道路空间的不足，以及商业、办公机能的城市中心集中化、居住空间的郊外扩大化，导致了对交通、城市基础设施的大量需求。这些需求推动了地铁、地下综合管廊、地下停车场及地下道路的建设。

团状结构的城市布局决定了城市中心区的地下停车设施一般以建筑物下附建式地下停车库为主，地下公共停车场一般布置在道路下，且容量不大。与这种城市结构相适应的地下停车场，宜在中心区边缘环路一侧设置容量较大的地下停车场，以作长时停车用，并可与中心区内已有的地下停车场作单向连通。中心区内的小型地下停车场具备条件时可个别地相互连通，以相互调剂分配车流，配备先进的停车诱导系统，形成网状的地下停车场。

5.6.5.6 地下停车场出入口设计

地下停车场系统的出入口包括车辆出入口和人员（疏散）出入口。其中，车辆出入口设计涉及的影响因素比较多，设计过程中需要重点考虑。

（1）出入口数量

停车场的车辆出入口和车道数量与地下停车场规模、高峰小时车流量和车辆进出的等候时间相关。通常情况下，对于停车场而言，每增加一定的停车泊位就需要设置一个出入口。实际设计中，只要确保地下停车场系统出入口的进出与周边道路通行能力相适应，且车辆能安全、快捷地进出系统，就可以尽可能地减少出入口数量。不同等级的地下停车场最少需要设置的出入口数量见表 5–6–1。

（2）出入口位置

确定地下停车场出入口位置时需要考虑的因素很多，包括与地下停车场连接的道路的等级、停车场的规模及出入口处的动态交通组织状况等。确定地下停车场出入口位置时要保障地下停车场系统良好的运营周转，停车场内外交通流线连线流畅，在高峰时段不至于堵塞或排队过长。基本原则包括：

停车场出入口和车道数量 单位（个） 表 5–6–1

规模	特大型	大型		中型		小型	
停车当量 / 出入口和车道数量	大于1000	501~1000	301~500	101~300	51~100	25~50	小于25
机动车出入口数量	不小于3	不小于2		不小于2	不小于1	不小于1	
非居住建筑出入口车道数量	不小于5	不小于4	不小于3	不小于2		不小于2	不小于1
居住建筑出入口车道数量	不小于3	不小于2	不小于2	不小于2		不小于2	不小于1

资料来源：《车库建筑设计规范》JGJ 100—2015

①出入口宜布置在流量较小的城市次干路或支路上，并保持与人行天桥、地下过街通道、桥梁、隧道及其引道等50m以上的距离，与道路交叉口80m以上距离。

②出入口尽量结合地下停车单元设置，也可以根据合适的位置设置后，再用地下匝道与停车单元相连。

③在地下停车场服务区域范围内的主要交通吸引源，如大型购物中心、娱乐设施附近，要保证出入口数量充足、位置合理。

④为了便于地下停车场内外交通衔接，车辆出入口宜采用进、出口分开的设置方法。

⑤出入口必须易于识别，可通过醒目的标志或建筑符号等帮助用户辨识。

⑥当出入口附近有大型公共建筑、纪念性建筑或历史性建筑物时，应考虑出入口建筑风格与周围环境的协调。

⑦出入口必须保证良好的通视条件，在车辆出入口设置明显的减速或者停车等交通安全标识。在视点位置需要确保驾驶员可以看见全部通视区范围内的车辆、行人情况（图5-6-19）。

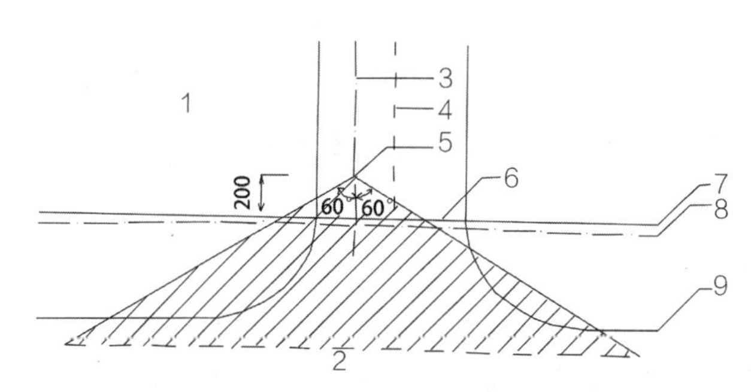

图5-6-19 停车场出入口通视要求示意

1-停车场基地；2-城市道路；3-车道中心线；4-车道边线；5-视点位置；6-车辆出入口；7-停车场基地边线；8-道路红线；9-道路缘石边线

5.6.5.7 地下停车场的内部交通组织

交通组织是地下停车场建筑布置的重要内容，要组织好车辆在停车间内的进、出、上、下和水平行驶，使进出顺畅，上下方便，行驶路线短捷，避免交叉和逆行。停车场交通涉及停车位、行车通道、坡道、出人口、洗车设备及调车场等要素。停车位是汽车的最小储存单元;行车通道、坡道提供车辆行驶的路径;出入口是车辆进、出地下车库和加入地面交通的哨口或门槛。停车场交通组织就是协调各要素之间的关系，确定合理的路径轨迹。

通过鼓励住宅地下停车、地面仅作为临时停车等措施，对停车场出入口进行平面分离，减少居住区内乱停车（占用居住区道路、绿地）等问题（图5-6-20）。

（*a*）

（*b*）

图 5-6-20 沪通铁路太仓南站周边区域地下空间规划

（*a*）地下一层平面图；（*b*）地下二层平面图

资料来源：太仓市科教新城地下空间规划研究及沪通铁路太仓南站周边区域地下空间利用规划

5.7 城市地下公共人行通道规划

5.7.1 地下步行通道与步行交通系统的概念

5.7.1.1 地下步行通道

地下步行通道是指位于地面以下，独立或与建筑物及其他城市设施相结合的步行道。以人为主的步行通道需要尽量简化步行网络的结构，通过明确的指引系统，使人们方便地寻求自己的路线。此外，作为步行系统的地下空间集聚着大量的人的活动，但是，地下空间有着自身的局限，往往会对于人的心理和生理产生一定的消极影响。地下空间规划应尽量增加自然采光和通风，削弱本身的封闭感，强化人性化空间的塑造。其主要的处理手法有运用玻璃顶棚或通过设置下沉式广场来解决步行空间的日照、通风和采光等问题，使人们虽然身处地下，依然感觉在地上一般。步行活动为主要功能，为优先满足步行行为需要而设立各种城市构筑物及其附属空间。

地下步行通道主要有两种类型：一种是供行人穿越街道的地下过街横道，功能单一，长度较小；另一种是连接地下空间中各种设施的步行道路，例如地铁车站之间、大型公共建筑地下室之间的连接通道，规模较大时，可以在城市的一定范围内形成一个完整的地下步行通道系统。

5.7.1.2 地下步行交通系统

地下步行通道系统是指地铁站点、城市下沉广场、商业建筑等城市公共地下空间由地下的步行通道有序连接，形成的连续的步行网络体系。地下步行系统的主要组成部分包括地下步行通道、出入口、开敞空间及其他地下公共系统等。其中地下步行通道是地下各类设施及公共空间的连接纽带；开敞空间一般表现为下沉广场或中庭，从形式上有时也表现为入口空间。

地下步行系统按所属的建筑主体的类型可以分为三种，分别为交通型、商业型、复合型。

（1）交通型地下步行系统

所属的建筑主体包括交通枢纽和公共交通两大类，其中交通枢纽是指服务于城际间的大型客运中心，而公共交通是指城市内部交通系统的节点设施。从属于交通枢纽主体的地下步行系统，其作用主要是作为火车站、客运站、航空站等大型客运中心的地下集散或地下换乘空间；从属于公共交通主体的地下步行系统，其作用包括作为地面或地上公交站场的出入口和通道，以及作为地下机动车公交站场和地铁站点的地下集散或地下换乘空间。

如上海虹桥枢纽地下通道。而为迎接第二届中国国际进口博览会，从虹桥枢纽前往国家会展中心也将有“新路线”——通过地下通道即可步行到达，截至2019年7月，国家会展中心会展地下通道东段、西段和下沉广场项目总体形象进度已超过

90%，并于 2019 年 10 月竣工。建成后，从虹桥枢纽至国家会展中心，可通过地下通道步行到达，总长约 1.5km。

整条地下通道仅作通行之用，东段、西段和国家会展中心（上海）各设置了一个下沉式广场，不仅增加了通透性，而且可上下连通二层步廊。相比二层步廊，这条地下通道贯通后，将与虹桥商务区核心区一期地下空间中轴首尾相接。这意味着，从虹桥枢纽到国家会展中心（上海），可在地下无障碍通行，步行约 30 分钟，“人行地下通道 + 二层步廊”实现“上天入地”无缝对接，双管齐下保障客流有序进出。如图 5–7–1。

（*a*）

（*b*）

图 5–7–1　上海虹桥至国家会展中心（上海）地下通道设计
（*a*）下沉式广场；（*b*）地下通道

资料来源：（*a*）http：//www.thholding.com.cn/news/show/contentid/2498.html；（*b*）http：//kuaibao.qq.com/s/20191015A0FTJX00?refer=spider

（2）商业型地下步行系统

商业型地下步行系统是地下街、地下中庭、下沉广场、通道和出入口的组合，作为商业用途服务市民。如图 5–7–2。

图 5–7–2　上海香港名店街

资料来源：http：//www.ifnews.com/20/detail–17829.html

（3）复合型地下步行系统

复合型地下系统由地铁站点、地下街、停车、下沉广场、通道和出入口等共同组合而成，实现商业与交通的复合功能。

5.7.2 地下步行交通系统的作用

城市地下步行交通系统的主要作用体现在以下几个方面：

（1）缓解城市地面交通压力

城市建设大量拓宽地面道路，地面步行空间被占用，因此利用地下空间可以使步行活动顺利运行。尤其是当地下步行系统与地铁站点、地下停车场、公共交通枢纽等交通设施紧密联系时，使步行者无需到达地面即可实现步行与其他出行方式的转换。此外，地下步行系统重新组织城市交通，将不同交通流线分层组织，实现“人车分流”，有助于改善地面交通环境。

（2）拓展城市公共空间

在城市中心区，高强度开发导致地面公共空间匮乏。地下步行系统利用下沉式广场，强化与地面公共空间的联系；地下步行通道与地下广场、地下街道等组合创造与地面街道相似的步行体验。同时，城市公共空间体系由单一的水平布局，向地下进行立体化布局发展，丰富了公共空间层次，提供了更多可供公众使用和活动的场所，拓展了公共空间范围。

（3）改善步行条件

主要包括减少不利地形条件以及不利气候条件的影响。在地形条件复杂的城市中，通过地下步行系统，缩短两点之间步行交通距离，加强区域间的联系，达到减少不利地形条件的影响。此外，地下空间具有恒温、遮蔽等特点，在酷暑可以为行人提供清凉，在寒冬可以提供温暖的环境，在雨天则可以遮风避雨。例如加拿大蒙特利尔市属于明显的寒带气候，其冬季1月的常年平均气温为 -15~6℃，年平均降雪量高达2140mm，该市利用连续的行人通道将市中心的地下部分完整连接，使得人们完全可以在地下就到达市中心的所有重要建筑和场所。其地下步行系统已经成为当地人躲避地面交通堵塞、严寒和酷暑天气的最佳步行系统。如图5–7–3、图5–7–4。

5.7.3 地下步行系统规划设计

5.7.3.1　平面布局原则

（1）以整合地下交通为主

通过地下步行系统来整合地下空间能够更好地实现地上地下多种交通方式之间的转换，提升城市整体的交通效率。

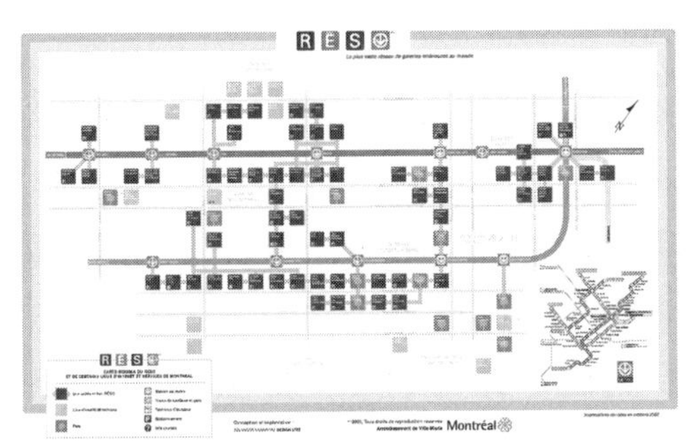

图 5-7-3 加拿大蒙特利尔市步行系统

资料来源：https：//www.mianfeiwendang.com/doc/578208ed228208524f74f865

图 5-7-4 加拿大蒙特利尔市地下步行街实景

资料来源：https：//www.mianfeiwendang.com/doc/578208ed228208524f74f865

（2）体现城市功能复合

地下步行系统除提供步行交通功能之外，同时也集聚一定的社会活动，如商业、文化、娱乐、休闲等。地下步行系统的布局可以与其他城市功能相结合（如与商业结合形成地下商业步行街），这样不仅可以将人流吸引到地下，还可以充分发掘这些人流的商业效益。

（3）力求便捷

地下步行设施的首要功能还是交通，如果其不能为行人创造内外通达、进出方便的通行条件，就会失去其设计的最初意义。在高楼林立的城市中心区，应把高楼楼层内部设施（如大厅、走廊、地下室等）与中心区外部步行设施（如地下过街通道、天桥、广场等）衔接，并通过这些步行设施与城市公交车站、地铁站、停车场等交通设施相连，共同组成一个连续的、系统的、完善的城市系统。

（4）环境舒适

现代城市地下步行系统可以通过引入自然光线、人工照明的艺术化设计以及通风系统的改善，使地下步行设施内部的光线及空气环境得到提升。同时，平面布局可以灵活多变，打破地下空间的单调感，提升内部空间的品质，从而吸引更多的人流进入地下空间。

（5）近期开发和远期规划相结合

地下步行系统是一个长期综合发展的过程。在地下步行系统建设时应根据城市发展的实际情况确定近期建设目标、同时考虑远期地下公共步行系统之间的衔接。

5.7.3.2 平面布局模式

地下步行系统从平面构成上主要是由点状和线状要素构成。由于所组成的城市要素有不同的特征，在城市地下空间中的作用和位置也不相同，相互联系的方法和连接的方式也趋于多样，地下步行系统的平面构成形态有多种。根据“点”（各实体及空间节点）与“线”（地下步行通道）在城市地下步行系统内组合成的不同平面形态，总体上可分为以下四种平面布局模式。

（1）网络串联模式

由若干相对完善的独立节点为主体，通过地下步行通道等线形空间连接成网络的平面布局形态。其主要特点是地下步行网络中的节点比较重要，它既是功能集聚点，同时也是交通转换点。因此每个节点必须开放其边界，通过步行通道将属于同一或不同业主的节点空间连接整合，统一规划和设计。任何节点的封闭都会在一定程度上影响整个地下步行系统的效率和完整性。这种模式一般出现在城市中心区，将各个建筑的地下具有公共性的部分建筑功能整合成为一个系统。其优点在于通过对节点空间建筑设计，可以形成丰富多彩的地下空间环境，且识别性、人流导向性较好，但其灵活性不够，应在开发时有统一的规划。

（2）脊状并联模式

以地下步行通道为“主干”，周围各独自节点要素分别通过“分支”地下连通道与“主干”步行通道相连。其主要特点是以一条或多条地下步行通道为网络的公共主干道，各节点要素可以有选择地开放其边界与“主干”相连。一般来说主要地下步行通道由政府或共同利益业主团体共同开发，属于城市公共开发项目，以解决城市区域步行交通问题为主，而周围各节点在系统中相对次要。这种模式主要出现在中心区商业综合体的建设中。其优点是人流导向性明确，步行网络形成不必受限于各节点要素。但其识别性有限，空间特色不易体现，因此要通过增加连接点的设计来进行改善。

（3）核心发散模式

其优点体现在功能聚集，但人流的导向性差，识别性也比较差，必须借助标识系统和交通设施的引导。

（4）复合模式

城市功能的高度集聚使地下步行系统内部组成要素更加丰富，在地下步行系统开发中，将相近各主体和相应功能混合，开发方式趋于复合。体现在地下步行系统的平面中就是以上三种平面模式的复合运用。在不同区域，根据实际情况采用不同的平面连接方式，综合三种模式的优点，建立完善的步行系统。

多数地下步行系统的开发都是以点状地下广场或线性地下步行通道为开端，逐步向四周放射发展，形成多个地下空间组团，组团之间进一步互相连通，形成具有规模效应的网络化系统。在规划地下步行通道的平面流线时，应当注重与地面步行系统的关联性，使两套系统的重要公共节点空间相互重叠，便于地面与地下空间的有机整合。

5.7.3.3　空间环境设计

（1）结合地下空间出入口，形成开放性城市节点。

地下空间具有封闭、不可见的特性，将出入口结合地面环境进行整体设计，能强化地下空间入口的标志性，提高地下步行系统的开放性。利用下沉广场、自动扶梯等元素，结合地形环境，将地面、地下及部分建筑二层空间统一，扩大地下空间与地面步道的衔接面积，使地下空间成为地面空间的自然延续，创造内通外达、进出方便的地下步行系统。如图 5-7-5。部分地下街出入口统计见表 5-7-1。

（2）结合建筑中庭，营造共享空间。

路径复杂、规模庞大的地下步行系统，需要避免空间封闭隔绝、视觉信息缺乏、形体单一等问题。地下步道与建筑中庭融合，营造形象突出、宽松雅致的节点空间，并在其中组织供人流集散和休息的区域，可使地下空间富于变化，减轻由通道过长而引起的单调乏味感，有效调节步行者的空间体验。在国内外成功的地下步行

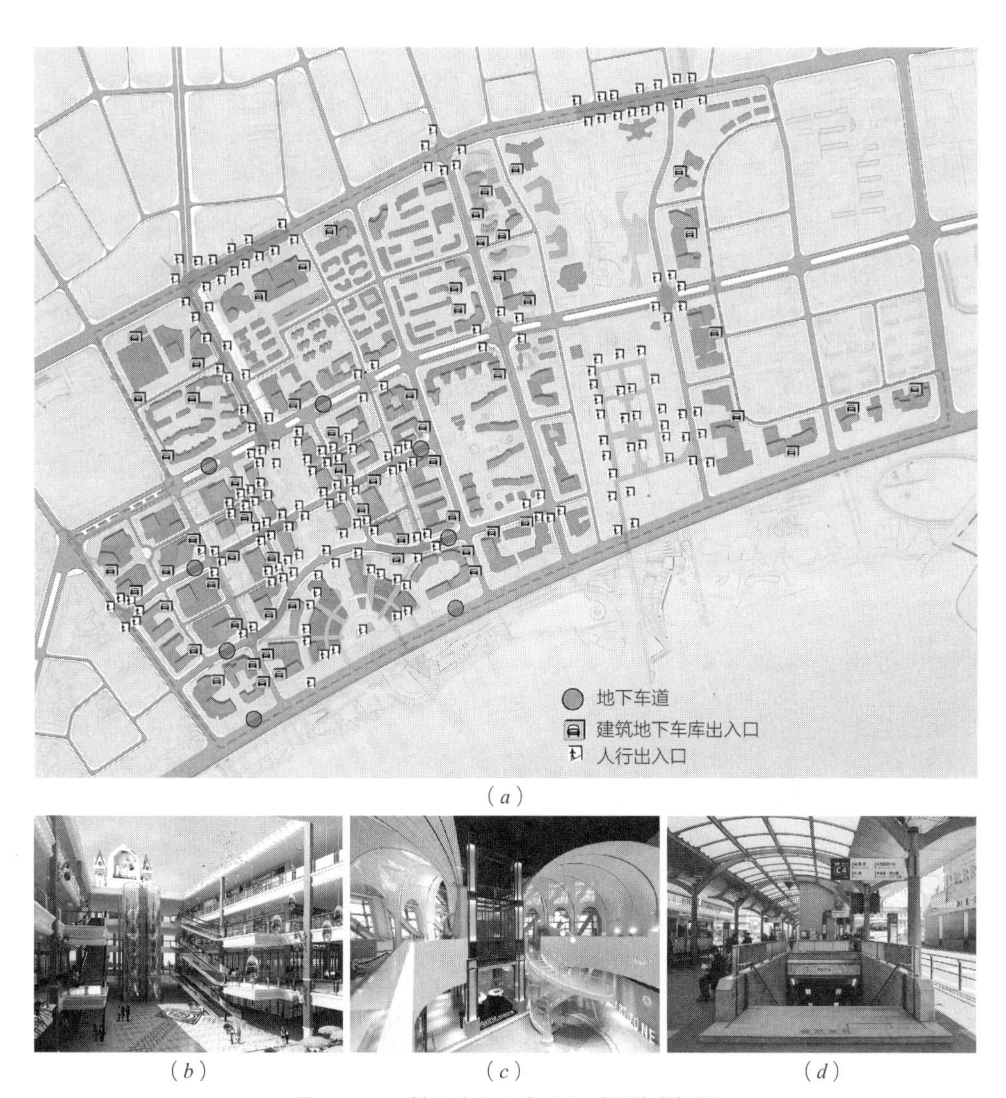

（a）

（b）（c）（d）

图 5-7-5　地下出入口布局及过街地道规划

资料来源：（b）http：//www.jiajujiazhuang.com/xiaoguotu/4310.html；（c）https：//www.justeasy.cn/works/case/1417195；（d）http：//www.nipic.com/detail/huitu/20160214/220317767161.html

地下街出入口统计表 表 5-7-1

地下街名称	商业空间总建筑面积（m^2）	出入口总数（个）	每个出入口平均服务面积（m^2）	室内任一点到出入口的最大距离（m）
日本东京八重洲地下街	18352	42	435	30
日本东京歌舞伎町地下街	6884	23	299	30
日本横滨站西口地下街	10303	25	412	40
日本名古屋中央公园地下街	9308	29	321	30
日本大孤虹街地下街	14168	31	457	40
中国吉林市地下环行街	3000	8	375	45
中国石家庄市站前地下街	5140	6	856	80
中国沈阳北新客站地下街	6370	10	637	56

系统中，中庭空间对优化地下空间品质有着重要作用。地下步道与建筑中庭的衔接首先要处理好两者出现的序列与节奏，沿主要人流路线展开一连串的线性及面状空间，不同尺度的空间形成对比与变化，创造起伏抑扬、节奏鲜明的空间序列。其次，在中庭集中布置垂直交通系统，如电梯、自动扶梯以及步行坡道等，在建筑各楼层与地下层之间建立方便、舒适、充满趣味的交通联系。此外，在不同楼层高度布置贯穿中庭的廊道、平台，可以丰富中庭空间的层次。同时，借助建筑采光穹顶、玻璃屋面等元素，最大限度地将自然要素引入地下空间，并在中庭布置景观绿化、雕塑小品和休闲设施，使地下步行系统成为人们愿意驻足停留、休息交往的共享空间（图 5-7-6、图 5-7-7）。

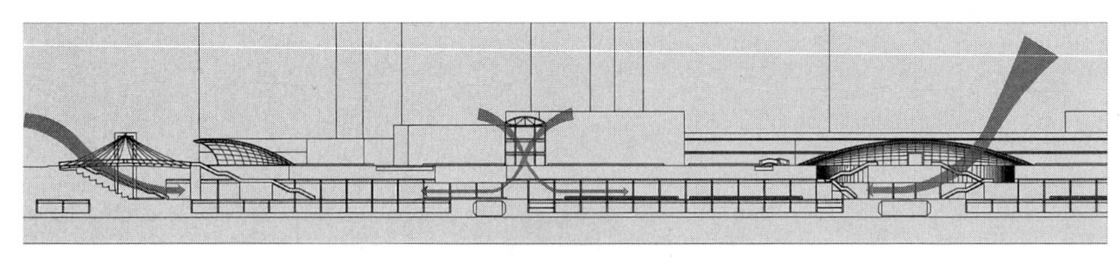

图 5-7-6 地下自然通风分析图

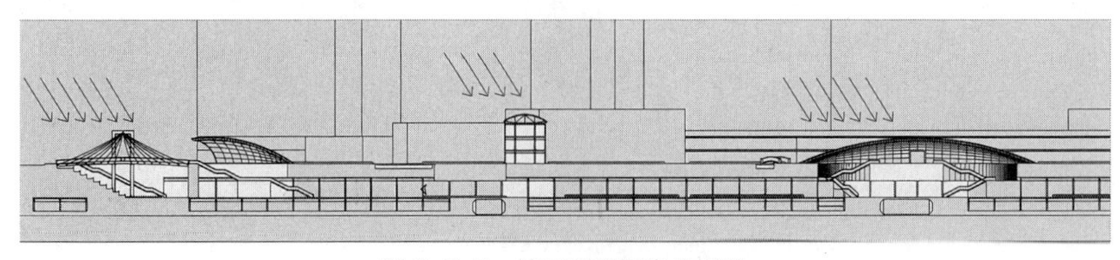

图 5-7-7 地下日照采光分析图

（a）

（b）

图 5-7-8 淞沪路地步行导视系统

资料来源：https：//www.shobserver.com/news/detail?id=29558

（3）结合导视系统，获得明确的方向感。

地下空间具有封闭性，地下步行系统空间的单调性，自然界导向物的缺失，以及内外信息隔断，往往使人无法判断地下空间本身与邻近建筑的关系，人们在地下步行系统中活动时,难以定位与之对应的地面位置,在方向感上常常出现盲点。因此，在地下步行系规划设计中要注意导向指示系统的设置。

上海淞沪路地下通道为增强这条地下通道的方向感和安全感，建成一套地下行人诱导系统及公交信息发布设备。在人行流线的主要交汇处、主要通道以及各个出入口分别安装了三级行人诱导屏及辅助屏共计 43 块。这些信息屏能够快速、准确地将地面信息传递到地下，更加精准地服务休闲购物、工作、换乘及过境等各类不同出行需求的人群。如一级诱导屏涵盖了周边道路网络、出入口布局、地铁站布局、公交站点布局和周边学校、商场、办公楼宇等详细信息，并引入了地面公交线路及车辆实时到站信息，使上下信息联动，方便市民更好地掌控方位和时间，顺利出行（图 5-7-8）。

5.7.4 地下街规划实例

5.7.4.1 大阪钻石地下街

在大板车站地区，通过建立地下交通网络，以达到缓和地面交通和改善城市功能下降问题；在地下一层，形成地铁车站或大楼与地下人行道相接的人行网路，以充实地下空间的周游性和便利性。在地下二层形成公共地下停车场与大楼附带停车场相连接的机动车网络，促进停车场出入口的集中化和管理的整体化。如图 5-7-9、图 5-7-10。

作为主要人流通道的地下街，是一个能够满足人们对道路多样化需求的安全舒适的道路空间。宽敞的道路，高高的天井和高耸的顶棚形成个性化道路，并通过可以看到蓝天的中庭实现自然采光和通风。如图 5-7-11。

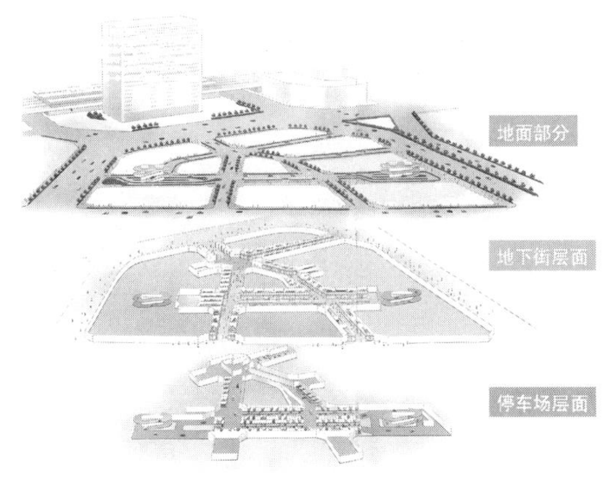

图 5-7-9　大阪钻石地下街步行网络图
资料来源：日建设计

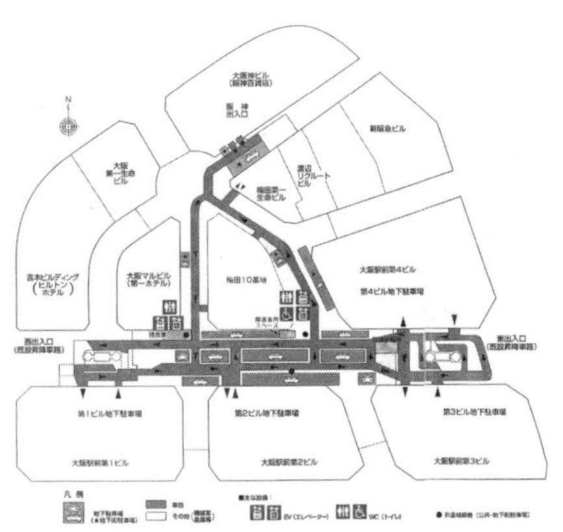

图 5-7-10　大阪钻石分层用地图
资料来源：日建设计

图 5-7-11　大阪钻石地下街开放性地下街空间
资料来源：日建设计

在内街设计下沉式出入口，在与大厦的连接处，既有便利的流向，也设置了独特的休憩场所。如图 5-7-12。

设置在通道一侧的流动瀑布为地下街带来了灵动感，潺潺的流水声和柔和的灯光与绿色的植物相点缀，营造出生机盎然的地下街景。在通道的中央设置了精雕细琢的花坛，使得整个地下空间舒适而又和谐，减少了压抑感。如图 5-7-13。

（a）　（b）　（c）

图 5-7-12　下沉式出入口设计

资料来源：https：//wenku.baidu.com/view/3d21c2ea65ce0508763213b3.html

（a）　（b）

图 5-7-13　瀑布水池和景观绿化

资料来源：https：//wenku.baidu.com/view/3d21c2ea65ce0508763213b3.html

5.7.4.2　八重洲地下街

八重洲地下街是日本规模较大的地下街，从东京车站中央大厅，可以直接进入。八重洲地下街分两期建成（1963~1965 年和 1966~1969 年），总建筑面积为 7 万多平方米，加上连通的地下室，总建筑面积达到 9.6 万平方米。那里有宽广的人行大道，两边有百货商店、食品店、饭馆等建筑。 地下街道有舒适的灯光照明和调节空气的装置，并没有使人气闷和不适的感觉。地下街道的每个广场上，都做了精心的布置，有喷泉、流水和美丽的观赏植物，吸引了大量的游客。

八重洲大街拓宽后两侧为车行道，中间有街心花园，地下停车场的出入口和地下街的进、排气口都组织在花园中，沿街多为 6~9 层的高大建筑物，没有超高层建筑。东京站除新干线、山手线等铁路车站外，还有 8 条地铁线从附近通过，其中有 4 条线在大手町设站，3 条在日比谷和银座有站，2 条在日本桥有站。这些地铁车站一般都位于以东京站为中心的几十米和几百米半径范围内，均通过地下步行通道与东京站地下部分和八重洲地下街相接（图 5-7-14）。

地下为三层。一层由三部分组成：车站建筑的地下室，站前广场下的地下街，从广场向前延伸的八重洲大街下约 150m 长的一段地下街（共有商店 215 家）。二层有两个地下停车场，总容量 570 辆。地下三层有高压变 / 配电室、一些管线和廊道，

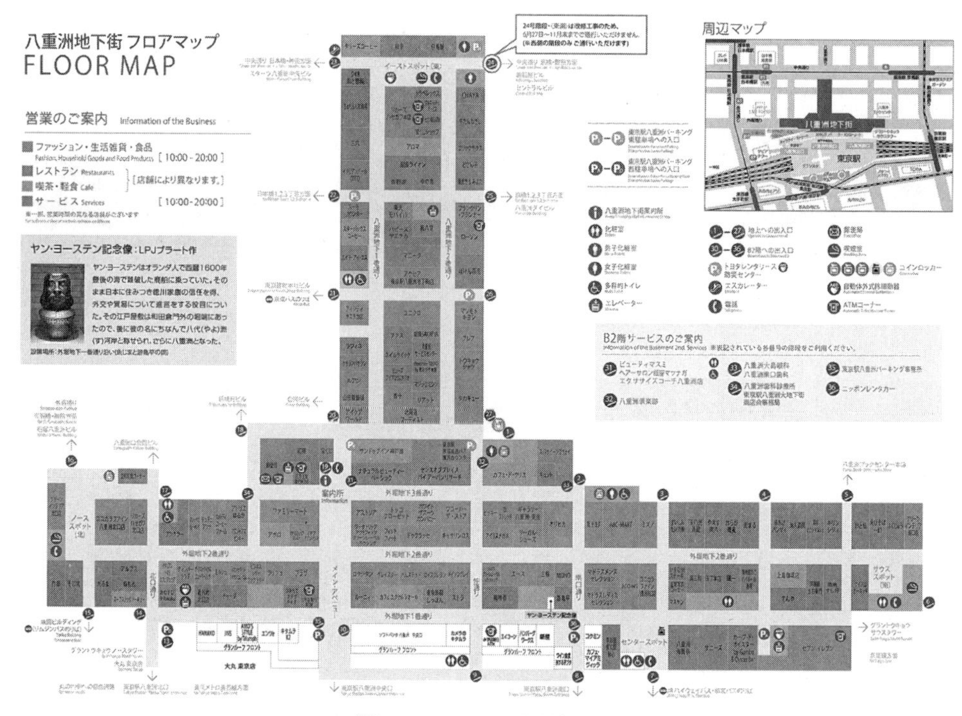

图 5-7-14 八重洲布局图

资料来源：日建设计之地下利用

4 号高速公路也由此穿过，车辆从地下就可进入公路两侧的公用停车场，使地面上的车流量也有所减少，路上停车现象基本消除。这样，尽管东京站日客流量高达 80 万 ~90 万人，但站前广场和主要街道上交通秩序井然，步行与车行分离，行车顺畅，停车方便，环境清新，体现出现代大城市应有的风貌。分布在人行道上的 23 个出入口，可使行人从地下穿越街道和广场进入车站；设在街道中央的地下停车场出入口，使车辆可以方便地进出而不影响其他车辆的正常行驶（图 5-7-15、图 5-7-16）。

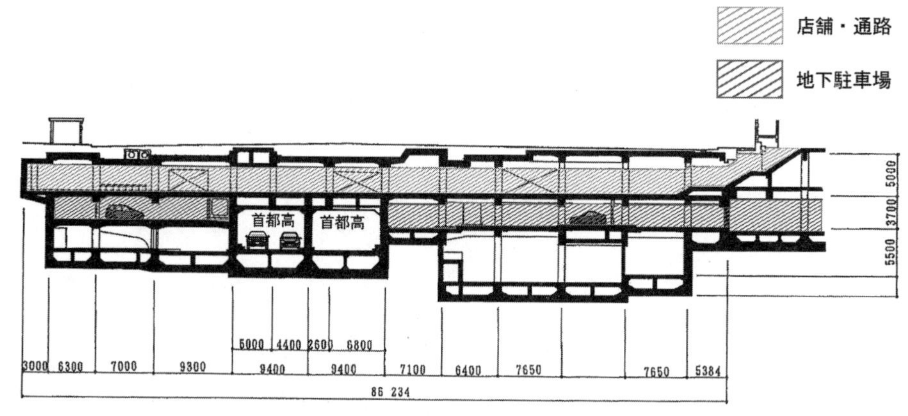

图 5-7-15 八重洲地下街断面图

资料来源：日建设计之地下利用

(a)

(b)

图 5-7-16 八重洲地下街实景图

资料来源：http：//blog.sina.com.cn/s/blog_493c75540101g4si.html

5.7.4.3 上海五角场地下街（淞沪路地下通道）

上海淞沪路地下通道从政学路开始，一路延伸到五角场环岛，全长近500m。它有13个出入口，其中1号口对应公交枢纽，2、3、4、5号口可以通往五角场环岛，分别到达百联又一城、万达广场、中环国际等商业体。8、9号口通往大学路，其他的入口则通往创智天地和江湾体育场，同时还与10号线江湾体育场站“无缝对接”。市民可以从五角场环岛周边商业体的地下空间出发，一路步行至创智天地、大学路、江湾体育场等地。地下商业街的建成将通过人车分离，建成安全、舒适的步行者空间，从而提高整个地区的交通安全，发挥网络机能（图5-7-17、图5-7-18）。

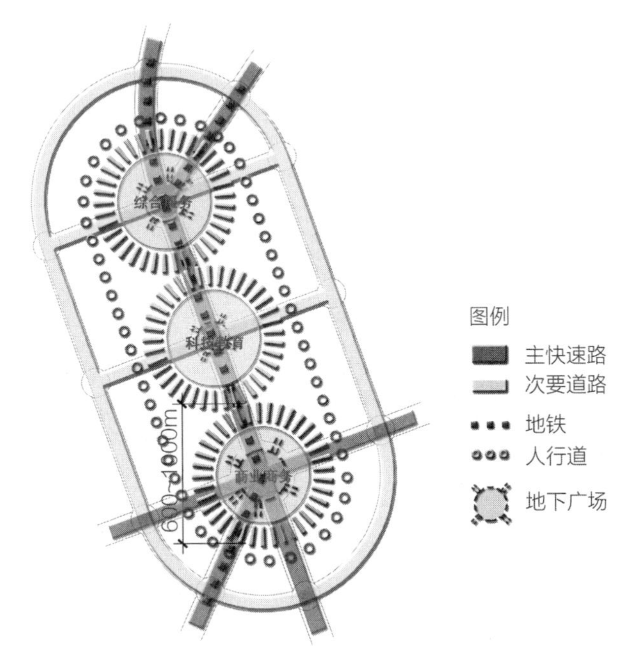

图 5-7-17 五角场地下商业街步行网络结构图

资料来源：上海市政工程设计研究院，日建设计市五角场地区地下空间规划

（a）　　（b）

图 5-7-18　五角场地下街实景图

资料来源：http：//www.anyv.net/index.php/article-1948967

5.7.4.4　杭州钱江世纪城

钱江世纪城地处萧山城北江滨地区，与杭州钱江新城隔江相望，作为未来杭州城市中央商务区。钱江世纪城地下空间规划提出地上、地下一体化的土地利用、建设方案，为集约使用土地资源，创造富有生机、活力并具有高度经济凝聚力的城市新区起到了重要的支撑作用。地下空间核心区建筑面积约 240 万 m^2，重点地区建筑面积约 300 万 m^2，外围 440 万 m^2。这些地下空间重点加强地铁站、地下道路、站内空间的建设，及地下停车场、步行道、店铺等形成网格化，并开发建设体育设施和会展设施，发挥地下体育、会展、仓储的功能（图 5-7-19）。

为解除地上人车混杂的情况，钱江世纪城地下步行者网络规划成具有安全保障的人行通道；形成地下铁车站、公共停车场、周边街道、建筑物、各种设施相连的

图 5-7-19　杭州钱江世纪城地下空间效果图

资料来源：http：//hznews.hangzhou.com.cn/chengshi/content/2015-07/18/content_5850544.htm

网络结构，使得整个世纪城形成一个交通、步行、商业为一体的区域。规划负一层为地下商业及轨道交通站厅，负二层为停车和轨道交通站台。通过玻璃顶棚把阳光引入地下站厅，地面一层为步行廊道，白天可透过玻璃顶棚看到周边景观、蓝天白云，晚上可以看到万家灯火、繁星点点，上下步行环境宜人。并通过地下车库联络道把各地块的地下车库串联起来，避免地下车库直接通到地面给上部道路交通带来的影响，并有利于实现地下停车的共享。公共步行道与各建筑物内的人行道相连接，形成一个步行者的空间网络并与地上网络（散步路、人行道）相连接。

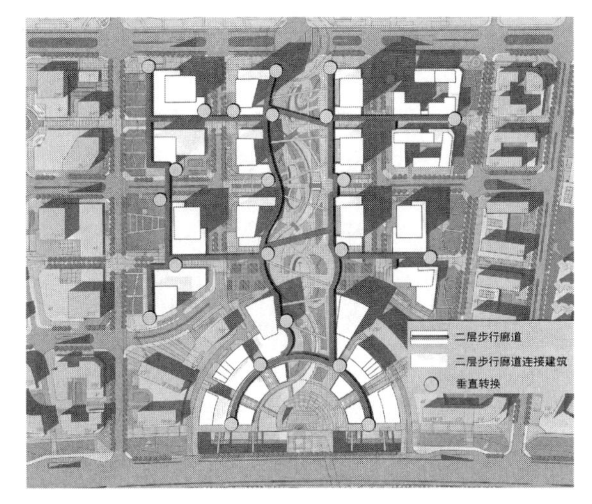

图 5-7-20 青岛西海岸新区商务中心区地上步行系统布局（二层步行廊道）

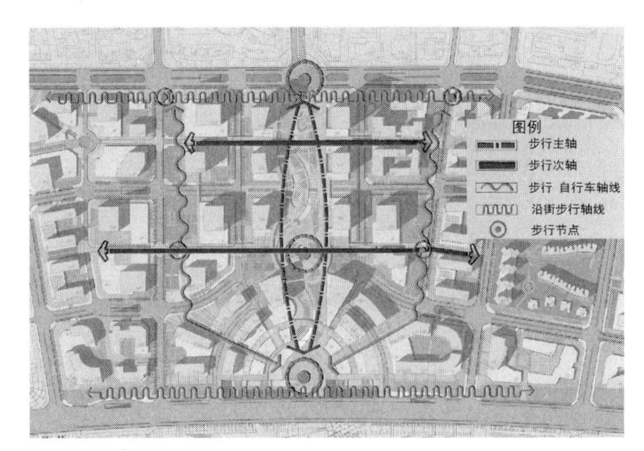

图 5-7-21 青岛西海岸新区商务中心区地面步行廊道

5.7.4.5 青岛西海岸新区商务中心区

青岛西海岸新区商务中心区位于轨道交通线路以南约 1km 处，商务中心区中央井冈山路作为西海岸新区的中心商业街往北延伸到轨道交通井冈山路站。进行整体地下交通规划，由于地下负一层为现状管线，所以地铁站厅在地下负二层，站台在地下负三层，井冈山路商业街下一层、二层均为商业设施，商业主街在地下负二层，与地铁站厅相通，并在二层设架空步道，这样一条商业街就成为地上、地面、地下三条商业街，形成地面（图 5-7-20）、地上（图 5-7-21）和地下（图 5-7-22）三层步行体系。效果图如图 5-7-23、图 5-7-24。

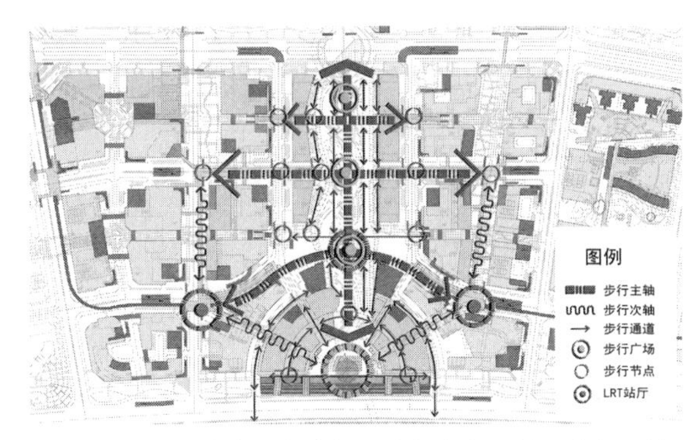

图 5-7-22 青岛西海岸新区商务中心区地下步行系统布局图

图 5-7-23　青岛西海岸新区商务中心区下沉式广场效果图

图 5-7-24　青岛西海岸新区商务中心区步行街效果图

本章注释

[1]　姚华彦，刘建军．城市地下空间规划与设计 [M]. 北京：中国水利水电出版社，2018.1.

[2]　中华人民共和国住房和城乡建设部，国家市场监督管理总局．城市地下空间规划标准 GB/T 51358—2019[S]. 北京：中国计划出版社，2019.

[3]　刘建辉．公交场站在地下空间中的布局规划 [J]. 城市住宅，2019，26（04）：31-34.

[4]　刘曼曼．城市综合交通枢纽地下空间功能布局模式研究 [D]. 北京：北京建筑大学，2013.

[5]　中华人民共和国住房和城乡建设部．城市地下道路工程设计规范 CJJ 221-2015[M]. 北京：中国建筑工业出版社，2015.

[6]　高跃文，邵勇．城市中心区地下空间规划研究——以天津滨海新区于家堡金融区地下空间规划为例 [C]// 中国城市规划学会．多元与包容——2012 中国城市规划年会论文集（07. 城市工程规划）. 昆明：云南出版集团公司，云南科技出版社，2012：6.

[7]　王陈媛，张平，陈志龙，等．地下停车场系统布局形态探讨 [J]. 地下空间与工程学报，2008（04）：615-619.

[8]　姜毅．大城市中心区地下停车系统规划研究 [R]. 解放军理工大学地下空间研究中心，2005.

第6章

城市地下市政设施规划

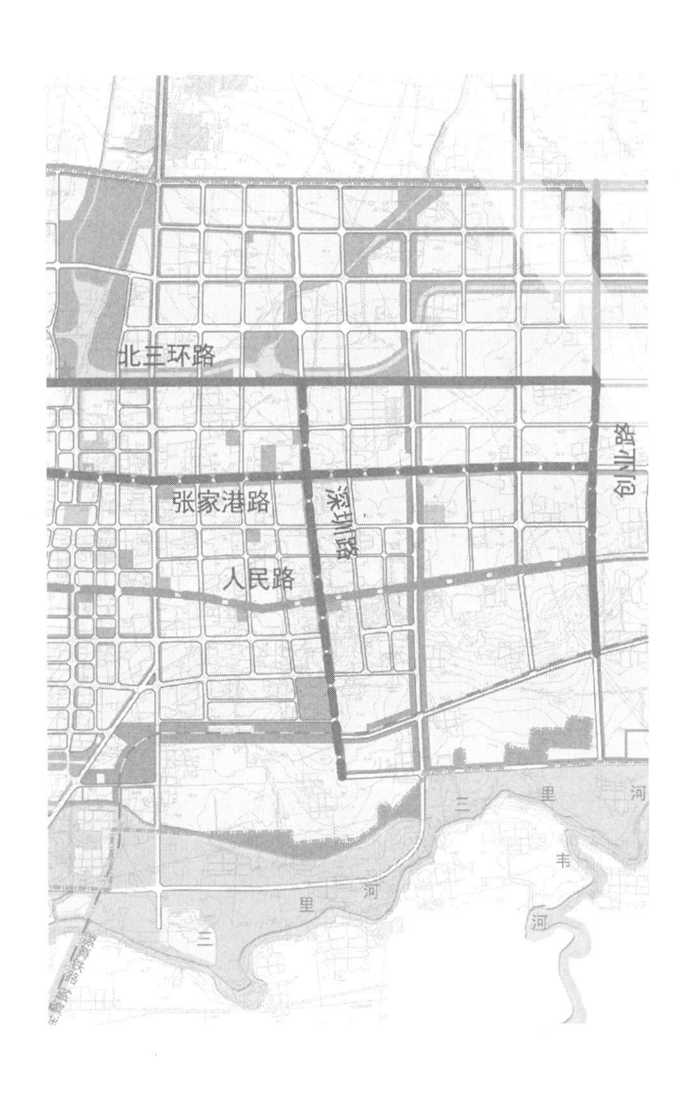

6.1 城市地下市政设施规划概述

市政设施是城市里为市民生活及生产服务的各项基础设施的统称，是城市赖以生存和发展的基础和支撑，包括城市规划区内的各种基础设施建筑物、构筑物、设备、管线等。

城市地下市政设施规划一般是指城市给水排水设施、城市能源设施、城市通信设施、城市环卫设施等的地下空间开发利用规划。主要可以分为地下市政场站规划、地下市政管线规划以及地下综合管廊规划。地下市政场站主要包括地下给水工程设施、地下排水工程设施、地下能源设施、地下环卫设施等；地下市政管线主要包括给水、污水、雨水、电力、通信、热力、燃气等管网及各类管网综合规划；地下综合管廊是建于城市地下用于容纳两类及以上城市工程管线的构筑物及附属设施，是由干线综合管廊、支线综合管廊和缆线综合管廊组成的多级网络衔接的系统。

6.1.1 城市市政设施地下化影响因素

市政设施地下化是地下空间开发的主要内容之一，是市政设施生态化、集约化发展的必然趋势。在当前对安全环保、综合防灾、低碳诉求等越来越重视的大背景下，市政设施地下化建设涉及方面众多，不能简单地只用单一因素加以判断，而应当进行综合评估。规划层面在决定市政设施是否下地时，应考虑以下因素。

6.1.1.1 区位条件因素

区位条件直接关系到市政设施地下化所带来的效益，城市中心与市郊进行地下化建设的适宜度是截然不同的。市政设施所处区域的区位条件、容积率、人口密度、用地性质、建设用地等级，以及景观要求都是分析判断市政设施是否下地的因素[1]。

6.1.1.2　经济因素

地下化投资超出建设主体所能承担的范围时，设施下地显然是难以推进的。一方面进行地下化建设投入资金太大，受制于财力水平；另一方面即使建设资金充裕，但是建成之后运营成本高，经济效益不明显，都会成为市政设施地下化发展的限制性因素。

6.1.1.3　环境因素

地下化设施是否最大限度地实行环保、低碳发展策略，预定地区实行设施下地后对周边环境的改善及影响程度，如污水厂和变电站等厌恶型设施的地下化可以显著减小区域周边污染，降低周边居住人群的心理压抑感。

6.1.1.4　海绵城市影响因素

大面积地下空间建设造成的雨水下渗困难问题在一定程度上会给海绵城市建设带来不利影响，应通过各种低影响开发措施之间的有效协同作用，尽可能地降低这种不利影响。主城区新建项目，宜限制地下空间的过度开发，为雨水下渗提供渗透路径。

6.1.1.5　安全环保因素

地下空间内部环境封闭消极，有毒气体不易扩散，需要长时间处于其中的人容易产生精神压抑，设施运行维护难度较大等都是值得关注的问题。

6.1.1.6　综合防灾因素

防灾救灾功能是地下空间资源战略性的重要体现，而自然灾害对地下市政设施的影响巨大，发生灾害时救援难度大，容易诱发次生灾害等都是市政设施地下化必须深思的问题。

6.1.1.7　综合效益

地下化建设带来的社会效益和环境效益，包括对城市交通的贡献、对环境改善的收益、对防灾安全的收益，以及采用创新的工程技术所带来的正面影响效应。只有当市政设施地下化之后综合效益比地面建设更为明显时，地下化建设模式才会体现具体的可实施性。

6.1.2　地下空间市政设施开发利用原则

6.1.2.1　挖掘地下空间资源有利特性

与地上空间相比较，地下空间具有隐蔽性、密闭性、稳固性、温度相对稳定性及地下工程不可逆等特征，在进行地下空间市政设施开发利用时，应充分挖掘地下空间资源的有利特性。

6.1.2.2　地上地下综合协调

综合考虑地上、地下关系，系统布置各类功能，全面分析各种不利因素，科学有序地组织进行地下空间开发，发挥地下空间资源的最佳效益，不应片面为达到开发地下空间的目的，刻意将一些设施放入地下。

6.1.2.3　特殊地区特殊设施优先下地

位于城市景观或环境敏感区域，土地资源稀缺，用地矛盾突出的地区，地下空间开发利用应鼓励和凸显市政设施功能，在不影响地下空间总体布局和保证设施安全可靠、经济技术可行的条件下，市政场站设施应尽量利用地下空间，特别是敏感型和厌恶型市政设施。

6.1.2.4　关注不利影响因素

地下市政设施投资较大，建设难度也较大，发生灾害时救援难度大，地下内部环境封闭消极，有毒气体不易扩散等不利影响因素都是地下空间规划中需要关注的问题。因此，地下空间市政设施开发利用应当结合设施自身功能特点进行差别化、限制性下地。

6.1.2.5　兼顾设施持久运行

地下空间市政设施利用不但要考虑平面布局和竖向控制，还必须整体考虑设施长期安全稳定运行。

6.1.3　地下市政设施规划技术要点

地下市政场站应选址在水文和工程地质条件较好的位置，避开地下水位过高或工程地质构造复杂的地段。地下市政场站的规划建设应满足地面及周边建筑的基础和结构安全。

对于大型地下市政场站，如污水处理厂等，应充分结合地形，建设地下或者半地下设施，地面宜建设公园、绿地、广场和体育活动设施等，覆土深度应满足植被种植的基本需求。

对于小型地下市政场站，如变电站、通信机房、垃圾转运站等，在满足相关环境和安全要求的条件下，可与住宅、商业、办公或其他公共建筑等混合建设。

地下空间市政设施开发利用应鼓励进行设施之间的同质化整合，进一步提高用地效率。如污水处理和环卫设施，不同等级变电站和开闭所，通信设施局房和基站等均可进行同质化整合。

地下空间开发利用规划应积极衔接落实国家海绵城市规划新要求，同时应统筹考虑雨水渗透和水资源利用、防洪排涝等相关问题，预留雨水下渗通道和空间。城市重要的地下空间开发区域宜设雨水调蓄设施，考虑雨水综合利用。

地下市政设施开发应充分考虑地下空间的防火、防水、防震和救援疏散的要求，通过多种措施防止地下空间灾害的发生，或将灾害的损失程度降到最低。

6.2 城市地下市政场站规划

城市地下空间市政设施开发利用应当结合市政场站设施自身的功能和特点，同时适应城市地形地貌特征，因地制宜，进行差别化、限制性地入地。城市地下市政场站规划主要包括城市地下水库、地下污水厂、地下变电站、地下储气设施、地下环卫设施规划等。

6.2.1 地下水库

水库是城市重要的饮用水水源地。地表水库作为地表水饮用水源，保护区范围包括一定面积的水域和陆域。地下水库指可供开发利用的地下贮水场所。在地下砂砾石孔隙、岩石裂隙或溶洞区域通过建造地下截水墙，截蓄地下水或潜流而形成天然地下水库；利用废弃矿井、巷道等有确定范围的贮水空间回灌储存地面水而形成的水库。

6.2.1.1 地下水库的特点和优势

地下水库具有占地小、库容大、投资少、蒸发损失小、安全可靠等优点，并可与地表水联合调度。修建时需查清储水层的地质构造、补给和排泄条件，必要时可修建地下水库以拦蓄水量。

地下水库具有明显的优势：

一是可充分利用地表弃水，提高水资源的总体利用率；

二是蓄水空间和引渗河道是现成的，无须占用大量土地，也无须大量移民，因此建设成本较低；

三是更安全，和地面水库相比，地下水库没有垮坝的危险，对周边生态环境不会造成破坏；

四是不易污染，资源损失相对较少，利于资源的保护。

6.2.1.2 地下水库选址

在地下水库选址方面，由于含水层空间自然条件复杂多样、不确定性因素较多，通常选择边界条件清楚的天然储水构造，在建立地下水库之前必须对库区的水文地质条件做出系统、准确、全面的评价。主要考虑因素包括：

一是以地下水作为供水水源，选择水文地质条件优越、含水层富水性强、水质良好、补给条件好、具有多年调蓄功能的地下水库作为地下水水源地；

二是遵循丰补旱采，以丰补歉的原则，保证在枯水年有足够的储存量可以借用，在丰水年有足够的水量可以储存；

三是地下水和地表水联合调蓄的原则，充分利用本区优良的地表水入渗条件及充足的调蓄水源，实施地下水和地表水联合调蓄。[2]

6.2.1.3　地下水库工程建设实例

（1）国外案例

1）法国

巴黎 Montsouris 地下水库，储水量为 20.2 万 m^3，修建于 1873 年，是法国巴黎五大水库之一，它为巴黎 20% 的人口提供用水。Montsouris 水库汇集了巴黎东部和南部地区各大河流水道的水（图 6-2-1）。

2）日本

1964 年，松尾氏较早系统而具体地提出了修建地下水库的设想。日本在建设有坝地下水库上有较多先进的工程实践，1972 年在长崎县野母崎町桦岛建成了世界上第一座有坝地下水库。日本地下水库不但能够提高满足工程所在地区的生活和农业供水的能力，达到一定防洪抗旱的效果，而且还能够有效拦截海水的入侵，保护了区域淡水资源，该类工程切实符合日本的国情，能够适当缓解日本国内对淡水紧缺的国情（图 6-2-2）。

图 6-2-1　法国巴黎 Montsouris 地下水库

资料来源：http：//fashion.ifeng.com/a/20120909/17464251_0.shtml#p=1

图 6-2-2　日本东京地下水库

资料来源：http：//www.sxdaily.com.cn/n/2017/0704/c1379-6210488.html

（2）国内案例

在我国华北、西北地区具有代表性的地下水库有：河北的南宫地下水库、石家庄滹沱河地下水库、北京西郊地下水库、新疆的乌拉泊洼地地下水库、柴窝堡盆地地下水库、郑州市新石桥－黄庄地下水库、关中盆地秦岭山前地下水库、三工河流域山前地下水库、包头市地下水库。

图 6-2-3　河北南宫地下水库
资料来源：http://news.ailp.com/article_4408.html

山东省是目前地下水库建设和研究方面比较成熟的地区，修建的水库多是用于调蓄地下水和防止海水倒灌的。其代表性的地下水库有：八里沙河地下水库、龙口市黄水河地下水库、济宁市地下水库、莱芜市的傅家桥地下水库、夹河地下水库、大沽河地下水库等。

东北也是我国修建地下水库最早的地区之一，具有代表性的是龙河地下水库、三涧堡地下水库、老龙湾地下水库、白城地下水库、东辽河下游地下水库、下辽河平原地下水库等。

我国南方一些省市和岛屿、滨海地区也有不少地下水库，例如：如贵州省马官地下水库、长岗地下水库、贵后寨地下水库、独山县南部地下水库、广西壮族自治区小平阳地下水库等（图 6-2-3、表 6-2-1）。

我国部分已建地下水库（万 m^3）　　表 6-2-1

名称	地点	建成年份	总库容	调节库容	年供水量
大沽河地下水库	青岛	1998	38400	23800	11030
夹河地下水库	烟台	2001	20520	6500	10931
黄水河地下水库	烟台龙口	1995	5289	3886	5668
王河地下水库	烟台莱州	2004	5693	3273	548
八里沙河地下水库	烟台龙口	1990	43	36	62
龙河地下水库	大连旅顺口	2000	87	79	137
三涧堡地下水库	大连旅顺	2002	690	652	1347
老龙湾地下水库	朝阳	1998	50	36	250
三官庙地下水库	大连长海	2001	64	41	24
南宫地下水库	邢台南宫	1975	48100	8400	14194
马官地下水库	安顺普定	1990	194	133	153
海底沟地下水库	重庆江北	1975	2181	1383	310

6.2.1.4 地下水库在海绵城市建设中的应用

（1）海绵城市建设要求

目前我国正处于地下空间大发展阶段，但由于缺乏规划的有效控制，地下空间的过度开发导致地面径流系数增大，遇到暴雨易发生城市内涝和地下水缺乏补给等城市问题。这时，海绵城市的提出为缓解城市内涝问题及地下空间规划指引了方向。

海绵城市是指城市能够像海绵一样，在适应环境变化和应对自然灾害等方面具有良好的"弹性"，其建设途径主要包含保护城市原有生态系统、恢复与修复生态和低影响开发三种。

《海绵城市建设技术指南——低影响开发雨水系统构建》中提出，在构建低影响开发雨水系统中，其规划控制目标一般包括径流总量控制、径流峰值控制、径流污染控制、雨水资源化利用等。除此之外，在设计过程中，应限制地下空间的过度开发，为雨水回补地下水提供渗透路径。

因此，"海绵城市"建设要求为地下空间建设指引了方向，主要体现在两方面，一方面低影响开发控制指标为地下空间覆盖率指标的确定提供了依据；另一方面地下空间覆盖率指标对于限制地下空间过度开发起到一定积极作用，从而保证雨水下渗达到海绵城市的建设要求。

（2）地下水库在海绵城市建设中的应用

海绵城市建设所遵循的六字方针为"渗、滞、蓄、净、用、排"，这要求城市洪涝灾害的治理思路由传统的"快排防洪涝"向新型的"蓄滞防旱涝"转变，让城市的河湖水系、绿地、土壤等均能够发挥对雨洪径流的自然积存、渗透、净化和缓释作用，也就是说海绵城市应当既能够与雨洪和谐共存，不发生洪涝灾害，又能使降雨被积存、净化、回用或入渗补给地下水，合理地资源化利用雨洪水，同时还能维持良好的水文生态环境，使城市建设和发展能够与自然相协调（图6-2-4）。地下水库充分利用疏干的地层作为海绵体，调蓄、净化水资源，是建设海绵城市的重要实践工程。

图6-2-4 海绵城市概念图

资料来源：https：//max.book118.com/html/2017/0714/122119564.shtm

地下水库在海绵城市建设中的优势显著。一是增强城市水资源调节能力。地下水库强化了城市地表水与地下水的水力联系，实现联合调度地表和地下径流，增强了城市应对洪涝灾害的弹性。在丰水期将雨洪资源储存在地下储水空间，待枯水期取用，增强了城市海绵体多年调节水资源的保水性。二是提高水资源利用率。我国北方干旱地区非汛期地表水库蒸发损失极大，甚至超过降水量。而地下水库储水主体位于地下，不受日照和风力的直接作用，储存过程中的蒸发损失极小。三是改善城市水生态环境。地下水库属于生态水利范畴，建设地下水库不会发生溃坝、崩塌、滑坡、诱发地震等地表水库常见地质灾害，泥沙淤积问题不突出，也不破坏鱼类洄游的生态环境。建设地下水库可恢复地下水位，消减因超采地下水形成的降落漏斗、地面沉降、塌陷、地裂缝，沿海地区还可阻止海水入侵，恢复湿地和河川基流，改善水文地质条件，修复水生态功能。最重要的是，地下水库利用地下封闭空间储水，可较大程度减少地表环境对地下水体的污染和扰动，而且地下储水空间具有强大的自净和纳污能力，增强对雨污水的滤净性，可作为城市应急和战略储备水源。四是节约建设、运行管理成本。城市土地寸土寸金，而地下水库不占用宝贵的城市地表土地资源，不涉及征地、拆迁和移民。地下水库通过基础处理即可完善防渗边界条件，与地表水库建设拦河大坝相比，建造成本和技术难度都低得多，有的地下水库甚至具有天然边界和储水能力，而无须修筑地下拦蓄工程，因此地下水库的建设及运行管理成本很低。

6.2.2 地下污水处理厂

6.2.2.1 地下污水处理厂发展概况

随着我国城市化迅速发展，城镇人口迅速扩张，城市污水排放量不断上升，城市新建污水处理厂日益增多，同时由于城市土地越来越稀缺，污水处理厂选址问题成为困扰城市中心区污水系统完善的瓶颈。随着人们对生活环境要求越来越高，地下污水处理厂在节约用地、环境友好方面展现出越来越显著的优势。地下污水处理厂作为一种高效、集约用地的新模式成为未来城市污水处理规划的新方向。

我国地下建筑、城市地铁等各类地下空间利用蓬勃发展，污水处理厂作为城市发展配套的重要市政基础设施，也开始向地下寻求发展空间。近年来，我国北京、上海、广州、深圳、昆明、贵阳等城市在一些城市中心的人口密集区，传统地上污水处理厂难以实施，开始建设地下污水处理厂，以解决土地资源紧缺、周边城市环境要求高的矛盾（表 6-2-2）。[3]

6.2.2.2 地下污水处理厂的分类

地下污水处理厂一般将所有建构筑物组团布置，形成地下箱体。竖向分为两层，其中底层为构筑物和管廊层，上层为设备和操作巡视层。较大规模的地下污水处理厂操作层均设有车道，满足消防车进出要求。按照地下污水处理厂的竖向标高与室外地坪的相对关系，地下污水处理厂可分为地下深埋式和地下浅埋式两种。地下深

我国地下污水处理厂建设实例　　表 6-2-2

项目	规模（万 m^3/天）	建成时间	地面用途	占地（hm^2）	投资（亿元）	备注
香港赤柱污水处理厂	1.2	1995	自然山体景观	—	4.1（港元）	亚洲首座建于岩洞内的地下污水厂
台北内湖地下污水处理厂	15	2002	景观亲水公园	—	—	首期规模为 15 万 m^3/d，2016 年扩建 至 24 万 m^3/d
台北迪化地下污水处理厂	50	2007	休闲公园运动场	—	—	始建于 1980 年，后由原一级处理工艺改造为二级处理工艺
广州市京溪污水处理厂	10	2010	园林景观	1.831	5.8	出水同时满足广东省地标一级标准
广州市生物岛再生水厂	1.0	2010	绿化	1.27	0.8491	—
深圳市布吉污水处理厂	20	2011	公园	5.95	8.84	—
昆明市第十污水处理厂	15	2012	小区花园景观	3.893	7.74	另含再生水规模 4.5 万 m^3/d
张家港金港污水处理厂	5	2012	绿化	4.8	2.89	一期 2.5 万 m^3/ 天
昆明市第九污水处理厂	10	2013	公园	2.99	6.46	另含再生水规模 4 万 m^3/d
苏州工业园区综合污水处理厂一期	3.6	2013	—	9.6	8.28	一期部分投产 1.2 万 m^3/d，总规模为 9.2 万 m^3/d
青岛市高新区污水处理厂	18	2014	公园	6.35	5.6	另含再生水规模 9 万 m^3/d（一期 4.5 万 m^3/d）
郑州市南三环污水处理厂	10	2014	生产区＋公共开放区（城市绿地）	7.093	5.8	—
昆明市第十一污水处理厂	6	2015	花园	4.07	5.6	—
昆明市第十二污水处理厂一期	5	2015	公园	7.96	4.98	远期规划规模为 10 万 m^3/d
正定新区全地下污水厂	10	2015	花园绿地	11	4	远期规划规模为 30 万 m^3/d
贵阳市青山污水处理厂工程	5	2015	活水公园及科普教育基地	2.1	3.2	—
贵阳市麻堤河污水处理厂工程	3	2015	活水公园	1.629	1.91	—

续表

项目	规模（万 m^3/天）	建成时间	地面用途	占地（hm^2）	投资（亿元）	备注
北京市大兴区天堂河再生水厂（污水厂二期）	8	2016	花园	10.4	3.1285	表示一期（二期将一期 4 万 m^3/d 规模改造为 2 万 m^3/d，再新增 6 万 m^3/d）
烟台套子湾污水厂扩建工程	15	2016	景观绿化	3	5.93	在一期预留用地上新建半地下污水厂
山西太原晋阳污水处理厂	20+12	2016	园林景观	27	15.7	采用两种主体工艺
广安市再生水厂	5	2016	活水公园及科普教育基地	2.3	2.45	—
北京市稻香湖再生水厂一期	8	2016	湿地公园	4.4	4.73	规划规模为 26 万 m^3/d
北京市通州碧水再生水厂	18	在建	活水公园及科普教育基地	—	11.5	地上式始建于 2002 年，2015 年升级改造，在原址上新建地下式
上海市嘉定南翔污水处理厂一期工程	10	在建	活水公园及科普教育基地	11.32	—	远期规划为 15 万 m^3/d
广安市奎阁（临港）污水处理厂一期	2	在建	活水公园	—	1.39	规划规模 8 万 m^3/d
贵阳市三桥污水处理厂	4	在建	活水公园	1.1	2.94	—
贵阳市彭家湾五里冲棚户区改造污水处理综合工程	6	在建	景观公园	3.94	6.5	一期设备规模。地下三、四层为污水厂，地下一层为商业用房和机械停车库，地下二层为公交站及附属用房

埋式污水处理厂建（构）筑物均埋设于地下，顶部做景观公园。地下浅埋式污水处理厂操作层部分露出地面，可实现部分自然采光、通风，有利于操作管理。

6.2.2.3　地下污水处理厂的特点

地下污水处理厂具有一定优势，包括土地使用效率提升 50% ~70%、破解“邻避效应”、提升地面景观和周边土地价值等，但地下污水处理厂的建设常常面临技术难度大、一次性建设投资成本高等问题。综合考虑土地资源日益紧缺，污水处理厂对周边环境和经济影响等因素，地下污水处理厂的优势仍然明显（图 6–2–5）。与传统地面式污水处理厂相比，地下污水处理厂具有以下优点。

（1）二次环境污染几乎消除

由于处于地下全封闭管理，地下式污水处理厂对产生的臭气进行全面处理，对环境和城市居民生活基本不产生影响。地下式污水处理厂的主要设备均处于地下，机械的振动和噪声对地面建筑和居民不会产生影响，有效避免噪声对周围居民生活与工作的影响。

图 6-2-5 马来西亚潘岱地下污水处理厂

资料来源：http：//www.smedric.com/newshow.aspx?id=940&mid=37

（2）结构紧凑、节省土地资源

在地下污水处理厂设计中，考虑到地下空间和投资的限制，构（建）筑物设计都比较紧凑，技术上也尽量选用占地面积小的处理工艺。此外，地下式污水处理厂无需考虑过多的绿化及隔离带等要求，节约占地面积。根据现有工程经验，地下污水处理厂的用地指标一般控制在 0.4 m^2/t 左右，而同等出水标准的地面污水处理厂则达到 0.8 m^2/t。土地资源的节约在土地紧缺的城市尤显重要。

（3）有利于污水处理厂稳定运行

污水处理厂二级生物处理工艺的最佳温度为 20~35℃，但地上污水处理厂的水温会随着环境温度变化而变化，尤其是我国北方地区污水处理厂在冬天会受气温影响。地下污水处理厂由于池体下沉并密封，除受污水水质条件的影响以外，基本不受外部环境因素的影响，特别是地下常年温差较地面温差小，水温比较恒定，有利于各种污水生物处理工艺的稳定运行。

（4）上部空间利用方式灵活

土地利用效率高，环境友好。地下污水处理厂由于只有部分辅助建筑物建在地面，占用土地资源很少，节省用地，形成城市开敞空间，不会使周边土地贬值，确保周边区域的未来发展。地下式污水处理厂上部空间，可用于绿化、公园等公益事业，也可用于商业开发，还可为市民提供一个环境保护科普及参观的示范基地。例如我国深圳布吉污水处理厂的地上空间为休闲公园，建成供市民休闲娱乐的文体设施，并实现水资源的循环利用，提升周边土地价值，在一定程度上带动周边经济发展。

总之，地下污水处理厂因具有占地面积较小、二次污染少、环境友好、能够提升土地价值等优点，为解决污水处理厂建设用地匮乏、城区建设污水处理厂对周边环境影响大等问题提供了一种很好的途径。同时，地下污水处理厂的建设也存在一系列新的问题，需要在实践中不断总结地下污水处理厂设计、建设经验，保障地下污水处理厂安全稳定运行。[4]

6.2.2.4 地下污水处理厂规划设计

（1）城市地下污水处理厂选址

地下污水处理厂由于占地小，厂区地面卫生环境好，选址与传统污水处理厂有一定差异。在服从城市总体规划的前提下，综合考虑区位条件、地形条件、处理工艺等各因素，做到合理布局。地下污水处理厂选址主要考虑以下因素：

1）与城市水体的关系

传统污水处理厂一般要求设置在城市主要水体的下游，且不应对周围特别是下游城镇的水源保护区、养殖区等生态环境敏感区的环境造成影响。但地下污水处理厂在水体的上、中、下游均可，但在中、上游具有更大的优势，便于就近收集处理污水，并就地作为城市再生水回用，如作为河道补水水源等。

2）环境卫生因素

传统污水处理厂一般要求设置在城市夏季主导风向的下风向，而地下污水处理厂由于采取封闭隔离和除臭措施，选址一般无需考虑主导风向因素。

3）污水污泥排放

处理后的污水或污泥用于农业、工业或市政时，厂址应考虑与用户靠近，以便于运输。当处理水排放时，则应与受纳水体靠近。

4）区位便利性

选址应有方便的交通、运输、水电条件。

5）工程地质条件

应有良好的工程地质条件。

6）防洪与排涝

厂区地形不应受洪涝灾害影响，防洪标准不应低于城镇防洪标准，有良好的排水条件。

7）地形条件

充分利用地形，以满足地下污水处理构筑物高程布置的需要，减少工程土方量。

8）近远期规划

地下污水厂对污水处理规模和水质处理程度规划控制要求更高，土建宜按远期规划到位，其出水水质标准也应考虑远期发展的要求，应预留充足的余地。若采用一个地下空间，土建分期扩建难度较大，设备可分期实施。

（2）城市地下污水处理厂用地规模

根据《城市排水工程规划规范》GB 50318—2017，城市污水处理厂规划用地指标应根据建设规模、污水水质、处理深度等因素确定，可按表 6-2-3 的规定取值。

由于地下污水处理厂用地省去了地面处理设施，只有综合楼和少量辅助建筑，其他用地可作为园林绿化景观，且省去了卫生防护距离面积，因此占地面积比传统

城市污水处理厂规划用地指标 表 6-2-3

建设规模（万 m^3/d）	规划用地指标（$m^2 \cdot d/m^3$）	
	二级处理	深度处理
大于 50	0.30~0.65	0.10~0.20
20~50	0.65~0.80	0.16~0.30
10~20	0.80~1.00	0.25~0.30
5~10	1.00~1.20	0.30~0.50
1~5	1.20~1.50	0.50~0.65

注：1. 表中规划用地面积为污水处理厂围墙内所有处理设施、附属设施、绿化、道路及配套设施用地面积。
2. 污水深度处理设施的占地面积是在二级处理污水厂规划用地面积基础上新增的面积指标。
3. 表中规划用地面积不含卫生防护距离面积。

的地面污水处理厂要小很多。因此建议地下污水处理厂用地指标按照规范取值的下限进行选取。

（3）城市地下污水处理厂规划设计

地下污水处理厂总体布置与常规污水处理厂有很大的区别，总体上是在立体空间上进行分区。一般厂前区为整个地面环境，除了综合楼和少量辅助建筑外，厂区地面可保证丰富的园林绿化景观。各处理构筑物和辅助建筑物均可设置于地面以下的地下空间，同时也解决了寒冷地区污水处理构筑物保温防冻问题。

主要生产建（构）筑物设于地下空间。地下污水处理厂各处理构筑物和辅助建筑物整体或部分设置于地面以下的空间，厂区地上作为建筑物（一般为厂区综合楼、办公楼）、停车场、运动场、道路、公园或绿化景观等其他用途。对池体而言，设计为通常称作的“双层加盖”形式，即池体加盖满足除臭要求，池面维护空间加盖隔绝于地下，创造良好的地面环境。

日常现场操作维护主要在地下空间。运行人员可经常在地下空间内进行日常巡视、操作和维护等生产活动。其竖向剖面典型形式一般分为三层：地下二层（污水处理构筑物池体层）、地下一层（处理池面层、生产辅助建筑层、生产运行管理空间层）、地面层（地面其他用途层）。地下污水处理厂建、构筑物分层设计须因地制宜地综合考虑，根据具体的高程、平面特点合理优化平面组团和空间层叠方式。[5]

6.2.3 地下变电站

6.2.3.1 城市地下变电站发展趋势

随着城市经济的不断发展和城市规模的不断扩大，尤其是近年来在国民经济高速增长的背景下，许多大城市正在进行跨越式的经济大发展和更深层次的基本建设，城区尤其是中心城区，变电站的建设也面临一些新的变化。

由于城市负荷的迅猛增长，之前的变电站布点已经不能满足负荷的需求；由于负荷密度的加速增长，变电站的供电区域在逐步收缩，也意味着需要建设更多的站点覆盖各供电区域。城市规模的进一步扩展，使得数目更多的变电站成为中心城区变电站。城市用地趋于紧张，变电站选址工作难度逐渐加大，即使有可用地块，常常面积也非常小且极不规整，进一步加大了建设难度。城市征地拆迁费用越来越昂贵，地块的代价可能远远高于变电站本体，致使变电站的造价进一步上升。中心城区往往为繁华的商业用地，具有极高的商业价值，在土地资源十分有限和宝贵的情况下，如仅建一座变电站，则土地得不到充分利用，是一种极大的资源浪费，对周边用地开发也会产生负面影响。中心城区变电站对防火、防爆、防噪声以及与周围环境协调的要求特别高，即使是现在运行的全户内变电站也不能完全满足全方位的要求，因此对变电站进行设计时，就必须综合考虑，全面衡量各方面的利弊。在地下建设变电站，可充分利用土地资源，地面上做其他开发，并可确保供电的需求和供电的可靠性。[6]

6.2.3.2　地下变电站分类和布置形式

地下变电站的布置形式有很大的特殊性，受站址位置、周边环境及建筑物的影响，一般分为全地下和半地下两种形式。

（1）全地下变电站

全地下变电站是指变电站主建筑物建于地下，主变压器及其他主要电气设备均装设于地下建筑内，地上只建有变电站通风口和设备、人员出入口等少量建筑，以及有可能布置在地上的大型主变压器的冷却设备和主控制室等（图 6-2-6）。

（2）半地下变电站

半地下变电站是指变电站以地下建筑为主，部分建筑在地上，主变压器及其他电气设备分别置于地上或地下建筑内。

（3）地下变电站布置形式

图 6-2-6　上海静安全地下 500kV 大容量变电站

资料来源：http：//www.shjxdw.cn/agzyjyjd/agzyjyjdjb/2012/0813/10e8c37d-3c06-4de7-8c89-4f3202a05c4b.shtml

地下变电站，大致有如下五种类型的布置形式：

①利用主建筑一侧地上部分建筑面积及其地下空间；

②变电站全部置于建筑物地下；

③一部分利用建筑物地下部分，另一部分利用建筑物外的绿地；

④变电站全部放置在绿地下；

⑤主变压器置于地上，其他设备置于地下。

6.2.3.3 地下变电站规划设计原则

（1）地下变电站的设计应以10年及以上电网规划为基础，依据电网结构、变电站性质等要求确定变电站最终规模，土建工程应一次建设完成。

（2）地下变电站的设计必须与城市规划和地上建筑总体规划紧密结合、统筹兼顾，综合考虑工程规模、变电站总体布置、地下建筑通风、消防、设备运输、人员出入以及环境保护等因素，确定变电站的全地下或半地下设计方案。

（3）地下变电站的设备选择要坚持适度超前、安全可靠、技术先进、造价合理的原则，注重小型化、无油化、自动化，免维护或少维护的技术方针，选择质量优良、性能可靠的定型产品。

（4）地下变电站的设计必须坚持节约用地的原则，尽量压缩建筑体量以节约建设用地并控制工程造价。

（5）地下变电站必须保证有完善的设备运输、建筑防水、排水、通风和消防工程设计。

6.2.3.4 站址选择和站区布置

（1）站址选择

1）在城市电力负荷集中但地上变电站建设受到限制的地区，可结合城市绿地或运动场、停车场等地面设施独立建设地下变电站，也可结合其他工业或民用建（构）筑物共同建设地下变电站。

2）地下变电站的站址选择应与城市市政规划部门紧密协调，统一规划地面道路、地下管线、电缆通道等，以便于变电站设备运输、吊装和电缆线路的引入与引出。

3）站址应具有建设地下建筑的适宜的水文、地质条件（例如避开地震断裂带、塌陷区等不良地质构造）。站址应避免选择在地上或地下有重要文物的地点。

4）站址选择时应考虑变电站与周围环境、邻近设施的相互影响。

5）除了对站区外部设备运输道路的转弯半径、运输高度等限制条件进行校验外，还应注意校核邻近地区运输道路地下设施的承载能力。

（2）站区布置

地下变电站的地上建（构）筑物、道路及地下管线的布置应与城市规划相协调。地下变电站的总体布置在满足工艺要求的前提下，应力求布局紧凑，并兼顾设备运输、通风、消防、安装检修、运行维护及人员疏散等因素综合确定。当变电站与其他建（构）筑物合建时，还应充分利用其建（构）筑物的相关条件，统筹设计。地下变电站的地上建筑物（含与其他建筑结合建设的地上建筑物）与相邻建筑物之间的消防通道和防火间距，应符合国家相关规定。地下变电站安全出口不得少于两个，有条件时可利用相邻地下建筑设置安全出口。地下变电站的主控制室有条件时宜布置在地上，如受条件限制需布置在地下，宜布置在距地面较近的地方。规模较大、层数较多的地下变电站可考虑设置载人电梯。地下变电站的进、出风口应分离设置。进风口宜设置在夏季盛行风向的上风侧。地下变电站宜分别设置大、小设备吊装口。大设备吊装口供变压器等大型设备吊装使用，也可与进风口合并使用。小设备吊装口为常设吊装口，供日常检修试验设备及小型设备吊装使用。地下变电站的大设备吊装口的位置应具备变电站设备运输使用的大型运输起重车辆的工作条件。地下变电站室内布置的油浸电力变压器宜安装在单独的防爆间内。

6.2.3.5　地下变电站的建设特点

由于城市地下变电站建设所处的特殊环境，其建设上具有一些自身特点：

第一，地下变电站的建设模式比较特殊。地下变电站的布置为地下三层，地面一层，更好地满足地下变电站的消防、通风的要求，在地面进行绿化环境的建设。地下变电站的通风系统以循环散热为主，以确保变电站设备的散热需要和员工的工作环境的需要，这需要在地下变电站内设置强对流风机循环通风系统。而对于地下变电站的排水系统来说要预防城区强降雨导致的设备室大面积进水，对设备的损坏。

第二，城区地下变电站的设备要小型化、无油化、免维护。这样才能更好地降低运行成本和建设成本，提高设备的消防安全性。

第三，城区地下变电站的建设采用高性能混凝土。这样才能预防墙板抗裂防渗，满足地下变电站的工作环境的需要。

第四，城区地下变电站的施工工期长，建设和安装更加困难，施工造价更高。[7]

6.2.4　城市地下燃气调压站（箱）

燃气调压站作为城市燃气输配系统中重要的一环，承担着为区域用户生活及生产供气的任务，对整个燃气输配系统的正常、安全运行起到了十分关键的作用。随着人口的不断增长和城镇化进程的加速，尤其是清洁空气行动计划的推进，天然气作为清洁能源，需求量大幅增加，现有调压站已无法满足用户用气需求，新建调压站在选址建设中，与国土空间规划、景观、环境之间的矛盾日益凸显。传统的调压站设置室外过滤区、调压站房、附属用房等，占地面积一般在 700~5000m^2（含防火间距）。这类调压站的选址一般结合规划设置于公用设施用地内，建设单位需单独征地。

近年来，随着土地资源的日益减少，征地费标准越来越高，传统调压站向着小型化趋势发展，通过标准化设计，大量使用撬装过滤、计量、调压等设备，大大减少了调压站用地（500~1000m^2），甚至在大型生产用户，如供热厂内设置调压站或工艺区。

即便如此，由于城镇建设区的不断扩张，新建调压站离居民生活区越来越近，面对噪声扰民、民众安全方面的担忧、影响城市景观、用地紧张等问题，调压站、箱地下安装，通常被认为是一种行之有效的解决方式。地下调压站不仅能够起到调压、稳压的作用，而且结构紧凑、体积小，便于安装，适用性强，应用前景广阔。

6.2.4.1　地下调压站规划设计要求

当受到地上条件限制，且调压装置进口压力不大于0.4MPa时，可设置在地下单独的建筑物内或地下单独的箱内，且地下式调压站的建筑物设计应符合下列要求：

①室内净高不应低于2m；

②宜采用混凝土整体浇筑结构；

③必须采取防水措施；在寒冷地区应采取防寒措施；

④调压器室顶盖上必须设置两个呈对角位置的人孔，孔盖应能防止地表水浸入；

⑤室内地坪应为不会产生火花的材料，并应在一侧人孔下的地坪上设置集水坑；

⑥调压器室顶盖应采用混凝土整体浇筑的结构形式。

6.2.4.2　地下调压箱的设置要求

地下调压箱的设置应符合下列要求：

①地下调压箱不宜设置在城镇道路下，距其他建筑物、构筑物的水平净距应符合表6-2-4的规定。

地下调压站（含调压柜）与其他建筑物、构筑物水平净距（m）　　表6-2-4

设置形式	调压装置入口燃气压力级制	建筑物外墙面	重要公共建筑物	铁路（中心线）	城镇道路	公共电力变配电柜
中压（A）	3.0	6.0	6.0	—	3.0	地下单独建筑
中压（B）	3.0	6.0	6.0	—	3.0	
中压（A）	3.0	6.0	6.0	—	3.0	地下调压箱
中压（B）	3.0	6.0	6.0	—	3.0	

②地下调压箱上应有自然通风口，其设置应符合下列要求：

当燃气相对密度大于0.75时，应在柜体上、下各设1%柜底面积通风口；调压柜四周应设护栏；当燃气相对密度不大于0.75时，可仅在柜体上部设4%柜底面积通风口；调压柜四周宜设护栏。

③安装地下调压箱的位置应能满足调压器安全装置的安装要求；

④地下调压箱设计应方便检修；

⑤地下调压箱应有防腐保护。

值得注意的是，根据《城镇燃气设计规范》GB 50028—2006，液化石油气和相对密度大于0.75的燃气调压装置不得设于地下室、半地下室内和地下单独的箱内。

6.2.5　城市地下环卫设施

随着我国城市化的推进，城市人口增多，生活垃圾产量、运输以及处理的负荷急剧增大，城市生活垃圾在处理运输的过程中造成的环境和污染问题日益凸显，解决城市垃圾问题成为许多城市工作的重点。随着城市地下空间利用的起步，近年来开始把地上垃圾处理的基础设施建设转向地下，这是社会进步和城市建设的必然发展趋势。

6.2.5.1 传统环卫设施存在的问题

（1）传统垃圾中转站气味大，噪声大等严重影响周边人居环境，居民存在较强的邻避效应。

（2）垃圾运输路程长，运输方式花销巨大，造成了严重的二次污染。

（3）对城市市容造成一定的影响。

（4）垃圾处理设备、空气处理设备等耗电严重，作为高耗能建筑，迫切需要提高效率，降低能耗。

（5）垃圾中转站作为市政建筑，缺乏与政府以及居民之间的沟通，垃圾提前分类回收是政府和居民应当重视的优化垃圾中转和处理的重点。

6.2.5.2 城市地下环卫设施开发与利用的措施

（1）真空管道垃圾收集站

这种垃圾收集系统适合高层住宅、商务密集区及要求环境整洁度较高的场所。例如：体育馆、科技城、运动员村等。我国最早对真空管道垃圾收集站的处理的运用就是机场和体育馆，例如上海的浦东国际机场、北京奥运村、人民大会堂等，随着近几年的技术发展和人们的生活需要，此技术的应用逐渐拓宽到高层住宅居民区、商务密集区的领域，例如珠江新城区等。

（2）半地下垃圾压缩站及地下垃圾压缩站

利用公共空间的地下区域建设的环卫设施叫作半地下垃圾压缩站或地下垃圾压缩站。这种垃圾压缩站的最大好处就是可以减少垃圾车的运行路程，由于垃圾直接就可以在这个区域进行压缩处理，使垃圾处理的时效提高，还可以减少附近居民的投诉，保护环境，能够从根本上改善城市的整体环境。例如上海静安区的生活垃圾压缩中转站，就是采用半地下垃圾压缩站，封闭性较好，每天为附近的居民处理大量的生活垃圾。由于这个垃圾压缩站建设在地下，所以上表面可以种植绿色的植物，实现了地上地下空间的双向利用，推动了城市的发展。

（3）地埋式垃圾处理站

为了保护我国地下水和丰富的矿物质，保证土地结构的稳定性，现阶段我国的地埋垃圾处理站的建设仍以浅层深度的开发基础，但相关的研究人员已经开展 30m 以下的空间区域研究工作。全封闭的结构不用再担心气味的散发，省去地上建立垃圾储存房的建设费用，减少在垃圾处理过程中人力物力的投入；工作区域较广，减轻环卫工人的工作；存储量较大且自动压缩，工作时噪声较小，保障周围居民的正常休息，提高环卫工作的效率。例如：长春朝阳区的地下垃圾处理站。[8]

（4）地下垃圾焚烧厂

传统垃圾处理厂占地多、选址难，“邻避”严重，地下垃圾处理厂能增大土地利用率、缓解垃圾处理设施可能带来的环境不友好、臭气等问题。

在法国巴黎西南的塞纳河河畔，有一座欧洲最大、世界上探入地下最深的地下垃圾处理厂。该地下垃圾焚烧厂除了负责每年100万居民的生活垃圾处理外，还能够为8万户居民提供家庭取暖，为5万户居民提供家庭用电。

巴黎Issy–Ies–Moulineaux垃圾焚烧厂一直延伸至地下31m，工程经过大约六年时间才完成。从垃圾分类处理装置，到垃圾焚烧炉；从废气废水处理塔，到热能转换发电机，所有设备全部安置在地下。露出地面的21m只相当于一个普通6层住宅的高度，与周围建筑和谐辉映。除了能够充分利用能源以外，它所产生的废气中粉尘处理率达到99%，二噁英的排放几乎为零，包括废气、废水、噪声等指标均大大低于欧盟的标准（图6–2–7）。

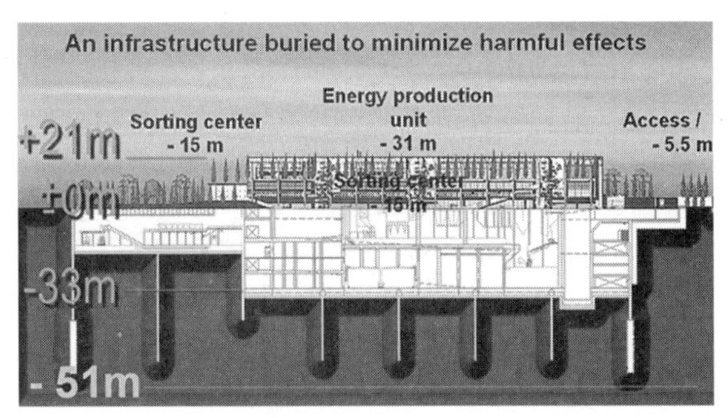

图6-2-7　法国巴黎Issy-les-Moulineaux垃圾焚烧厂
资料来源：http：//www.solidwaste.com.cn/news/261108.html

6.2.5.3　城市地下环卫设施规划要求

（1）地下垃圾填埋场建设要求

1）选址要求

地下垃圾处理厂选址必须事先进行调查，在掌握下列资料的基础上进行设计：

①地形、地貌。

②地层结构、岩石及地质构造。

③地下水水位深度、走向及利用情况。

④夏季主导风向及风速。

⑤降水量、降水积水最大深度和水面面积。

⑥周围水系流向及用水状况。

地下垃圾处理场的场址选择应符合下列基本要求：

①场址设置应符合当地国土空间总体规划要求。

②对周围环境不应产生污染或对周围环境污染不超过国家有关法律法令和现行标准允许的范围。

③应与当地的大气防护、水资源保护、大自然保护及生态平衡要求相一致。

④应充分利用天然地形。

⑤应有一定的社会效益、环境效益和经济效益。

2）建设要求

地下垃圾填埋场建设应满足下列技术要求：

①必须有充分的填埋容量和较长的使用期，填埋容量必须达到设计量，使用期至少六年。

②应有一定的施工设备，如汽车、布料机、装载机、推土机、碾压机等。设备的种类和数量应按填埋工程量、作业实际需要而定。

③能在全天候条件下运行。

④不会受洪水、滑坡等威胁。

⑤不引起空气、水和噪声污染，不危害公共卫生。

⑥技术工艺简单而科学，填埋工程处理垃圾的成本低。

（2）地下垃圾中转站建设要求

1）选址要求

①顺应交通道路、市政管道以及避免地下线路。

②地质状况稳定，满足施工要求。

③满足防洪要求。

④与国土空间总体规划及其相关规划相适应。

2）设计要求

垃圾中转站将处理车间完全放置于地下，地上只保留少量工作窗口形成半地下建筑。设置雨水花园，从视线上隔绝了中转站对居民的影响，并达到绿色节能的效果。同时地上的城市广场和雨水花园转变为真正承担城市责任的街景。在建筑节能方面则通过建筑围护结构设置保温层，配合绿化种植及天窗设置通风屋面，从而达到通风采光的效果。在建筑设备方面采用高、低温地源热泵系统为建筑物提供冷热源，以及设置太阳能板等方式，达到建筑节能的效果。[9]

6.3 城市地下市政管线规划

6.3.1 城市地下市政管线分类

6.3.1.1 按性能、用途分类

（1）电力线路：高、中、低压输电线路、照明用电、电车用电等线路。

（2）电信线路：电话、电报、广播、电信等。

（3）给水管道：生活给水、工业给水、消防等给水管道。

（4）排水沟管：工业污水、生活污水、雨水管等排水沟管。

（5）热力管道：蒸汽、热水等管道。

（6）城市垃圾输送管道。

（7）可燃和助燃气体管道：煤气、乙炔等管道。

（8）空气管道：新鲜空气、压缩空气管道等。

（9）液体燃料管道：石油、酒精等管道。

（10）灰渣管道：排泥、排灰、排渣、排尾矿等。

（11）工业生产专用管道。

6.3.1.2 按敷设形式分类

（1）架空架设线路：电力、电信、道路照明等。

（2）地下埋设线路：给水、排水、燃气、热力、电信等线路。

工业管道根据工艺、厂区情况敷设，可采用地下敷设电力、照明线路。

6.3.1.3 按管线覆土深度分类

深埋和浅埋的分界线：管线覆土深度 1.5m。

北方寒冷地区：由于冰冻线较深，给水、排水、含水分煤气管道深埋敷设；热力管、电力、电信线路不受冰冻影响，浅埋敷设（但须满足地面荷载要求）。

南方地区：因冰冻线不存在或较浅，给水等管道浅埋，排水管道需有坡度，排水干管深埋。

6.3.1.4 按输送方式分类

各种输送管道按承压分类：

（1）压力管道：给水、燃气、热力、灰渣等管道。

（2）重力流管道：排水管道。

6.3.2 城市地下市政管线的布置原则

（1）设计地下工程管网，综合考虑远景规划发展。工程管网的线路取直，尽可能平行建筑红线安排。

（2）工程管网沿街道、道路布置，道路横断面留有敷设地下管网的空间。如：建筑线和红线之间的地带用于敷设电缆。

（3）人行道用于敷设热力管网或通行式综合管道。

（4）分车带用于敷设自来水、污水、煤气管及照明电缆。

（5）街道宽超过 40m 时（两红线间），自来水、污水管道应设在街道内两侧。

（6）小区范围内的地下工程网多数应走专用空间。

（7）布置地下管网应符合相应建筑规范要求。

6.3.3 地下给水管网

城市给水系统是城市公用事业的组成部分。城市给水系统规划是总体规划的组成部分。城市给水系统通常由水源、输水管渠、水厂和配水管网组成。城市给水系统应满足城市的水量、水质、水压及安全供水要求，并应根据城市地形、城乡统筹、规划布局、技术经济等因素，经综合评价后确定。

6.3.3.1　城市给水系统布置的一般原则

（1）保证提供足够水源：水质好、距离近、取水条件好。

（2）保证取水卫生条件、节省投资、减低费用。一般地下水作为生活用水，地表水用于工业用水。地下水开采应考虑储量、工程费用、地面沉陷、水质降低等问题。

（3）地面水取水点的确定因素：避免水流冲刷、泥沙淤积；河水暴涨影响取水构筑物；取水构筑物和一级泵站施工条件；城市污水排放保证取水卫生条件；取水点尽可能靠近用水区，节省基建投资、降低运转费用。

（4）水厂位置接近用水区，降低输水管道工作压力、减少长度；净水工艺简单有效，降低投资、生产成本，易于管理。

（5）输水、配水管道投资占给水总投资 50%~80%。设计时，保证供水条件下采用非金属管道、低压管道结合加压、多水源供水方案，远近期管网建设方案。

（6）用水量较大的工业企业重复用水，节省水资源、减少污染，减少工程费用。

（7）提高现有给水系统的供水能力，改造设备，改进净水工艺、调整管网。

6.3.3.2　给水管网的布置

布置要求：符合城市总体规划，分期建设给水系统；保证用户的适当水压；力求铺设最短管线至用户，降低管道工程造价；保证管网安全可靠供水。

（1）树枝状管网：管网呈树枝状，管径随管道延伸变小。

管网总长短、管路简单、投资省，但管网供水可靠性差，故障处以下断水，终端水流停顿，水质易变坏。适用供水要求低小型给水管网或初期管网。

（2）环状管网：给水干管相互联通形成闭合环状管网。

管网任何一条管道都可由两方向供水，提高供水可靠性。管路长、投资大，但系统阻力减小，降低动力损耗，减少管内水锤威胁，利于管网安全。

（3）给水干管布置原则

给水管道根据作用不同分类：干管、配水管、接户管，管网设计常限于干管。干管由系列邻接环组成，均匀分布在城市供水区域。

1）干管布置方向按供水主要流向延伸，取决于最大用水户或水塔等构筑物布置。

2）按主要流向布置几条平行干管，保证供水可靠，之间用连通管连接，最短距离到达用水量大用户，干管间距 500~800m。

3）干管按规划道路布置，尽量避免高级路面或重要道路下敷设。管线在道路下平面位置、标高符合城市地下管线综合设计要求。

4）干管尽可能布置在高地，保证用户附近水管压力，增加管道安全。

5）干管的布置应考虑发展和分期建设要求，留有余地。

6.3.4 地下排水系统

6.3.4.1 城市污水管网

（1）城市污水管道平面布置原则

1）地下污水管网布置需考虑因素

①城市地形、水文地质条件；

②城市远景规划，竖向规划修建顺序；

③城市排水体制与污水处理厂、污水出口的位置；

④排水量大的工业企业、大型公共建筑的分布；

⑤街道宽度、交通状况；

⑥地下其他管线、地下建筑、障碍物。

2）污水管道布置原则

①城市排水为重力流，排水主干管布置在区域地势较低处，沿集水线或河岸低处敷设。地形坡度较大时，排水主干管平行等高线、干管与等高线正交布置；地形平坦一边倾斜时，主干管沿城市较低一边平行等高线、干管与等高线正交布置。

②污水干道沿城市道路布置。设置在污水量大、地下管线较少一侧的人行道、绿化带或慢车道下。当道路宽大于40m时，考虑道路两边各设一条。

③污水干道避免穿越河道、铁路、地下建筑或其他障碍物，减少和其他地下管线交叉。

④尽可能使污水管道的坡降和地面一致，以减少埋深。

⑤管道的布置简捷，节约大管长度，避免平坦地段布置流量小而长的管道。

⑥污水支管汇集街场内或工业企业污水。

（2）污水管道的埋没深度

污水管道的埋没深度决定着污水排送，工程造价、工期、施工难度。

埋没深度指管道内壁底部到地面的距离；覆土厚度指管道外壁顶部到地面的距离。

管道埋深要求：

①防止管道内污水冰冻、土壤发生冰冻胀裂管道。生活污水的水温较高，埋没深度可较浅，离冰冻线以上0.15m。

②防止管道受地面车辆等动荷载破坏，管顶以上须有必要覆土厚度。规范规定车行道下的污水管最小覆土厚度不小于0.7m。其他无动荷载的地段适当减少覆土厚度。

③必须满足管道间的衔接要求，即支管接入干管，干管满足支管的接入要求。

④气候温暖、地势平坦的城市，住宅出户管埋深0.55~0.65m，污水管起端埋深不小于0.6~0.7m。

6.3.4.2　城市雨水管网

雨水排放系统包括雨水管渠、雨水口、检查井、连接管、排洪沟和出水口等。雨水管类型分为明沟和暗渠。明沟占地大，易淤积，积水发臭，但构造简单，投资少、建设快，宜修建在郊区、建筑物稀疏、交通量不大地区；城区内建筑密集、交通频繁或生产重要地区宜采用暗渠排水。

（1）雨水管渠布置原则

1）充分利用地形，就近排入水体：按地形划分排水区域，雨水管采用正交式布置，保证雨水管渠以最短路线、较小管径排入水体。

2）避免设置雨水泵站：泵站投资大、利用率低，尽可能利用地形使雨水靠重力排入水体；如地形平坦需设泵站，应使泵站的泄洪量减少到最低程度。

3）结合道路系统布置：雨水干管设在排水地区低处、规划道路慢车道下，最好设在人行道下，以便检修。

4）结合道路系统规划布置雨水管：雨水管立面布置必须结合城市用地的竖向规划定线，必须考虑今后地形的变化，作出相应的处理。

5）结合街区内部规划考虑雨水管的定线：街区内部的地形、道路布置和建筑物的布置是确定街区雨水分配的主要因素。

（2）地下雨水收集和中水处理系统规划

水的充分利用是城市可持续发展的重要内容，水资源的充分利用程度是城市可持续发展水平的体现。根据国内外的经验，通过引进雨水、中水循环利用系统，可节约 50% 的供水量。雨水回收和中水主要用于冷却、厕所冲洗、城市绿化、洗车、清扫、景观、消防等方面的用水。雨水收集可以通过各种建筑物屋顶进行汇集，然后进入地下储水库，经过简单处理即可回收利用。

6.3.5　地下电力电缆

城市电力线路电缆化是当今世界发展的必然趋势，地下电缆线路运行安全可靠性高，受外力破坏可能性小，不受大气条件等因素的影响，还可美化城市，具有许多架空线路替代不了的优点。许多发达国家的城市电网一直按电缆化的要求进行规划和建设，如：美国纽约有 80%以上的电力线路采用地下电缆，日本东京使用地下电缆也很广泛，尤其是城市中心地区。从国内实践来看，许多城市已向 10kV 配电全面实现电缆化的方向发展，电力行业标准《中低压配电网改造技术导则》DL/T 599—2016 中指出：城市道路网是城市配电网的依托，城市主、次干道均应留有电缆敷设的位置，有些干道还应留有电缆隧道位置。《城市电力规划规范》GB/T 50293—2014 要求城区中、低压配电线路应纳入城市地下管线统筹规划，其空间位置和走向应满足配电网需求。

城市地下电缆线路路径和敷设方式的选择，除应符合现行国家标准《电力工程电缆设计标准》GB 50217—2018的有关规定外，尚应根据道路网规划，与道路走向相结合，并应保证地下电缆线路与城市其他市政公用工程管线间的安全距离，同时电缆通道的宽度和深度应满足电网发展需求。

6.3.5.1　电力电缆线路规划

市区送电线路和高、中压配电线路有下列情况的地段应采用电缆线路：

（1）架空线路走廊在技术上难以解决时；

（2）狭窄街道、繁华市区高层建筑地区及市容环境有特殊要求时；

（3）重点风景旅游地区的某些地段；

（4）对架空线严重腐蚀的特殊地段。

低压配电线路有下列情况的地段应采用电缆线路：

（1）负荷密度较高的市中心区；

（2）建筑面积较大的新建居民楼群、高层住宅区；

（3）不宜通过架空线的主要街道或重要地区；

（4）其他经技术经济比较，采用电缆线路比较合适时；

（5）对不适于低压架空线路通过，而地下障碍较多，入地又很困难的地段，可采用具有防辐射性能的架空塑料绝缘电缆。

6.3.5.2　电力电缆敷设

电缆敷设方式应根据电压等级、最终数量、施工条件及初期投资等因素确定，可按不同情况采取以下敷设方式：

（1）同一路段上的各级电压电缆线路，宜同沟敷设；

（2）当同一路径电缆根数不多，且不超过6根时，在城市人行道下、公园绿地、建筑物的边沿地带或城市郊区等不易经常开挖的地段，宜采用直埋敷设方式；

（3）在地下水位较高的地方和不宜直埋且无机动荷载的人行道等处，当同路径敷设电缆根数不多时，可采用浅槽敷设方式；当电缆根数较多或需要分期敷设而开挖不便时，宜采用电缆沟敷设方式；

（4）地下电缆与公路、铁路、城市道路交叉处或地下电缆需通过小型建筑物及广场区段，当电缆根数较多，且为6~20根时，宜采用排管敷设方式；

（5）变电所（站）出线端及重要市区街道电缆条数多或多种电压等级电缆平行的地段，经技术经济比较合理时，可采用电缆隧道敷设方式；

（6）下敷设安装方式须根据具体工程特殊设计。

6.3.6　地下通信管网

城市有线通信线路按使用功能分为长话、市话、郊区电话、有线电视、有线广播、计算机信息网络等，按通信线路材料来分主要有电缆、光缆、金属线等三种。通信线路按敷设方式有架空敷设和地面敷设（地面埋入）两种。

线路是各类电话局之间、电话局与用户之间的联系纽带，是电话通信系统最重要的环节。合理确定线路路由和线路容量是电话线路规划的两个重要因素。线路应优先采用通信光缆以及同轴电缆等高容量线路，以提高其安全性和可靠性。线路敷设的最理想方式是管道埋设，其次是直埋。经济条件较差的城市，近期可以采用架空线路敷设，远期也应逐步过渡到地下埋设。在一般情况下，线路应尽量直达、便捷，避免拐弯。电信管道是结合电信网的远期发展规划要求而建设的，具有通信效率高、安全可靠以及维护管理方便的特点。

在城市市区内，通信线路应采用管道埋设方式。当现有管道不能利用或暂时不具备建筑管道的条件或费用较高时，可采用架空敷设作为过渡措施。

6.3.6.1　电缆管道的设置

（1）一般在人行道或非机动车道下，不允许在机动车道下；

（2）线路平行于道路中心线；

（3）埋深 0.8~1.2m，确因条件限制无法满足时，可适当减小；

（4）应埋在冰冻层以下，且在地下水位以上。

管道敷设应有一定坡度，一般为 3‰ ~4‰，但不得小于 2.5‰，以利于排水。

6.3.6.2　电缆直埋的设置

直埋电缆、光缆路由要求与管道线路路由相同，埋深应为 0.7~0.9m，并应加覆盖物保护，设置标志。直埋电缆、光缆穿过电车轨道或铁路轨道时，应设置于水泥管或钢管等保护管内，其埋深不宜低于管道埋深的要求。

6.3.6.3　通信地埋管道敷设的要求

通信地埋管道位置应在道路红线范围内，尽可能敷设在人行道或非机动车道下。管道埋深不宜小于 0.8m，不宜超过 1.2m，应有 3‰ ~4‰的坡度。不同管道的埋深见表 6–3–1。

路面至管顶的最小深度（m）　　　　**表 6–3–1**

管道类别	人行道下	车行道下	与电车轨道交叉（从轨道底部算起）	与铁道交叉（从轨道底部算起）
水泥管、石棉水泥管、塑料管	0.5	0.7	1.0	1.5
钢管	0.2	0.4	0.7	1.2

6.3.7　地下燃气管网

6.3.7.1　城市燃气管网系统的分类

城市燃气系统压力级制分类：单级系统、两级系统、三级系统、多级系统。我国多数城市目前采用中、低两级系统，原因在于：

（1）城市燃气供应量不大，中压管道可满足要求；

（2）以人工煤气为城市供气气源，输气距离短，加压燃气耗电多，不经济；

（3）中压管道可以使用铸铁管，管材易解决，又耐腐蚀；

（4）城市中心区人口密度大，老区街道狭窄，高压燃气管难保证安全距离；

（5）可采用低压燃气贮罐。

6.3.7.2　城市燃气管网系统的布置原则

全面规划、远近结合、近期为主。确定管网系统压力，按压力高低先后布置高、中压管网、低压管网。管网改扩建充分发挥原有管道作用。

（1）市区管网布置原则

1）遵循城市地下管网综合规划。

2）干管靠近大型用户，主要干线连成环状，保证燃气可靠性。

3）多直埋敷设，避开主要交通干道和繁华街道。

4）沿城市街道单、双侧敷设燃气管道，双侧在街道很宽、横穿马路支管多或输气量较大时采用。

5）低压燃气干管敷设在小区内部道路下，减少干管占地。

6）燃气管道不准敷设建筑物下，不准与其他管线平行上下重叠，禁止在下列场所敷设燃气管道：

A. 各种机械设备和成品、半成品堆放场地；

B. 高压电线走廊；

C. 动力和照明电缆沟道；

D. 易燃、易爆材料和具有腐蚀性液体的堆放场所。

7）燃气管穿越河流、大型渠道时，随桥架设、倒虹吸管通过河底、设置管桥。

8）尽量少穿越公路、铁路、沟道和其他大型构筑物，否则应有防护措施。

（2）郊区输气干线布置原则

1）结合城市的发展规划，避开未来的建筑物；

2）线路少占良田好地，尽量靠近现有公路或规划公路位置敷设；

3）输气干线的位置应兼顾大城市周围小城镇的用气需要；

4）线路尽量避免穿越大型河流、大面积湖泊、水库和水网区，减少工程量；

5）线路与城镇、工矿企业等建筑物、高压输电线保持安全距离，确保安全。

6.3.7.3　燃气管道的安全距离

地下燃气管道不得从建筑物和大型构筑物（不包括架空的建筑物和大型构筑物）的下面穿越。

地下燃气管道与建筑物、构筑物或相邻管道之间的水平和垂直净距，不应小于表6–3–2和表6–3–3的规定。

地下燃气管道与建筑物、构筑物或相邻管道之间的水平净距（m） 表 6-3-2

项目		地下燃气管道压力（MPa）				
		低压	中压		次高压	
		小于 0.01	B	A	B	A
			≤ 0.2	≤ 0.4	0.8	1.6
建筑物	基础	0.7	1	1.5	—	—
	外墙面（出地面处）	—	—	—	5	13.5
给水管		0.5	0.5	0.5	1	1.5
污水、雨水排水管		1	1.2	1.2	1.5	2
电力电缆（含电车电缆）	直埋	0.5	0.5	0.5	1	1.5
	在导管内	1	1	1	1	1.5
通信电缆	直埋	0.5	0.5	0.5	1	1.5
	在导管内	1	1	1	1	1.5
其他燃气管道	DN ≤ 300mm	0.4	0.4	0.4	0.4	0.4
	DN > 300mm	0.5	0.5	0.5	0.5	0.5
热力管	直埋	1	1	1	1.5	2
	在管沟内（至外壁）	1	1.5	1.5	2	4
电杆（塔）的基础	不大于 35kV	1	1	1	1	1
	大于 35kV	2	2	2	5	5
通信照明电杆（至电杆中心）		1	1	1	1	1
铁路路堤坡脚		5	5	5	5	5
有轨电车钢轨		2	2	2	2	2
街树（至树中心）		0.75	0.75	0.75	1.2	1.2

资料来源：《城镇燃气设计规范》GB 50028—2006

6.3.8 地下供热管网

6.3.8.1 供热管网系统布置原则

（1）满足使用要求，尽量缩短长度，节省投资和管材；

（2）根据热源布局、热负荷分布、敷设条件等全面规划、远近结合、分期建设。

6.3.8.2 供热管网平面布置

（1）主要干管靠近大用户、热荷集中地区，避免长距离穿越没有热荷地区。

（2）供热管道要尽量避开交通干道、繁华街道。

（3）热力网敷设道路一边或人行道下，应尽量少敷设引入管（支管）横穿马路，尽可能使相邻建筑物供热管道相互连接。很厚混凝土层的路面应采用街坊内敷设管线（主干线）的方法。

地下燃气管道与构筑物或相邻管道之间垂直净距（m）　　表 6-3-3

项目		地下燃气管道（当有套管时，以套管计）
给水管、排水管或其他燃气管道		0.15
热力管的管沟底（或顶）		0.15
电缆	直埋	0.5
	在导管内	0.15
铁路（轨底）		1.2
有轨电车（轨底）		1

注：1. 当次高压燃气管道压力与表中数不相同时，可采用直线方程内插法确定水平净距。
2. 如受地形限制无法满足表 6-3-2 和表 6-3-3 规定的净距，经与有关部门协商，采取有效的安全防护措施后，表 6-3-2 和表 6-3-3 规定的净距，均可适当缩小，但低压管道应不影响建（构）筑物和相邻管道基础的稳固性，中压管道距建筑物基础不应小于 0.5m 且距建筑物外墙面不应小于 1m，次高压燃气管道距建筑物外墙面不应小于 3.0m。其中当对次高压 A 燃气管道采取有效的安全防护措施或当管道壁厚不小于 9.5mm 时，管道距建筑物外墙面不应小于 6.5m；当管壁厚度不小于 11.9mm 时，管道距建筑物外墙面不应小于 3.0m。
3. 表 6-3-2 和表 6-3-3 规定除地下室燃气管道与热力管的净距不适于聚乙烯燃气管道和钢骨架聚乙烯塑料复合管外，其他规定也均适用于聚乙烯燃气管道和钢骨架聚乙烯塑料复合管道。聚乙烯燃气管道与热力管道的净距应按国家现行标准《聚乙烯燃气管道工程技术标准》CJJ 63—2018 执行。
4. 地下燃气管道与电杆（塔）基础之间的水平净距，还应满足《城镇燃气设计规范》GB 50028—2006 表 6.7.5 地下燃气管道与交流电力线接地体的净距规定。

（4）热力网架桥、单独设置管桥、倒虹吸管河底通过穿越河流、大型沟渠。

（5）保证热网和其他管线并行交叉敷设必要距离，方便敷设、运行和维修，见表 6-3-4。

供热管道与其他地下管线和地上物的最小水平净距（m）　　表 6-3-4

名称	电力电缆	电信电缆	煤气	自来水	自来水（φ600 以上）	雨水	污水	乔木	灌木	铁路	建筑线
距离	2.0	1.5	2.0	1.5	2.0	2.0	2.0	2.0	1.0	4.0	1~3

6.3.8.3　供热管网的竖向布置

（1）一般地沟埋线敷设深度最好浅些，减少土方工程量。为避免地沟盖受汽车等动荷载直接压力，地沟埋深自地面到沟盖顶面不小于 0.5~1.0m，如地下水位高或其他地下管线相交情况极复杂时，最小埋设深度不小于 0.3m。

（2）供热管道在绿化地带埋设时，埋深大于 0.3m。供热管网土建结构顶面至铁路路轨基底间的最小净距大于 1.0m；与电车路基底大于 0.75m，与公路路面基础大于 0.7m，跨越永久路面公路的热力管道敷设在通行或半通行地沟中。

（3）供热管道和其他地下管线相交叉时，应在不同平面内通过。

（4）地上供热管道和街道（或铁路）交叉时，管道和地面保持足够距离。

电车——4.5m；汽车——3.5m；火车——6.0m。

（5）地下敷设时，沟底标高应高于近三十年最高地下水位 0.2m。没有准确地下水位资料时，应高于已知地下水位 0.5m，否则地沟要做防水处理。

（6）供热管道和电缆间的最小净距 0.5m，有专门的保温层热力管道可减少净距，如电缆地带受热附加温度不大于 10℃。

6.3.8.4 供热管网地下敷设

供热管网的敷设方式有架空敷设和地下敷设两类。在城市中，由于市容或其他地面的要求不能采用架空敷设时，或在厂区内架空敷设困难时，就需要采用地下敷设。

地下敷设分为有沟和无沟两种敷设方式。有沟敷设又分为通行地沟、半通行地沟和不通行地沟三种。

（1）通行地沟。在通行地沟中，要保证运行人员能经常对管道进行维护。因此，地沟的净高不应低于 1.8m，通道宽度不应小于 0.7m，沟内应有照明设施；同时还要设置自然通风或机械通风，以保证沟内温度不超过 40℃。

由于通行地沟的造价比较高，一般不采用这种敷设方式。但在重要干线，与公路、铁路交叉，不准断绝交通的繁华路口，不允许开挖路面检修的地段或管道数目较多时，才局部采用这种敷设方式。

（2）半通行地沟。半通行地沟的断面尺寸是依据运行人员能弯腰走路，能进行一般的维修工作的要求定出的。一般半通行地沟的净高为 1.4m，通道宽为 0.5~0.7m。由于运行人员工作条件太差，一般很少采用半通行地沟，只是在城市中穿越街道时适当地采用。

（3）不通行地沟。不通行地沟是有沟敷设中广泛采用的一种敷设方式。地沟断面尺寸只满足施工的需要就可以了。

（4）无沟敷设。无沟敷设是将供热管道直接埋设在地下。由于保温结构与土壤直接接触，它同时起保温和承重两个作用。因此，无沟敷设对于保温结构既要求有较低的导热系数和防水性能，又要求有较高的耐压强度。采用无沟敷设能减少土方工程，还能节约建造地沟的材料和工时，所以它是最经济的一种敷设方式。

6.3.9 城市地下市政管线综合规划

6.3.9.1 市政管线的综合布置

为合理利用城市用地，统筹安排工程管线在地上和地下的空间位置，协调工程管线之间以及工程管线与其他相关工程设施之间的关系，依据《城市工程管线综合规划规范》GB 50289—2016，应对城市地下市政管线进行综合布置。

城市管线工程的综合需要搜集城市规划地区范围内各项管线工程的规划设计资料，统一安排，合理安排各种管线位置，指导各单项管线工程的设计，为管线工程施工和城市建设的管理创造条件。

（1）城市管线综合规划的意义

1）城市管线综合是总体规划的重要的专项规划内容之一：包括城市供水和排水、输配电线路、城市道路等。

2）管线工程综合指导各单位工程设计：城市不同性质、用途的管线较多，各单项管线由不同单位设计、管理，多沿城市道路敷设，管线综合解决管线、道路、城市建设等产生的许多矛盾，使各管线平、立面上位于合适位置。

3）城市管线综合有利于顺利施工：各管线工程按城市总体规划、各单项工程特点进行合理安排，便于管线顺利施工，节约建设资金。

4）管线工程综合取得各管线资料，为管线合理管理、城市改扩建提供条件。

（2）城市管线综合规划的基本要求

城市工程管线综合规划应能够指导各工程管线的工程设计，并应满足工程管线的施工、运行和维护的要求。

城市工程管线宜地下敷设，当架空敷设可能危及人身财产安全或对城市景观造成严重影响时，应采取直埋、保护管、管沟或综合管廊等方式地下敷设。

工程管线的平面位置和竖向位置均应采用城市统一的坐标系统和高程系统。

1）城市工程管线综合规划的主要内容

主要规划内容包括：协调各工程管线布局；确定工程管线的敷设方式；确定工程管线敷设的排列顺序和位置；确定相邻工程管线的水平间距、交叉工程管线的垂直间距；确定地下敷设的工程管线控制高程和覆土深度等。

2）城市工程管线综合规划原则

工程管线综合规划应符合下列规定：

①工程管线应按城市规划道路网布置；

②各工程管线应结合用地规划优化布局；

③工程管线综合规划应充分利用现状管线及线位；

④工程管线应避开地震断裂带、沉陷区以及滑坡危险地带等不良地质条件区。

区域工程管线应避开城市建成区，且应与城市空间布局和交通廊道相协调，在城市用地规划中控制管线廊道。

编制工程管线综合规划时，应减少管线在道路交叉口处交叉。当工程管线竖向位置发生矛盾时，宜按下列规定处理：

①压力管线宜避让重力流管线；

②易弯曲管线宜避让不易弯曲管线；

③分支管线宜避让主干管线；

④小管径管线宜避让大管径管线；

⑤临时管线宜避让永久管线（图 6-3-1）。

图 6-3-1 城市地下管线综合规划

资料来源：http：//epaper.hljnews.cn/cb/20160621/205079.html

6.3.9.2 城市工程管线综合地下敷设

（1）直埋、保护管及管沟敷设

严寒或寒冷地区给水、排水、再生水、直埋电力及湿燃气等工程管线应根据土壤冰冻深度确定管线覆土深度；非直埋电力、通信、热力及天然气等工程管线以及严寒或寒冷地区以外地区的工程管线应根据土壤性质和地面承受荷载的大小确定管线的覆土深度。

工程管线的最小覆土深度应符合表 6-3-5 的规定。当受条件限制不能满足要求时，可采取安全措施减少其最小覆土深度。

工程管线的最小覆土深度（m） **表 6-3-5**

管线名称		给水管线	排水管线	再生水管线	电力管线		通信管线		直埋热力管线	燃气管线	管沟
					直埋	保护管	直埋及塑料、混凝土保护管	钢保护管			
最小覆土深度	非机动车道（含人行道）	0.60	0.60	0.60	0.70	0.50	0.60	0.50	0.70	0.60	—
	机动车道	0.70	0.70	0.70	1.00	0.50	0.90	0.60	1.00	0.90	0.50

注：聚乙烯给水管线机动车道下的覆土深度不宜小于 1.00m。

资料来源：《城市工程管线综合规划规范》GB 50289—2016

工程管线应根据道路的规划横断面布置在人行道或非机动车道下面。位置受限制时，可布置在机动车道或绿化带下面。

工程管线在道路下面的规划位置宜相对固定，分支线少、埋深大、检修周期短和损坏时对建筑物基础安全有影响的工程管线应远离建筑物。工程管线从道路红线向道路中心线方向平行布置的次序宜为：电力、通信、给水（配水）、燃气（配气）、热力、燃气（输气）、给水（输水）、再生水、污水、雨水。

工程管线在庭院内由建筑线向外方向平行布置的顺序，应根据工程管线的性质和埋设深度确定，其布置次序宜为：电力、通信、污水、雨水、给水、燃气、热力、再生水。

沿城市道路规划的工程管线应与道路中心线平行，其主干线应靠近分支管线多的一侧。工程管线不宜从道路一侧转到另一侧。道路红线宽度超过40m的城市干道宜两侧布置配水、配气、通信、电力和排水管线。各种工程管线不应在垂直方向上重叠敷设。

沿铁路、公路敷设的工程管线应与铁路、公路线路平行。工程管线与铁路、公路交叉时宜采用垂直交叉方式布置；受条件限制时，其交叉角宜大于60°。

河底敷设的工程管线应选择在稳定河段，管线高程应按不妨碍河道的整治和管线安全的原则确定，并应符合下列规定：

①在Ⅰ级～Ⅴ级航道下面敷设，其顶部高程应在远期规划航道底标高2.0m以下；

②在Ⅵ级、Ⅶ级航道下面敷设，其顶部高程应在远期规划航道底标高1.0m以下；

③在其他河道下面敷设，其顶部高程应在河道底设计高程0.5m以下。

工程管线之间及其与建（构）筑物之间的最小水平净距应符合表6-3-6的规定。当受道路宽度、断面以及现状工程管线位置等因素限制难以满足要求时，应根据实际情况采取安全措施后减少其最小水平净距。大于1.6MPa的燃气管线与其他管线的水平净距应按现行国家标准《城镇燃气设计规范》GB 50028—2006执行。

工程管线与综合管廊最小水平净距应按现行国家标准《城市综合管廊工程技术规范》GB 50838—2015执行。

对于埋深大于建（构）筑物基础的工程管线，其与建（构）筑物之间的最小水平距离，应按下式计算，并折算成水平净距后与表6-3-6的数值比较，采用较大值。

$$L=\frac{(H-h)}{\tan\alpha}+\frac{B}{2} \tag{6-3-1}$$

式中 L——管线中心至建（构）筑物基础边水平距离（m）；

H——管线敷设深度（m）；

h——建（构）筑物基础底砌置深度（m）；

B——沟槽开挖宽度（m）；

α——土壤内摩擦角（°）。

当工程管线交叉敷设时，管线自地表面向下的排列顺序宜为：通信、电力、燃气、热力、给水、再生水、雨水、污水。给水、再生水和排水管线应按自上而下的顺序敷设。

工程管线交叉点高程应根据排水等重力流管线的高程确定。

工程管线交叉时的最小垂直净距，应符合表6-3-7的规定。当受现状工程管线等因素限制难以满足要求时，应根据实际情况采取安全措施后减少其最小垂直净距。

工程管线之间及其与建（构）筑物之间的最小水平净距（m）

表 6-3-6

序号	管线及建（构）筑物名称			1	2		3	4	5					6	7		8		9	10	11	12			13	14	15
				建（构）筑物	给水管线		污水、雨水管线	再生水管线	燃气管线					直埋热力管线	电力管线		通信管线		管沟	乔木	灌木	通信照明及小于10kV	地上杆柱		道路侧石边缘	有轨电车钢轨	铁路钢轨（或坡脚）
					$d \leq$ 200mm	$d >$ 200mm			低压	中压		次高压			直埋	保护管	直埋	管道、通道					高压铁塔基础边				
										B	A	B	A										不大于35kV	大于35kV			
1	建（构）筑物			—	1.0	3.0	2.5	1.0	0.7	1.0	1.5	5.0	13.5	3.0	0.6		1.0	1.5	0.5	—		—			—	—	—
2	给水管线		$d \leq$ 200mm	1.0	—		1.0	0.5	0.5			1.0	1.5	1.5	0.5		1.0		1.5	1.5	1.0	0.5	3.0		1.5	2.0	5.0
			$d >$ 200mm	3.0			1.5																				
3	污水、雨水管线			2.5	1.0	1.5	—	0.5	1.0	1.2		1.5	2.0	1.5	0.5		1.0		1.5	1.5	1.0	0.5	1.5		1.5	2.0	5.0
4	再生水管线			1.0	0.5		0.5	—	0.5			1.0	1.5	1.0	0.5		1.0		1.5	1.0		0.5	3.0		1.5	2.0	5.0
5	燃气管线	低压	$P < 0.01$MPa	0.7	0.5		1.0	0.5	$DN \leq$ 300mm 0.4 $DN >$ 300mm 0.5					1.0	0.5	1.0	0.5	1.0	1.0	0.75		1.0	1.0	2.0	1.5	2.0	5.0
		中压 B	0.01MPa $\leq P \leq$ 0.2MPa	1.0			1.2												1.5								
		中压 A	0.2MPa $< P \leq$ 0.4MPa	1.5																							
		次高压 B	0.4MPa $< P \leq$ 0.8MPa	5.0	1.0		1.5	1.0						1.5	1.0		1.0		2.0	1.2				5.0	2.5		
		次高压 A	0.8MPa $< P \leq$ 1.6MPa	13.5	1.5		2.0	1.5						2.0	1.5		1.5		4.0								
6	直埋热力管线			3.0	1.5		1.5	1.0	1.0			1.5	2.0	—	2.0		1.0		1.5	1.5		1.0	3.0（大于330kV 5.0）		1.5	2.0	5.0
7	电力管线		直埋	0.6	0.5		0.5	0.5	0.5			1.0	1.5	2.0	0.25	0.1	小于35kV 0.5 不小于35kV 2.0		1.0	0.7		1.0	2.0		1.5	2.0	10.0（非电气化3.0）
			保护管						1.0						0.1	0.1											

续表

序号	管线及建（构）筑物名称			1	2		3	4	5					6	7		8		9	10	11	12			13	14	15
				建（构）筑物	给水管线		污水、雨水管线	再生水管线	燃气管线					直埋热力管线	电力管线		通信管线		管沟	乔木	灌木	通信照明及小于10kV	地上杆柱		道路侧石边缘	有轨电车钢轨	铁路钢轨（或坡脚）
					$d \leq$ 200mm	$d >$ 200mm			低压	中压		次高压			直埋	保护管	直埋	管道、通道					高压铁塔基础边				
										B	A	B	A										不大于35kV	大于35kV			
8	通信管线	直埋		1.0	1.0		1.0	1.0	1.5			1.0	1.5	1.0	小于35kV 0.5 不小于35kV 2.0		0.5		1.0	1.5	1.0	0.5	0.5	2.5	1.5	2.0	2.0
		管道、通道		1.5					1.0																		
9	管沟			0.5	1.5		1.5	1.5	1.0	1.5		2.0	4.0	1.5	1.0		1.0		—	1.5	1.0	1.0	3.0		1.5	2.0	5.0
10	乔木			—	1.5		1.5	1.0	0.75			1.2		1.5	0.7		1.5		1.5	—		—	—		0.5	—	—
11	灌木				1.0		1.0										1.0		1.0								
12	地上杆柱	通信照明及小于10kV		—	0.5		0.5	0.5	1.0					1.0	1.0		0.5		1.0	—		—			0.5	—	—
		高压塔基础边	不大于35kV		3.0		1.5	3.0	1.0					3.0（大于330kV 5.0）	2.0		0.5		3.0	—							
			大于35kV						2.0			5.0					2.5										
13	道路侧石边缘			—	1.5		1.5	1.5	1.5			2.5		1.5	1.5		1.5		1.5	0.5		0.5			—	—	—
14	有轨电车钢轨			—	2.0		2.0	2.0	2.0					2.0	2.0		2.0		2.0	—		—			—	—	—
15	铁路钢轨（或坡脚）			—	5.0		5.0	5.0	5.0					5.0	10.0（非电气化3.0）		2.0		3.0	—		—			—	—	—

注：1. 管线距建筑物距离，除次高压燃气管道为其至外墙面外均为其至建筑物基础，当次高压燃气管道采取有效的安全防护措施或增加管壁厚度时，管道距建筑物外墙面不应小于3.0m；

2. 地下燃气管线与铁塔基础边的水平净距，还应符合现行国家标准《城镇燃气设计规范》GB 50028—2006地下燃气管线和交流电力线接地体净距的规定；

3. 燃气管线采用聚乙烯管材时，燃气管线与热力管线的最小水平净距应按现行行业标准《聚乙烯燃气管道工程技术标准》CJJ 63—2018；

4. 直埋蒸汽管道与乔木最小水平间距为2.0m。

资料来源：《城市工程管线综合规划规范》GB 50289—2016

工程管线交叉时的最小垂直净距（m）　　表 6-3-7

序号	管线名称		给水管线	污水、雨水管线	热力管线	燃气管线	通信管线		电力管线		再生水管线
							直埋	保护管及通道	直埋	保护管	
1	给水管线		0.15								
2	污水、雨水管线		0.40	0.15							
3	热力管线		0.15	0.15	0.15						
4	燃气管线		0.15	0.15	0.15	0.15					
5	通信管线	直埋	0.50	0.50	0.25	0.50	0.25	0.25			
		保护管、通道	0.15	0.15	0.25	0.15	0.25	0.25			
6	电力管线	直埋	0.50*	0.50*	0.50*	0.50*	0.50*	0.50*	0.50*	0.25	
		保护管	0.25	0.25	0.25	0.15	0.25	0.25	0.25	0.25	
7	再生水管线		0.50	0.40	0.15	0.15	0.15	0.15	0.50*	0.25	0.15
8	管沟		0.15	0.15	0.15	0.15	0.25	0.25	0.50*	0.25	0.15
9	涵洞（基底）		0.15	0.15	0.15	0.15	0.25	0.25	0.50*	0.25	0.15
10	电车（轨底）		1.00	1.00	1.00	1.00	1.00	1.00	1.00	1.00	1.00
11	铁路（轨底）		1.00	1.20	1.20	1.20	1.50	1.50	1.00	1.00	1.00

注：1.* 用隔板分隔时不得小于 0.25m；
2. 燃气管线采用聚乙烯管材时，燃气管线与热力管线的最小垂直净距应按现行行业标准《聚乙烯燃气管道工程技术标准》CJJ 63—2018 执行；
3. 铁路为时速不小于 200km/h 客运专线时，铁路（轨底）与其他管线最小垂直净距为 1.50m。
资料来源：《城市工程管线综合规划规范》GB 50289—2016

（2）综合管廊敷设

当遇到下列情况之一时，工程管线宜采用综合管廊敷设。

1）交通流量大或地下管线密集的城市道路以及配合地铁、地下道路、城市地下综合体等工程建设地段；

2）高强度集中开发区域、重要的公共空间；

3）道路宽度难以满足直埋或架空敷设多种管线的路段；

4）道路与铁路或河流的交叉处或管线复杂的道路交叉口；

5）不宜开挖路面的地段。

综合管廊内可敷设电力、通信、给水、热力、再生水、天然气、污水、雨水管线等城市工程管线。

干线综合管廊宜设置在机动车道、道路绿化带下，支线综合管廊宜设置在绿化带、人行道或非机动车道下。综合管廊覆土深度应根据道路施工、行车荷载、其他地下管线、绿化种植以及设计冰冻深度等因素综合确定。

城市地下综合管廊规划详细内容见下节。

6.4 城市地下综合管廊规划

6.4.1 城市综合管廊概述

城市综合管廊亦称共同沟，是指在城市地下用于集中敷设电力、通信、广播电视、给水、排水、热力、燃气等市政管线的公共隧道，是一种现代化、科学化、集约化的城市基础设施。城市地下综合管廊建设解决反复开挖路面、架空线网密集、管线事故频发等问题，有利于保障城市安全、完善城市功能、美化城市景观、促进城市集约高效和转型发展，有利于提高城市综合承载能力和城镇化发展质量，有利于增加公共产品有效投资、拉动社会资本投入、打造经济发展新动力。

随着国内城市综合管廊建设政策环境的持续改善以及资金投入的不断加大，国内综合管廊的总体发展趋势如下：建设标准高、投入大；示范性向实用性转变；管理运营的规范化、制度化和精细化；投融资模式的多元化。

6.4.2 综合管廊的规划发展

（1）综合管廊建设的时机

现阶段，城市综合管廊在我国仅是起步试点阶段，但同时也是大范围开展城市综合管廊建设的最有利时机。

首先，我国具备建设城市综合管廊的经济基础。从经济条件来看，根据发达国家城市综合管廊开发与人均 GDP 的统计分析，当该城市或地区的人均 GDP 超过 3000 美元时，就具备大规模开发利用地下空间的经济基础。现在我国已经有相当多城市基本具备大规模开发城市综合管廊的经济基础（表 6-4-1）。

各城市实施地下综合管廊的条件比较　　表 6-4-1

序号	城市	建设年份	当年 GDP/ 亿元	当年人均 GDP/ 美元
1	上海	1993	1519.23	5486
2	北京	2003	3611.90	3819
3	广州	2003	366.63	5793
4	深圳	2003	2860.51	6510
5	宁波	2006	2864.50	6568
6	武汉	2007	3141.00	4135
7	合肥	2007	1300.00	3975
8	青岛	2008	4436.18	8481
9	苏州	2009	7740.00	9446
10	无锡	2009	4992.00	11885

续表

序号	城市	建设年份	当年 GDP/ 亿元	当年人均 GDP/ 美元
11	南京	2011	6145.52	11098
12	新沂	2011	301.37	5816

资料来源：施卫红，陈锦根，陈爽．地下综合管廊规划编制内容及其关系协调[J]．规划师，2017（增刊 2）：123-128

第二，现在是轨道建设高峰期，也是建设城市综合管廊的最佳时期。全国已有 38 个城市批准进行轨道建设规划，2020 年地铁总长度将超过 6000km。国内外经验表明，城市综合管廊结合地铁建设、新城区开发、道路拓宽等工程时成本最低，尤其是结合地铁建设实施，一方面可以大幅降低城市综合管廊对社会的外部性影响，另一方面可以保护地铁，而一旦错过这种整合建设的时机，城市综合管廊建设的总成本将大幅上升。

第三，新区建设、旧城区改造，为城市综合管廊带来发展机遇。城市综合管廊的建设可以结合以上工程同步进行，例如我国建设的城市综合管廊大部分是在新区建设的，因为新区道路没有被开发过，更利于施工的进行，同时可以为以后大范围建设城市综合管廊积累经验。旧城区的地下管线由于采用传统直埋方式，其寿命一般仅有 20 年，这意味着一大批旧管线会在不久的将来会被淘汰，政府可以借路面开挖更换老旧管线的时机，进行城市综合管廊建设，以降低成本、减少道路开挖施工带来的外部性。

另外，钢材、水泥价格处于历史较低水平，现在修建城市综合管廊的成本较低。修建城市综合管廊可以与国家供给侧改革形成有机契合，消化钢材、水泥的过剩产能。

2013 年以来，国务院加大了对市政管廊的推进进度，先后印发了《国务院关于加强城市基础设施建设的意见》《国务院办公厅关于加强城市地下管线建设管理的指导意见》，部署开展城市地下综合管廊建设试点工作。在试点的基础上，2015 年 8 月 3 日，国务院办公厅下发了《关于推进城市地下综合管廊建设的指导意见》，全面推进地下综合管廊建设。2015 年，财政部、住建部开始综合管廊的试点工作，全国的综合管廊进入了快速发展时期，各地区都开始有针对性地开展综合管廊的规划和建设工作。但综合管廊对很多地区来说还是一个新生事物，做好综合管廊的专项规划，不仅可用于科学地指导地区综合管廊的建设，而且有利于市政管线的合理敷设，服务于城市建设。

（2）综合管廊规划的定义

2019 年 6 月，建设部印发了《城市地下综合管廊建设规划技术导则》，对城市地下综合管廊规划的总则、一般要求、编制内容等方面做出了规定。该文件提出的是综合管廊工程规划，是泛指全国各地建设综合管廊而编制的相关规划。从规划层面来说，一般地方需要编制的综合管廊规划主要是编制综合管廊专项规划，属于总体规划范畴下的专项规划范畴。有时在编制城市近期建设规划时也可以加入综合管廊的近期建设规划内容，而近期建设规划主要是偏重建设计划方面。对于范围不是很大、非全市或全区性质的，例如某个小园区、小城镇或是某个大型居住区、重要商圈等，可以不单独做综合管廊的专项规划，可把相关内容容纳到控制性详细规划中的市政基础设施规划中，用以指导规划实施。

6.4.3 现状与问题

6.4.3.1 特点

所谓综合管廊，就是“地下城市管道综合走廊”，即在城市地下建造一个隧道空间，将市政、电力、通信、燃气、给水排水等各种管线集于一体，设有专门的检修口、吊装口和监测系统，实施统一规划、设计、建设和管理。城市综合管廊具有完善附属设施、集中管理管线、集中处理污水、检修方便、保护城市文化等优点，对综合管廊进行合理规划有助于市政基础建设向城市化方向发展，是城市现代化建设的主要方向。

（1）优势

城市综合管廊能够有效改善城市发展过程中因各类管线的维修、扩容造成的“拉链马路”和空中“蜘蛛网”的问题，对提升管线安全水平和城市总体形象、创造城市和谐生态环境具有积极推动作用。与传统的直埋管道相比，综合管廊有以下优势：

1）能避免因埋设、维修管线而导致道路反复开挖，有利于道路交通畅通，提高路面使用寿命；

2）能有效集约化地利用道路下的空间资源，为城市发展预留宝贵空间；

3）能根据远期规划容量设计与建设综合管廊，从而能满足管线远期发展需要；

4）管线增设、扩容较方便，管廊一次到位，管线可分阶段敷设，建设资金可分期投资；

5）综合管廊内的管线因为不直接与土壤、地下水、道路结构层的酸碱物质接触，可减少腐蚀，延长管线使用寿命；

6）为利用先进的监控系统对各种管线进行综合管理提供了可能，能及时发现隐患，及时维护管理，提高管线的安全性和稳定性，提高城市的安全度；

7）综合管廊结构坚固，能抵御一定程度的冲击荷载，具有较好的防灾、抗灾性能，尤其在战时，能保证水、电、气、通信等城市重要命脉的安全；

8）由于架空线能进入综合管廊，特别是容纳 110kV 及以上高压线路和其他管线，不仅集约利用地下空间资源，同时可大大缓解传统高压走廊占用大量地上空间资源、影响环境景观的问题。改善了城市景观，提高城市的安全性，同时又避免了架空线与绿化之间的矛盾，提高城市的环境质量；

9）排水和雨水利用综合管廊的修建，能为解决城市内涝、中水利用以缓解缺水等问题提供先期条件。

因此，综合管廊的实施能够更有利于保障城市健康运行；城市地下空间的综合利用；可满足对通道、路径和持续增长的需要，便于统一集约化管理；提高城市环保和提高市民工作生活质量。

（2）难点

目前，地下综合管廊虽然一定程度上已得到认可，但一方面由于受技术、体制、资金、政策等因素的影响，绝大多数城市给水、排水、电力、通信、燃气、热力等市政管线仍然实行各自为政、分散建设、自成体系的运作方式。另一方面，由于一次性建设（廊体部分）成本很大，同时后期需要维护成本，一般地方依靠财政投入难以承受。所以，当前实际情况是城市综合管廊推广困难，简单分析以下原因：

1）法律法规、技术规范不健全。2012 年以前，我国仅在《城市工程管线综合规划规范》GB 50289 中对综合管廊布设上有一些简单的规定。在消防系统、照明系统、排水系统等一些附属工程设计中无明确规范，严重制约了综合管廊的发展。2012 年出台的《城市综合管廊工程技术规范》GB 50838—2012，成为首部关于城市地下综合管廊的系统性规范；2015 年新修订出版了《城市综合管廊工程技术规范》GB 50838—2015，2015 年 6 月 1 日起开始实施；同时，从 2015 年 6 月 1 日起，我国开始试行《城市综合管廊工程投资估算指标》ZAY1—12（10）—2015（试行），从而合理确定和控制城市综合管廊工程投资。

2）体制管理矛盾。目前我国城市市政管线（网）的建设大都还是“谁用谁投资，谁拥有谁管理”，各种管线各自为政。长期以来，由于在管理体制上存在条块分割、交叉重复、多头管理等问题，导致建设地下综合管廊面临道路开挖难、执法管理难、资金落实难、清理整顿难等层层阻碍。我国针对管线的法规、规范中，地下管线的规划、测绘及档案管理等分属不同部门，集中建设综合管廊存在难以协调的问题。不同的管线单位对于自己的投资份额，后期需缴纳的维护费、扩容或者新增管线等费用收费标准不明确。同时，各个管线部门都有自己的管理体系，长期以来形成了一条适合自身、能正常运作的体系。如果要打破常规的管理模式，必须专门成立一个强有力的部门，协调管理好各个管线管理部门的关系，做好日常维护，才能保证管廊的正常长期运营。

3）资金成本矛盾。地下综合管廊的单位造价与其设计等级、断面形式、容纳管线种类、建设规模、埋置深度、预留设计、地质状况、现存管线、施工工艺等有密切关系，差异性较大，不一而足。地下综合管廊的投资成本远远大于管线独立铺设的成本，有些地下管廊建设成本甚至接近地铁建设成本，从国内已建工程的状况来看，管廊的投融资及运行费用与费用分摊问题是当前存在较大困难的问题，从而极大地限制了管廊的推广（图 6-4-1、图 6-4-2）。

图 6-4-1　成都金融总部商务区综合管廊项目

资料来源：http：//7j.powerchina.cn/Article_Show.asp?ArticleID=42540

图 6-4-2　白银市地下综合管廊项目

资料来源：http：//www.sohu.com/a/101406030_259527

6.4.3.2　现状

（1）发展情况

地下综合管廊于 19 世纪起源于欧洲。1833 年法国巴黎修建了世界上最早的地下综合管廊。以后欧美发达国家开始兴建地下综合管廊。特别是，1926 年关东大地震之后，日本政府针对地震导致的管线大面积破坏，从防灾角度在东京都复兴计划中规划建设综合管廊。我国台湾地区 1989 年开始学习日本经验，大力推广地下综合管廊建设。

1958 年，北京建设了全国第一条地下综合管廊。21 世纪初，北京、上海、广州等城市结合重点建设探索建设地下综合管廊。如：北京中关村西区结合地下综合体开发，投资建设了全长 1.9km 地下综合管廊，昆明市结合新建道路建设 38km，广州大学城建设 17.4km，上海世博会园区建设 6.4km，珠海市横琴新区建设 33.4km 等。总体来看，无论是城市地下综合管廊建设长度，还是建设密度，我国的地下综合管廊建设与国外还有一定的差距（表 6-4-2）。

（2）建设情况

目前，入驻管廊的管线基本包括电信、供水、电力等管线。已建成的管廊中，只有部分管廊中有排水管线入驻，燃气管线入驻最少。

国内部分城市综合管廊建设情况　　表 6-4-2

城市	项目	建设规模（km）	投资规模（亿元）	每千米造价（万元）
甘肃兰州	兰州新城	2.42	0.48	2000
云南昆明	昆洛路	22.6	5	2210
广东深圳	光明新城	18.28	7.6	4160
浙江宁波	东部新城	6.16	1.65	2680
北京	中关村	1.9	4.2	22000
北京	昌平管廊	3.9	8.3	21282
福建厦门	集美大道、翔安南部新城、翔安机场	38.9	28.5	7326
甘肃白银	7 条地下管廊	26.25	20.4	7771
广东珠海	横琴综合管廊	33.4	20	5988
贵州六盘水	15 段综合管廊试点项目	39.69	29.94	7543
海南海口	西海岸新区和美安科技新城管廊	44.68	36.1	8080
湖北十堰	13 个综合管廊示范项目	50	28.1	5620
湖北武汉	王家墩商务区综合管廊	6.2	1.4	2258
湖南长沙	规划 15 个管廊项目	63.3	55.95	8839
吉林辽源	南部新城等三区域	31.5	37.8	12000
吉林松原	2015 至 2018 规划项目	36.2	19.58	5409
吉林通化	2015 至 2018 规划项目	91	90	9890
江苏苏州	5 个管廊项目	31.2	39.3	12597
辽宁沈阳	浑南新城综合管廊	32.6	13	3988
内蒙古包头	新都市区和北梁棚户区综合管廊	34.4	23.37	6794
山东青岛	高新区管廊	50	10	2000
新疆铁门关	管廊项目	8.9	2	2247
云南保山	4 路管廊工程	33.2	13.25	3991
浙江杭州	新区北部管廊	60.49	21	3472
浙江温州	管廊项目	2	1	5000
重庆	江南新城管廊	82.8	66.3	8007

选择合适的地点、合适的类型、合适的时间建设地下综合管廊是城市健康发展和可持续发展的重要保证。一是选择在高密度建设地区。二是选择在道路运输繁忙、交通量大的地区。三是选择在地下空间开发利用需求高的地区，例如有轨道交通、高压电缆隧道通过的地区，应考虑一并建设地下综合管廊。四是新区优先建设、老区结合项目改造建设。新区在建设初期，地下综合管廊和道路、开敞空间的建设应同步进行；老城应结合旧城更新、道路改造、河道治理、地下空间开发等统筹安排地下综合管廊建设。

综合管廊建设主要包括以下几种情况：

1）结合新城区开发，系统规划建设地下综合管廊。

新区的地下综合管廊建设，相对比较容易一些，受到外界的干扰也少，但是新区的地下管廊建设要考虑到城市的未来发展，管廊功能的增加，应留有足够的管廊空间。珠海横琴新区环岛综合管廊是在海漫滩软土区建成的国内首个成系统的综合管廊，总长度为33.4km，投资22亿元，分为一舱式、两舱式和三舱式三种断面形式，沿市政主干路网呈“日”字形布置，在环岛北路、中心北路、中心南路各设控制中心一座，对综合管廊运行情况进行监控管理，系统性地服务整片新区。管廊纳入给水、电力、通信、冷凝水、中水和垃圾真空管6种管线，同时配备有计算机网络、自控、视频监控和火灾报警四大系统，具有远程监控、智能监测、自动排水、智能通风、消防等功能。2012年开始运营。

2）结合重要功能片区开发，同步建设地下综合管廊。

各类园区、成片开发区域、中央商务区等可结合自身实际，逐步推进地下综合管廊建设。例如北京中关村地下综合管廊，2002年，北京市政府进行中关村科技园开发，结合地下综合体建设，在地下三层建设了全长1.9km的综合管廊。2006年开始运营，管廊断面高2.2m，宽13.9m，断面面积30.58m^2，分5舱室，敷设了燃气、通信、电力、自来水、热力共5类管线。2003年，广州市政府建设大学城时，同步建设了18km的地下综合管廊，总投资3.5亿元。2004年建成开始运营。管廊断面宽7m，高2.8m，断面面积19.6m^2，分水舱、电缆舱和通信舱共三舱，敷设了自来水、中水、热水、电力、通信共三大类5种管线。2005年，武汉王家墩军用机场整体迁建中央商务区，建设5.4km综合管廊。

3）结合新建道路、轨道交通建设、地下空间开发建设地下综合管廊。

城市新建道路及轨道交通根据功能要求，同步建设地下综合管廊。2003年，昆明在广福路和彩云路建成综合管廊两条共38km。主要纳入电力、通信、给水等管线。2017年，武汉光谷结合道路下方空间整体开发，将地铁与综合管廊一并考虑，计划建设1.7km综合管廊。2016年，广州金融城将道路下方整体开发为地下商业、道路、有轨电车建设管廊。

4）结合旧城改造建设地下综合管廊。

老城区结合旧城更新、棚户区改造、道路改造、河道治理、地下空间开发等，因地制宜、统筹安排地下综合管廊建设或缆线沟。如上海世博园地下综合管廊，2007年，为建设世博会园区，上海市将浦东和浦西共计5.28km^{2}内土地整体拆迁后重新规划，建设了6.4km的地下综合管廊。管廊断面高3.6m，宽4.8m，分电舱和水舱共两舱室，敷设了电力、通信、供水等三类管线。2010年建成并开始运营。

6.4.3.3　问题

（1）编制机构不明确、规划管理不完善

缺乏明确的管理部门；国土空间规划或住建部门牵头现象并存。部分城市管廊未纳入控制性详细规划编制管理范畴。

（2）规划基础不足、编制体系不明确

城市地下综合管廊规划以解决管线问题为出发点，需以城市地下管线综合规划为依据，而城市地下管线综合规划以地下管线普查、各类地下管线专项规划、地下空间利用规划为基础。

城市地下管线综合规划是 2014 年以来国家应对地下管线建设和发展提出的新型规划，相关技术标准或编制指引尚未健全，国内各城市管线综合规划也基本处于编制摸索阶段，难以为综合管廊专项规划提供及时、有力地支撑。

城市综合管廊规划作为总体规划的组成部分，不但依附于总体规划，还需协调轨道交通、地下道路、地下人防等各类专项规划，其编制体系如何与国土空间规划体系相衔接也是亟待解决的问题。

（3）编制深度要求较高、执行难度较大

为指导城市地下综合管廊工程规划编制工作，2015 年住建部印发了《城市地下综合管廊工程规划编制指引》（以下简称《指引》）。根据《指引》编制内容和编制成果要求，包括宏观层面的建设区域分析、系统布局、入廊管线分析和微观层面的平面位置、竖向及重要节点控制、配套及附属设施布置等内容，《指引》编制内容较为全面、编制深度基本达到修建性详细规划的深度要求，更多地侧重于综合管廊的刚性控制。

如以相同的内容和深度要求在规模较大的城市开展综合管廊规划会存在诸多困难：①因城市规模大、不确定因素多、基础条件复杂等特点，导致规划方案难以稳定、任务工作量巨大等现实难度；②特大城市地下空间形式多样、复杂多变，综合管廊作为地下空间的一部分，其他地下空间任意一处变动均有可能导致综合管廊规划方案调整，在专项规划中控制要求过于刚性，势必会给规划管理增加大量协调工作，不利于规划管理控制。

（4）综合管廊布局是否存在系统架构的必要还存在争议

因综合管廊具有避免道路重复开挖、预留发展空间、保障管线运营安全、集约地下空间利用等优势，以及建设相对独立、投资运营管理可市场化运作等特点，更偏向工程性。目前综合管廊专项规划成果可划分为两种类型，一种类型更注重于管廊的工程可行性研究，强调管廊项目的落地实施；另一种类型更注重于管廊的体系研究，强调管廊布局的系统性。在综合管廊规划中，采用何种类型布局模式，平衡系统与工程可行性也需进行深入研究。

6.4.4 规划编制体系研究

6.4.4.1 综合管廊规划编制体系框架

地下综合管廊规划以地下管线综合规划为基础，因此地下管线综合规划、综合管廊规划均应与国土空间规划体系相结合，在国土空间规划体系的不同阶段，都应有相应规划层级与之对应。

国土空间规划分为总体规划、专项规划、详细规划三个层级，地下管线综合规划也相应划分三个层级，某些规模较大的城市还增加分区规划一个层面，其中总体规划层级管线综合规划侧重于宏观层面，在总体规划的指导下和各类管线专项规划的基础上，明确城市地下管线综合布置原则，并对重要的区域性敏感性市政管线综合提出相应要求；详细规划层级的管线综合规划主要落实总体规划要求，并与专项规划、控制性详细规划协调（图 6-4-3、图 6-4-4）。

同时，对应地下管线综合规划层级，结合城市规模，在超大城市、特大城市，建立完善多层级的综合管廊规划编制体系，主要包括综合管廊专项规划、综合管廊建设规划、综合管廊修建规划等三个层次。

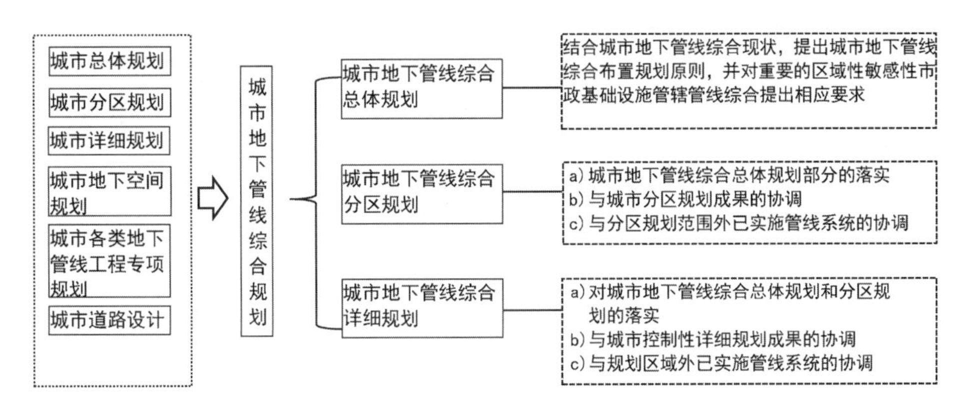

图 6-4-3 管线综合规划编制体系

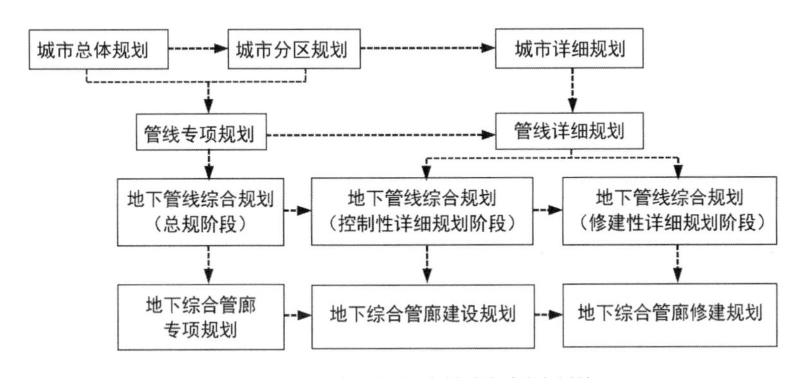

图 6-4-4 多层级综合管廊规划编制体系

6.4.4.2 各层级综合管廊规划编制内容及深度

综合管廊专项规划侧重于综合管廊的顶层规划管理控制，主要应根据总体规划，考虑用地开发强度、地质、湖泊及生态底线区分布，确定与城市用地相协调的综合管廊建设区域；结合各类管线专项规划、其他地下空间规划等，对各类主干管线路由进行统筹和协调，明确综合管廊系统布局；统筹考虑城市发展趋势和重点片区，合理安排综合管廊建设时序，充分发挥基础设施对城市发展的支撑引领作用。

综合管廊建设规划侧重于具体项目方案研究及多个项目方案的统筹与协调，主要开展管廊路由比选深化工作；预测区域发展进行基础设施需求分析，结合各类管线专项规划，在充分征求管线权属单位意见的基础上，确定入廊管线种类和规模；根据入廊管线特性，提出综合管廊断面形式和尺寸比选方案；协调综合管廊与轨道交通、地下道路、沿线地块地下空间的关系；确定综合管廊穿越河道、大型管线、铁路等重要节点方案，并落实监控中心位置。

综合管廊修建规划侧重于项目实施方案，主要确定综合管廊平面位置以及穿越河道、铁路、地铁、地下道路、大型管线的竖向间距和高程；明确出入口、通风口、吊装口等设施布置，确保其与地面环境相协调；确定管线分支口的位置及出线种类及规模；落实监控中心的规模、选址和用地控制。多层级的地下综合管廊编制体系通过层层传导对《指引》要求内容和深度进行落实，有利于规划的弹性与刚性管控相结合，更适用于规模较大城市地下综合管廊的规划编制，具有较强的操作性。

6.4.5 规划目的、定位、与现有规划的协调

6.4.5.1 规划目的

解决管廊立项难问题；指导管廊工程建设；合理利用地下空间。

6.4.5.2 规划定位

管廊工程规划应根据国土空间总体规划、地下管线综合规划、控制性详细规划编制，与地下空间规划、道路规划等保持衔接。

6.4.5.3 与现有规划的协调

与总体规划的协调：根据总体规划要求，统筹考虑综合管廊与用地布局、路网结构、人口规模、产业特点、重点发展区域的关系。

与管线综合规划的协调：根据管线综合规划，统筹考虑，合理确定综合管廊建设类型和建设区域。

与市政专项规划的协调：根据道路、电力、通信、供水、燃气等市政设施规划，统筹考虑综合管廊的入廊管线种类及规模、建设时序等。

与控制性详细规划的协调：根据城市控制性详细规划中的管线综合等内容，合理确定综合管廊平面位置和竖向控制要求。

6.4.6 规划基本要求

6.4.6.1 编制原则

编制综合管廊建设规划应遵循以下原则：

政府组织、部门合作。充分发挥政府组织协调作用，有效建立相关部门合作和衔接机制，统筹协调各部门及管线单位的建设管理要求。

因地制宜、科学决策。从城市发展需求和建设条件出发，合理确定综合管廊系统布局、建设规模、建设类型及建设时序，提高规划的科学性和可实施性。

统筹衔接、远近结合。从统筹地上地下空间资源利用角度，加强相关规划之间的衔接，统筹综合管廊与相关设施的建设时序，适度考虑远期发展需求，预留远景发展空间。

6.4.6.2 规划组织

推进城市地下综合管廊建设要规划先行、完善标准、探索市场化投融资模式。综合管廊建设规划由城市人民政府组织相关部门编制，建立多部门、多专业协作的工作机制，充分发挥各部门、各专业主管单位的专业优势，确保地下综合管廊布局的可实施性。由自然资源和规划部门牵头，联合建设、城管、经信、环保等相关部门，以协调发展、经济可行为目标，对城区地下综合管廊的规模、布局、分期建设等进行全面系统的分析论证。同时，编制中应充分听取道路、轨道交通、供水、排水、燃气、热力、电力、通信、广播电视、人民防空、消防等行政主管部门及有关单位、社会公众的意见，提前分析协调实施过程中可能出现的问题，并加以优化调整，尽量实现规划方案最优化。最终将优化成果落实到城市空间布局规划中，实现地下综合管廊规划与城市规划的统一协调，为后期地下综合管廊的实施打下扎实的基础。

6.4.6.3 重点内容

合理确定管廊建设区域、系统布局、建设规模和时序；划定管廊空间位置、配套设施用地等三维控制线，明确监控中心等设施用地范围，纳入城市黄线管理；管廊建设区域内的所有管线应在管廊内规划布局。

6.4.6.4 规划统筹

新老城区统筹：管廊工程规划应统筹兼顾城市新区和老旧城区。管廊工程规划应与新区规划同步编制，老城区应结合旧城改造、棚户区改造、道路改造、河道治理、管线改造、轨道交通建设、人防建设和地下综合体建设、架空线入地、地下空间开发等编制。

地下空间统筹：综合管廊建设规划的编制，应做到与地下管线、道路、轨道交通、人民防空、地下综合体等工程的统筹衔接，实施地下空间分层管控，促进城市地下空间的科学合理利用。

管线统筹：应结合实际需求、建设条件及综合效益分析，因地制宜将综合管廊建设区域内的管线纳入综合管廊。

6.4.6.5　规划期限

综合管廊建设规划期限应与上位规划及相关专项规划一致，原则上 5 年进行一次修订，或根据上位规划及相关专项规划和重要地下管线规划的修编及时调整。

6.4.6.6　规划范围

综合管廊建设规划范围应与上位规划及相关专项规划保持一致。

6.4.7　规划内容及技术要点

综合管廊建设规划应合理确定综合管廊建设区域、系统布局、建设规模和时序，划定综合管廊廊体三维控制线，明确监控中心等设施用地范围。

6.4.7.1　规划内容

（1）规划编制层级

综合管廊建设规划宜根据城市规模及规划区域的不同，分类型、分层级确定规划内容及深度。

1）特大及以上规模等级城市，可分市、区两级编制综合管廊建设规划。

市级综合管廊建设规划，应在分析市级重大基础设施、轨道交通设施、重要人民防空设施、重点地下空间开发等现状、规划情况的基础上，提出综合管廊布局原则，确定全市综合管廊系统总体布局方案，形成以干线、支线管廊为主体的、完善的骨干管廊体系，并对各行政分区、城市重点地区或特殊要求地区综合管廊规划建设提出针对性的指引，保障全市综合管廊建设的系统性。

区级综合管廊建设规划是市级综合管廊工程规划在本区内的细化和落实，应结合区域内实际情况对市级综合管廊规划确定的系统布局方案进行优化、补充和完善，增加缆线管廊布局研究，细化各路段综合管廊的入廊管线，以此细化综合管廊断面选型、三维控制线划定、重要节点控制、配套及附属设施建设、安全防灾、建设时序、投资估算、保障措施等规划内容。

2）大城市及以下城市综合管廊建设规划是否分层级编制，可根据实际情况确定。

3）城市新区、重要产业园区、集中更新区等城市重点发展区域，根据需要可依据市级和区级综合管廊建设规划，编制片区级综合管廊建设规划，结合功能需求，按建设方案的内容深度要求，细化规划内容。

（2）综合管廊建设规划编制内容

主要包括：

1）分析综合管廊建设实际需求及经济技术等可行性。

2）明确综合管廊建设的目标和规模。

3）划定综合管廊建设区域。

4）统筹衔接地下空间及各类管线相关规划。

5）考虑城市发展现状和建设需求，科学、合理确定干线管廊、支线管廊、缆线管廊等不同类型综合管廊的系统布局。

6）确定入廊管线，对综合管廊建设区域内管线入廊的技术、经济可行性进行论证；分析项目同步实施的可行性，确定管线入廊的时序。

7）根据入廊管线种类及规模、建设方式、预留空间等，确定综合管廊分舱方案、断面形式及控制尺寸。

8）明确综合管廊及未入廊管线的规划平面位置和竖向控制要求，划定综合管廊三维控制线。

9）明确综合管廊与道路、轨道交通、地下通道、人民防空及其他设施之间的间距控制要求，制定节点跨越方案。

10）合理确定监控中心以及吊装口、通风口、人员出入口等各类口部配置原则和要求，并与周边环境相协调。

11）明确消防、通风、供电、照明、监控和报警、排水、标识等相关附属设施的配置原则和要求。

12）明确综合管廊抗震、防火、防洪、防恐等安全及防灾的原则、标准和基本措施。

13）根据城市发展需要，合理安排综合管廊建设的近远期时序。明确近期建设项目的建设年份、位置、长度等。

14）测算规划期内的综合管廊建设资金规模。

15）提出综合管廊建设规划的实施保障措施及综合管廊运营保障要求。

6.4.7.2　规划可行性分析

根据城市经济发展水平、人口规模、用地保障、道路交通、地下空间利用、各类管线建设及规划、水文地质、气象等情况，科学论证管线敷设方式，分析综合管廊建设可行性，系统说明是否具备建设综合管廊的条件。对位于老城区的近期综合管廊规划项目，应重点分析其可实施性。

从城市发展战略、安全保障要求、建设质量提升、管线统筹建设及管理、地下空间综合开发利用等方面，分析综合管廊建设的必要性，针对城市建设发展问题，分析综合管廊建设实际需求。

6.4.7.3　规划目标和规模

综合管廊建设规划应明确规划期内综合管廊建设的总目标和总规模，明确近、中、远期的分期建设目标和建设规模，以及干线、支线、缆线等不同类型综合管廊规划目标和规模。

规划目标应秉承科学、合理、可实施的原则，综合考虑城市需求和发展特点，因地制宜予以确定。

依据系统布局规划方案，统计综合管廊规划总规模。结合新区开发、老城改造、棚户区改造、道路改造、河道治理、管线改造、轨道交通建设、人民防空建设和地下综合体建设等时机，合理确定不同时期的建设规模。

6.4.7.4　建设区域

综合管廊建设规划应合理确定综合管廊建设区域。建设区域分为优先建设区和一般建设区。城市新区、更新区、重点建设区、地下空间综合开发区和重要交通枢纽等区域为优先建设区域。其他区域为一般建设区域。

综合管廊建设宜结合道路新改扩建、轨道交通建设、重大市政管线更新、功能区及老旧小区改造、架空线入地等开展。

6.4.7.5　系统布局

（1）系统布局形式

应根据城市功能分区、空间布局、土地使用、开发建设等，结合管线敷设需求及道路布局，确定综合管廊的系统布局和类型等。

应在满足实际规划建设需求和运营管理要求前提下，适度考虑干线、支线和缆线管廊的网络连通，保证综合管廊系统区域完整性。

应与沿线既有或规划地下设施的空间统筹布局和结构衔接，处理好综合管廊与重力流管线或其他直埋管线的空间关系。

应综合考虑不同路由建设综合管廊的经济性、社会性和其他综合效益。综合管廊系统布局应重点考虑对城市交通和景观影响较大的道路，以及有市政主干管线运行保障、解决地下空间管位紧张、与地铁、人民防空、地下空间综合体及其他地下市政设施等统筹建设的路段。管线需要集中穿越江、河、沟、渠、铁路或高速公路时，宜优先采用综合管廊方式建设。

（2）综合管廊类型

《城市综合管廊工程技术规范》GB 50838—2015 把综合管廊分为三类：干线综合管廊、支线综合管廊和缆线管廊。

干线综合管廊指用于容纳城市主干工程管线，采用独立分舱方式建设的综合管廊。干线管廊宜在规划范围内选取具有较强贯通性和传输性的建设路由布局。如结合轨道交通、主干道路、高压电力廊道、供给主干管线等的新改扩建工程进行布局。

支线综合管廊指用于容纳城市配给工程管线，采用单舱或双舱方式建设的综合管廊。支线管廊宜在重点片区、城市更新区、商务核心区、地下空间重点开发区、交通枢纽、重点片区道路、重大管线位置等区域，选择服务性较强的路由布局，并根据城市用地布局考虑与干线管廊系统的关联性。

缆线管廊指采用浅埋沟道方式建设，设有可开启盖板但其内部空间不能满足人员正常通行要求，用于容纳电力电缆和通信线缆的管廊。缆线管廊一般应结合城市电力、通信管线的规划建设进行布局。缆线管廊建设适用于以下情况：①城市新区及具有架空线入地要求的老城改造区域。②城市工业园区、交通枢纽、发电厂、变电站、通信局等电力、通信管线进出线较多、接线较复杂，但尚未达到支线管廊入廊管线规模的区域。

在实际的城市建设中，完全容纳主干工程管线的管廊很少，完全容纳配给工程管线的管廊也不是很多，大多是干支线混合式的综合管廊。另外，缆线管廊不能满足人员正常通行要求，实际上不属于综合管廊的范畴，可以归类为电力通信复合缆线沟的范畴，而电缆和通信共缆线沟尚未有标准的相关技术规定（表6–4–3、图6–4–5~图6–4–9）。

不同类型综合管廊特点　　表6–4–3

类型	功能	容纳管线	建设位置	特点
干线综合管廊	连接输送原站与支线综合管廊，一般不直接服务于两侧地块	城市主干工程管线	一般设置在机动车道或道路中央下方	结构断面尺寸大、覆土深、系统稳定、输送量大、安全度高、管理运营较复杂、可直接供应至使用稳定的大型用户
支线综合管廊	将各种管线从干线综合管廊分配、输送至各直接用户	城市工程配给管线，包括中压电力管线、通信管线、配水管线及供热支管等	一般位于道路非机动车道、人行道或绿化带下方	有效断面较小、结构简单、施工方便，设备为常用定型设备，一般不直接服务于大型用户
缆线管廊	主要为沿线地块或用户提供供给服务	主要容纳中低压电力、通信、广播电视、照明等管线	一般位于道路的人行道或绿化带下，埋深较浅	空间断面较小、埋深浅、建设施工费用较少，一般不设置通风、监控等设备，维护管理较简单

6.4.7.6　管线入廊分析

目前国外进入综合管廊的工程管线一般有电信电缆、燃气管线、给水管线和排水管线等，日本等国家也将管道化的生活垃圾输送管道敷设在综合管廊内。国内进入综合管廊的工程管线一般有电力、通信、给水、中水、雨水、污水、燃气7种，北方城市有热力管道。管线入廊时序的确定应统筹考虑综合管廊建设区域道路、供水、排水、电力、通信、广播电视、燃气、热力、垃圾气力收集等工程管线建设规划和新（改、扩）建计划，以及轨道交通、人民防空、其他重大工程等建设计划，分析项目同步实施的可行性。

入廊管线的确定应考虑综合管廊建设区域工程管线的现状、周边建筑设施现状、工程实施征地拆迁及交通组织等因素，结合社会经济发展状况和水文地质等自然条件，分析工程安全、技术、经济及运行维护等因素。

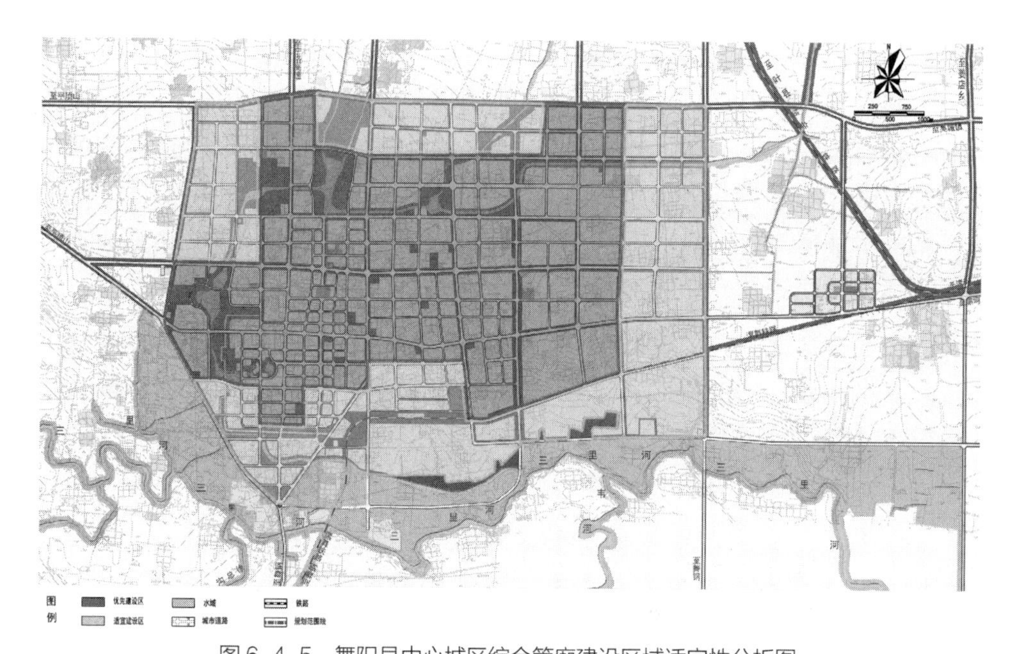

图 6-4-5　舞阳县中心城区综合管廊建设区域适宜性分析图

资料来源：上海同济城市规划设计研究院有限公司,《舞阳县中心城区地下综合管廊专项规划（2017–2035）》

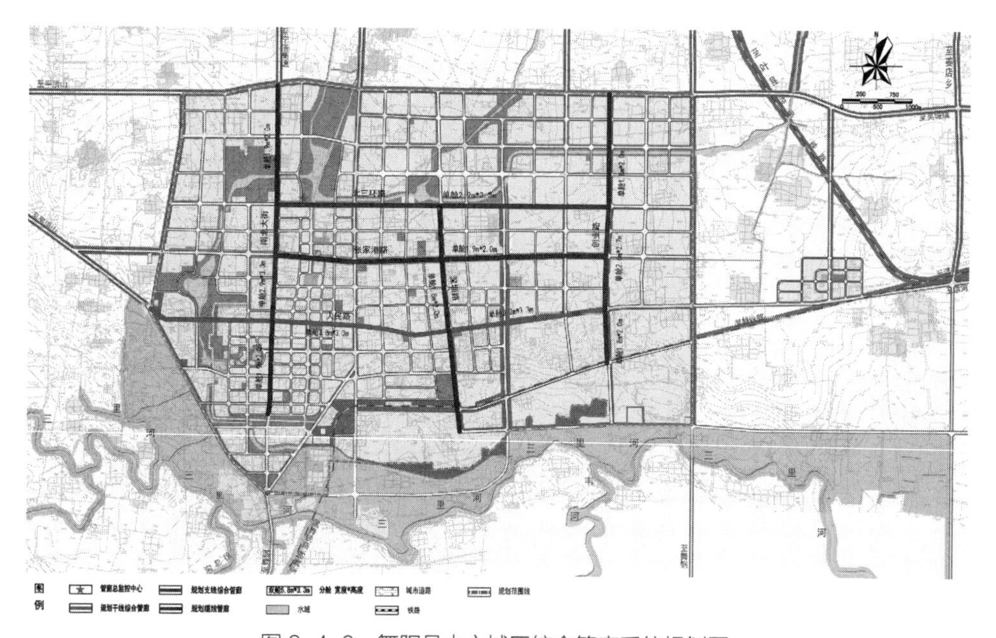

图 6-4-6　舞阳县中心城区综合管廊系统规划图

资料来源：上海同济城市规划设计研究院有限公司,《舞阳县中心城区地下综合管廊专项规划（2017–2035）》

1）电力管线

电力管线入廊主要分析电压等级，电力管线种类及数量，入廊需求，管线敷设、检修和扩容需求，保障城市生命线运行安全需求，对城市景观的影响等。目前在国内许多大中城市都建有不同规模的电力隧道和电缆沟。电力管线纳入综合管廊技术

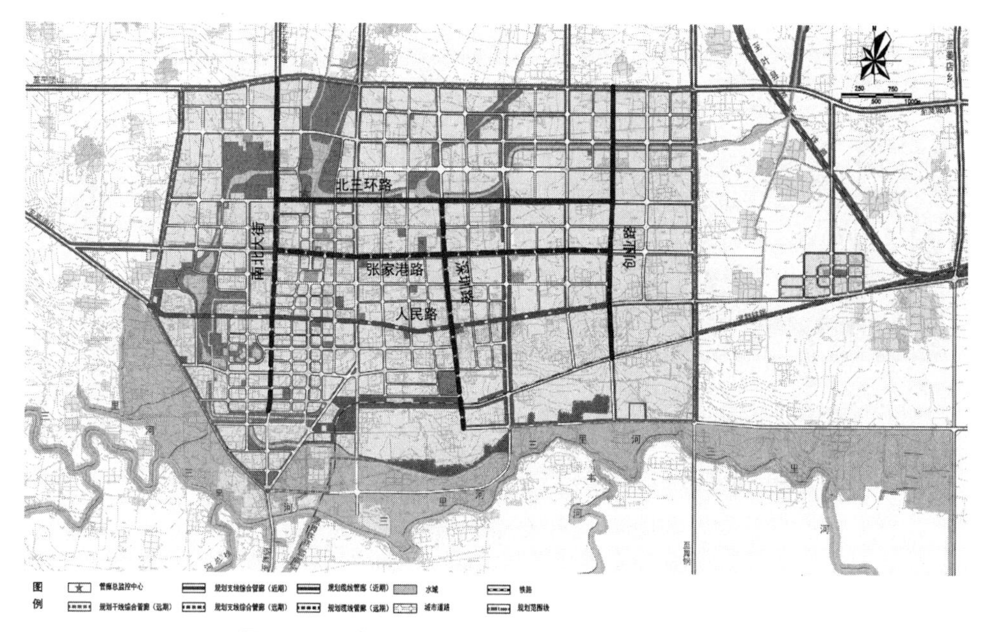

图6-4-7 舞阳县中心城区综合管廊分期建设规划图

资料来源：上海同济城市规划设计研究院有限公司,《舞阳县中心城区地下综合管廊专项规划（2017-2035）》

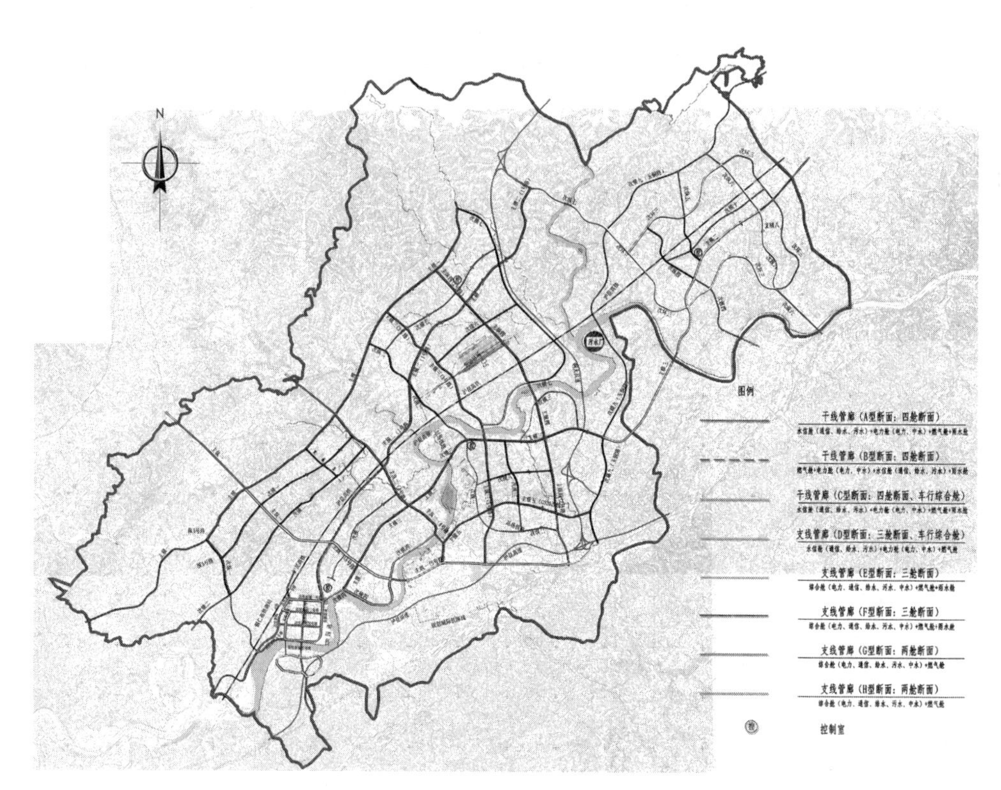

图6-4-8 管廊舱室布局平面图

资料来源：《铜仁市大龙经济开发区城市综合管廊规划》

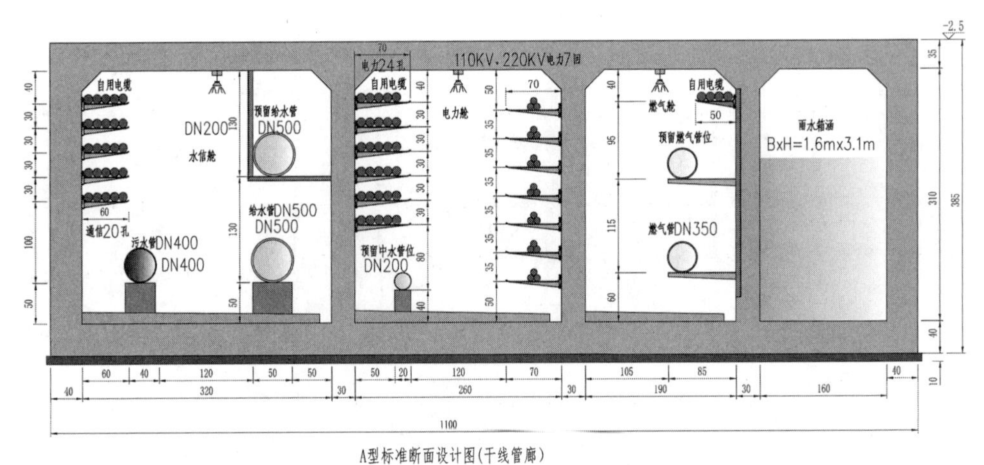

图6-4-9　综合管廊舱标准断面图

资料来源：《铜仁市大龙经济开发区城市综合管廊规划》

可行，有利于管线的维护和安全运行。需要解决的主要问题是防火防灾、通风降温。在工程中，通过感温电缆、自然通风辅助机械通风、防火分区及监控系统来保证电力电缆的安全运行。

2）通信管线

通信管线入廊主要分析通信管线种类及数量，入廊需求，管线敷设、检修和扩容需求，对城市景观的影响等。通信管线目前主要有架空和埋设两种方式。传统的埋设方式受维修及扩容的影响，造成挖掘道路的频率较高。通信管线纳入综合管廊需要解决信号干扰等技术问题，随着光纤通信技术的普及，以及物理屏蔽措施的采用，可以避免此类问题的发生。因此通信管线可以进入综合管廊。

3）给水及中水管道

给水、中水管道为压力管道，材质一般为钢管，纳入综合管廊有利于管线的检修保养，提升使用年限。供水管线入廊主要分析入廊需求，管线敷设、检修和扩容的需求等。考虑到道路沿线消防用水（间距不应大于120m）的需要，若给水管道全部入舱，会导致给水出线过于频繁，因此建议给水主干管入舱，支管不入舱。管径超过DN1200mm的输水管线入廊，需进行经济技术比较研究。

4）燃气管线

燃气管线是否入廊，应综合分析城镇燃气系统现状，具体包括：城市气源条件；输配系统现状，需说明系统组成及系统特点；燃气管网规划，特别是城市主干燃气管线的规划情况；近5年城市燃气事故分析。宜将燃气输配主干管道纳入综合管廊，并尽量减少分支口；燃气管道入廊还应结合入廊燃气管道的管径、压力等级、管道数量、管道敷设、检修和扩容、运行安全、用地条件等因素，提出含燃气舱室以及燃气管道配套设施的有关要求，考虑对城市景观、地下空间、道路交通的影响等，综合分析含燃气舱室的综合管廊建设效益。

燃气管线纳入综合管廊时，不利因素主要包含三点。首先是燃气管道需要在独立舱室内敷设，工程规模增加较多，增加了工程投资。其次是燃气舱室需要设置大量传感与监控设备，根据目前经验，监控可燃气体的传感设备每5~6年即需更换，且更换费用较高，大大提高了管廊后期维护成本。再次是燃气存在泄漏的风险，可能会导致管廊灾害。入廊燃气管道设计压力不宜大于1.6MPa，大于1.6MPa燃气管道入廊需要进行安全论证。有利因素在于减少了道路开挖修复工作量，减少了对周围环境的影响，延长了管道使用寿命。

5）排水管线

排水管线入廊主要分析排水相关规划、高程系统条件、地势坡度、管线过流能力、支线数量、配套设施、施工工法、安全性及经济性，及入廊后对现状管线系统的影响等。排水管线分为雨水管线和污水管线两种，一般情况下两者均为重力流。

雨水管线管径较大，若入舱将导致大幅增加舱室断面，或增加舱室数量。双向横坡的道路，管廊一般设置在中分带下，若雨水管线入舱，需要设置大量的横向收水管线，导致所在道路路基不易压实，还因为需要考虑排水坡度，造成整个管廊主体埋深随着雨污水管道的坡度要求而变化，极大地增加了管廊建设成本。当综合管廊增加了雨污水重力流管道后，综合管廊每千米造价增加约4000万元。在道路与管道坡向、坡度及竖向相适宜的情况下，考虑将重力流管道纳入综合管廊。雨水管道入廊可以因地制宜地考虑利用管廊自身腔体，结合雨水调蓄设施同步建设，将管廊与城市防洪结合，延伸、拓展管廊的功能。

污水管线若放于综合管廊内，管材需要考虑防止渗漏，同时污水管还需设置透气系统和污水检查井，需在廊内配套硫化氢和甲烷气体监测与防护设备。另外管廊内长期存储污水，对管廊内壁具有较大的腐蚀性，因此污水管线入廊条件不佳。

6）热力管线

热力管线入廊应综合分析城市集中供热系统现状，具体包括：热水管道、蒸汽管道及凝结水管道的建设及应用情况；近5年城镇热力事故分析，并需要对蒸汽管道事故进行重点描述及分析；热源厂规划、管网规划，尤其是热力主干管线的规划情况。

根据供热相关专项规划，应将供热主干管道纳入综合管廊，并考虑尽量减少分支口；DN1200mm及以上规格管径的供热管道入廊需进行安全性、经济性分析。热力管道入廊还应考虑热力管道介质种类（热水、蒸汽）、管径、压力等级、管道数量、管道敷设、检修和扩容、运行安全等需求，以及对城市景观、地下空间、道路交通的影响，综合分析含热力舱的综合管廊建设效益。

7）其他管线

如再生水管、区域空调管线及气力垃圾输送管道等，主要分析入廊需求、管线规模、运营管理、经济效益等。

综上，地下综合管廊规划入廊管线方案建议如下：

①电力和通信缆线、给水管道、热力管道、中压燃气管道均纳入综合管廊，其中中压燃气管道和热力管道中的蒸汽管道应单舱敷设。

②雨污水压力流管道、再生水管道亦可纳入综合管廊。

③对于雨污水重力流管道，在道路与管道坡向、坡度及竖向相适宜的情况下，可考虑将其纳入综合管廊。同时，雨水管道入廊可因地制宜地考虑利用管廊自身腔体，结合雨水调蓄设施同步建设。

6.4.7.7　管廊断面选型

（1）断面形式

应根据入廊管线种类及规模、建设方式、预留空间，以及地下空间、周边地块、工程风险点、地质情况及施工方法等，合理确定综合管廊分舱、断面形式及控制尺寸。综合管廊断面选型应遵循集约原则，并为未来发展适度预留空间。

综合管廊断面设计是综合管廊设计的前提和核心所在，断面大小直接关系到管廊所容纳的管线数量、工程造价以及运行成本。管廊内的空间需满足各管线平行敷设的间距要求以及行人通行的净高和净宽要求，满足各管线安装、检修所需空间，同时需要对各种公用管线留有发展扩容的空间，须正确预测远景发展规划，以免造成容量不足或过大，致使浪费或在综合管廊附近再敷设地下管线。

应综合考虑综合管廊空间、入廊管线种类及规模、管线相容性以及周边用地功能和建设用地条件等因素，对综合管廊舱室进行合理布置。从运营角度考虑宜尽量整合舱室。建设条件受限时，多舱综合管廊可采用双层或多层布置形式，各个舱室的位置应考虑各种管线的安装敷设及运行安全需求。当舱室采用上下层布置时，燃气舱宜位于上层。

采用明挖现浇施工时宜采用矩形断面；采用明挖预制施工时宜采用矩形、圆形或类圆形断面；采用盾构施工时宜采用圆形断面；采用顶管施工时宜采用圆形或矩形断面；采用暗挖施工时宜采用马蹄形断面（图 6-4-10）。[13]

（2）分仓形式

应综合考虑综合管廊空间、入廊管线种类及规模、管线相容性以及周边用地功能和建设用地条件等因素，对综合管廊舱室进行合理布置。从运营角度考虑宜尽量整合舱室。建设条件受限时，多舱综合管廊可采用双层或多层布置形式，各个舱室的位置应考虑各种管线的安装敷设及运行安全需求。

天然气管道应在独立舱室内敷设，当舱室采用上下层布置时，燃气舱宜位于上

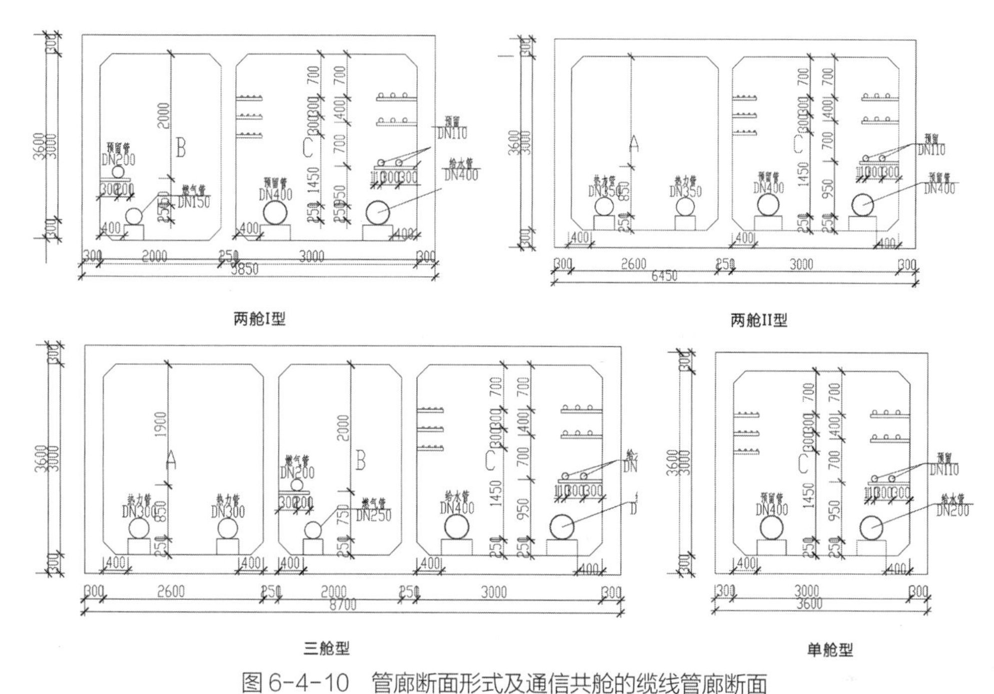

图 6-4-10 管廊断面形式及通信共舱的缆线管廊断面

资料来源：山东同圆设计集团有限公司，《东营市河口区地下综合管廊工程专项规划（2016–2030）》

层。热力管道采用蒸汽介质时应在独立舱室内敷设，热力管道不应与电力电缆同舱敷设，110kV 及以上电力电缆不应与通信电缆同侧布置，给水管道与热力管道同侧布置时，给水管道宜布置在热力管道下方，雨水纳入综合管廊可利用结构本体或采用管道排水方式，污水管道宜设置在综合管廊的底部（表 6–4–4）。

（3）断面尺寸

在确定综合管廊的断面尺寸时，主要考虑以下几点：

1）满足入廊管线安装、检修、维护作业及管线更新等所需要的空间要求，根据管线运输、安装、维护、检修等要求，以及照明、通风、排水等设施所需空间，尤其注意人行通道的预留宽度。《城市综合管廊工程技术规范》GB 50838—2015 规

分舱形式列表 表 6–4–4

舱位	形式
单舱	矩形、圆形。一般为电、讯同舱；水、电、信等同舱
双舱	矩形。一般热、水同舱；水、电、信同舱或水、电同舱带燃气独舱
三舱	矩形。一般有高压电力独舱、燃气独舱等
四舱	管线量巨大情况
一体化	与地下空间、地铁结合情况
其他	特殊结构

定：管廊内两侧设置支架时，人行通道最小净宽不小于 1.0m；单侧设置支架时，人行通道最小净宽不小于 0.9m。但是考虑到防火门的安装需求，人行通道宽度不宜小于 1.2m。

2）净高不小于 2.4m。

3）考虑给水管、中水水管阀门的安装空间。

4）考虑管廊电力及自控管线的预留空间。排架间距应满足电力、通信线缆的安装要求。通信排架垂向间距应不小于 200mm，10kV 线缆排架间距应不小于 250mm，35kV 电力排架间距应不小于 300mm，110kV 电力排架间距应不小于 350mm。

5）现状地下建（构）筑物及周围建筑物等条件，道路及相邻的地下空间、轨道交通等现状或规划条件。

干线管廊断面布置：

一般位于道路机动车道或绿化带下方，主要容纳城市工程主干管线，向支线管廊提供配送服务，不直接服务于两侧地块，一般根据管线种类设置分舱，覆土较深（图 6-4-11~ 图 6-4-15）。

支线管廊断面布置：

一般位于道路非机动车道、人行道或绿化带下方，主要容纳城市工程配给管线，包括中压电力管线、通信管线、配水管线及供热支管等，主要为沿线地块或用户提供供给服务，一般为单舱或双舱断面形式（图 6-4-16、图 6-4-17）。

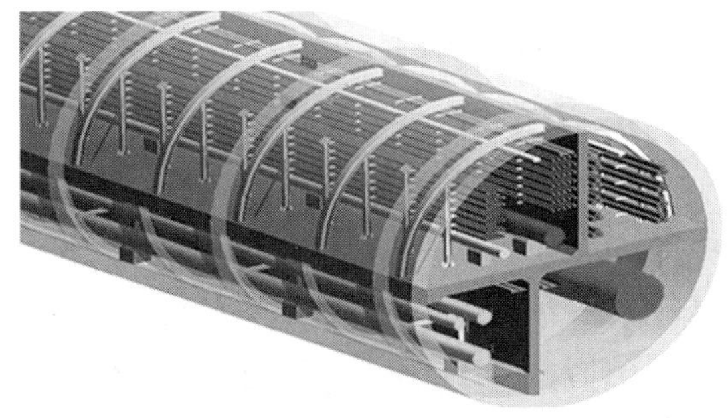

图 6-4-11　四舱管廊示意

资料来源：http：//www.cditv.cn/show-1140-1196704-1.html

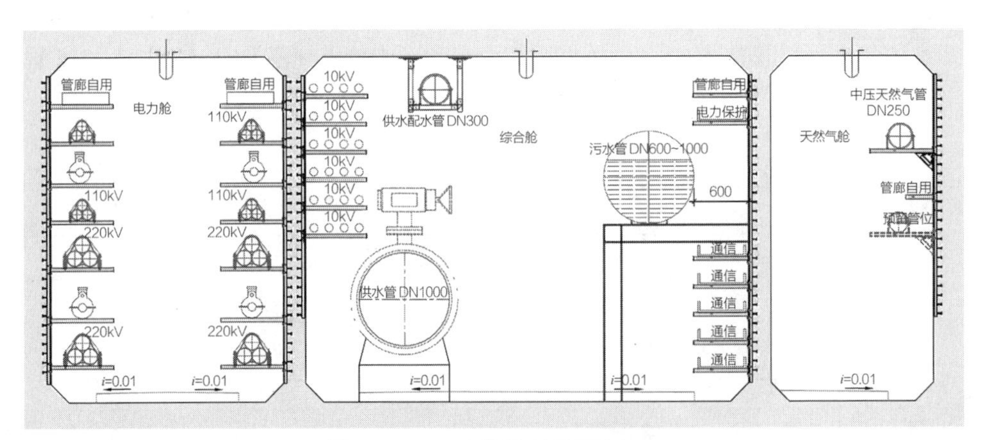

图 6-4-12　干线管廊断面示意一

资料来源：http：//www.mdgrp.cn/show/?cid=482

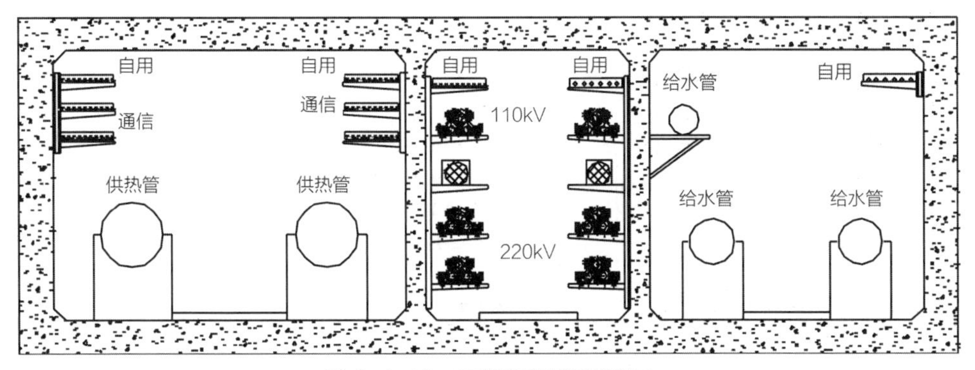

图 6-4-13 干线管廊断面示意二

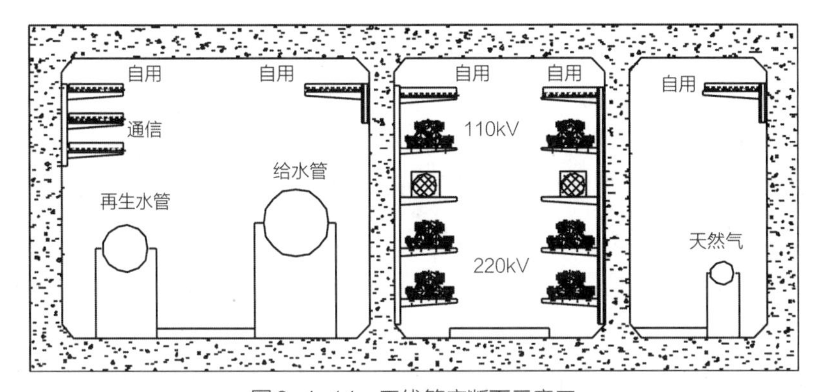

图6-4-14 干线管廊断面示意三

缆线管廊断面布置：

一般位于道路的人行道或绿化带下，主要容纳中低压电力、通信、广播电视、照明等管线，主要为沿线地块或用户提供供给服务。可以选用盖板沟槽或组合排管两种断面形式。采用盖板沟槽形式的，断面净高一般在1.6m以内，不设置通风、照明等附属设施，不考虑人员在内部通行。安装更换管线时，应将盖板打开，或在操作工井内完成。

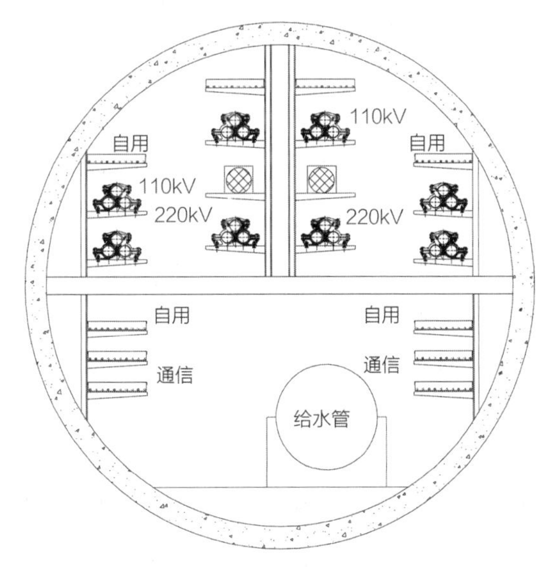

图 6-4-15 干线管廊断面示意四

资料来源：城市地下综合管廊建设规划技术导则 [S]. 北京：住房和城乡建设部，2019

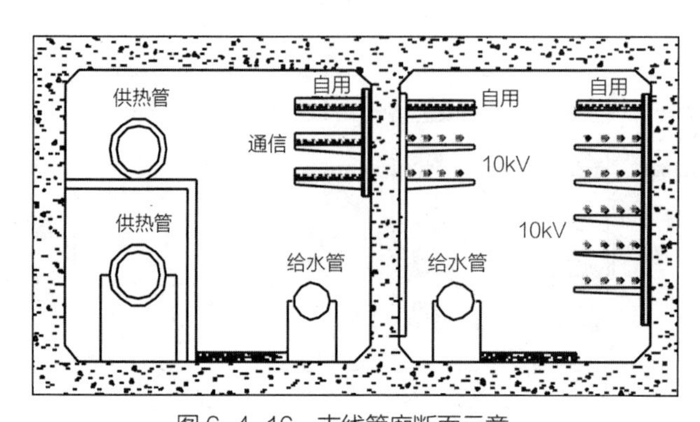

图 6-4-16　支线管廊断面示意一

资料来源：城市地下综合管廊建设规划技术导则 [S]. 北京：住房和城乡建设部，2019

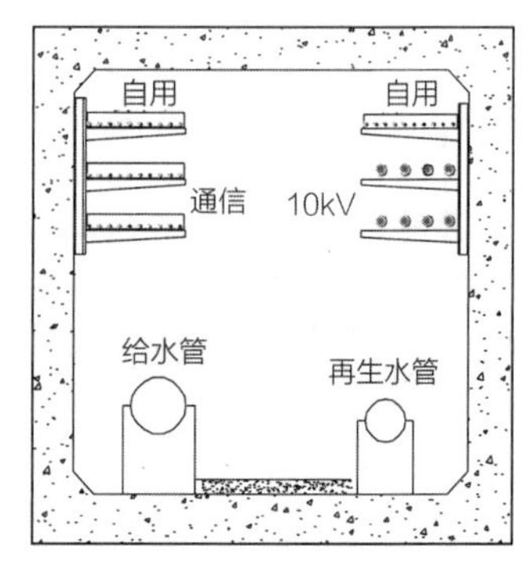

图 6-4-17　支线管廊断面示意二

资料来源：城市地下综合管廊建设规划技术导则 [S]. 北京：住房和城乡建设部，2019

6.4.7.8　三维控制线划定

（1）划定内容

三维控制线划定应明确综合管廊的平面位置和竖向控制要求，引导综合管廊工程设计和地下空间管控与预留。综合管廊规划设计条件应确定综合管廊在道路下的平面位置及与轨道交通、地下空间、人民防空及其他地下工程的平面和竖向间距控制要求。

（2）平面位置

管廊平面线形宜与所在道路平面线形一致，综合管廊尽量布设在道路绿化带下、非机动车道下、人行道下。一般情况下机非分隔带绿化带较窄，上有路灯等设施不利于节点布置，且由于投料口、通风逃生口的设置，大大影响道路整体美观。同时横向上部分管廊可能会超出道路施工范围，需要独立开挖沟槽，难度大，造价高。若将管廊至于中央分带，不影响道路美观，可以降低施工难度，节省工程投资。因此，综合管廊平面上一般设置于中分带之下。

干线管廊：干线综合管廊宜布置于机动车道与道路绿化带下；对于有较宽绿化带的主干道，将综合管廊布置于中央绿化带下。

支线管廊：宜布置在道路绿化带、人行道或非机动车道下。

线缆管廊：宜布置在人行道下。

（3）竖向控制

综合管廊覆土厚度主要考虑以下三个因素：

1）管廊上部的绿化种植的覆土厚度要求，应根据当地水文地质条件、地下设施竖向规划、行车荷载、绿化种植、冻土深度、管廊施工方式等因素综合确定。

2）管廊与横穿道路的各种管线的交叉关系；需考虑避让地下空间、规划河道、规划轨道交通及横向交叉管线。同时应符合现行《城市工程管线综合规划规范》GB 50289—2016 有关要求。与非重力流管线交叉，非重力流管线避让综合管廊。与重力流管线交叉，应根据实际情况，经过经济技术比较后确定解决方案。穿越河道时，综合管廊一般从河道下部穿越，对河床较深的地区可采取从河道上部跨越，经济技术比较后确定解决方案。

3）管廊附属设施（如通风口、投料口）设置时应考虑人员操作及设备安装空间的要求空间。

综合管廊的埋置深度对工程造价影响显著，尤其是在软土地基广泛分布的地区，影响更为显著。当综合管廊的埋置深度较深时，有利于其他没有纳入综合管廊的管线敷设和交叉节点的躲避，但施工措施费用较高。当综合管廊的埋置深度较浅时，施工方便，施工措施费用较低，但不利于其他没有纳入综合管廊的管线敷设。因而综合管廊的具体埋置深度应结合不同的具体工程特点来确定。

6.4.7.9 重要节点控制

综合管廊建设规划应明确综合管廊与道路、轨道交通、地下通道、人民防空及其他设施之间的间距控制要求。提出综合管廊保护区域范围及基础性的保护要求。

综合管廊与道路交叉，应整体考虑工程规划建设方案，在规划有地下交通廊道的区域，综合管廊可与地下交通廊道相结合。

综合管廊与轨道交通交叉，应根据施工区域地质条件、施工工法、相邻设施性质及有关标准规范要求等，合理确定控制间距。与新建轨道交通车站、区间交叉时，宜优先结构共构或共享施工场地；与已运行的轨道交通车站、区间交叉时，须进行安全性评估等工作，以避免对既有轨道交通造成不利影响。

当综合管廊兼具人民防空功能要求时，应会同人民防空主管部门，明确功能定位、技术标准。因地制宜增设连通口，使综合管廊成为联系周边地块人民防空工程的联络通道（图 6–4–1）。

综合管廊与地下综合体衔接，应分析相关规划中地下空间的功能定位、重点建设区域、地下分层功能设置要求等。与新建地下综合体衔接，宜采用共构或共用施工场地等实施；与已建地下综合体衔接，应评价地下空间结构安全要求，采取保护措施穿越或避让。

综合管廊与铁路交叉宜垂直穿越，受条件限制时可斜向穿越，最小交叉角不宜小于 60°。综合管廊人出入口、逃生口、吊装口、通风口及管线分支口等不宜设置在铁路安全保护区内。综合管廊与铁路基础之间的净距应符合现行《城市工程管线综合规划规范》GB 50289—2016、《公路与市政工程下穿高速铁路技术规程》TB 10182—2017 等标准规范有关规定。

综合管廊与河道交叉宜垂直穿越，受条件限制时可斜向穿越，最小交叉角不宜小于 60º，应符合现行《城市综合管廊工程技术规范》GB 50838—2015 中 5.2.1 及 5.2.2 规定。

综合管廊与重力流管线交叉，应根据实际情况，经过经济技术比较后确定解决方案。如需综合管廊避让重力流管线，应对既有管线采取保护措施，并满足安全施工要求。

6.4.7.10　监控中心及各类口部

（1）监控中心

综合管廊建设规划应合理确定监控中心、吊装口、通风口、人员出入口等各类口部的规模、用地和建设标准。

监控中心及各类口部应与综合管廊主体构筑物同步规划，充分利用综合管廊主体构筑物周围地下空间，提高土地使用效率。

监控中心及各类口部应与临近地下空间、道路及景观相协调。

监控中心规划要点如下：

1）监控中心设置应满足综合管廊运行管理、城市管理、应急管理的需要。监控中心应设置在安全地带，并满足安全与防灾要求。

2）监控中心应结合综合管廊系统布局、分区域建设规划进行设置。当城市规划建设多区域综合管廊时，宜建立市级、组团级两级管理机制。特大及以上规模城市可增设区级监控中心，形成市级、区级、组团级三级监控中心的管理模式。

3）按照建设时序，有近期综合管廊建设项目的片区，监控中心应在近期建设，并应预留发展空间，满足本区域远期的监控要求。

4）监控中心宜与临近公共建筑合用。

雄安市民服务中心的地下综合管廊监控中心（中控室）作为“大脑中枢”，能对地下管廊进行智慧化运维管理，任何异常都逃不过它的“火眼金睛”。巡检机器人负责实时监控，配备六关节机械臂，搭载高清摄像机及红外热成像仪的影像盒，通过温度、湿度、气体等传感器，对管廊内各部位环境信息实时监测，巡航定位误差不超过 2cm。

（2）各类口部

各类口部规划要点如下：

1）综合管廊每个舱室均应规划建设人员出入口、逃生口、吊装口、通风口等口部。

2）各类出地面口部宜集中复合设置，以便管理和减少对环境景观的影响。

3）逃生口应布置在绿化带或人行道范围内，其他孔口应布置在绿化带、人行道或非机动车道内。各类口部露出地面部分应与环境景观协调，同时不得影响交通通行。

4）综合管廊分支口布局应结合管线入廊需求、各地块管线接入需求、道路布局等统筹设置。

A. 管线分支口

为使地下综合管廊服务沿线用地，干线管廊、支线管廊和缆线管廊应结合两侧用地预留管线分支口。地下综合管廊内部管线和外部直埋管线相衔接的部分应设置管线分支口，沿管廊布置，并根据周边地块的需要，将管廊内专业管线与外部直埋管线相连接。[12]

B. 通风口、逃生口、吊装口

通风口设计应考虑综合管廊内消防排烟及正常使用时通风换气的因素。综合管廊宜采用自然进风和机械排风相结合的通风方式。燃气舱应采用机械进风、排风的通风方式，且燃气舱排风口与周边建（构）筑物口部距离不小于10m。综合管廊进、排风口的净尺寸应满足通风设备进出的最小尺寸要求。

综合管廊人员出入口宜与逃生口、吊装口及进风口结合设置，且不应少于两个。综合管廊逃生口的设置应符合下列规定：敷设电力电缆的舱室，逃生口间距不宜大于200m；敷设天然气管道的舱室，逃生口间距不宜大于200m；敷设热力管道的舱室，逃生口间距不宜大于400m；当热力管道采用蒸汽介质时，逃生口间距不宜大于100m；敷设其他管道的舱室，逃生口间距不宜大于400m。

综合管廊吊装口宜与通风口合建，其最大间距不宜超过400m。吊装口净尺寸应满足管线、设备及人员进出的最小允许限界要求；吊装口宜设置于绿化带中；吊装口内部顶板上应设置供管道及附件安装用的吊钩，以方便今后各专业管线的安装及维护等（图6-4-18~图6-4-20）。

C. 投料口设计

投料口布置间距不宜小于400m，应结合送风井设置，开孔应对应检修通道，以

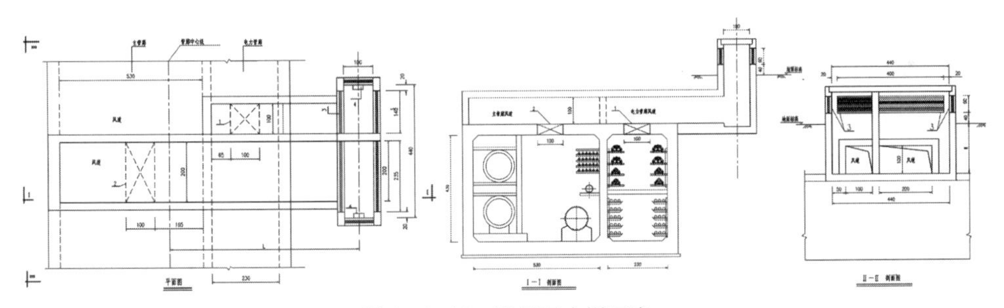

图6-4-18 进风口大样示意

资料来源：山东同圆设计集团有限公司，《东营市河口区地下综合管廊工程专项规划（2016-2030）》

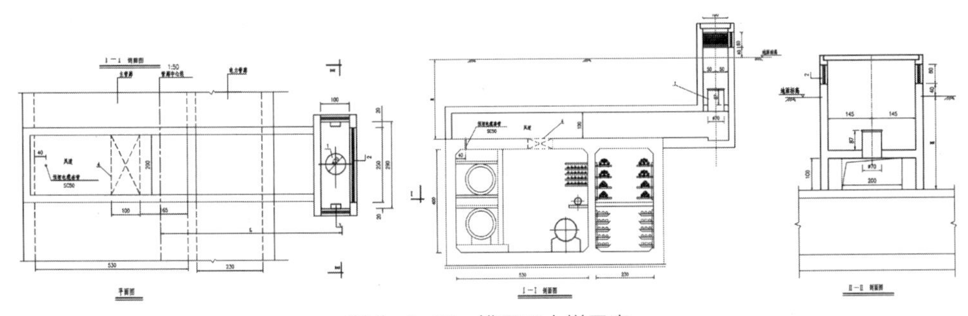

图6-4-19 排风口大样示意

资料来源：山东同圆设计集团有限公司，《东营市河口区地下综合管廊工程专项规划（2016-2030）》

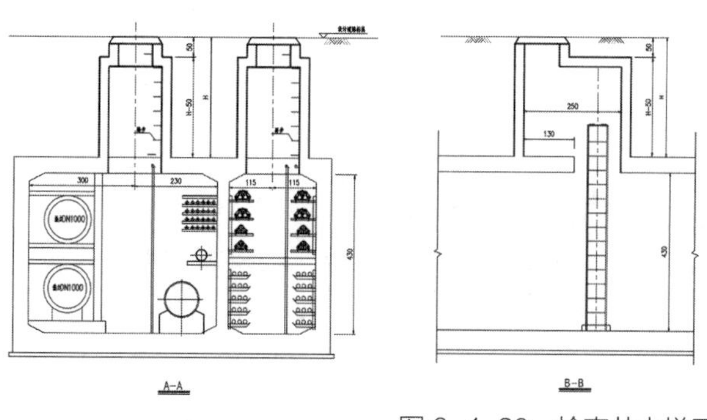

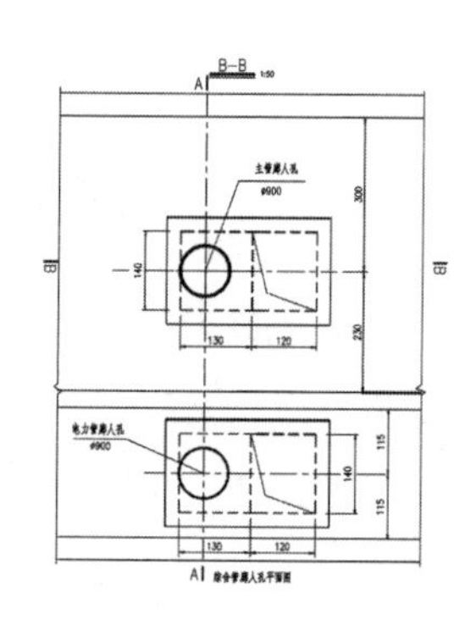

图 6-4-20　检查井大样示意

资料来源：山东同圆设计集团有限公司，《东营市河口区地下综合管廊工程专项规划（2016–2030）》

减少地面建筑对周边景观的影响。投料口宜设置在绿化带中，不影响行人通行。投料口地面以上部分侧壁一般需安装铝合金防雨百叶，兼作自然送风井使用，高出地面不宜小于 1.0m。在投料口侧壁需设置钢爬梯至综合管廊底，以便人员出入，投料口兼作安全人孔用途。

D. 端井设计

一般在工程设置起终点需要设置两个端口井，以实现综合管廊内的管线与直埋管线的连接，在综合管廊端部断面上预留套管，套管的高程以管沟内的管线高程为准。端井处要做防渗设计，防止地下水等进入到综合管廊内。

E. 管线接出口设计

管廊内的给水管和电力、通信均需设置接出口，除特殊需求外，常按间距 200m 一道布置。一般应考虑从顶板接出，便于衔接。一般布置方案为预埋管同口径钢管穿过防水套管，管道接出后在道路红线以外 5m 内设置阀门井，并预留钢管一节，用钢制堵板封堵。

6.4.7.11　附属设施

综合管廊应按照《城市综合管廊工程技术规范》GB 50838—2015 和其他各市政专业设计规范设置相应的消防、供电、照明、监控与报警、通风、排水和标识系统等，明确附属设施的配置原则和要求。

（1）通风系统：根据不同舱室明确排风方式。自然通风和机械通风相结合。天然气管道舱和含有污水管道的舱室应采用机械进、排风的通风方式。

（2）照明系统：根据不同舱室情况采取相应的处理措施，保障廊内照明。

（3）供电系统：进行经济技术比较后确定。应划分供电分区，设置埋地式变压器，确保综合管廊照明和动力用电。

（4）监控和报警：分为环境与设备监控系统、安全防范系统、通信系统、预警与报警系统、地理信息系统和统一管理信息平台等。检测与控制工程管线运行信息。方便日常管理、增强安全性和防范能力。保证能探测火情，监测有害气体、温度等，及时将信息传递至监控中心。

（5）排水系统：确定排水沟形式、排水泵等相关参数。应设置自动排水系统。排水区间长度不宜大于200m，在最低处设置集水坑及自动水位排水泵。集水坑的容量根据渗入综合管廊内的水量和排水扬程确定，最终用自动水位排水泵将水排出。从管廊内污水管排出的污水就近接入市政污水井，进入城市排水系统，为防止污水倒流，需要在排水管的上端设置逆止阀。

（6）标识系统：对综合管廊建设的时间、规模、容纳的管线等情况进行简介。入廊管线应按管线管理单位要求进行标识，标牌应设置于醒目位置，间隔距离不应大于100m。标明管线的产权单位名称、紧急联系电话、设备名称、注意事项等。

6.4.7.12　安全防灾

应根据城市抗震设防等级、防洪排涝要求、安全防恐等级、人民防空等级等要求，结合自然灾害因素分析提出综合管廊抗震、消防、防洪排涝、安全防恐、人民防空等安全防灾的原则、标准和基本措施，并考虑紧急情况下的应急响应措施。

（1）抗震

按照《城市综合管廊工程技术规范》GB 50838—2015要求，综合管廊应按照乙类建筑物进行抗震设计，《建筑工程抗震设防分类标准》GB 50223—2008中要求，乙类建筑应按高于本地区抗震设防烈度Ⅰ度的要求加强其抗震措施。

因此在管廊规划中，先根据《中国地震动参数区划图》GB 18306—2015找出相应城市地震基本烈度，进而确定其管廊抗震等级。地震时可能发生滑坡、崩塌、地陷、地裂、泥石流等地段及发育断层带上可能发生地表错位的部位严禁建设综合管廊。

（2）防火

虽然在综合管廊内发生火灾是小概率事件，但综合管廊内敷设的都是当地工作、社会、生产的重要线路，一旦发生火灾将影响到社会的经济秩序和生活秩序，火灾扑灭困难，所以综合管廊内应采取必要的措施降低火灾的发生、控制火势的蔓延，可通过选择不燃材料、设置防火隔断与防火器材、设置火灾自动报警系统等措施，减少和降低火灾发生的概率。

（3）防洪

应确定综合管廊的人员出入口、进风口、吊装口等露出地面的构筑物的防洪排涝标准。综合管廊露出地面的构筑物应避免设置在地形低洼凹陷区，构筑物周边应根据地形考虑截水设施，应满足城市防洪要求，综合管廊的投料口、通风口等露出地面的建筑物应有防止地面水倒灌的措施，孔口标高应不低于城市总规中要求的防洪标高再加一定的安全余量。

（4）防恐

安全防恐方面应结合城市安全防恐风险评估体系和安全规划，明确防恐设防对象、设防等级等技术标准。

（5）防空

人民防空方面应结合当地实际，对综合管廊兼顾人民防空需求进行规划分析。综合管廊需兼顾人民防空需求的，应明确设防对象、设防等级等技术标准。

6.4.7.13　建设时序

应根据城市发展需要，合理安排综合管廊建设的近、中、远期时序。

近期确定近期建设项目，一般以 5 年为宜。明确近期建设项目的年份、位置、长度、断面形式、建设标准等，达到可以指导工程实施的深度要求。优先安排新旧城区连接点、跨越河流、铁路和公路等关键点的管廊建设。

远期根据城市中远期发展规划确定中远期建设综合管廊项目的位置、长度等。

6.4.7.14　投资估算

（1）投资估算应明确规划期内综合管廊建设资金总规模及分期规划综合管廊建设资金规模，近期规划综合管廊项目需按路段明确投资规模。

（2）应具体说明投资估算编制所依据的标准规范、有关文件，以及使用的定额和各项费用取定的依据及编制方法等。

（3）可参照《市政工程投资估算编制办法》（建标〔2007〕164 号）、《城市地下综合管廊工程投资估算指标》（ZYA1–12（11））测算规划综合管廊项目工程所需建设资金。《城市地下综合管廊工程投资估算指标》（ZYA–12（11））由综合指标和分项指标两部分组成。综合指标可应用于项目建议书阶段与可行性研究阶段，作为编制投资估算、确定项目投资额、多方案比选和优化设计的参考依据。分项指标可应用于可行性研究阶段后，当设计建设相关条件进一步明确时，作为估算某一标准段或特殊段费用的参考依据。其中管廊本体按照断面和舱数组合，给出 17 个综合指标区间，基本涵盖所有管廊工程。入廊专业管线指标共 39 项，包括电力、通信、燃气、热力 4 个专业，给水排水指标可参照已发布的市政工程投资估算指标，基本涵盖所有入廊管线。

（4）综合管廊主要包括两大部分成本：一部分管廊的建设成本，另一部分是管廊的运营维护成本。

6.4.7.15　保障措施

（1）保障措施应提出组织、制度、资金、管理、技术等方面措施和建议，以保障规划有效实施。

（2）组织保障应提出保障综合管廊工程实施的组织领导、管理体制、工作机制等措施建议。

（3）制度保障应提出保障综合管廊规划建设管理的地方法规、规章制度、政策文件、标准规范等措施建议。

（4）资金保障应依据规划期内综合管廊投资估算，结合城市经济总量、运营管理基础条件等特征，以科学合理的收费机制为前提，提出建议选择的综合管廊投融资模式，形成与收费机制相协调的、多元化的融资格局。

（5）管理保障应提出保障综合管廊运营维护和安全管理需要的管理模式、标准、安全运营制度等措施建议。

（6）技术保障应依据规划综合管廊系统布局，结合规划范围实际情况，提出推荐采取的综合管廊施工工艺和技术。

6.4.7.16 技术创新与发展趋势

（1）预制拼装及标准化、模块化

综合管廊预制拼装技术是国际综合管廊发展趋势之一，大幅降低施工成本，提高施工质量，缩短施工工期。综合管廊标准化、模块化是推广预制拼装技术的重要前提之一，预制拼装施工成本取决于建设管廊的规模长度，而标准化可以使预制拼装模板等装备的使用范围不局限于单一工程，从而降低成本，有效促进预制拼装技术的推广应用。此外，编制基于综合管廊标准化的通用图，可大幅降低设计单位的工作量，节约设计周期，提高设计图纸质量（图6–4–21、图6–4–22）。

（2）综合管廊与地下空间建设相结合

城市地下综合管廊的建设不可避免会遇到各种类型的地下空间，实际工程中经常会发生综合管廊与已建或规划地下空间、轨道交通产生矛盾，解决矛盾的难度、成本和风险通常很大。应从前期规划入手，将综合管廊与地下空间建设统筹考虑，不但避免后期出现的各种矛盾，还降低综合管廊的投资成本。如综合管廊与地下空间重合段可利用地下空间某个夹层、结构局部共板等。

图6-4-21 预制模块化综合管廊

资料来源：http：//sd.chinaso.com/tt/detail/20171019/1000200032983981508420268983629879_1.html

图6-4-22 管廊制作模具

资料来源：http：//www.chinabuilding.com.cn/book-2376.html

（3）BIM+GIS 技术应用于综合管廊建设

BIM 是建筑信息模型（Building Information Model）的英文简称。以三维数字技术为基础，对工程项目信息进行模型化，提供数字化、可视化的工程方法，贯穿工程建设从方案到设计、建造、运营、维修、拆除的全寿命周期，服务于参与工程项目的所有各方。

GIS 是地理信息系统（Geographic Information System）的英文简称，是一种特定的十分重要的空间信息系统。在计算机硬、软件系统支持下，对整个或部分地球表层空间中的有关地理分布数据进行采集、储存、管理、运算、分析、显示和描述的技术系统。

要准确把握一项市政工程如道路、桥梁、地道、综合管廊从宏观到微观的全面信息，包括周边环境、地质条件和现状管线等。BIM+GIS 正好互补两者之间信息的缺失。采用 BIM+GIS 三维数字化技术，将现状地下管线、建筑物及周边环境三维数字化建模，形成动态大数据平台。在此基础上，将综合管廊、管线及道路等建设信息输入，以指导综合管廊的设计、施工和后期运营管理，有效提高地下综合管廊工程的建设和管理水平。通过 BIM+GIS 技术，大大方便后期运营管理智能化的实现，通过运营管理智能化监控平台的建设，提高综合管廊运行的安全性、可靠性和便捷性。

雄安市民服务中心地下综合管廊在设计建造过程中依托 BIM 技术，建立管廊系统全数字模型，实现工程数字模拟、快速精确算量、减少施工变更、有效控制成本。平均每千米管廊建造成本节约近一半，工程速度提高近三倍。成功地打造了技术可复制、经验可推广的“雄安模式”（图 6-4-23、图 6-4-24）。

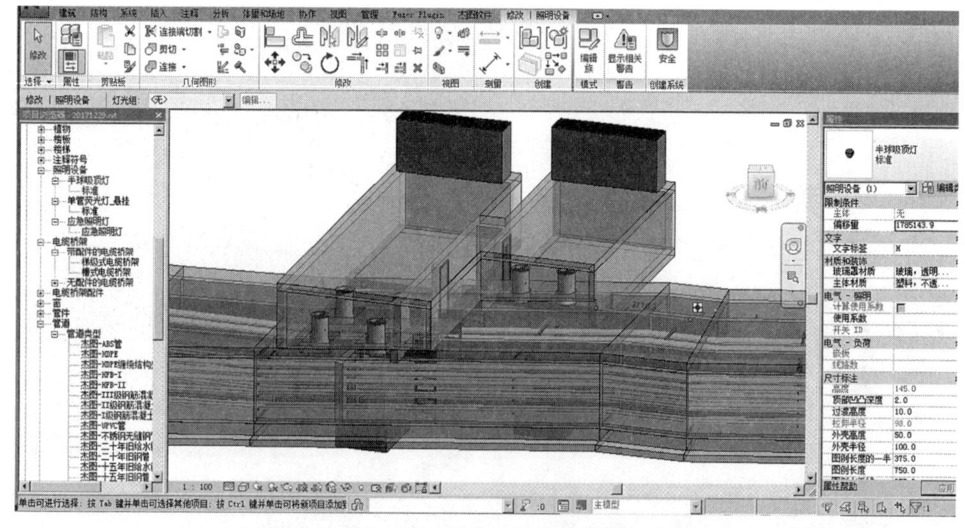

图 6-4-23　BIM 技术应用于综合管廊（一）

资料来源：筑龙学社 http：//bbs.zhulong.com/

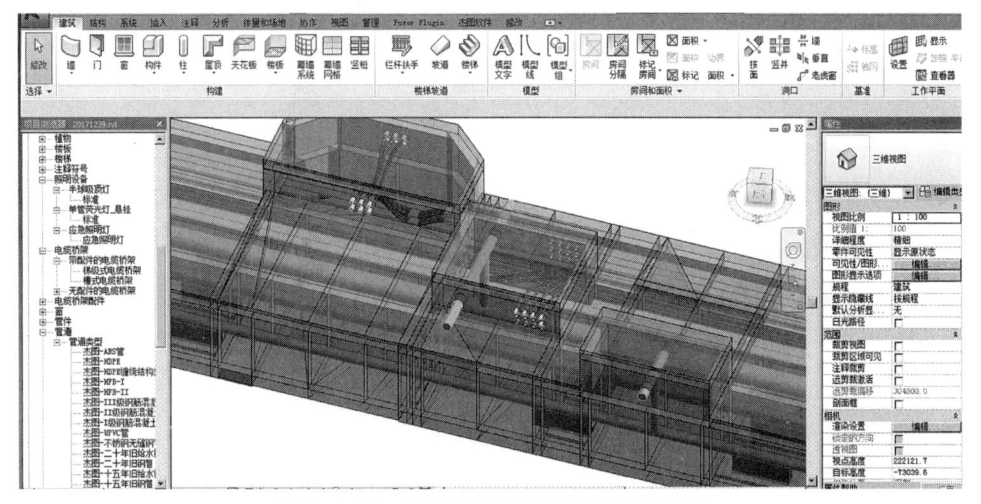

图 6-4-24 BIM 技术应用于综合管廊（二）

资料来源：筑龙学社 http：//bbs.zhulong.com/

1）智能监控系统：综合管廊监控系统是将管廊内的环境监控系统、设备监控系统、安全防范系统、通信系统、视频监控系统、火灾报警系统、GIS 系统的信号检测与联动控制有机地结合在统一的监控中心平台中，以实现对管廊内部设备的远程管理与控制。

2）机器人巡检技术：通过建立动态的维护系统，引用机器人技术，代替人进行巡检，可以实时获得管内图像；对仪表数据拍照和识别、校对；发生灾情时，机器人可快速到达并传回图像；机器人同时可以携带工具和传感器，对各类管线进行探漏检测等。

本章注释

[1] 刘婷，罗翔．重庆主城区地下空间市政设施开发利用规划研究 [J]．城市建筑，2017，Vol.6：55–57.

[2] 王从荣，尤爱菊，束龙仓．地下水库研究的现状及展望 [J]．浙江水利科技，2018，Vol.219（5）：68–71.

[3] 邱维．我国地下污水处理厂建设现状及展望 [J]．中国给水排水，2017，Vol.33（6）：18–26.

[4] 刘晓磊．地下污水处理厂优点及建设难点 [EB/OL]．中国污水处理工程网，2019，http：//www.dowater.com/jishu/2019–02–26/909659.html.

[5] 邱维．地下污水处理厂设计探讨 [J]．中国给水排水，2017，Vol.33（8）：26–31.

[6] 苟旭丹．城市地下变电站相关问题探讨 [J]．四川电力技术，2011，Vol.34（5）：64–94.

[7] 孟皆成．浅析城区地下变电站的建设 [J]．科技资讯，2012，Vol.30：86.

[8] 张雅莉．对城市地下空间环卫设施的开发与利用分析 [J]．产业观察，2012：26.

[9] 崔维鹏，李慧敏．城市生活垃圾中转站的更新设计及策略研究 [J]．山西建筑，2018，Vol.44（3）：197–198.

[10] 住房和城乡建设部城乡规划管理中心，等．城市地下综合管廊建设规划技术导则 [S]．北京：中华人民共和国住房和城乡建设部，2019.

[11] 上海市政工程设计研究总院（集团）有限公司，同济大学．城市综合管廊工程技术规范 GB 50838—2015 [S]. 北京：中华人民共和国住房和城乡建设部，2015.

[12] 施卫红，陈锦根，陈爽．地下综合管廊规划编制内容及其关系协调 [J]．规划师，2017（增刊 2）：123–128.

[13] 张晓军．城市地下综合管廊工程规划编制指引 [Z]. 2015.

[14] 高艳，胡华望．城市地下综合管廊规划编制体系探讨及实践 [J]. 城市勘测，2018，11 增刊：59–63.

[15] 骆春雨，元绍建，杨正荣．城市地下综合管廊工程总体设计分析 [J]. 城市道桥与防洪，2016，10：158–160.

[16] 祁峰．城市综合管廊的规划 [J]．城市道桥与防洪，2018，06：296–298.

[17] 徐剑，朱安邦，刘应明．深圳前海综合管廊现状与未来 [J]. 2017，21：46–48.

第 7 章

城市地下空间综合防灾规划

7.1 城市地下空间综合防灾规划概述

近几年，地下空间的灾害出现了多发性、突发性和多样化等特点。一些常遇的灾害，如火灾、洪涝灾害、施工事故等灾害的发生率也有明显上升趋势。随着地下空间的逐步开发利用，地下空间灾害的科学防治也显得越来越重要。

7.1.1 地下空间灾害的类型

一般来说，城市面临的灾害可以分两大类，即自然灾害和人为灾害。前者包括地震、台风、洪水、海啸等；后者包括战争灾害、火灾、恐怖袭击等。相比于地上建筑来说，地下空间除了火灾、洪涝灾害外，其对灾害的防御能力都要远高于地上建筑。虽然对于地震灾害来说，地下建筑要比地上建筑好很多，但随着1995年日本阪神地震中首次出现的以地铁站为主的地下大空间结构的严重破坏，地震灾害也被列入了地下空间主要防灾的一种。因此，对于地下空间的灾害防治来说，其主要是防治火灾、洪涝灾害和地震灾害。

7.1.2 地下空间灾害的特点

相对于城市面临的灾害来说，地下空间面临的灾害有其自身的特点。一方面，地下空间对灾害的防御能力远高于地面建筑，如空袭、地震、台风等；另一方面，地下空间内部某些灾害所造成的危害则远大于地面建筑，如火灾、洪涝灾害、爆炸等。

在地下空间各种灾害中，火灾发生频率是最大的。洪涝灾害则因为地下空间的天然地势缺陷，在地下空间灾害中也是尤为突出。地震灾害，虽然地下比地上好，但因其破坏性大，施救困难，也被作为地下防灾的重要部分。

总的来说，地下空间防灾性能优于地上建筑，但疏散施救难度相对较大，因而地下空间灾害防治工作尤为重要。

7.2 城市地下人防工程规划

7.2.1 防空的重要性

随着高技术空袭兵器的发展，空袭对地面打击破坏效能迅速提高，影响的广度和深度也越来越大，空袭已成为高技术强敌制胜的主要手段，从而使防空不仅越来越困难，而且越来越重要。

首先，人民防空能有效地保存国家经济潜力。我国人民防空的重点是国家政治、经济中心的大、中城市，这些城市中的重要交通、通信、电力、水利、仓库等设施，是国民经济的支柱。加强人民防空建设，严密组织防护，对于提高这些目标的生存能力无疑将发挥重要作用。高技术空袭虽然难以彻底防范，但通过合理的分散布局，尽可能的地下化，严格的伪装保护，积极组织抢救、抢修等，将空袭损失控制在一定程度上还是可能的。

其次，人民防空能有效保存人力资源、稳定民心士气。人力资源是战争潜力的重要组成部分，是维持战争能力的源泉，在历次战争中，受害极大，伤亡惨重。我国人民防空以保护人民群众的生命和财产安全为重要任务，强调通过人民防空教育和训练，提高全民的防空意识和防护技能，注重修建规模合适的人员防护工程和人口疏散地域，力求战时快速救治，这必将在未来保存人力资源方面发挥巨大作用。人民防空能稳定民心士气。高技术空袭一旦发生，大量建筑物被毁，居民生活环境恶化，生命财产受到严重威胁，极易引起心理恐慌和行动失措，动摇民心士气。对此，只有通过平时的人民防空教育，战时广泛深入的人民防空动员以及切实有效的人民防空措施，才能使广大群众做好心理准备，增强防护信心，从而处乱不惊，始终保持旺盛斗志。

再次，人民防空在城市建设中有多重作用。城市是人防建设的载体。加强人防建设，能够在满足战时需要的同时，增强抗震抗损毁的能力，减轻各种灾害事故的破坏程度，是建设安全型城市的需要。人防建设对于提高城市土地利用效率、缓解城市中心密度、促进人车立体分流、扩大基础设置容量、减少环境污染、改善城市生态、完善城市功能等方面有着独特的作用。

7.2.2 人防及人防工程概念

人民防空是政府动员和组织人民群众防备敌人空中袭击、消除后果采取的措施和行动，简称人防。它同要地防空、野战防空共同组成国土防空体系，是现代国防的重要组成部分，是国民经济和社会发展的重要方面，是现代城市建设的重要内容，是利国利民的社会公益事业。

人民防空工程是指为保障战时人员与物资掩蔽、人民防空指挥、医疗救护而单独修建的地下防护建筑，以及结合地面建筑修建的战时可用于防空的地下室，也称为人防工程。[1] 人防工程是防备敌人突然袭击，有效地掩蔽人员和物资，保存战争潜力的重要设施；是坚持城镇战斗，长期支持反侵略战争直至胜利的工程保障。

7.2.3 人防工程的分类与分级

7.2.3.1 人防工程的分类

根据人防工程的建筑形式、结构材料、战时使用功能、抵御战时武器类型可划分为以下几种类型。

（1）按建筑形式分类

人防工程按建筑形式分为掘开式人防工程和暗挖式人防工程，其中掘开式人防工程又分为单建式和附建式两种，暗挖式人防工程又为坑道式和地道式两种。[2]

1）掘开式人防工程

掘开式人防工程是指采用掘开方法修建的工程，即在施工时先开挖基坑，而后在基坑内修建工程，主体建好后再按要求进行土方回填。掘开式工程按其建筑形式可分为：

①单建式人防工程，是指人防工程独立建造在地下土层中，工程结构上部除必要的口部设施外不附着其他建筑物的工程。

单建掘开式人防工程一般受地质条件限制较少，作业面大，便于施工，平面布局和埋置深度可根据需要确定。

②附建式人防工程，也称结建人防工程，是指按国家规定结合民用建筑修建的防空地下室。

附建式人防工程是其上部地面建筑的组成部分，一般同上部建筑同时修建，不需要单独占用城市用地，可以利用上部建筑起到一定防护作用，同时对上部建筑起到抗震加固作用。

2）暗挖式人防工程

暗挖式人防工程是指在施工时不破坏工程结构上部自然岩层或土层，并使之构成工程的自然防护层的工程。暗挖式人防工程按其所处地形特征的不同可分为：

①坑道式人防工程，是指在山丘地段用暗挖方法修建的人防工程。这种人防工程有较厚的自然防护层，因而具有较强的防护能力，适宜修建抗力较强的工程，岩体具有一定承载作用，能抵抗核爆炸动荷载和炸弹冲击荷载，主体厚度可大大减薄，因而较之掘开工程节省材料，如采用光爆锚喷技术，则更加节省，降低造价。工程室内外一般高差较少，便于人员车辆进出，口与口之间一般具有一定高差，有利于自然通风。工程室内地坪一般高于室外，也有利用自流排水。凡有条件的城市应尽量修建坑道工程，坑道工程由于作业面少，一般建设工期较长。

②地道式人防工程，是指在平地采用暗挖方法修建的工程，这种工程具有一定的自然防护土层，能有效地减弱冲击波及炸弹杀伤破坏；在相同抗力条件下，较掘开式工程经济，且受地面建筑物影响较小。地道工程由于受地质条件影响较大，工程通风、防水排水都较困难，需要采取可靠措施。[2]

（2）按结构材料分类

人防工程按照结构材料的不同，还可分为钢筋混凝结构工程、混凝结构工程、砖结构工程、砖混结构工程、锚喷支护工程。[2]

（3）按战时使用功能分类

人防工程按战时的使用功能可分为：指挥通信工程、医疗救护工程、防空专业队工程、人员掩蔽工程和配套工程五大类。

指挥通信工程：即各级人防指挥所。人防指挥所是保障人防指挥机关战时能够不间断工作的人防工程。

医疗救护工程：医疗救护工程是战时为抢救伤员而修建的医疗救护设施。医疗救护工程根据作用和规模的不同可分为三等：一等为中心医院，二等为急救医院，三等为救护站。

防空专业队工程：防空专业队工程是战时为保障各类专业队掩蔽和执行勤务而修建的人防工程。根据《中华人民共和国人民防空法》的规定，防空专业队伍包括抢险抢修、医疗救护、消防、治安、防化防疫、通信、运输七种。其主要任务是，战时担负抢险抢修、医疗救护、防火灭火、防疫灭菌、消毒和消除沾染、保障通信联络、抢救人员和抢运物资、维护社会治安等任务，平时协助防汛、防震等部门担负抢险救灾任务。

人员掩蔽工程：人员掩蔽工程是战时主要用于保障人员掩蔽的人防工程。根据使用对象的不同，人员掩蔽工程分为两等。一等人员掩蔽所，指战时坚持工作的政府机关、城市生活重要保障部门（电信、供电、供气、供水、食品等）、重要厂矿企业和其他战时有人员进出要求的人员掩蔽工程；二等人员掩蔽所，指战时留城的普通居民掩蔽工程。

配套工程：配套工程是战时用于协调防空作业的保障性人防工程，主要包括：

区域电站、区域供水站、人防物资库、人防汽车库、食品站、生产车间、疏散干（通）道、警报站、核生化监测中心等工程。[2]

（4）按抵御战时武器类型分类

人防工程按照抵御战时武器类型可分为：防常规性武器人防工程、防核武器人防工程、防生化武器人防工程、防电磁脉冲干扰人防工程、防网络信息安全人防工程。[2]

7.2.3.2 人防工程的分级

人防工程按防常规武器或防核武器分为若干不同防护等级的工程，各类工程的防护等级应按防空工程战术技术要求规定进行确定。

（1）抗力分级

抗力是指结构或构件承受外部荷载作用效应的能力，如强度、刚度和抗裂度等。人防工程的抗力等级用以反映工程能够抵御敌人核、生、化和常规武器袭击能力的强弱，是一种国家设防能力的体现。在人防工程中，通常按防核爆炸冲击波地面超压的大小和不同口径常规武器的破坏作用进行抗力等级的划分。

在我国现行标准中，人防工程的抗力等级由高到低划分为1、2、2B、3、4、4B、5、6八个等级，工程可直接称为某级人防工程。其中，5级人防的抗力为0.100MPa，6级人防的抗力为0.050MPa。[2]

（2）防化等级

防化等级是以人防工程对化学武器的不同防护标准和防护要求划分的等级，防化等级反映了对生物武器和放射性沾染等相应武器或杀伤破坏因素的防护。防化等级是依据人防工程的使用功能确定的，防化等级与其抗力等级没有直接关系。例如，核武器抗力为5级、6级和6B级的人员掩蔽工程，其防化等级均为丙级，而物资库的防化等级均为丁级。

按防化的重要程度，人防工程的防化等级由高到低分为甲、乙、丙、丁四个等级。其中，人防指挥所、防化监测站掩蔽工程要求防化级别为甲级，医疗救护、防空专业队和一等人员掩蔽所要求防化级别为乙级，二等人员掩蔽所防化级别为丙级，物资库、防空专业队装备掩蔽部等防化级别为丁级。[2]

7.2.4 人防工程规划

7.2.4.1 人防工程规划基本原则

（1）精准防护，突出重点

基于信息化战争精确打击的防护背景，按照城市防护与重要经济目标防护并重的原则，突出重要经济目标及城市中心区、人口密集区、商业繁华区和重要经济目标毗连区的防护。

（2）体系防护，完善功能

以构建功能完善的城市人防综合防护体系为目标，固强补弱，通过科学规划着力补强人防体系建设的短板。

（3）分区控制，分类引导

按照实事求是、因地制宜的思想，对各防空区片采取适宜的规划指标控制和规划指引。

（4）平战结合，融合发展

按照人防建设与经济社会深度融合发展的建设指导，落实平战结合、平战两用，充分发挥人防设施资源的社会效益、战备效益。

7.2.4.2　人防工程总体规划的主要任务

根据国家人防建设方针、政策，综合研究论证规划期内人民防空工程及地下空间开发利用建设发展条件，确定总体发展目标、规模和设防部署，正确处理人民防空工程及地下空间开发利用建设与经济建设、城市建设的关系，近期建设与远景发展的关系，促使人防建设与经济建设协调发展，与城市建设相结合。

城市人民防空工程总体规划期限原则上与国土空间规划期限一致。近期人民防空工程规划应当对城市近期人民防空工程的发展布局和主要建设项目做出安排。近期建设规划期限一般为 5 年，远期建设规划期限一般到 2035 年，同时对城市人防工程远景发展作出前瞻性的规划安排，包括数量上的宏观预测，布局上的轮廓性安排。

7.2.4.3　人防工程总体规划的主要内容

（1）城市概况和发展分析：包括城市性质、城市规模、地理位置、地形特点、战略地位、行政区划、分区规划、城区面积、人口与发展规模、建设用地、人口密度、自然与经济条件。根据现代战争的特点，对城市遭受空袭的可能性和城市威胁环境进行分析，综合分析人民防空工程现状，提出城市对空袭灾害的总体防护要求。

（2）提出人民防空工程发展目标、总体规模、防护系统的构成及各类工程配置比例，明确人民防空工程总体布局原则。提出城市重要目标的防护要求。

（3）确定规划期内人民防空工程发展规模，提出工程配置比例和城市居民人均占有人防工程掩蔽面积、战时留城人员的掩蔽率等控制指标。确定防空（战斗）区内人民防空工程及地下空间开发利用工程组成、规模、防护标准，提出各类人民防空工程的配置方案。确定城市疏散干道的位置，并提出控制要求。

（4）综合协调人民防空工程与城市建设相结合的空间布局，综合协调城市地下空间的合理开发与利用，原则确定地下空间战时、平时使用功能和防护标准。提出人防工程加固改造、开发利用和其他地下空间平战转换的措施和要求。

（5）进行综合经济技术论证，提出总体规划实施步骤、政策、措施和建议。编制近期人民防空工程规划，确定近期建设规模、主要建设项目。

7.2.4.4　人防工程详细规划的主要任务

依据人民防空工程总体规划详细规定人民防空工程利用指标，对人民防空工程建设做出具体的安排和规划设计。人民防空工程详细规划一般应当与城市详细规划同步编制。城市人民防空工程详细规划分为控制性详细规划和修建性详细规划。

7.2.4.5　人防工程控制性规划的主要内容

规定单建式人防工程的地下空间位置、开发层次、体量、容积率及室外出入口的数量、方位、控制坐标和标高。各地块结合民用建筑修建防空地下室的控制指标、规模、层次及室外出入口的数量、方位、控制坐标和标高。人防工程战时、平时使用功能和防护标准。各类人防工程及附属配套设施的安全保护用地控制范围。规定人防工程地下连通道的位置、断面和标高。明确地下空间开发利用及其管理规定。

7.2.4.6　人防工程修建性规划的主要内容

地下空间利用条件、人防工程战术技术、建筑技术和经济效益综合论证。人防工程总平面规划设计。各类人防工程使用功能规划设计。地下空间开发利用重点的防护规划设计。地下工程连通道规划设计。地上地下环境协调、保护规划设计。竖向规划设计。工程造价和投资效益分析。

7.2.4.7　人防工程设计

（1）人防工程出入口设计

防空地下室的每个防护单元不应少于两个出入口（不包括竖井式出入口、防护单元之间的连通口），其中至少有一个室外出入口（竖井式除外）。战时主要出入口应设在室外出入口。

消防专业队装备掩蔽部的室外车辆出入口不应少于两个；中心医院、急救医院和建筑面积大于6000m^{2}的物资库等防空地下室的室外出入口不宜少于两个。设置的两个室外出入口宜朝向不同方向，且宜保持最大距离（图7–2–1）。

图7–2–1　人防工程出入口

当两相邻防护单元均为人员掩蔽工程时或其中一侧为人员掩蔽工程另一侧为物资库、两相邻防护单元均为物资库，且其建筑面积之和不大于 6000m^2 时，两个相邻防护单元，可在防护密闭门外共设一个室外出入口。相邻防护单元的抗力级别不同时，共设的室外出入口应按高抗力级别设计。室外出入口设计应采取防雨、防地表水措施。

出入口通道、楼梯和门洞尺寸应根据战时及平时的使用要求，以及防护密闭门、密闭门的尺寸确定。并应符合下列规定：

1）防空地下室的战时人员出入口的最小尺寸应符合表 7-2-1 的规定；战时车辆出入口的最小尺寸应根据进出车辆的车型尺寸确定；

战时人员出入口最小尺寸（m） 表 7-2-1

工程类别	门洞		通道		楼梯
	净宽	净高	净宽	净高	净宽
医疗救护工程、防空专业队工程	1.00	2.00	1.50	2.20	1.20
人员掩蔽工程、配套工程	0.80	2.00	1.50	2.20	1.00

注：战时备用出入口的门洞最小尺寸可按宽 × 高＝0.70m×1.60m；通道最小尺寸可按 1.00m×2.00m。

2）人防物资库的主要出入口宜按物资进出口设计，建筑面积不大于 2000m^2 物资库的物资进出口门洞净宽不应小于 1.50m、建筑面积大于 2000m^2 物资库的物资进出口门洞净宽不应小于 2.00m；

3）出入口通道的净宽不应小于门洞净宽。

（2）人防主体工程设计

医疗救护工程的规模可参照表 7-2-2 确定。防空专业队工程和人员掩蔽工程的面积标准应符合表 7-2-3 的规定。防空地下室的室内地平面至梁底和管底的净高不得小于 2.00m；其中专业队装备掩蔽部和人防汽车库的室内地平面至梁底和管底的净高还应不小于车高加 0.20m。防空地下室的室内地平面至顶板的结构板底面的净高不宜小于 2.40m（专业队装备掩蔽部和人防汽车库除外）。[3]

医疗救护工程的规模 表 7-2-2

类别	规模		
	有效面积（m^2）	床位（个）	人数（含伤员）
中心医院	2500~3300	150~250	390~530
急救医院	1700~2000	50~100	210~280
救护站	900~950	15~25	140~150

注：中心医院、急救医院的有效面积中含电站，救护站不含电站。

防空专业队工程、人员掩蔽工程的面积标准 表 7-2-3

项目	面积标准		
防空专业队工程	装备掩蔽部	小型车	30~40m²/ 台
		轻型车	40~50m²/ 台
		中型车	50~80m²/ 台
	队员掩蔽部	3m²/ 人	
人员掩蔽工程		1m²/ 人	

注：表中的面积标准均指掩蔽面积；专业队装备掩蔽部宜按停放轻型车设计；人防汽车库可按停放小型车设计。

7.3 城市地下空间防火规划

火灾是地下空间发生概率最高，造成损失最严重的一种灾害。据统计，地下空间灾害事故中，仅火灾一项就占了 1/3 左右。相比地面高层建筑来说，地下空间火灾发生次数是地面建筑的 3~4 倍，死亡人数是 5~6 倍，直接经济损失是 1~3 倍。可见地下空间火灾危害性极大，是不容忽视的地下空间灾害。

7.3.1 地下空间火灾的特点

地下空间构筑在地表以下的岩土中，由于其本身结构特性，从消防的角度来看，它有着比地面建筑更多的不利因素：①空间相对封闭狭小；②人员出入口相对较少；③自然通风排烟困难；④难以进行天然采光，主要依靠人工照明。一旦发生火灾，救援疏散难度大，造成的人员伤亡和财产损失将会非常大。具体来说，地下空间火灾有以下特点。

7.3.1.1 含氧量急剧下降

地下空间发生火灾时，由于空间的相对封闭性，新鲜空气难以迅速补充，使得空气中含氧量急剧下降。研究表明，空气中氧气降至 10% ~14%时，人体四肢无力，判断能力降低，容易迷失方向，降至 5%以下时，人会立即昏迷或死亡。

7.3.1.2 发烟量大

火灾发生时，由于物体不完全燃烧，会产生大量一氧化碳等有毒有害的烟气，不仅会降低隧道中的可见度，还会导致人体的窒息死亡。据研究表明，火灾现场，只要人的视距降到 3m 以下，逃离火灾现场的概率微乎其微。火灾中因为烟气而致死的要占火灾总死亡人数的 60% ~70%，不少人都是先窒息后被烧致死的。

7.3.1.3 排烟和排热大

地下空间被土石包裹，热交换十分困难，空间又相对密闭。当发生火灾时烟气聚集在建筑物内，无法扩散，会迅速充满整个地下空间，使温度迅速升高，从而对人体造成巨大的伤害。

7.3.1.4 火情探测和扑救困难

当地下空间发生火灾时，无法直接观察到火场情况，需要详细调查研究图纸才能确定着火方位；同时出入口有限，当排烟设备不足时出入口往往是冒烟口，在高温浓烟下消防人员难以进入火场，也很难在火场内辨别方向。另外地下空间内通信信号差，消防员与指挥总部难以进行联系，组织救援难度大。地下空间内的照明相对于地上来说也要差很多。当火灾爆发时，没有自然照明仅靠有限的应急照明设备，很难保证地下空间照明的要求。相对地上来说，地下空间火灾的探测和扑救难度都是相当大。

7.3.1.5 人员疏散困难

火灾时正常电源被切断，地下空间不能自然采光，人的视觉完全依靠应急照明和疏散指示灯来保证。加上烟气遮挡、地下空间复杂、人群心里恐慌盲目逃窜，使得人员疏散极其困难。加上人员疏散方向和烟气扩散方向一致，使得人员疏散更加困难。

7.3.2 地下空间防火技术要求

地下空间的特点决定了其防火和安全疏散设计必须采取一些与地面建筑不同的原则和方法，以保证在发生火灾时将生命和财产的损失降低到最小。整体的地下空间防火设计包括建筑结构（材料）、通风、监控和疏散等方面。

根据一般的建筑防火要求并结合地下环境的特点，城市地下空间的内部防火灾设计应满足以下要求。

7.3.2.1 防火分区设计

地下、半地下建筑内的防火分区应采用防火墙分隔，每个防火分区的面积不应大于 500m^2。当设置自动灭火系统时，每个防火分区的最大允许建筑面积可增加到 1000m^2。局部设置时，增加面积应按该局部面积的一倍计算。

地下商店当设置火灾自动喷水灭火系统，且建筑装修符合现行国家标准《建筑内部装修设计防火规范》GB 50222—2017 时，其营业厅每个防火分区的最大允许建筑面积可增加到 2000m^2。当地下商店总建筑面积大于 20000m^2 时，应采用防火墙进行分隔，且防火墙上不得开设门窗洞口。

电影院、礼堂的观众厅，防火分区允许最大建筑面积不应大于 1000m^2。当设置有火灾自动报警系统和自动喷水灭火系统时，其允许最大建筑面积不得增加。

地铁地下车站站台和站厅乘客疏散区应划为一个防火分区，其他部位的防火分区的最大允许面积不应大于 1500m^2。

人防工程内的商业营业厅、展览厅等，当设置有火灾自动报警系统和自动灭火系统，且采用A级装修材料装修时，防火分区允许最大建筑面积不应大于2000m^2。

7.3.2.2 防排烟设置[4]

城市地下空间中地下商场、地铁地下车站的站厅和站台以及地下区间隧道应设防烟、排烟设施。

（1）排烟设施

按位置分类应设置机械排烟设施的部位：①防烟楼梯间及其前室或合用前室；②避难走道的前室。

按规模分类应设置机械排烟设施的部位：①建筑面积大于50m^2，且经常有人停留或可燃物较多的房间；②总长度大于20m的疏散走道；③电影放映间、舞台等；④除利用窗井等开窗进行自然排烟的房间外，各房间总面积超过200m^{2}的地下室；⑤面积超过2000m^{2}的地下汽车库。

（2）防烟设施

需设置排烟设施的部位，应划分防烟分区。每个防烟分区的建筑面积不应大于500m^2。但当从室内地坪至顶棚或顶板的高度在6m以上时，可不受此限制。

地铁地下车站站厅、站台的防火分区应划分防烟分区，每个防烟分区的建筑面积不宜超过2000m^2。

防烟楼梯间送风余压值不应小于50Pa，前室或合用室送风余压值不应小于25Pa。防烟楼梯间的机械加压送风量不应小于25000m^3/h。当防烟楼梯间与前室或合用前室分别送风时，防烟楼梯间的送风量不应小于16000m^3/h，前室或合用前室的送风量不应小于12000m^3/h。

设置机械排烟设施的部位，其排烟风机的风量应符合下列规定：担负一个防烟分区排烟时，应按每平方米面积不小于60m^3/h计算（单台风机最小排烟量不应小于7200m^3/h）；负担两个或两个以上防烟分区排烟时，应按最大防烟分区面积每平方米不小于120m^3/h计算。中庭体积小于17000m^{3}时，其排烟量按其体积的6次/h换气计算；中庭体积大于7000m^{3}时，其排烟量按其体积的4次/h换气计算；但最小排烟量不应小于102000m^3/h。地下汽车库机械排烟系统排烟风机的排烟量应按换气次数不小于6次/h计算确定。

7.3.2.3 火灾报警与灭火设置[4]

（1）火灾自动报警系统的设置部位

1）建筑面积大于500㎡的地下商店、公共娱乐场所和小型体育场所；

2）设置在地下、半地下的歌舞娱乐放映游艺场所；

3）经常有人停留或可燃物较多的地下室，建筑面积大于1000m^{2}的丙、丁类生产车间和丙、丁类物品库房；

4）重要的通信机房和电子计算机机房，柴油发电机房和变配电室，重要的实验室和图书、资料、档案库房等；

5）地铁车站、区间隧道、控制中心楼、车辆段、停车场、主变电所；

6）地下车库。

（2）自动喷水灭火系统的设置部位

1）建筑面积大于 500m^2 的地下商店；

2）大于 800 个座位的电影院和礼堂的观众厅；

3）歌舞娱乐放映游艺场所；

4）停车数量超过 10 辆的地下停车场。

7.3.2.4　安全疏散设计要点

（1）疏散出口

地下、半地下建筑每个防火分区的安全出口数目不应少于两个。但面积不超过 50m^2，且人数不超过 10 人时可设一个。地下、半地下建筑有两个或两个以上防火分区相邻布置时，每个防火分区可利用防火墙上一个通向相邻分区的防火门作为第二安全出口，但每个防火分区必须有一个直通室外的安全出口。人数不超过 30 人且面积不超过 500m^2 的地下室、半地下室，其垂直金属梯可作为第二安全出口。

地下室或半地下室与地上层不应共用楼梯间，当必须共用楼梯间时，应在首层与地下层或半地下层的出入口处，设置耐火极限不低于 2.00h 的隔墙和乙级防火门隔开，并应有明显标志。

地下商店和设有歌舞娱乐放映游艺场所的地下建筑，当其地下层数为三层及三层以上，以及地下层数为一层或二层且其室内地面与室外出入口地坪高差大于 10m 时，均应设置防烟楼梯间；其他的地下商店和设有歌舞娱乐放映游艺场所的地下建筑可设置封闭楼梯间，其楼梯间的门应采用不低于乙级的防火门。

歌舞娱乐放映游艺场所不应布置在带形走道的两侧或尽端，一个室的疏散出口不应少于两个，当其建筑面积不大于 50m^2 时，可设置一个疏散出口。

当人防工程设置直通室外的安全出口的数量和位置受条件限制时，可设置避难走道。避难走道是设置有防烟等设施，用于人员安全通行至室外出口的疏散走道。

（2）楼梯与楼梯间

垂直出口通常是地下建筑中所有疏散程序的最后组成部分。在大多数情况下，垂直出口是一个封闭的、防烟的、正压的、有机械通风的楼梯井，它一直通到室外。在地下建筑中，人们在疏散时必须上楼梯而不是下楼梯，而大多数人都感到上楼梯比下楼梯疲劳，因此向上疏散的速度要比向下慢得多。通过调整楼梯的尺寸，使踏步的宽度大一些而高度小一些，可以在一定程度上减轻疲劳。同时增加楼梯间占总建筑面积的比例，这样可以缩短疏散时间。

防烟楼梯间既可以作为消防队员进入地下建筑的通道，还可以作为不能到达地面的人们临时避难的场所。防烟楼梯可以采取的一种设计方法，就是在中部设置开敞的楼梯井以增强空间方位感，并使处在地表的消防人员有可能看到下面需要帮助的人。如果一个楼梯间既是避难场所和主要的出口，同时也作为消防人员进入的入口，那么其消防设施应该包括防火门、消火栓、应急灯光、独立的机械通风和双向通信系统等。

（3）电梯与电梯厅

垂直疏散出口的一种方法是利用电梯。在高层地面建筑中，电梯通常不用来作为疏散出口——人们被直接引导到疏散楼梯。由消防人员控制电梯，并可能利用它进入建筑物进行营救。与楼梯和自动扶梯不同，电梯不能保证连续不停地把人们送到地面，而且在电梯附近设置足够的安全空间容纳所有等待疏散的人也是非常困难的。由于电梯井很难密闭，因此很容易成为一个传播烟雾的垂直烟囱。另外，电梯里的人在开门前看不到外面的烟雾和火光的存在，也使他们面临潜在的危险。

在地面建筑中不能使用电梯作为疏散出口，但在很深的地下建筑中，它们可能是仅有的不可替代的疏散出口。从建筑设计的角度来看，把电梯作为出入地下的主要垂直交通工具时，封闭的电梯厅和前室往往与地下空间中要求开敞的愿望相违背。有一种二者兼顾的设计方法是利用只在紧急状态下才被激活的滚动下滑钢门或垂直滑动墙板形成安全井。

在深层地下建筑中，当楼梯不能作为理想的紧急出口时，采用两套电梯是比较理想的。一套在正常情况下使用（如中庭里的透明电梯），在紧急状态时停用；另一套是紧急状态下使用的电梯，其空间适当扩大的防烟电梯厅和前室可作为各层的避难处。为了最大限度地提高疏散电梯的安全性，每层楼面的电梯厅和前室都应该按照防火、防烟和密闭的要求设计，并确保其封闭的、独立的通风系统在火灾时产生正压。另外还要有应急灯光和双向通信系统。

（4）疏散计算指标

歌舞娱乐放映游艺场所最大容纳人数，应按该场所建筑面积乘以人员密度指标来计算，其密度指标应按下列规定确定：录像厅、放映厅人员密度指标为1.0人/m^2；其他歌舞娱乐放映游艺场所人员密度指标为0.5人/m^2。

地下商店应用部分疏散人数，可按每层营业厅和为顾客服务用房的使用面积之和乘以人员密度指标计算。

地铁出口楼梯和疏散通道的宽度，应保证在远期高峰小时流量时，发生火灾的情况下，6min内将一列车乘客和站台上候车的乘客及工作人员全部撤离站台。人员疏散时使用的楼梯及自动扶梯，其疏散能力均按正常情况下的90%设计。[4]

7.3.3 地下空间防火灾设计

7.3.3.1 地下空间火灾成因

（1）地铁火灾成因

1）电气设备故障引发火灾。常由地铁内各种用电设施和内敷设电缆短路而引发。

2）运行设备故障而引发火灾。地铁设备多而复杂，若日常维护管理不善，出现故障，则极易引发火灾。

3）违章施工造成火灾，通常由违章动火，违章使用电器设备引发火灾。

4）人为事故恐怖破坏引发火灾。

（2）隧道及车库火灾成因

1）漏油、撞车引发的爆炸、起火引起的火灾。

2）电器设备故障、电路短路、违章用火引发车辆起火爆炸。

（3）地下综合体仓库火灾成因

1）设备及电路故障而引发火灾。

2）违章动火或用火引发火灾。

3）管理不善、违章操作而引发的火灾。

4）违章使用电器造成过载而引发的火灾。

7.3.3.2 地下空间设计火灾防治措施

（1）确定地下空间分层功能布局

明确各层地下空间功能布局。地下商业设施不得设置在地下三层及以下。地下文化娱乐设施不得设置在地下二层及以下。当位于地下一层时，地下文化娱乐设施的最大开发深度不得深于地面下 10m。具有明火的餐饮店铺应集中布置，重点防范。

（2）设置防火防烟分区及防火隔断装置

为防止火灾的扩大和蔓延，使火灾控制在一定的范围内，地下建筑必须严格划分防火及防烟分区，相对于地面建筑要求更严格，并根据使用性质不同加以区别对待。防烟分区不大于、不跨越防火分区。地下空间必须设置烟气控制系统。排烟口宜设置在走道楼梯间及较大房间内。

具体来说，每个防火防烟分区范围不大于 2000m^2，有不少于两个通向地面的出入口，且至少一个是直通室外的。防火分区连接部位应设置防火门、防火卷帘等设施。当地下空间内外高差大于 10m 时，应设置防烟楼梯间，其中安装独立的进排风系统。

（3）地下空间出入口设置

地下空间应布置均匀、足够的通往地面的出入口。地下商业空间内任何一点到最近安全出口的距离不应超过 30m，每个出入口所服务的面积相当。出入口宽度设置要与最大人流强度相适应，以保证快速通过能力。

（4）合理进行地下空间布局设计

地下空间布局要尽可能的简单、清晰、规则，避免过多的曲折。每条通道的转折处不宜超过三处，弯折角度大于90°，便于识别。通道避免不必要的高低错落变化。

（5）地下空间建设与装修材料选用

地下空间装饰装修材料应选用阻燃、无毒材料，禁止使用易燃和燃烧后大量释放有毒有害烟气的材料。

（6）地下空间消防设施设置

地下空间设计应按照消防设计法规进行应急照明系统、应急疏散指示标志、火灾自动报警系统等消防设施配置，确保灾时正常使用。

7.4 城市地下空间防水规划

城市地下空间防水灾规划坚持“以防为主，堵、排、储、救相结合”的原则，预防城市地下空间所在地区的最大洪水和暴雨涨水，采取各种预防措施避免洪涝灾害的发生。同时采用堵截、排涝、储水、急救等各种手段，减少洪涝灾的影响和损失，保障城市地下空间的安全。

7.4.1 城市地下空间防水灾的对策

（1）地下空间的出入口、进排风口和排烟口都应设置在地势较高的位置，出入口标高应高于当地最高洪水位。

（2）出入口安置防淹门，在发生事故时快速关闭，堵截暴雨洪水或防止江水倒灌。另外，一般在地铁站出入口门洞内墙留门槽，在暴雨时临时插入叠梁式防水挡板，阻挡雨水进入；在大洪水时可减少进入地下空间的水量。

（3）在地下空间入口外设置排水沟、台阶或使入口附近地面具有一定坡度，直通地面的竖井、采光窗、通风口，都应做好防洪处理，有效减少入侵水量。

（4）设置泵站或集水井。侵入地下空间的雨水、洪水和火警时的消防水等都会聚集到地下空间最低处，因此，在此处应设置排水泵站，将水量及时排出；或设集水井，暂时存蓄洪水。

（5）通常采取防水龙头或双层墙结构等措施，并在其底部设排水沟、槽，减少渗入地下空间的水量。

（6）在深层地下空间内建成大规模地下储水系统，不但可将地面洪水导入地下，有效减轻地面洪水压力；而且还可将多余的水储存起来，综合解决城市在丰水期洪涝而在枯水期缺水的问题。

例如东京“首都圈外围排水道”，该系统可以防止台风季节因为暴雨而可能出现的洪灾，守卫日本东京地区，避免受水灾侵袭。这个工程的主体包括总长 6.3km、内径 10m 的地下管道，5 处直径 30m、深 60m 的储水立坑，以及一处人造地下水库，水库长 177m、宽 77m、高度约 20 米（图 7–4–1）。

图 7–4–1　日本东京圈排水系统图

资料来源：http：//dy.163.com/v2/article/detail/DQ2MI0LS0515GLLL.html

（7）及时做好洪水预报与抢险预案。根据天气预报及时做好地下空间的临时防洪措施，对于地铁隧道遇到地震或特殊灾害性天气时，及时采取关闭防淹门、中断地铁运营、疏散乘客等措施，从而使灾害的危害程度降到最低。[5]

例如上海地铁运营重要信息公告更新：受台风“利奇马”影响，为保障运营安全，15:30 起，5 号线全线暂停运营，9 号线中春路站（不含）至松江新城站（不含）暂停运营（图 7–4–2）。

7.4.2　城市地下空间防水规划的主要内容

7.4.2.1　确定城市地下空间防洪排涝设防标准

城市地下空间防洪排涝设防标准应在所在城市防洪排涝设防标准的基础上，根据城市地下空间所在地区可能遭遇的最大洪水淹没情况来确定各区段地下空间的防洪排涝设防标准，确保该地区遭遇最大洪水淹没时，洪（雨）水不会从出入口灌入地下空间。

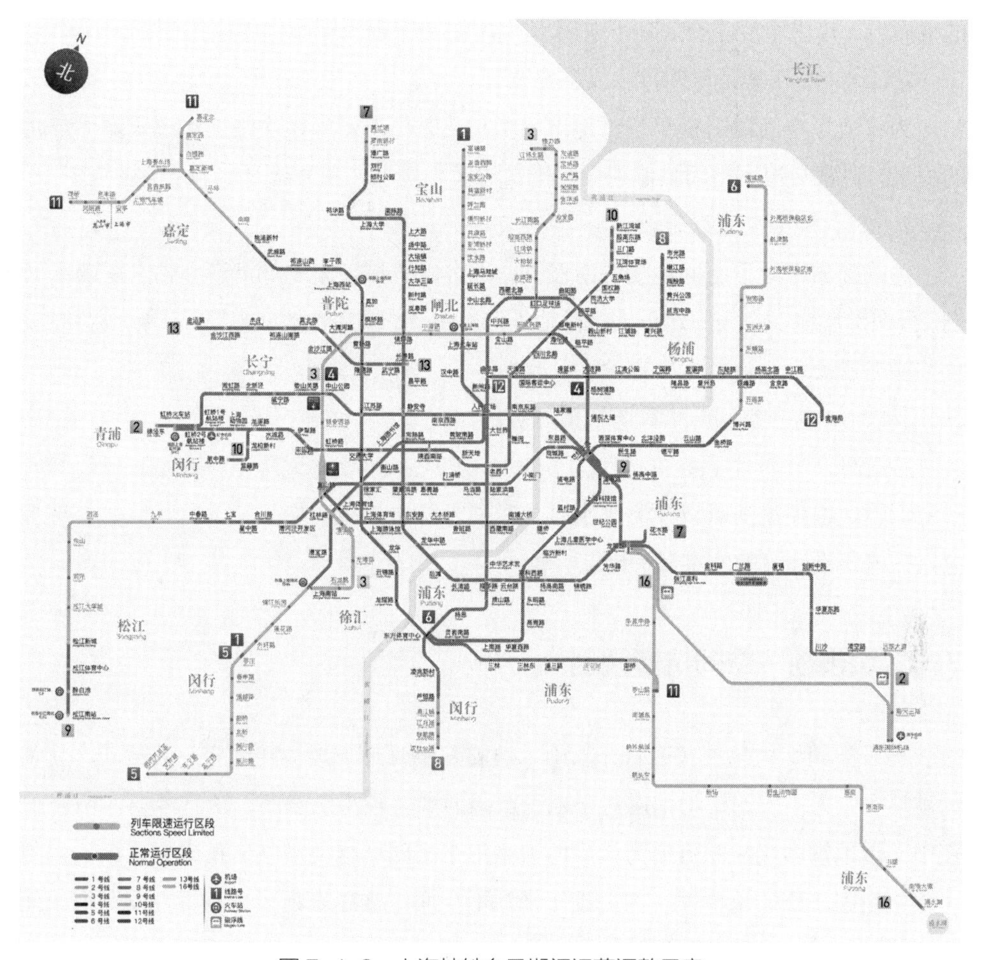

图 7-4-2　上海地铁台风期间运营调整示意

资料来源：http://www.shmetro.com/node70/node72/201108/con108922.htm

7.4.2.2　布置确定城市地下空间各类室外洞孔的位置与孔底标高

城市地下空间防灾规划首先确保地下空间所有室外出入口、洞孔不被该地区最大洪（雨）水淹没倒灌。因此，防水规划首先确定地下空间所有室外出入口、采光窗、进排风口、排烟口的位置；根据该地下空间所在地区的最大洪（雨）水淹没标高，确定室外出入口的地坪标高和采光窗、进排风口、排烟口等洞孔的底部标高。室外出入口的地坪标高应高于该地区最大洪（雨）水淹没标高 50cm 以上，采光窗、进排风口、排烟口等洞孔底部标高应高于室外出入口地坪标高 50cm 以上。

7.4.2.3　核查地下空间通往地上建筑物的地面出入口地坪标高和防洪涝标准

城市地下空间不仅要确保通往室外的出入口、采光窗、进排风口、排烟口等不被室外洪（雨）水灌入，而且还要确保连通地上建筑的出入口不进水。因此，需要核查与其相连的地上建筑地面出入口地坪是否符合防洪排涝标准，避免因地下建筑的地面出入口进水漫流造成地下空间水灾。

7.4.2.4 城市地下空间排水设施设置

为将地下空间内部积水及时排出，尤其及时排出室外洪（雨）水进入地下空间的积水，通常在地下空间最低处设置排水沟槽、集水井和大功率排水泵等设施。

7.4.2.5 地下储水设施设置

为确保城市地下空间不受洪涝侵害，综合解决城市丰水期洪涝和枯水期缺水问题，可在深层地下空间内建设大规模地下储水系统，或结合地面道路、广场、运动场、公共绿地建设地下储水调节池。

7.4.2.6 地下空间防水灾防护措施制定

为确保水灾时地下空间出入口不进水，在出入口处安置防淹门或出入口门洞内预留门槽，以便遭遇难以预测洪水时及时插入防水挡板。加强地下空间照明、排水泵站、电气设施等的防水保护措施。[5]

7.5 城市地下空间抗震规划

地下空间结构包围在围岩介质中，地震发生时地下结构随围岩一起运动，受到的破坏小，人们普遍认为地震对于地下空间的威胁较小。然而，1995 年日本阪神地震中，以地铁站、区间隧道为代表的大型地下空间结构的破坏，使人们逐渐认识到了地下空间防震的重要性。加上近年来地下空间正被越来越多地进行开发利用，地下空间的抗震防灾也显得越来越重要了。

7.5.1 地下空间震灾特点

7.5.1.1 地下空间震灾特征

（1）地下空间周围岩土可以减轻地震强度

地下空间建筑处于岩层或土层包围中，岩石或土体结构提供了弹性抗力，阻止了结构位移的发展，对自震起到了很好的阻尼效果，减小了振幅。相比于地上建筑来说灾害强度小，破坏性小。

（2）地下空间深度越深灾害越小

地震发生时，地下空间周围土体会受到竖直和水平两个方向的压力作用产生破坏，这种压力会随着深度的加大其强度烈度会逐渐减弱。国内外多位学者都曾对这一结论进行过研究论述。

（3）地下结构在震动中各点相位差别明显

地下空间结构振动形态受地震波入射方向的变化影响很大，在震动中各个点的相位差别十分明显。

7.5.1.2 地下空间结构破坏特征

（1）隧道结构破坏特征

无论盾构还是明挖隧道，地震对结构破坏的特征基本一致。主要有衬砌开裂、衬砌剪切破坏、边坡破坏造成隧道坍塌、洞门裂损、渗漏水、边墙变形等。

衬砌开裂是最常发生的现象。主要包括衬砌的纵向裂损、横向裂损、斜向裂损，进一步发展的环向裂损、底板隆起以及沿着孔口如电缆槽、避车洞或避人洞发生的裂损。对于衬砌剪切破坏，软土地区的盾构隧道主要表现为裂缝、错台，山岭隧道主要表现为衬砌受剪后的断裂，混凝土剥落，钢筋裸露拉脱。边坡破坏多发生于山岭隧道，地震中临近于边坡面的隧道可能会由于边坡失稳破坏而坍塌。洞门裂损则常发生在端墙式和洞墙式门洞结构中。渗漏水是伴随着地下结构破坏的次生灾害。

（2）框架结构破坏特征

从日本阪神地震中可以看出在混凝土框架结构中混凝土中柱的破坏相对严重，楼板和侧壁虽有破坏，但并不严重。由此可以看出混凝土中柱是地下空间框架结构抗震的薄弱环节。其中破坏方式既有弯、剪破坏，也有弯剪联合破坏。[6]

7.5.2 地下空间防震灾技术要求

基于以上地下空间地震反应特性的考量，结合地下空间地质结构上及不同地下空间规模和抗震标准下的差异性，综合分析得出地下空间抗震设计须符合以下要求。

7.5.2.1 抗震设防标准

（1）甲类地下结构，地震作用应高于本地区抗震设防烈度的要求，其值应按批准的地震安全性评价结果确定：当抗震设防烈度为6~8度时，抗震措施应符合本地区抗震设防烈度提高1度的要求。

（2）乙类地下结构，地震作用应符合本地区抗震设防烈度的要求：一般情况下，当抗震设防烈度为6~8度时，抗震措施应符合本地区抗震设防烈度提高1度的要求。

（3）丙类地下结构，地震作用和抗震措施均应符合本地区抗震设防烈度的要求。

（4）丁类地下结构，一般情况下，地震作用仍应符合本地区抗震设防烈度的要求；抗震措施应允许比本地区抗震设防烈度的要求适当降低。

7.5.2.2 设计地震动参数

（1）场地的设计地震动参数应根据结构所在地点的地震动参数分区给出的设计基本地震加速度或相应的抗震设防烈度，按照地下结构重要性分类、场地设计谱和特征周期Tg的分区确定。

（2）对作过抗震设防区划或地震安全性评价的城市、地区和厂矿，应按经批准的抗震设防烈度或设计地震动参数并根据地下结构重要性类别确定抗震设计用的设计地震动参数。

（3）地下结构场地的设计地震动参数应按现行国家标准《建筑抗震设计规范》GB 50011—2010（2016 修订版）中提供的方法确定。

7.5.2.3　场地适应性判断

按地下空间抗震场地的适应性可以分为有利地段、不利地段和危险地段。其中：

（1）坚硬土或开阔、平坦、密实均匀的中硬土地段，应划为有利地段；

（2）软弱土、液化土、条状突出的山嘴，高耸孤立的山丘，非岩质的陡坡、河岸和边坡边缘平面上分布成因、岩性、状态明显不均匀的古河道、断层破碎带、暗埋的塘浜沟谷及半填半挖地基等地段，应划为不利地段；

（3）地震时可能发生滑坡、崩塌、地陷、地裂等，以及发震断裂带上可能发生地表错位的地段，应划为危险地段。

7.5.2.4　场地选择要点

基础地质结构抗震性能的考虑，地下空间设计场地选址须具备以下要点：

（1）选择有利地段；

（2）避开不利地段，当无法避开时，应采取适当的抗震措施；

（3）不应在危险地段建造甲、乙、丙类建筑。当无法避开时，应对场地进行专门评估，并采取有效措施消除危险后方可建造；

（4）场地内存在发震断裂时，应对断裂的工程影响进行评价；

（5）当含有软土夹层时，经专门研究可适当调整其特征周期。

7.5.2.5　地质和地下结构设计要点

（1）设计烈度为 8 度以上的地下结构，均应验算建筑物和地层的抗震强度和稳定性；设计烈度大于 7 度的地下结构，当进、出口部位岩体破碎和节理裂隙发育时，应验算其抗震稳定性，计算岩体地震惯性力时可不计其动力放大效应。

（2）当存在液化侧向扩展或流滑时，应进行专门的研究分析。

（3）对地下结构可采用下列方法进行地震反应计算。

1）对于地下式结构宜采用反应移位法。

2）对于半地下式结构宜采用多点输出弹性支撑动力分析法。

3）在上述两种计算方法中，一般情况下地下结构周围地层的作用均可采用集中弹簧进行模拟，也可采用平面有限元整体动力计算法。

4）沿线地形和地质条件变化比较复杂的地下结构及河岸式进、出口等浅埋洞室，其地震作用效果可在计入结构和地层相互作用的情况下进行专门研究。

5）当地下结构穿过地震作用下可能发生滑坡、地裂、明显不均匀沉陷的地段时，应采取抗震构造措施进行加固处理地基，更换部分软弱土或设置桩基深入稳定土层，消除地下结构的不均匀沉陷。

6）地下结构宜避开活动断裂和浅薄山嘴，地下结构的进、出口部位宜布置在地形、地质条件良好地段。设计烈度为8度时，不宜在地形陡峭、岩体风化、裂隙发育的山体中修建大跨度傍山地下结构；宜采取放缓洞口劈坡、岩面喷浆锚固或衬砌护面、洞口适当向外延伸等措施，进、出口建筑物应采用钢筋混凝土结构；在应力集中部位和地层性质突变的连接段的衬砌均宜设置防震缝。防震缝的宽度和构造应能满足结构变形和止水要求。

7）对跨度大的大型地下空间（与地震波长统一量级），宜考虑多点地震输入或最不利地震入射的影响。一些重要的地下公共设施，如地下轨道交通，应具备接收本地区地震预报部门的电话报警或网络通信报警功能。

7.5.3 地下空间的防震灾设计

现有的地下空间设计方法有等代地震荷载法、反应位移法等，其对地下空间抗震评估具有一定贡献但相对滞后。基于性能的抗震设计方法提出了新的设计理念与思想，强调了地震工程的系统性和社会性，指出了原有规范的诸多不合理性，得到了广泛的认同和各国学者的关注。提出的“小震不坏，中震可修，大震不倒”的三个水准设防目标，实际上就包含了基于性能的抗震设计思想。在现行设计规范中这一标准也依然得到了沿用。

基于性能的抗震设计思想是20世纪90年代由美国学者提出的，它使设计出的结构在未来可能遭受的荷载下维持要求的性能水平，尤其是综合考虑多种因素（灾害带来的经济、社会等影响）对预期目标性能进行优化设计与决策。

基于性能的抗震设计（Performance Based Seismic Design）包括了地震水平的确定、性能水平和目标性能的选择、适宜场地的确定、概念设计、初步设计、最终设计、设计过程中的可行性检查、设计审核以及结构施工中的质量保证和使用过程中的检测维护的细化工作。

基于性能的抗震设计主要包括三个步骤。

（1）根据结构的用途、业主和使用者的特殊要求，明确建筑结构的目标性能（可以有高出规范要求的“个性”化目标性能）。

（2）根据以上目标性能，采用适当的结构体系、建筑材料和设计方法等进行结构设计（不仅仅局限于规范规定的方法）。

（3）对设计出的建筑结构进行性能性评估，如果满足性能要求，则明确给出结构的实际性能水平，从而使业主和使用者了解；否则返回第一步和业主共同调整目标性能，或直接返回第二重新设计（图7–5–1）。

从抗震方面来讲，基于性能的抗震设计理论是在基于结构位移的抗震设计理论基础上发展而来。20世纪90年代初期，Moehle提出基于位移的抗震设计理论，主张改进目前基于承载力的设计方法，这一全新概念的结构抗震设计方法最早应用于

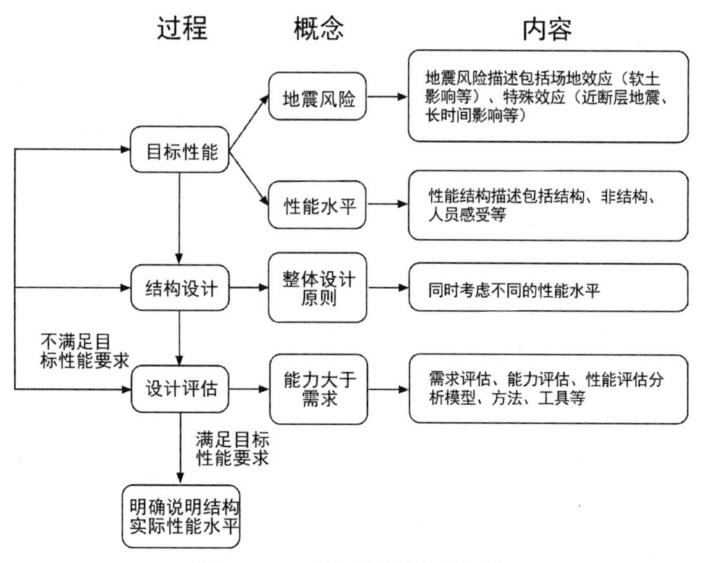

图7-5-1　基于性能的抗震设计

桥梁设计。他提出基于位移的抗震设计要求进行结构分析，使结构的塑性变形能力满足在预定的地震作用下的变形要求即控制结构在大震作用下的层间位移角限值。此后，这一理论的构思影响了美国、日本及欧洲土木工程界。这种用量化的位移设计指标来控制建筑物的抗震性能的方法，比以往抗震设计方法中强调力的概念前进了一步。[6]

本章注释

[1]　第八届全国人民代表大会常务委员会 . 中华人民共和国人民防空法 [S]. 1997.

[2]　谭卓英 . 地下空间规划与设计 [M]. 北京：科学出版社，2015.

[3]　中华人民共和国建设部，等 . 人民防空地下室设计规范 GB 50038—2005 [S]. 2005.

[4]　中华人民共和国住房和城乡建设部，等 . 建筑设计防火规范 GB 50016—2014 [S]. 北京：中国计划出版社，2015.

[5]　戴慎志，赫磊 . 城市防灾与地下空间规划 [M]. 上海：同济大学出版社，2014.

[6]　束昱，路珊，阮叶菁 . 城市地下空间规划与设计 [M]. 上海：同济大学出版社，2015.

第8章

城市地下空间利用
生态保护与环境健康

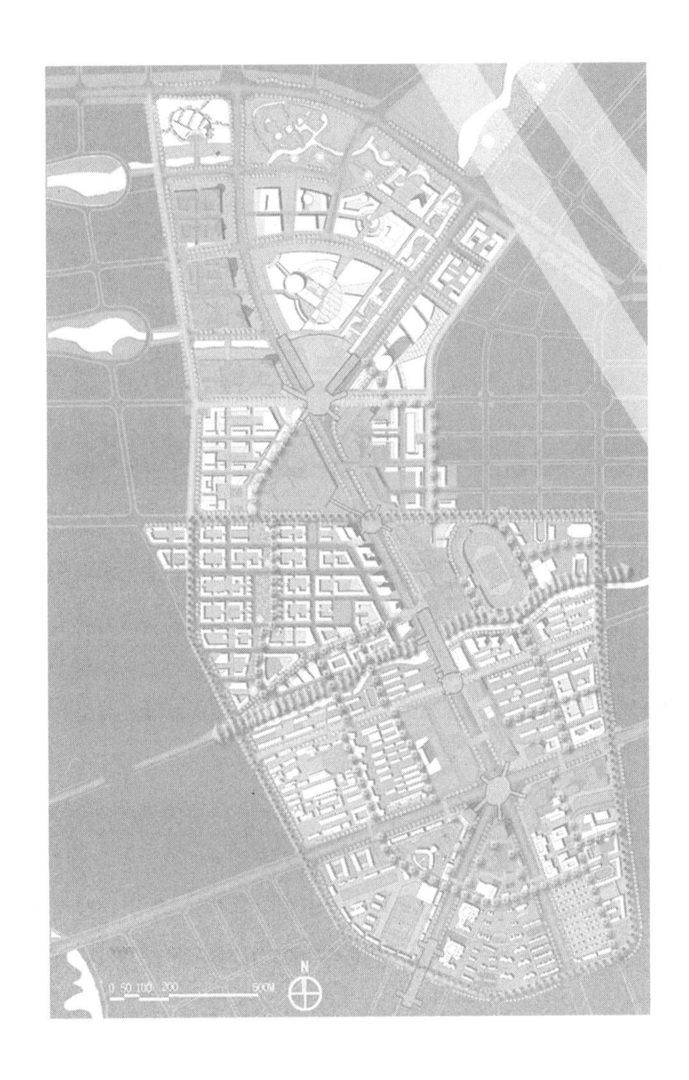

8.1 城市地下空间利用的生态保护

8.1.1 基本概念

8.1.1.1 城市生态系统

城市生态系统包括自然系统、经济系统和社会系统三个方面，其中：自然系统包括植被、水体、土地、生物等因素；经济系统包括金融、科技、工业、农业、建筑、运输、通信等因素；社会系统包括教育、文化、医疗、居住、供应等因素。

8.1.1.2 城市地下空间利用的生态保护

城市地下空间开发利用对周围生态环境影响有地下生态因素和地面生态因素两个方面。其中地下生态环境因素包括地层变异、地下水变动、地下水变质、土壤污染、地下生态系统影响等生态环境因子；地面生态环境因素包括大气、噪声、振动、地表水、建筑物、道路、景观、渣土、生态系统等生态环境因子。

城市地下空间开发利用一般主要涉及地质环境、地下水环境、大气环境、城市植被、振动等生态环境因子，这些生态环境因子应符合生态建设的相关要求[1]。城市地下空间利用要避免对城市生态环境产生不良影响、造成破坏。

（1）地质环境

地质环境是指与地质作用相关的自然环境，包括影响人类生存和发展的各种岩体、土体、地下水、矿藏等地质体及活动的总和。地质环境保护主要包括以下4个方面：地质灾害防治、矿山地质环境保护、地质遗迹保护和地热资源保护。

城市地下空间开发利用如果没有充分考虑地下空间开发与地质环境的相互影响

与作用，就会引发环境地质问题或者地质灾害。城市地下空间开发利用需要保护地质环境。

（2）地下水环境

地下水环境是地下水及其赋存空间环境在内外动力地质作用和人为活动作用影响下所形成的状态及其变化的总称。

城市地下空间开发利用会对城市地下水环境产生回流、下渗、不相干水系贯通等问题，需要依据海绵城市理论及建设措施，尽可能降低城市地下空间开发对地下水环境的影响。

（3）大气环境

大气环境是指生物赖以生存的空气的物理、化学和生物学特性。物理特性主要包括空气的温度、湿度、风速、气压和降水，这一切均由太阳辐射这一原动力引起。

城市地下空间开发利用需要适宜空气温度、湿度、气压等，也会对大气环境造成影响，需要统筹协调地上、地下大气环境。

（4）植被影响

地下空间开发利用会对地面植被、地面土层厚度、名树古木等产生影响，需要统筹考虑，减小城市地下空间开发利用对植被的影响。

地下空间开发利用应确保植物正常生长，并满足植物健康生长所需要的土层厚度、排水要求和地下生物通道等环境要求，且应避让具有重要生态意义的植物群落以及古树名木、古树后续资源。

（5）振动影响

根据有关统计，除工厂、企业和建筑工程外，公众对交通系统、地铁引起的环境振动（主要是引起建筑物的振动）反应最为强烈。随着城市建设的发展，立体交通体系、交通密度增加等发展趋势使振动带来的影响不断增大。

8.1.2 城市地下空间利用的生态保护

8.1.2.1 城市地下空间开发利用对生态环境的影响

城市地下空间开发利用是解决城市开发摊大饼、不断蔓延、城市交通等问题的有效方法。一方面，城市地下空间开发利用有利于节约城市用地，有利于城市集约发展，有利于城市可持续发展；另一方面，城市地下空间开发利用会对地质环境、地下水环境、大气环境、城市植被、振动等产生影响，会对城市生态环境产生破坏。

（1）城市地下空间开发利用对地质环境影响

城市地下空间开发利用对城市地质环境产生的影响包括：地质灾害、地质遗迹灾害、地热资源灾害等几种。其中地质灾害有崩塌、滑坡、泥石流、地面沉降等。

我国地域辽阔，各地域的地质条件不尽相同，不同城市的地质体的岩性、岩相、成因、构造等复杂多样，不同城市地质体的岩土体强度或抗干扰能力差别较大；单个城市的地质体多种多样，城市地下空间开发利用所产生的地质环境影响或者地质灾害不尽相同，各地地下空间利用引起的地质环境事故时有发生。

北京地处北京平原，北京平原由两层岩石组成，上层是没有胶结的第四纪松散堆积物，下层是较老的坚硬岩石。上层的松散堆积物形成互相叠压、结构复杂的冲积扇。这些冲积扇主要由砂砾石、砂、亚黏土和黏土组成。下层坚硬岩石的埋深从几十米到两千米深。北京城市地下空间利用产生的地质环境灾害主要有：地面沉降、活动断裂、隐伏岩溶塌陷等。

2006年1月3日，地下污水管破裂而引发了北京有史以来最严重的一次塌陷，当时，东三环路京广桥东南角辅路污水管线发生漏水事故，污水灌入地铁十号线施工区间段，导致三环路南向北方向部分主辅路出现一个长约20m、宽约5m的塌陷坑，施工人员安全撤离未造成人员伤亡。因此，北京城市地下空间开发利用需要避开地质断裂带、地质塌陷区，采取有效的工程措施防范地面沉降、活动断裂、隐伏岩溶塌陷等地质灾害。

上海地处长江口，其地质结构主要由砂、粉性土层，软黏性土层组成，土质承载力有限。城市地下空间开发利用易产生软土变形、基坑突涌、流砂等地质环境问题。因此，上海城市地下空间开发利用需要避开流砂问题严重区、软土变形严重区、基坑突涌严重区，采取有效工程措施防范地质环境灾害。

武汉市地处鄂东南丘陵与江汉平原东缘向大别山南麓低山丘陵过渡地带，其工程地质岩土体由岩体、土体组成。其中岩体可分为岩浆岩、碎屑岩、碳酸盐岩和变质岩等。武汉市地下空间开发利用引起地面沉降、粉砂性土层液化等问题。2015年2月10日，武汉市汉口建设大道地铁站附近突发大面积塌陷，300m^2左右的路面成U字形下陷，深约60cm，导致主干道建设大道交通完全中断。因此，武汉城市地下空间开发利用需要采取有效工程措施防范地质环境灾害。

（2）城市地下空间开发利用对地下水环境影响

1）城市地下空间开发利用对水环境的影响

埋藏于地表以下的各种状态的水，统称为地下水。大气降水、河流补给是地下水的主要来源。根据地下埋藏条件的不同，地下水可分为上层滞水、潜水和自流水三大类；根据埋藏条件可分为包气带水、潜水和承压水。

自然界的水循环经过蒸发、降水、水汽输送、地表径流、下渗、地下径流、蒸腾等过程，形成完整的水循环，如图8-1-1。自然界的水循环有海陆间循环、陆地内循环、海上内循环等三种方式，其中海陆间循环又称大循环，是最重要的水循环，使陆地水得到补充，水资源得以再生，如图8-1-2；陆地内循环水量少，对干旱地

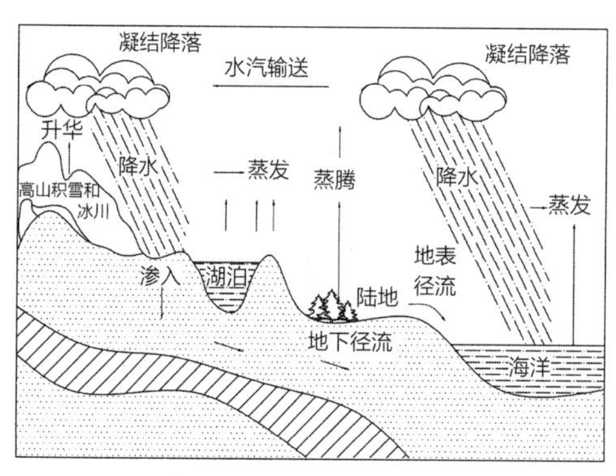

图8-1-1　水循环示意

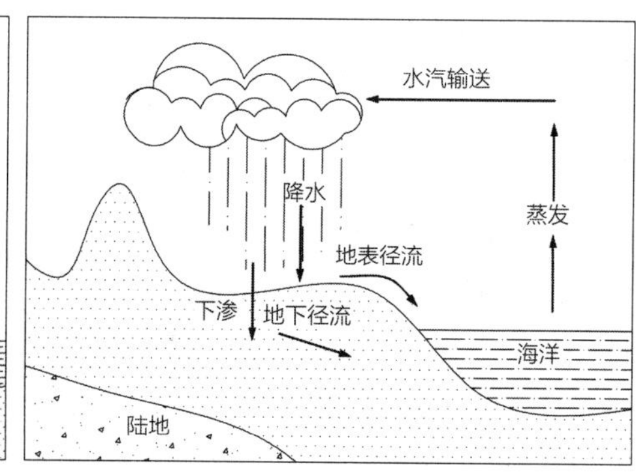

图8-1-2　海陆间循环示意

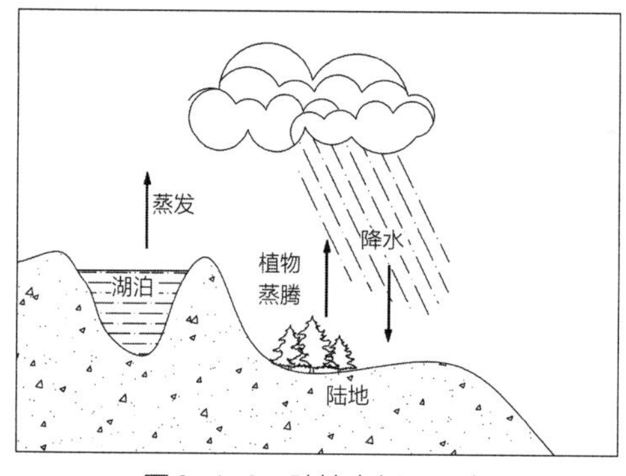

图8-1-3　陆地内循环示意

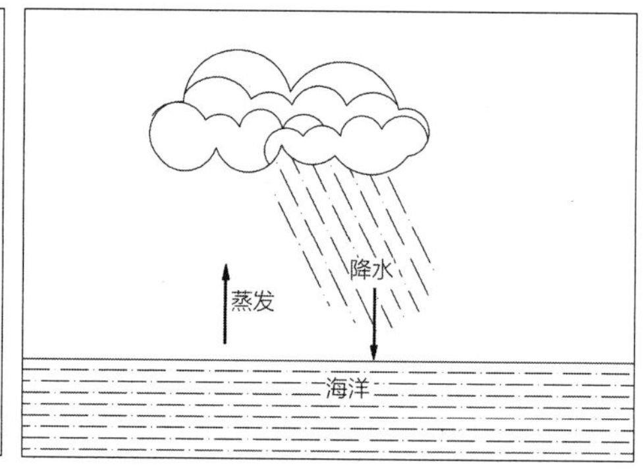

图8-1-4　海上内循环示意

区水补给非常重要，如图 8-1-3；海上内循环水量最大，对全球水循环有重要意义，如图 8-1-4。

从造成影响的时间顺序角度分析，可以将地下综合体、地铁、地下步行街、水底交通隧道等大跨度的地下空间利用对城市地下水环境的影响分为两类：一是地下工程施工期间所产生的影响，二是地下工程建成后的潜在影响[2]。

A. 地下空间施工期间产生的影响

开展城市地下空间建设，对大多数地下工程来说，要求有干燥的环境以便于大型机械施工。在地下水较浅地区进行深基坑开挖，用盾构法在饱和土体中施工，为了保证地下工程开挖面的稳定，需要进行大面积人工降水。但是大面积的人工降水会导致地下水“漏斗式”下降，致使地下水的动力场和化学场发生变化，引起地下水中某些物理化学成分和微生物含量的变化，可能会导致水质恶化，加剧地下水污染。

B. 地下空间建成后的潜在影响

在地下空间建成以后，会对城市地下水环境造成一定的潜在影响，主要的表现有：阻滞地下水的排泄，改变地下水径流的方向，引起地下水位的升降，若地下空间建设工程经过湖泊和古河道则可能会诱发两者贯通等。如济南以泉城闻名天下，城东的趵突泉更有“天下第一泉”的美誉，城市地下空间开发利用必须考虑对泉水的保护。相对地下空间工程在施工期间造成的影响而言，其建成之后的运营过程对地下水环境产生的影响则是大范围的。从时间上来看，其产生的影响有明显的“滞后性”，并且这种影响具有“累积效应”。例如城市地铁工程的建设，可能会截住地下水的径流路径，从而降低地铁附近地下水的径流速度，使得地下水难以及时排泄，污染物不断累积，导致污染加剧。地铁隧道对地下水的拦截作用，使隧道两侧的地下水位发生变化，迎水面水位壅高，背水面下降，影响城市供水及地表植物的生长，进而影响整个城市的生态环境，且此影响是大范围的、长久的。

地下空间的开发建设不可避免地为地下水环境带来负面影响，在进行地下空间开发时要进行科学的分析与预判，确定地下空间的位置与地下空间覆盖率同样重要，要尽量避开地下水源富集区。尤其要注重与生态环境的关系，不能为了一时的利益牺牲了生态环境的可持续发展。

2）海绵城市建设内容与方法

2014 年 10 月 22 日，国家住房城乡建设部发布《海绵城市建设技术指南——低影响开发雨水建设系统构建》，要求各地结合实际，参照海绵城市建设技术指南，积极推进海绵城市建设。

海绵城市是指城市能够像海绵一样，在适应环境变化和应对自然灾害等方面具有良好的“弹性”，下雨时吸水、蓄水、渗水、净水，需要时将蓄存的水“释放”并加以利用。海绵城市建设应遵循生态优先等原则，将自然途径与人工措施相结合，在确保城市排水防涝安全的前提下，最大限度地实现雨水在城市区域的积存、渗透和净化，促进雨水资源的利用和生态环境保护。在海绵城市建设过程中，应统筹自然降水、地表水和地下水的系统性，协调给水、排水等水循环利用各环节，并考虑其复杂性和长期性。

海绵城市的建设途径可以概括为以下三点：

①对城市原有河湖林地、坑塘沟渠等生态系统的保护，维持城市开发前的自然水文特征。

②运用生态的手段进行恢复和修复，并维持一定比例的生态空间。

③以开发后影响最低为目标，合理控制开发强度，增加水域面积，控制城市不透水面积比例，最大限度地减少对城市原有水生态环境的破坏。

低影响开发雨水系统的径流总量控制一般采用年径流总量控制率作为控制目标。年径流总量控制率与设计降雨量为一一对应关系。理想状态下，径流总量控制目标应以开发建设后径流排放量接近开发建设前自然地貌时的径流排放量为标准。自然地貌往往按照绿地考虑，一般情况下，绿地的年径流总量外排率为 15% ~ 20%，因此，年径流总量控制率最佳为 80% ~ 85%。这一目标主要通过控制频率较高的中、小降雨事件来实现。

年径流总量控制率指标是指通过自然和人工强化的渗透、集蓄、利用、蒸发、蒸腾等方式，场地内累计全年得到控制的雨量占全年总降雨量的比例。可以理解为：年径流总量控制率 =100% – 全年外排的雨水径流量 / 年降雨量。

建设“海绵城市”是在城镇系统的范畴上解决城镇水安全、水资源、水环境问题，减少城镇洪涝灾害，缓解城镇水资源短缺问题，改善城镇水质量和水环境，调节小气候和恢复生物多样性。

3）地下空间覆盖率控制

从建设海绵城市建设目标出发，地下空间覆盖率是城市地下空间控制的有效手段。

A. 地下空间覆盖率

地下空间覆盖率定义为地下建（构）筑物空间在地面的正投影面积占地块总面积的百分比[3]。

B. 地下空间覆盖率控制

“海绵城市”建设致力于解决城镇化发展和资源环境制约的矛盾问题。控制地下空间覆盖率能够减少地表不透水面积，使雨水能够渗透到土壤中，减少地表径流并深层补给地下水，同时有利于高大乔木生长及涵养水源，改善城镇的水环境。

地下空间覆盖率的控制是一定程度缓解城市内涝。城市地下空间的上表面往往是不透水铺装或者道路，即使上面铺设绿地，也往往会因为覆土厚度过小而无法满足雨水下渗。城市地下空间覆盖率高，其地下空间上表面的不透水硬质表面比重高，该区域的径流系数大。每逢降雨，该区域地表径流增大、汇水时间变短，当该区域的排水系统无法及时排除地面积水时，就会出现雨水倒灌地下空间的情形。因此，城市地下空间开发建设，减少地下空间覆盖率，是缓解城市内涝的有效途径，有利于减小城市地下空间开发利用对区域自然水循环的影响。如果将城市比作人体，控制地下空间覆盖率就是“强身健体、消除病灶”。

（3）城市地下空间开发利用对大气环境影响

1）城市地下空间开发利用对大气环境影响

城市地下空间利用对大气环境的影响主要体现在对大气环境的污染。包括城市地下通道内的尾气污染、城市地下商业设施中的燃气污染及城市地下设施中产生的其他气体污染。

城市地下通道内交通车辆的尾气污染的污染物主要是粉尘、一氧化碳、碳氢化合物、碳氧化合物等。城市地下商业设施中的燃气污染的污染物主要是一氧化碳、甲烷、碳氧化合物等。城市地下设备设施中产生的其他气体污染主要是氨气、硫化氢、二氧化碳等。这些气体浓度不断增加，会对人体健康产生影响，严重的会危及生命。城市地下通道内的废气通过竖井排到地面，对周边区域百姓身心健康产生不良影响。

有一种恐怖袭击事件，就是罪犯或者恐怖分子针对地铁、隧道等的毒气进行的恐怖袭击，严重危害乘客的生命安全。如东京地铁沙林毒气事件，1995 年 3 月 20 日早上日本东京的营团地下铁发生恐怖袭击事件，发动恐怖袭击的奥姆真理教邪教组织人员在东京地下铁三线共五列列车上发放沙林毒气，造成 13 人死亡及 5510 人以上受伤。

2）城市地下空间大气污染的治理

城市地下空间大气污染的治理措施有：

①采用绿色交通设施、绿色建筑、绿色技术等减少城市地下通道、城市地下商业设施、城市地下设备设施等内的污染气体。

②地下废气排放竖井口避开地上人群，满足有关排放标准要求。

③对城市地下空间产生的废气进行适当的处理。

④紧急防灾设施、新风设备、防灾预案等配备和完善。

（4）城市地下空间开发利用对植被影响

1）城市地下空间开发利用对植被影响

在自然水循环的过程中，植被系统发挥着重要的作用。植被系统具有降低雨滴冲击作用和增加土壤孔隙的功能，有利于滞留雨水，增加下渗时间，减少地表径流，增大下渗量。

城市地下空间开发利用会改变地表土层结构，影响地表植被生长，主要表现在地表植被面积减少，城市地下空间上部覆土厚度有限，无法生长高大乔木，进而影响自然的水循环。

2）植被保护

①地面保护或者保留的植被，城市地下空间开发规划要尽可能采取措施，减小城市地下空间开发对其影响。

②城市地下空间开发区域地面保留适当的覆土厚度，一般城市按照 3m 考虑，满足地面植被及高大乔木生长的要求。

③保留高大乔木密集区及重要的地表水下渗区域不进行城市地下空间的开发利用，尽量减小城市地下空间覆盖率。

（5）城市地下空间开发利用产生的振动影响

1）城市地下空间开发利用产生的振动影响

城市地下空间开发利用产生的振动影响可分为两类：地下空间开发建设中的振动及地下空间建成后的振动。地下空间开发建设中的振动包括各种建筑机械设备和建筑运输车辆是强烈的振源，建筑施工振动因施工阶段不同而强度和方向有所变化。城市地下空间内交通车辆运行产生随机性振动和噪声[4]。

2）减缓振动影响

①城市地下空间开发利用应避免将地表对噪声敏感的建筑物置于地下空间振源、噪声源的正上方，以缓解或消除振动和噪声的不良影响。

②对于文物古迹、精密实验室、歌剧院等噪声敏感建筑应该远离噪声源30m以上。

③采取有效措施，减小振动、噪声的影响。如对地铁扣件、道床和敏感建筑物内设置隔振减震装置[4]。

8.1.2.2　城市地下空间开发利用的生态保护路径

城市地下空间开发利用的同时，保护好生态环境，功在当代，利在千秋。城市地下空间开发利用的生态保护从以下几个方面考虑：

（1）选址科学合理

城市地下空间利用选址应该避开地质灾害区域，避免崩塌、滑坡、泥石流、地面沉降等地质灾害的影响。城市地下空间利用需要采取有效的工程保障措施，避免城市地下设施建成运营引发崩塌、滑坡、泥石流、地面沉降等地质灾害。

（2）海绵城市建设

依据海绵城市理论，切实建设海绵城市，减少城市地下空间开发利用对自然水循环的影响，保障城市地下空间开发利用可持续发展。

1）城市地下空间利用应避让自然水循环的地下径流路径，保留雨水下渗通道和空间，保证自然水循环不因地下空间开发利用而发生变化。

2）保护城市地下空间开发利用区域上部植被，减少硬化面积，保证雨水下渗不受影响。

3）减小城市地下空间覆盖率，有利于减小城市地下空间开发利用对区域自然水循环的影响。城市地下空间开发区域地面保留适当的覆土厚度，一般城市按照3m考虑，满足地面植被及高大乔木生长的要求。

（3）大气环境保护

城市地下空间开发利用可采取以下措施保护大气环境：

1）采取绿色交通、可持续发展技术、绿色建筑等减少各种有害气体量。

2）采取废气处理、排风口远离地面人群等有效措施，减少城市地下空间废气对人群的危害。

3）紧急防灾设施、新风设备、防灾预案等配备和完善。

8.2　城市地下空间环境健康

近几十年来，随着城市大规模开发利用地下空间，城市地下空间的环境健康问题正逐步引起人们的重视。与地面空间相比，地下空间缺乏阳光、植物生长条件受限、空气流通较差，对使用者的生理和心理都会产生一定的正负面影响。城市地下空间环境建设应在满足人们基本生产、生活要求的基础上，从心理健康、景观环境、人文艺术等方面着手，构建积极的地下空间环境。

8.2.1 城市地下空间环境健康的定义

《辞海》中，对环境的定义是“围绕着人类的外部世界。是人类赖以生存和发展的社会和物质条件的综合体，可以分为自然环境和社会环境；自然环境中，按组成要素又可以分为大气环境、水环境、土壤环境和生物环境等。”而地下空间环境就是人们所能看到的，一个由长度、宽度、高度所形成的空间区域，包括空间的本体和空间内所包含的一切物质组合成的环境。

地下空间环境健康是指地下空间环境能够满足人群基本生产、生活要求，能够保障使用者积极健康的心理状态，同时兼备良好的景观环境和人文艺术特色。

8.2.2 满足人群生产、生活需求的基本保障

满足人群基本生产、生活需要是地下空间环境健康的基本要求。地下空间环境满足人群生产、生活需求主要包括：采光、通风、污染源控制、噪声控制、辐射控制等几大方面。

8.2.2.1 采光

光环境是地下空间环境营造中重要的一环。良好的光环境能够避免使用者产生昏暗、封闭、方向不明等不良反应，对地下空间环境健康起到积极作用。

由于自然光对人体的生理和心理都具有积极正面的影响，因此在城市地下空间设计过程中应尽可能利用自然采光，鼓励采用先进技术，通过设置天窗、侧窗、下沉式庭院（广场）、导光管采光及导光纤维采光等技术方法，将自然光线引入部分地下空间，提升地下空间环境质量。引入自然光、减少人工照明也起到了节能的作用。

在自然光无法引入，需要采用人工照明的区域，建议尽可能采用与自然光光谱相同或类似的照明设备，并通过相应的处理使其达到类似于自然光引入的效果（图 8-2-1）。

8.2.2.2 通风

通风系统设计影响地下空间的温度、湿度和气流速度，进而影响地下空间使用者的舒适性。良好的通风环境是地下空间使用者健康的保证。

地下空间内部环境应通过多样灵活的方式进行通风设计，鼓励尽可能利用自然通风，设置联系地下空间与外部空间的自然换气通道。无法采用自然通风时，应设置合理的机械通风方式，实现自然通风与机械通风的有机结合，提高通风效率，改善地下空间环境品质。

图 8-2-1　上海地铁 17 号线诸光路站采光顶
资料来源：http：//www.sohu.com/a/213701424_700746

8.2.2.3　污染源控制

地下空间由于人员车辆活动、电气设备运作等原因，产生的污染物影响地下空间的空气质量；同时，地下空间作为一个整体，也可能成为周边大气环境的污染源。地下空间环境建设要积极做好污染源控制工作。

地下空间的空气污染源可分为内部污染源和外部污染源。内部污染源主要是由地下空间内部人员的活动、建筑装饰材料、电器设备、空调系统等引起的空气污染，从污染物的属性上看，地下空间内部空气污染物可分为三类，见表 8-2-1；外部污染源主要是指通过机械通风系统和出入口而进入地下空间的不清洁空气[5]。地下空间应采取全面通风排除空气污染物，综合利用新技术新材料保证空气质量。

地下空间内部空气污染物属性分类　　　　**表 8-2-1**

污染物属性	污染物名称
化学性	CO、CO_2、挥发性有机化合物（VOCs）、甲醛（HCHO）、苯系物等
物理性	可吸入颗粒物、电磁辐射等
放射性	氡及其子体、空气离子化等

资料来源：李鹏，2008

8.2.2.4　噪声控制

由于处于岩土包围之中，地下空间的声环境具有其特殊性。研究表明，在室内有声源的情况下，由于地下建筑没有窗，界面的反射面积相对增大，使得同一声源在地下空间中的声压级别比在地面建筑内高 3~8 分贝[6]。地下空间的这一特性导致在噪声的刺激下，人极易产生注意力不集中、反应迟钝、心情烦躁、精神疲乏等不良反应；另外，过度的隔声和降噪也容易使人产生隔离、不安的感觉。因此，地下空间建设应注意采取有效的隔声和降噪措施以降低噪声等级，同时保证不过度隔离生活中应有的声音，必要时可以向室内播放一些与人声频率相同的杂音和音乐作为背景音，以营造舒适的地下空间声环境。

8.2.2.5 辐射控制

众所周知，自然界的一切物质都含有相当数量的天然放射性核素，因此由岩石等建材建成的地下建筑物也含有一定量的天然放射性核素（表 8-2-2、表 8-2-3）[7]。

部分岩石的放射性 表 8-2-2

样品	铀（10^{-4}g/g）	镭（10^{-2}Bq/g）	钍（10^{-6}g/g）	钾（10^{-6}g/g）
火成岩	4	4.81	11.5	2.69
砂岩	小于 4.0	2.63	6	1.1
页岩	1.7~2.8	3.99	10	2.7
石灰岩	1.5	1.55	1.3	0.27
土壤	2.4~4.5	4.1~7.3	6~13	0.37~0.8

资料来源：梅爱华，范伟，2005

部分无机建材的放射性 表 8-2-3

样品	镭比活度 Bq/kg	钍比活度 Bq/kg	钾比活度 Bq/kg	内照射指数	外照射指数
砂	31.3	33.4	706.6	0.16	0.41
普通水泥	55.9	29.5	133.0	0.28	0.31
粉煤灰	104.1	115.5	106.0	0.52	0.75
石	31.3	57.7	903.0	0.16	0.54
黏土砖	58.2	65.8	543.3	0.29	0.56

资料来源：梅爱华，范伟，2005

为减少辐射对人员健康的影响，选址应尽量避免镭、钍、钾含量偏高的土壤或岩石区。选择放射性物质含量低的建材，并保持良好的通风。同时各地区应有目的地对地下空间放射性物质浓度进行普查和监测，确保生活和工作在地下环境中的人员的安全和健康。

8.2.3 心理、景观、文化等方面的需求保障

8.2.3.1 心理舒适的追求

城市地下空间环境建设除了满足人们基本生产、生活要求之外，也应关注地下空间环境对使用者心理健康的影响。地下空间对使用者使用心理感受的影响主要体

现在八个方面：规模尺度、丰富度、舒适度、连通度、便捷性、导向性、安全感、个性。

（1）规模尺度

地下空间的规模尺度是使用者对地下空间环境的最直观感受，它包括使用者对步行距离的满意度及对垂直和水平的空间感受两个方面。过长的步行距离会降低使用者对地下空间的满意度，引起不安、厌烦等负面情绪。地下空间垂直和水平尺度比例影响使用者的空间感受，过于空旷或压抑的空间都会降低使用者的满意度。

（2）丰富度

丰富多样的功能和空间节点能够有效组织交通、聚合分散人流、促进社会交往，同时也能降低使用者不安、压抑等不良反应。地下空间的丰富度可以从使用者对功能类型的满意度、自然要素满意度、广场中庭满意度三个方面来考察。

丰富多样的功能延长了使用者在地下空间逗留的时间，提高了地下空间的使用率。商业功能一直以来是地下空间的重要功能之一，随着商业功能开发的日益成熟，其他与商业功能同质的具有高附加值但对自然环境要求不高的功能也被置入地下空间，如文化娱乐设施等。近年来，随着室外空气环境日益恶劣，雾霾现象严重，体育设施室内化也成为一种趋势。在文物古迹用地中，出于保护现有历史遗迹和文物景观考虑，常把扩建建筑置于地下。地下空间的功能必将更多样化和综合化。

鸟语花香、自然风感、自然光线、熟悉的环境声等自然要素能够降低使用者枯燥乏味、拥挤隔绝的不良感受，减轻阴冷、昏暗等消极联想，营造积极正面的心理环境。

室内广场、地下中庭、下沉广场等是地下空间中具有标志意义的功能节点，起到组织交通、聚合分散人流、供到访者进行社会交往作用等功能。地下中庭和下沉广场还能有效解决地下空间采光问题，成为增加地下空间多样性选择的重要要素。良好的广场中庭设计能够营造出像地上步行空间一样舒适宜人的环境，增强地下空间的吸引力，提高使用者对地下空间的满意度（图 8-2-2）。

（3）舒适度

舒适度是指使用者对地下空间的物理环境和人文环境的综合感受。除了通过各种技术手段加强采光通风、改善空气质量、营造良好的物理环境外，景观设计、人文艺术也是提高使用者心理舒适度的有效途径。通过景观设计、人文艺术设计能够营造宁静、安详、欢快、愉悦的环境氛围，给人带来积极的心理感受。

（4）连通度

连通度是指某地下空间与其周围其他地下空间直接相连的程度。当一个地下空间能够联通其他类型的地下空间（比如轨道交通直接连接地下商业、地下娱乐、地下停车、防空设施、防灾设施等），地下空间的可达性和多样性得到提升，从而提高

图 8-2-2 上海国金中心 -IFC Mall 下沉广场

资料来源 https：//hslu.wordpress.com/2018/07/18/%E4%B8%8A%E6%B5%B7%E6%B5%A6%E6%9D%B1%E5%9C%8B%E9%87%91%E4%B8%AD%E5%BF%83-twg/

使用者对地下空间的满意度。

（5）便捷性

便捷性是地下空间在设计之初需要考虑的重要问题，主要包括使用者对设施便利性的满意度及使用者对步行时间的满意度。

地下空间设施以服务设施为主，主要包括公共设施、信息设施、无障碍设施等要素。地下空间设施应以便捷、易用、充分发挥自身使用功能为基本设计目标，同时在形态设计上对地下空间起装饰作用。

到达目的地所用时间大大影响使用者对地下空间的使用感受，过长的到达时间容易引发人们焦躁、不安等负面情绪。地下空间设计时应综合考虑建筑的空间布局，营造便捷易达的地下空间。

（6）导向性

一个信息不明、方向感混乱的环境往往会使人产生很大的精神压抑感和不安定感，严重时还会产生恐慌的心理感受。地下空间不同于地面空间，没有太多参照物供人辨别方向，在地下空间，使用者主要通过导视系统来辨别方向，因此地下空间设计中导视系统的设计尤为重要。

除了利用导视牌、电子屏等标识系统进行方向引导外，也可以利用空间、色彩、明暗的引导性来增强地下空间的方向感，营造易于识别的空间环境，帮助使用者形成清晰的空间感知和记忆，给人带来积极的心理感受。

（7）安全感

安全感是一种让人可以放心、舒心的心理感受。人们对地下空间潮湿、阴暗、狭小、幽闭等不良印象往往会给人带来消极的联想，比如担心火灾等灾害的发生、担心人员太多时疏散问题、担心有犯罪的发生等，加剧人的不安全感。良好的地下空间环境设计应当能让人感到安心，丝毫感受不到身处地下，更不会觉得不安。

（8）个性

和谐统一又富有美感的个性化设计能够大大改善地下空间冰冷、疏离的刻板印象，提高使用者的满意度。地下空间的个性化设计主要体现在色彩、纹理、陈设等方面，在设计中应注意与地下空间整体风格和谐统一，不可过于单调或夸张。

8.2.3.2 景观环境的优化

（1）绿色植物

绿色植物是地面自然环境中最普遍、最重要的要素之一，绿色植物象征着生命、活力和自然，在视觉上最容易引起人们积极的心理反应。绿色植物对消除地下空间与地上空间的视觉心理反差具有其他因素不可替代的重要作用，地下空间环境中应积极引入绿色植物并将其作为环境设计的重点。

绿色植物的设计方式可以多种多样，常见的有固定种植池绿化、立面垂直绿化、移动容器组合式绿化、水体绿化等。

（2）水景

水景设计就是将水作为材料运用在空间设计中，配合其他材料综合运用，形成一个区域的水空间。水景既能调节整个地下空间的大环境，又能达到风格的统一，令空间品味升华。

地下空间中水景的表现形式多种多样，常见的有水帘、水幕、壁泉、涌流、管流、叠水、虚景等（图 8–2–3）。

（3）照明设计

地下空间的照明设计可以分为功能性照明和艺术性照明，功能性照明从实用功能出发，根据空间的不同，合理分布照明器材，是满足基本地下工作运行需求为主的照明。艺术照明从人的视觉感官出发，运用光色和照明手法营造不同的空间艺术氛围，协调和美化空间环境，是满足人的视觉和心理需求作用的照明。

地下空间中鼓励积极引入自然光照明。地下空间环境中利用自然光的方法多种多样，常见的有高侧窗采光法、天窗采光法、院式（天井式）采光法、下沉广场采光法、光纤导光采光法等。

人造光源是地下空间艺术照明设计的重点。地下空间艺术照明常用的光源分布表现方式可以分为点式、线式和面式照明，可以根据地下空间的功能和表现的需要，充分巧妙地对三种布光形式进行艺术化的组合搭配，达到光环境的艺术表现效果（图 8–2–4）。

图 8-2-3 南京水游城水景

资料来源：https：//images.app.goo.gl/ae23fXGRfCBL961m8

图 8-2-4 上海外滩观光隧道艺术照明

资料来源：https：//www.arrivalguides.com/zh/Travelguide/SHANGHAI/doandsee/wai-tan-guan-guang-sui-dao-18554

（4）环境小品

环境小品作为供欣赏或使用的构筑物，因其具有功能简明、体量小巧、造型别致、富于意境、讲究品位等特征而成为公共空间艺术环境中不可缺少的组成要素。恰当的环境小品设置不仅可以辅助功能，提供方便舒适的设施，而且有助于活跃地下空间气氛。

8.2.3.3 人文艺术特色的打造

（1）地下空间环境人文的定义

《辞海》中这样定义“人文”这个词：“人文指人类社会的各种文化现象”。人文就是人类文化中的先进部分和核心部分，即先进的价值观及其规范，其集中体现是重视人、尊重人、关心人和爱护人。地下空间环境人文，是人本的地下空间，它体现了以人为本的思想，是古今中外人本思想的集中体现；地下空间环境人文，是在地下空间环境中表现民族文化，是传统的地方文化与现代的城市文化的演变融合。

将民族文化、传统文化、现代文化和商业文化等融入地下空间环境设计和使用之中，在日常使用中体现人文关怀和人文精神，通过地下空间环境人文的建设，将使地下空间不仅成为人们休闲、娱乐和商业活动等的使用空间，而且还能成为展示城市形象、宣传城市文明的窗口。

（2）地下空间环境人文的特点

1）以人为本的理念

由于地下空间容易带给人们心理和生理上的不适，所以在地下空间开发利用中，不论从总体规划还是设施细节，处处都应体现“以人为本”的理念。只有以人本精神作为地下空间开发设计的中心思想，将人的需求和进步的需要放在第一位，才能为人们提供舒适宜人的空间。如通道、出入站口或步行街等，要设计得简洁明了、易于识别，让人们一目了然，以便人们对地下空间的方位、路线作出判断。除此之外，还应在地下空间的各个出入口上设置足够清晰的指引标识（如路标、地图、指示牌等），引导人流、物流在地下空间顺利行进。

2）民族地域特色

地域文化可以说是某一地方特殊的生活方式或生活道理，包括这里的一切人造制品、知识、信仰、价值和规范等，它综合反映了当地社会、经济、观念、生态、习俗以及自然的特点，是该地域民族情感的根基。因而在进行城市与建筑空间环境规划设计时，除了应尊重地域的各种自然条件外，还要全面了解其地域文化的情况，在空间环境的大小和组合中，在空间环境的装饰文化艺术里，包括绘画、雕塑、图案、文学、书法以及家具、花木、色彩和地方建筑材料与构造作法等，根据新时代的新要求，吸取传统的地域文化的精华，并加入新内容，突出地域文化的特点，以符合各地域民族新的生活需求（图 8-2-5）。

图 8-2-5　上海地铁 17 号线诸光路站陶艺装置作品《诸光开物》

资料来源：https：//dbsqp.com/article/102323

（3）个性鲜明的主题

在各国地下空间文化建设中，文化资源往往是通过具有鲜明特色的主题文化体现出来。主题文化是城市的符号和底色，是提高城市吸引力和创造力的载体，可以通过环境小品、绿化、座椅、电话亭等设置，创造多样化、人性化的地下空间文化。

（4）不同文化的交融

传统文化与现代文化交流融合成地下空间文化，传统的历史文化是城市的价值体现，而现代的人们又在享受着现代科技带来的时尚生活。现在人们已经越来越认识到保护传统历史文化的重要性，更加重视文化传承，保存传统文化的精髓，协调自然环境，并融入现代时尚的文化，以此来满足人们日益更新的物质和精神需求。

（5）绿色环保的理念

绿色是生命、健康的象征。地下空间内引入绿色植物，不但可以营造富有生机、活力，安全、舒适、和谐的地下空间环境，还能通过绿色植物在光合作用下呼出氧气、吸入二氧化碳，起到净化空气、改善空气环境的作用。绿色还能使身处地下空间中的人们忘却自己身在地下，消除地下空间环境给人们带来的封闭压抑、沉闷、不健康、不安全、不舒适等感觉。

当代中国正处于快速发展中，我们比以往任何时候都更强烈地渴求积极健康的生活方式以及由积极健康的生活方式带来的人文品质。地下空间环境人文的理念中包含着当下人们奋力拼搏的精神风貌、豁达开朗的胸襟气度，它还是一个实践性强、可持续性强的城市战略，把城市地下空间的规划利用和人文的理念相结合，把城市建设的硬件设施与优化的软件设施相结合，把城市建设的指标与市民人文素质和生活质量的提高相结合，应是城市工作者、管理者不懈的追求。可以预言，地下空间人文的建设必将在城市的现代化建设中发挥出巨大的积极作用。

8.2.4 地下生态圈的构建

生态学一百多年的探索和发展主要集中在地面，然而当今的生态学家已经越来越强烈地认识到，鲜为人知的地下部分已成为生态系统结构、功能与过程研究中最不确定的因素，因而严重制约着生态系统与全球变化研究的理论拓展。

自 20 世纪 90 年代后期以来，伴随着全球生态学研究的深入，一个新兴的生态学领域——地下生态学（Belowground Ecology）开始形成并得到了快速发展。地下生态学从不同学科层次探索地下部分的结构、功能、过程以及与地上部分的关系，并特别关注其对全球变化响应的若干理论问题。研究对象包括植物根系、地下动物和土壤微生物。地下生态学将是 21 世纪生态学的重要发展方向。

地下生态圈构建的共性科学问题主要包括以下几个方面。

（1）地下能量源（人造太阳、地热）与生态圈生物量关联机制

探索地下空间生态因子（声、光、电、热）对不同陆生生态系统、湿地生态系统中植物光合效率的影响及其生理代谢分子生物学机制；探究地下植物提高能量转化效率的实现途径与分子机理，为最终在地下生产农作物产品种植（植物工厂构建）提供理论依据。

（2）地下生态圈碳、氧、氮、硫智能重生与循环规律

探寻地下生态圈生物体必需元素（碳、氢、氧、氮等）的最佳供给方式；揭示生物体必需元素在地下生态圈中的循环体系建立与演化规律，为构建优质的地下生态系统、优良的地下宜居环境提供理论依据。

（3）地下生态圈岩石土质化的生物与地球化学过程

探究外植土壤在地下中的微生物菌群变迁，微界面下各元素、各分子的赋存形式、迁移交织和空间分布，揭示地下岩石层在先锋生物膜被覆下的成土机理和过程化学机制。

（4）地下生态圈植被多样性选培与生物进化演化规律

探索地下生态圈岩石植物群落的原始演替和次生演替规律，研究地下系统物种选培，探寻特殊地下空间生物多样性、适应性、表观遗传差异表达与变异、进化对地下生物群落演替的影响规律，为构建稳定的地下植被提供理论依据。

（5）地下生态圈湿地生态系统构建与演化规律

构建地下生态圈湿地生态系统，探寻不同地下生态因子及生物类群对湿地生态系统演替的影响规律，为构建稳定的地下生态圈湿地生态系统提供理论依据。

（6）地下生态圈水平衡及自净规律

摸清地下生态圈圈层水位、水量和水质时空特征，计算不同圈层水环境容量及水环境自净容量，探究地下生态圈圈层水源供补与排泄的动态平衡关系，构建水均衡模型，预测评估人为扰动下地下生态圈圈层水的短暂正负均衡[8]。

8.2.5 地下空间环境健康实施路径

地下空间环境首先应能满足人群生产、生活的基本要求。从采光、通风、污染源控制、噪声控制、辐射控制等几大方面营造适合于人群生产生活的健康物理环境。在此基础上要重视地下空间环境对使用者心理健康的影响，从规模尺度、丰富度、舒适度、连通度、便捷性、导向性、安全感、个性八个方面综合审视地下空间功能布局、人流组织等设计的合理性。最后从绿色植物、水景、照明设计、环境小品等几方面提升地下空间的景观美感，设计上坚持以人为本、绿色环保的理念，创造和谐、舒适、美观、宜人、富有民族地域特色的地下空间环境。

本章注释

[1] 城市地下空间规划标准 [S]. 北京：中国计划出版社，2019.

[2] 杨木壮，张建峰，郑先昌．城市地下空间开发利用的潜在不利影响及其对策 [J]．现代城市研究，2009，24（08）：24–28.

[3] 管含硕．大城市中心区地下空间覆盖率规划控制研究 [D]．上海：同济大学，2018.

[4] 范益群，许海勇．城市地下空间开发利用中的生态保护 [J]. 解放军理工大学学报（自然科学版），2014（1）：211–212.

[5] 李鹏．面向生态城市的地下空间规划与设计研究及实践 [D]. 上海：同济大学，2008.

[6] 钱七虎，卓衍荣．地下城市 [M]. 北京：清华大学出版社；广州：暨南大学出版社．2002：101.

[7] 梅爱华，范伟．地下空间辐射问题浅析 [J]. 广东建材，2005（12）：106–107.

[8] 谢和平，等．特殊地下空间的开发利用 [M]. 北京：科学出版社，2018：190–191.

第 9 章

城市地下空间规划控制

9.1 城市地下空间规划控制概述

伴随着我国城市化进程的加快,城市中心区开发、局部地段改造以及地铁、隧道、地下综合管廊等大型基础设施的建设，城市地下空间开发建设已然成为城市建设的重要领域。目前，在现行的国家规划体系框架中，国家及各地有关部门相继出台了一些相关的地下空间法律、规范和政策，但较少涉及城市地下空间规划控制方面。

2005 年 10 月 28 日，由原建设部颁布的《城市规划编制办法》(简称《办法》)为城市地下空间规划正式地纳入城市规划体系提供了进一步的法律保障。该《办法》规定了城市中心城区规划应当“提出地下空间开发利用的原则和建设方针”(第 31 条 17 款),“地下空间开发布局为城市总体规划中建设用地规划的强制性内容”(第 32 条 3 款);同时规定了地下空间规划在总体规划层次和详细规划层次应明确的基本内容:“城市总体规划应明确地下空间专项规划的原则”(第 34 条)和“控制性详细规划应当确定地下空间开发利用具体要求”(第 41 条 5 款)。

2007 年 10 月 28 日，由全国人大颁布的《中华人民共和国城乡规划法》(简称《城乡规划法》),进一步将城市地下空间开发利用的相关内容上升到国家法律层面，明确规定了地下空间的开发利用应遵循的原则以及地下空间开发与人民防空和城市规划的关系。《城乡规划法》第 33 条规定:“城市地下空间的开发和利用，应当与经济和技术发展水平相适应，遵循统筹安排、综合开发、合理利用的原则，充分考虑防灾减灾、人民防空和通信等需要，并符合城市规划，履行规划审批手续。”

由于规划编制细则的缺位，城市地下空间规划如何纳入现行国土空间规划体系，如何与城市地面规划实现接轨，如何与交通、市政等专项规划的协调等一系列问题均缺乏规定。各层次地下空间规划的控制内容、深度、范围、表达形式及成果等内容也不尽统一。

然而，在实际的规划编制中，一些城市已经开始对城市地下空间规划进行了有效的探索，有些城市将地下空间规划纳入城市总体规划、人防规划、地铁规划或市政规划等专项规划中，如北京、上海、南京、杭州、青岛等城市编制了城市地下空间总体规划，芜湖、淮南、宁波等城市编制了地下人防工程规划，广州大学城、珠海横琴新区等城市重要区域编制地下综合管廊规划等；也有一些城市对城市改造和开发的重点地段编制了地下空间控制性详细规划或修建性详细规划，如上海北外滩地下空间控制性详细规划、杭州萧山钱江世纪城地下空间控制性详细规划、南京新街口中心区地下空间控制性详细规划、青岛经济技术开发区中心商务区地下空间控制性详细规划等。结合上述地下空间实际开发的实践，城市地下空间规划控制的重点是以研究城市地下功能系统的空间关系，详细规定地下空间开发功能、开发强度、深度以及划定不宜开发区域等，并对地下空间环境设计提出指导性要求，为地下空间开发的项目设计以及城市地下空间的规划管理提供科学依据。

9.2 城市地下空间功能管控

城市地下空间功能是地下空间存在的本质特征。在城市发展过程中，地下空间的开发利用往往根据地面建筑使用功能不同而不同，有的设施必须进入地下，才能解决城市现有的各种问题；有的设施往往出于对地下空间特征的利用，如城市中各种防灾设施；有的设施根据现有的科学技术水平，暂不宜完全进入地下空间，如居住等。

城市地下空间规划控制的核心任务就是合理组织各种地下功能空间。城市地下空间功能主要表现为商业功能、展览展示功能、交通集散功能、停车功能、市政公用设施、人防功能以及仓储功能等。由于地下空间功能与地上不同，呈现出不同程度的混合性，城市地下空间功能按实际管控的区域可分为单一功能管控区、复合功能管控区、综合功能管控区。

9.2.1 单一功能管控区

地下空间的功能相对简单，对相互间的连通性不作强制性要求。如地下人防、地下停车、地下市政公用设施、地下工业、地下仓储等。

9.2.2 复合功能管控区

地下空间的功能会因不同用地性质、不同区位、不同发展要求呈现出多种功能相混合，表现为“地下商业 + 地下停车 + 交通集散空间 + 其他”的功能，鼓励复合功能的地下空间之间相互连通。

9.2.3 综合功能管控区

在地下空间开发利用的重点地区和主要节点，地下空间不仅表现为功能的混合，还表现出与轨道交通、交通枢纽以及与其他用地的地下空间相互连通，形成功能更加综合、联系更加紧密的综合功能区。表现为“地下商业 + 地下停车 + 交通集散空间 + 其他 + 公共通道网络”的功能。综合功能区的地下空间要求相互连通。

不同的用地功能，城市地下开发的动力和适合开发的类型也不同，随之产生的开发价值也不尽相同。以芜湖市城市地下空间开发利用规划为例。芜湖市地下单一功能管控区为城市集中建设区内一般地区的地下空间，主要为人防、地下停车、地下市政公用等功能。地下复合功能管控区主要分布在商务办公、商业中心、文化中心、综合交通枢纽、城市节点等公共空间地区，主要以地下商业、地下停车、地下交通集散等功能为主。地下综合功能管控区主要分布在城市商业中心、商务办公、交通换乘枢纽等地区，该区域以地下商业、地下停车、地下交通集散空间、地下公共通道网络等功能为主（图 9–2–1）。

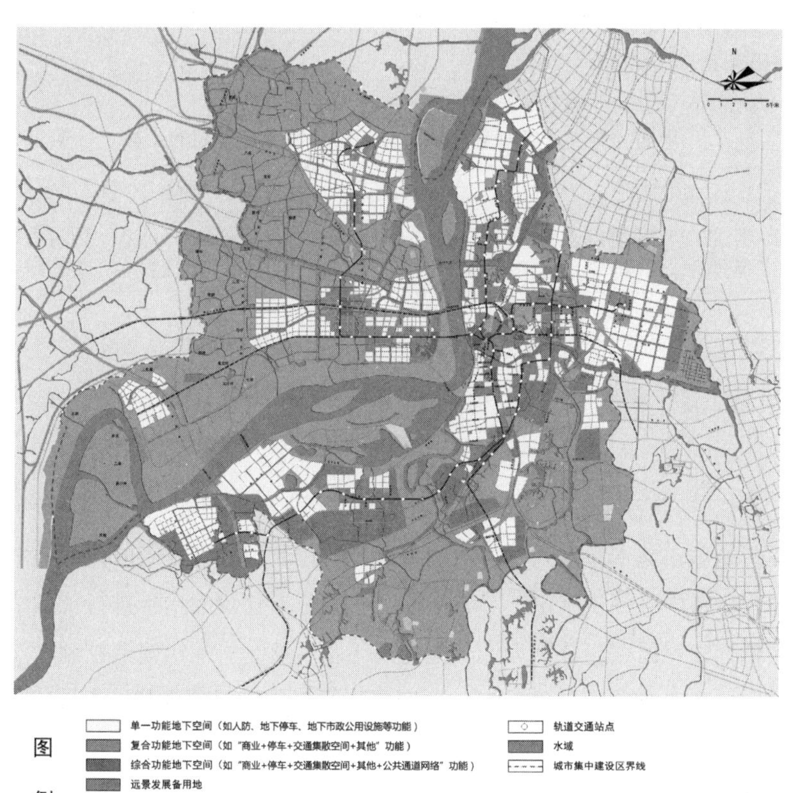

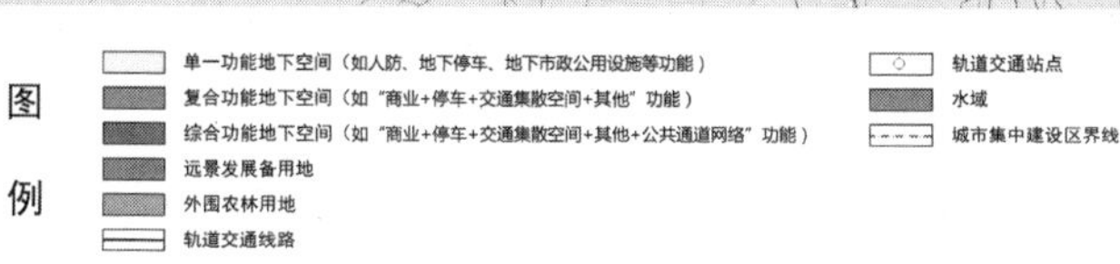

图 9-2-1　芜湖市城市地下空间功能规划图

资料来源：芜湖市城市地下空间暨人防工程综合利用规划

9.3 城市地下空间指标控制

城市地下空间的开发控制，通常以地下空间开发功能及开发深度为核心。一方面需要提出城市地下空间开发控制的规定性基本要素指标，如地下空间范围、地下空间功能、开发规模、开发强度、地下覆盖率、开发深度、层高、竖向标高、空间退界、出入口等，从而实现城市快速发展条件下地下空间规划管理的简化操作，提高规划的可操作性，缩短开发周期，提高城市开发建设效率。另一方面需要留有一定的引导性要素指标，即某些指标可在一定范围内浮动，如通道参数、上下部规模比、天窗、天井、环境小品等。

9.3.1 地下空间指标体系

在地面规划方案的基础上，编制城市地下空间控制性详细规划，其主要的控制内容可归纳为地下空间的土地使用、建筑建造、设施配套三个主要方面（表 9-3-1）。与地面空间的控制性详细规划相比，地下空间的特殊性在于：地下空间控制性详细规划的编制应在尊重现有地面控制性详细规划的前提下，充分协调地下空间与地面空间的关系，在出现矛盾或有更好的解决方案时，应协同相关技术部门共同修订。当地面控制性详细规划与地下空间控制性详细规划合二为一时，可以就相关要素进行共同控制。

地面控制性详细规划与地下空间控制性详细规划的比较　　表 9-3-1

<table>
<tr><th rowspan="2">城市地面控制性详细规划</th><th colspan="2">土地使用</th><th colspan="2">建筑建造</th><th colspan="2">设施配套</th><th colspan="2">行为活动</th></tr>
<tr><th>用地使用性质</th><th>环境容量控制</th><th>建筑建造控制</th><th>城市设计引导</th><th>公共设施配套</th><th>市政设施配套</th><th>交通活动控制</th><th>环境保护规定</th></tr>
<tr><td rowspan="2">城市地下空间控制性详细规划</td><td colspan="2">地下空间土地使用</td><td rowspan="2">地下建筑建造控制</td><td rowspan="2">地下建筑内部空间设计引导（地下公共空间与地下停车空间设计引导）</td><td rowspan="2">各专项设施配套（交通、商业、市政）</td><td rowspan="2">人防设施配套</td><td colspan="2" rowspan="2">—</td></tr>
<tr><td>土地使用控制</td><td>容量控制</td></tr>
</table>

根据影响城市地下空间开发的可控要素，对控制性详细规划阶段的地下空间开发控制指标体系作进一步规定，对城市地下空间开发建设的指标进行了归纳、整合形成四大指标内容体系，分别为：土地使用与容量控制、建筑建造控制、设施配套控制和开发与管理控制（表 9-3-2）。这四大类控制要素还分成若干个具体的控制指标。前三项为设计层面控制指标内容，后一项为规划管理与实施层面的内容，并相应形成控制性指标和引导性指标两个控制类别。由于地下空间开发的复杂性，控制要素的选取受多种因素的影响，因此，对每一规划地块应视用地的具体情况，选取其中的部分控制指标内容[1]。

地下空间控制性详细规划指标构成体系 **表 9-3-2**

控制要素	控制要素分类	内容	控制性指标		引导性指标
			刚性	弹性	
土地使用与容量	土地使用控制	用地面积	●		
		用地界限	●		
		用地性质		●	
		地块划分	●		
		土地使用相容性		●	
	容量控制	建设容量（开发强度）		●	
		地下覆盖率		●	
		开发深度（层数）		●	
建筑建造	建筑设计	地下建筑后退红线距离	●		
		相邻地下建筑间距控制、地下建筑与其他地下构筑物间距的规定	●		
		建筑层高	●		
		地下出入口、连通道的数量、方位、宽度	●		
	设计引导	开敞空间			●
		通风井、采光窗			●
		可识别标识系统			●
		其他附属设施，如座椅、广告牌等			●
设施配套	地下交通设施	轨道交通设施	●		
		地下步行系统		●	●
		停车场地与停车泊位	●		
		静态交通系统		●	
		公共交通换乘站点	●		
	地下商业设施	地下街、地下综合体的规划位置、规划要求等			
	地下市政设施	现有及规划的地下市政管线定位及避让措施、各类市政设施设置要求、与其他地下空间的位置关系等	●		
	人防设施配套	配套人防工程建筑面积	●		
		配套人防工程使用性质	●		
开发管理	规划管理	管理方式、管理制度、投资政策等			●
	工程开发	建设方式、工程技术等			●

9.3.2 土地使用与容量控制

地下空间土地使用控制是对建设用地上的地下空间建设内容、位置、面积和边界范围等方面作出规定。其控制内容为土地使用性质、用地边界、用地面积、功能和布局形态等。另外为调控地下空间产生的人流、车流等对中心区基础设施产生的影响，需要对地下空间建设容量（开发强度）、地下覆盖率、开发深度（层数）等进行控制。

9.3.2.1 用地性质

土地使用功能是规划控制的核心内容，功能的确定即用地性质的确定，用地性质与土地使用兼容性是地块开发控制的核心指标。通过研究地下空间的功能与层次关系，根据城市不同发展时期对地下空间开发利用的不同需求，将开发的重点控制在地下不同的竖向层次，从而安排合理的地下空间功能，制定出最为合适的土地利用规划。城市地下空间的用地性质，必须依照主要用途和功能分区的基本原则，参照表 1–4–1 城市地下空间设施分类和代码，城市地下空间设施分为 8 大类、27 中类。

由于地下空间开发是在竖向上进行不同层域的功能拓展，每一地块的地下用地性质大多是各项功能的互相交叉，每一层面的用地性质都各不相同。根据规划项目土地开发功能的混合性和建设要求，为增强规划的弹性与可操作性，可采用规定以某一类土地使用性质为主，与其他某类土地使用性质相混合的控制方法。如地面为商业用地，其地下空间开发为商业与停车混合设置，这就需要规定一个合适的比例范围或对不同的混合使用做出具体规定。

9.3.2.2 建设容量（开发强度）

地下空间开发强度与城市经济效益、社会效益、战备效益等综合因素有关。在我国目前还没有对城市地下空间开发强度控制的有关规定，有些国家在地下空间建造之前对其建造后所产生的综合效益进行评估，然后决定是否建造[3]。地下空间开发建设量的控制应综合考虑城市发展规模、社会经济发展水平、城市空间（含地上、地下）的布局、人们的生活方式、科学技术水平、自然地理条件、法律法规和政策等多种因素。

城市地下空间开发建设容量可以根据规划区域的地面开发强度，结合地下空间的规划布局形式，针对不同地块推算出明确的强度控制指标。这种方法比较全面系统，可以综合考虑城市地下交通设施、地下公共设施、地下物流设施、地下人防设施、地下市政设施等多元的建设需求。

针对城市商业区、沿街地块、沿轨道交通地域的地价与周边区块的地价差异较大，对建设用地的使用性质、地块划分的大小、地面容积率的高低、投入产出的实际效益等产生直接影响。这也决定了地下空间的开发强度，应根据其区位和级差地租区别对待。在满足停车功能的前提下，地下其他功能空间（如商业）的开发强度是否合理，在功能和经济上是否可行，需要进行详细的论证[2]。

针对以停车为主的地下空间开发，由于不同性质的地面建筑有不同的停车配建标准，而且不同城市甚至同一城市不同区域的配建停车标准也不一致，所以应区别对待。规划需提供区域所需的足够的地下停车位，重点解决好静态交通与动态交通的连接，充分发挥地下停车场的作用，实现动态交通与静态交通的柔性连接。

9.3.2.3 地下覆盖率

地下空间覆盖率应充分与海绵城市专项规划有机结合，尽量避开地下水流路径，并预留雨水下渗通道，全面控制地下空间覆盖率，作为后续控制性详细规划编制的依据。同时为限制地下空间的过度开发，地下空间覆盖率采用上限指标控制，如新建小区地下空间覆盖率不超过 70%，公园绿地地下空间覆盖率不超过 30% 等。

9.3.2.4 开发深度（层数）

地下空间开发必须以创造一个舒适方便的地上空间、合理的综合投资效益为前提，因此，必须对地下空间实行有计划分期分批地综合开发，制定地下空间竖向分层规划。

竖向开发层数的控制是在得出每个地块的地下空间开发量的基础上，计算出每个地块的地下空间开发层数，计算公式：$F=S/S_r$

其中，F 为开发层数；S 为各个地块的地下空间开发面积（万 m^2）；S_r 为地块的建筑基底面积（万 m^2）。

结合国内外经验和国内实际情况，把地下分为四层：

浅层地下空间（0~ –15m）：人员活动最频繁的地下空间。主要布置地下商业服务业设施、地下公共管理与公共服务设施、地下交通枢纽、人行通道、地下停车库、人防工程、地下市政管线、综合管廊等。

次浅层地下空间（–15~ –30m）：人员的可达性较浅层稍差。开发地下轨道交通设施、地下车行通道（隧道、立体交叉口）、地下停车库、地下物流仓储设施，建设地下综合体以及结合地下综合体的市政公用设施、部分高防护等级的人防工程。商务办公、商业中心、文化中心、综合交通枢纽、城市节点等公共空间地区的地下空间开发深度可达到次浅层。

次深层地下空间（–30~ –50m）：目前国内重点开发利用的是浅层、次浅层地下空间，对次深层地下空间必须实行保护控制。城市进一步发展后，次深层地下空间可作快速地下交通线路、危险品仓库、城市设施更新之用。

深层地下空间（–50m 以下）：一般为特大城市地下空间的远期开发深度。

我国这种竖向发展模式的成功案例已有不少，如上海世博会地区地下空间规划（图 9–3–1）、黄岛中心商务区地下空间利用规划（图 9–3–2）。

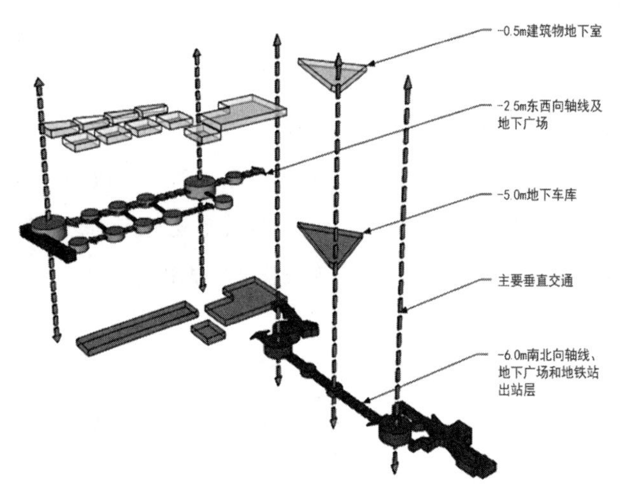

图9-3-1　世博会地区地下空间分层开发

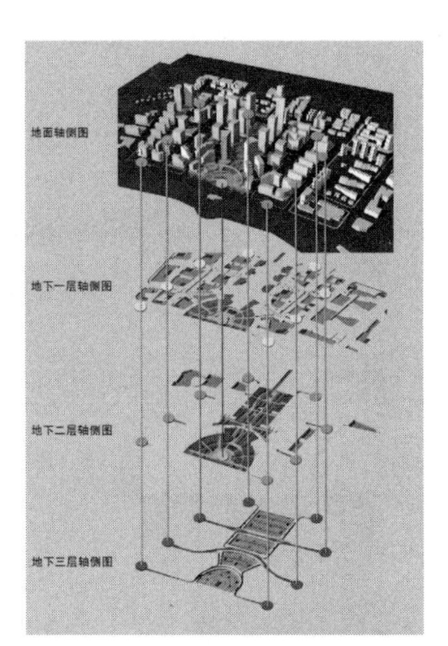

图 9-3-2　黄岛中心商务区地下空间分层

9.3.3　建筑建造控制

建筑建造控制分为建筑设计和设计引导。建筑设计控制是对建设用地上的地下建筑（或构筑物）布置和地下建筑（或构筑物）之间的群体关系作出必要的技术规定。其控制内容为建筑竖向控制、建筑间距、建筑后退等，涉及技术、维护、抗震、安全防护及其他方面的专业要求。而设计引导则是对开敞空间、通风井等其他附属设施设置的控制要求。

9.3.3.1　地下建筑层高控制

根据规划区域的功能布局和未来城市的发展需求，在开发深度上，目前国际上的地下空间开发大多处于地下 30m 以上的高程，结合各个城市的具体情况，建议以浅层地下空间的开发利用为主，重点开发 –20m 以内的地下空间。对于这种浅层开发深度，大多城市一般开发到地下三层。同时，各个城市应根据需要并结合工程地质和水文地质条件等因素的影响来决定地下空间的开发深度。

行人是地下空间活动的主体，地下空间的设计应该全方位地为行人服务，本着以人为本的原则。尽量缩短地上地下空间的过渡距离，方便行人进出到地下空间，因此地下一层一般设置以人为主的公共活动层，设施的布置也应以服务于行人的设施为主，主要为人行通道、商业及文化娱乐、机动与非机动车库等公共设施。竖向层高控制一般可分为下列几种方式进行控制 ：

（1）若商业服务空间和停车空间共处一层，层高控制在 6.5~7.5m ；其中地下一层上部的地面空间需要进行绿化时，应当考虑到植被层生长所需的高度，地下一层顶面到地表面的高度应不小于 2.5m，并且考虑到将来的发展需求，应当在覆土层中预留综合管廊的空间；没有覆土层时可进行夹层利用，以丰富地下空间的形态、提高利用率。

（2）若停车空间与轨道站厅层共处一层时，层高控制在 4.5~7.5m。

（3）地下人行通道是行人往来频率最高的地下设施，地下人行通道的建设会造成行人 对地下空间的主观心理认识，因此尤其要加以注意，其净高原则上不能小于 3.5m。

（4）配建停车空间，若上部有覆土层，层高控制在 6.5~7.5m，若上部没有覆土层，层高控制在 4.5~5.0m，从而保证了其被改造成商业服务空间的可能，并可以通过机械式停车的方式来提高空间利用率。

地下二层空间的通达性相对地下一层较差，需要通过地下一层与地面进行衔接，相比地下一层空间可以通过设置下沉广场进行地上地下空间的自然过渡，地下二层空间给行人的感觉就没有地下一层来得自然，并且在采用自然光等方面也没有优势，因此需要强调室内空间的营造，消除行人对地下空间的恐惧心理，在设施的设置原则上也以交通设施为主。地下二层主要布置以机动车为主的机动车库及其连接的机动车连通车道、地铁的站台等交通设施，由于行人在该空间逗留的时间相对较短，因此不太适合进行大面积的商业开发，在小范围内适当地设置一些商业和文化娱乐设施可以方便行人需求，而且能够提供一个休闲娱乐的场所。考虑到未来地下空间发展的弹性需求，需要在规划建设中考虑预留空间，比如不同地铁线路之间的衔接，地下停车库之间的通道连接等。由于地下二层主要作为交通层，因此层高的控制没有地下一层的要求严格，与地面的层高控制相似即可，层高一般为 4.5~5.0m。

地下空间的开发以地下 0~30m 为主，开发深度一般不超过地下三层，深层空间的开发留待将来进行。地下三层空间所处的位置较深，主要作为设备层使用，行人一般很少到达，因此不能进行商业的开发。在有些多条地铁线路交汇处，由于线路通行的需求往往也将地铁站台设在地下三层，如果该区域处于商业繁华地段，停车的需求量较大，在这种情况下建造深层地下停车库也是一种选择。由于不是行人的主要活动层，因此室内环境和层高的要求都不是很高，一般层高在 4m 左右 [1]。

9.3.3.2　地下建筑物边界控制

（1）地下建筑后退控制

一般单体建筑的地下部分不允许超出地块红线，在有些情况下地块红线由于用地紧张与道路红线重合，地下建筑物也不得突入规划道路红线，为将来道路红线拓宽和管线增设维修等留有充分余地。同时地下建筑后退道路红线也为某些大型乔木的生长提供可能，有利于形成优美的城市街道绿化线。

在地下公共空间与地块建筑的连接处，考虑到在地块内必须设置与地面联络用的楼梯，应要求建筑物地下构造物的边界要从用地红线退后至少 5m。

考虑到当前中国国内城市的管线转接建筑内部的空间预留，根据工程管线部门的要求，城市地下建筑红线一般以地面的规划用地范围为基础，由边界外向里退让至少 5m。

这里所规定的建筑红线和其他约束都是最小极限，可根据建筑部门、土木工程师、土壤专家或地质专家的建议适当增加，主要是为了安全和稳定性，或为了防止由于沉降或侵蚀对相邻地界的损坏，只要建筑部门同意，可用挡土墙以减小红线值[2]。

（2）地下建筑间距控制

相邻两地块，当地下空间开发不能同期施工时，应充分考虑相邻建筑的地基情况。适度的退让可以在一定程度上防止土压力对邻近建筑造成构造上乃至结构上的破坏。由于中国目前的相关法律法规尚不健全，在地下空间控制性详细规划阶段应参考国外的一些经验，根据中国目前的施工技术水平，城市高层建筑和大规模地下建筑制定最小的建筑退让规定，为土地出让和经济评估等提供基本依据，在这种情况下，相邻建筑建造一般只需各自后退用地红线 1.5m，并为将来地块之间的连通创造可能。但是在修建性详细规划阶段应制定相应的工程保护措施，以保证建筑安全。

（3）地下建筑与其他地下构筑物之间的间距规定

地下建筑物（或构筑物）以及地下管廊、植物根系等是地下空间规划和设计着重考虑的部分，地下空间开发需协调地下建筑物（或构筑物）之间以及地下建筑物（或构筑物）与现有管线、植物根系等的退让距离，该距离的确定对建造、维修及今后地下工程的设计都有很大影响。从规划、施工、植物生长等角度，对设计与管理方面提出一些意见和建议。

1）地下建筑与地下管线的间距控制

地下建筑后退地下管线的宽度应根据基地土质及地下建筑深度的影响，综合考虑各类管线技术要求等方面进行退让。出于规划的一致性和弹性，新建的地下建筑退让管线至少 3m。

2）地下建筑物退让城市绿化的规定

地下建筑物和构筑物应针对城市不同的地貌特征和对象，采取保护性开发或在距离和埋深上适当退让城市生态绿地，以保护土壤的自然呼吸。当项目的规划用地位于城市绿化带一侧时，开发范围应退让绿化带 3m。

地下空间开发不应影响各项目的绿地指标，城市公共绿地、道路绿地、河道绿化带下不应设置地下空间。当局部区域必须设置时，要求在规划中予以明确，根据植物生长条件（如绿化植物种植必需的最低土层厚度，见表 9-3-3），地下建筑应在竖向上退让 1.0~1.5m，以满足多种植物生长的需要。对于根系较发达的植物，可在局部覆土以促进生长[2]。

绿化植物种植必需的最低土层厚度（cm） **表 9-3-3**

植被类型	草本花卉	草坪与地被	小灌木	大灌木	浅根乔木	深根乔木
土层厚度	30	30	45	60	90	150
排水层厚度	—	—	10	15	20	30

3）地下建筑物退让城市河流的规定

当项目的规划用地位于河道一侧时，需要考虑地下建筑施工对河流河床的影响，一般地下开发范围与地面建筑红线一致。

4）各种管线与绿化树种间的退让

在植物种植设计中要注意种植的位置，与建筑、地下管线、高压线等设施的距离要符合要求，一般乔木需距建筑物 5~8m，以避免影响室内的采光和通风，避免有碍植物的生长发育和设施的管理维修。树木与地下管线之间的最小距离在《城市工程管线综合规划规范》GB 50289—2016 中有规定，见表 9-3-4。

树木与地下管线的最小水平距离（m）　　表 9-3-4

管线名称	乔木	灌木
给水管	1.5	1.0
排水管	1.5	1.0
再生水管	1.0	1.0
燃气管道（低中压）	0.75	0.75
燃气管道（次高压）	1.2	1.2
热力管	1.5	1.5
电力管线	0.7	0.7
通信管线	1.5	1.0
管沟	1.5	1.0

乔木与地下管线的距离是指乔木树干基部的外缘与管线外缘的净距离。灌木与地下管线的距离是指地表处分蘖枝干中最外的枝干基部的外缘与管线外缘的净距离。此规定也适用于树木与地面建筑物、构筑物外缘的最小水平距离。

5）地下隧道之间以及隧道与地下室之间的距离

沿地下轨道交通两侧新建、改建、扩建建筑物，其后退隧道外边线的外侧距离应符合轨道交通管理的有关规定。在中国国内关于地下隧道与地下建筑之间间距的文件中，如《上海市地下铁道管理条例》有部分描述，主要是从相邻权方面论述的。其中第九条第二款规定，地铁建设使用地面以下的空间，不受其上方土地使用权的限制。地铁建设单位应当采取措施，以减少对上方建筑物、构筑物的影响。该条款实际说明的是地下空间权属的行使不得妨碍土地使用权属的行使问题。在《深圳市城市规划标准与准则》的“城市地下空间利用”章节中；第 11.2.1 条规定，轨道交通沿线应设置安全保护区和发展引导区；第 11.2.1.1 条规定，安全保护区内的建设活动不得影响轨道结构安全。安全保护区的设置范围为：地下车站与隧道主体工程外边线外侧 50m 内；地面车站和高架车站以及线路轨道主体工程外边线外侧 30m 内；出入口、通风亭、变电站等建筑物、构筑物主体工程外边线外侧 10m 内。

9.3.3.3 出入口及连通的方位、距离控制

出入口方位是指街坊内或地块内机动车道与外围道路相交的出入口的方向和位置，它的确定主要是考虑减少干扰外围交通干道，并合理组织和引导地块内部交通。一般情况下，每个地块设置1~2个车辆出入口，如需设置2个以上车辆出入口时，由规划部门作为个案处理。位于道路交叉口进口道一侧的出入口方位距道路交叉口应满足下列规定：主干路交叉口不小于50~70m，次干道交叉口不小于40~50m，支路交叉口不小于30m。位于道路交叉口出口道一侧的出入口方位距道路交叉口应满足下列规定：主干路交叉口不小于60m，次干道交叉口不小于45m，支路交叉口不小于30m。

地下连通道是指地下步行空间和地下停车场网络等公共（道路）用地内的地下结构物与各建筑物用地内的地下结构的连接部（连接通道部），它是由于跨越了公共与私用的边界线而被设置。在钱江新城核心区地下空间规划中，对公共步行交通系统的规划要求为："相邻新建高层商业办公建筑地下室按规划应设置连接通道的，通道宽度不小于8m，净高度不小于2.8m，并由相关建设单位负责实施各自基地的通道部分。临城市道路的高层建筑地下室应按规划要求预留与该处城市道路下公共地下通道或地铁站的连通口，满足公共步行系统要求。"为满足人行和车行的使用需求，地下连通道的最小宽度为5m。

对于地下空间统一开发的地块，其连通道的建设应遵循"先建优先"的原则，即先建造的建筑预留连通道的位置，后建造的建筑与之沟通。根据规划，若地下一层为步行系统连接的公共商业空间，要求所涉及的地块的地下部分设计时应满足规划要求，不得破坏整体的连续性。

9.3.4 设施配套控制

地下空间配套设施是城市生产、生活正常进行的保证，即是对地面居住、商业、工业、仓储等用地上的公共设施和市政设施建设提出的地下配套定量要求，包括地下交通设施、地下商业设施、地下市政设施以及人防工程设施配套等内容。除了人防设施配套内容外，有的城市根据实际情况将这部分控制内容纳入了城市专项规划中编制。所以设施配套在地下空间规划控制中，各项设施控制的角度与方式是不同的。如地下商业设施方面主要是对设置规模、位置等提出控制要求，而对步行交通和静态交通等控制，则需要从其位置、走向、可达性、连通要求等角度来考虑。配套设施的建设规模应按照国家和地方规范（标准）作出的规定执行。

9.3.5 开发管理控制

控制性详细规划阶段的城市地下空间开发管理控制包含：提出研究区域的地下

空间规划管理方式、规划实施的组织保障措施，研究拟定实施的管理制度、投资政策等；确定地下空间开发建设方式和工程技术等工程开发内容。

9.4　城市地下空间系统控制

城市地下空间开发利用的控制要素覆盖面广泛，不同城市、不同地段，不同的开发形式所需要控制的系统也不尽相同。

9.4.1　总体系统

对于城市地下空间来说，交通设施是影响可达性和便利性的主要因素，将相关的地下交通设施进行连通不仅可以促进交通的可达性，而且可以提高地下空间的利用效率。因此，建设地下交通网络，对有关的人行系统、停车系统、车道系统以及市政设施系统、人防系统等应该综合考虑，协调各系统间的相互关系。同时，还必须明确地上及地下交通网络利用的基本方针。

9.4.2　地下步行系统

9.4.2.1　地下步行系统概述

步行系统是指由地下街（地下步道）连接轨道交通车站、地下商场、地下广场、下沉广场等设施形成的提供行人步行使用的地下交通设施。其中，地下街是指以地下步行道为基础，并且面向地下步行道设置商店、饮食店等部分商业设施，同时连通地下步行道两侧公共建筑物的地下室，或者地铁车站等地下交通设施所构成的一种大型地下综合体，地下街在本质上是一种交通设施。与地面存在一定高差的，将地下空间出入口与地面利用开敞式的空间过渡和联系起来的城市广场称为下沉广场。地下广场则是处于地下的人行交通重要节点上的封闭的广场空间，地下广场在地下步行系统中发挥重要作用，不仅是地下人行交通的集散地，也是地下行人的方向指示标志和重要的防灾空间。[4]

地下步行系统的开发主要有三个方面的优点：

（1）实现轨道交通车站人流的平稳疏散。轨道交通系统作为一种大运量、高效率的人流运输系统，在城市公共交通中承担了越来越重要的角色。轨道交通车站的建设将大大提高车站站域地区的交通可达性，促进站域地区的城市发展。但是由轨道交通车站所产生的大规模爆发性人流会给站域地区的城市交通和环境带来巨大压力。如果设置地下步行系统，将地铁车站与周边建筑地下室连通并在地下步行系统中设置商业设施、广场空间等设施，这些设施就会像一个个缓冲器，将地铁车站的爆发性人流平稳稀释，改善地面交通和环境的压力，也能为地铁人流提供方便。

（2）满足轨道交通车站之间的换乘需要。城市轨道交通系统中各线路车站之间的换乘设施建设关系到整个系统的运转效率，只有通过地下空间的开发，设置地下步行系统，才能实现车站之间快速、便捷的换乘。

（3）实现人车立体分离。在大量机动车辆还没有条件转移到城市地下空间中去行驶以前，解决地面上人、车混行问题的较好方法就是人走地下、车走地上。虽然对步行者来说，出入地下步行道要升、降一定的高度，但可以增加安全感，节省出行时间和减少恶劣气候对步行的干扰，既保障了机动车交通的顺畅，也提高了行人的交通安全。

9.4.2.2　地下步行系统构成与布局

（1）地下步行系统的构成

地下步行系统具有连续性和流动性的特点，这是与城市地面步行系统的间断性或停滞性相对的。地面步行系统由于受到城市机动车交通的影响，常常在某些道路交叉口发生断点而变得具有间断性，或者由于雨、雪等天气原因而步行不顺畅。地下步行系统的连续性和流动性特点是显而易见的，在三维方向上与其他交通流线是不交叉，人们在系统中行走时不会受到其他因素的干扰，可以沿着连续的空间到达自己的目的地，在这个过程中，步行系统没有断点。

地下步行系统按使用功能分类，主要设置在步行人流流线交会点、步道端部或特别的场位置处，作为地下步行系统的主要大型出入口和节点的下沉广场、地下中庭，满足人流商业需求的地下商业街作为连通地铁站、地下停车场和其他地下空间的专用地下道等。

（2）地下步行系统的布局

地下步行系统强调连续性和流动性，并非一定要将步行通道设置在单一的线性空间中，单一的线性空间很容易引起人们的视觉疲劳，甚至产生乏味、恐惧的心理作用。因此地下步行系统往往结合其他类型的地下空间形式，如地下商场、下沉广场、地铁站厅、地下街广场中庭等进行不同空间的组织划分，以利于人们在其中行走的便捷性、安全性和舒适性。地下商场、下沉广场等空间就成为地下步行系统中的重要节点，利用这些节点可以有效地将外界自然光线和景色引入地下，消除地下步行系统的封闭感。

在地下步行系统中，节点是观察者可以进入的“战略性焦点”和“注意力焦点”，在城市设计中，节点通常被视为不同空间结构的连接处与转换处，具有聚集和链接的特点。人们可借助于地面上建筑的围合、树木绿化、雕塑、道路等轻松判别城市的节点，当人们到达城市节点时，会面临继续前行、驻足停留、变换方向的选择。城市公共空间最具魅力的部分，就是城市居民在城市间能够利用公共空间进行各种休憩与交流的活动，并获得放松的机会。这些公共空间（节点）通常是城市的广场、公园、绿地等，能够提供足够的休闲设施和空间来满足人们的活动需求。地下空间中的节点可以是具有交通功能的地铁车站，也可以是以获取与外界联系的下沉式空间和地下建筑的室内中庭，以及人们进入地下空间活动所必需的出入口。地铁车站是一种重要的地下空间节点，发挥着人流集散的功能。出入口作为连接地下空间与地面空间的重要节点，主要功能是满足人流的通行。以下沉式空间为节点布局既能满足人们的交流、观赏、玩耍、驻足的愿望，又能够满足相邻地下空间对自然光线和景色的需求。地下室内中庭（广场）为节点的布局是在城市公共空间中常见的行为模式[4]。

9.4.2.3　地下步行系统布局模式

从形态上分析，城市地下步行系统布局可以分为核心辐射式、脊状联结式、网络串联式和混合式四种。

（1）核心辐射式

这种模式是指地下步行系统有一个主要的核心节点，通过向外辐射地下步行通道与周围地下空间节点连接，核心节点与周围节点的连接关系非常重要。这种地下步行系统平面形态适用于城市中心区的繁华地段，可为城市提供大量的地面开敞空间。

（2）脊状联结式

这种模式通常以地下步行街线性空间为主要轴线，向两侧通过分支步行系统与相对独立的地下建筑空间联结。这种步行系统平面形态适用于任何模式的城市，无论有无地铁，都可以有效地运用地下步行街道路两侧地面建筑的地下室进行连接。

（3）网络串联式

为充分发挥地铁车站的人流集散功能，需要通过地下步行系统进行延伸，步行系统可以横跨几个街区，将若干相对独立的节点联结起来，形成网络状的布局形态。

（4）混合式

地下步行系统内部构成要素复杂，地下步行系统的开发体现了行进功能和相近主体的混合，开发方式实际上是核心辐射、脊状联结、网络串联三种形态的综合。

9.4.3　地下车行系统

城市中为大量机动车和非机动车行驶的道路系统，一般不宜转入地下空间，主要是因为工程量很大，造价过高，即使是在经济实力很强的国家，在相当长的时期内也不易普遍实现。现阶段，在以下一些情况，在城市的交通量较大的地段，可建设适当规模的地下车行道路（也称城市隧道）。

（1）当城市高速道路通过市中心区，在地面上与普通道路无法实现立交，也没有条件实行高架时，在地下通过才是比较合理的，但应尽可能缩短长度，减小埋深，以降低造价和缩短进、出车的坡道长度。

（2）城市的地形起伏较大，使地面上的一些道路受到山体阻隔而不得不绕行，从而增加了道路的长度。这时如果在山体中打通一条隧道，将道路缩短，从综合效益上看是合理的。与地下轨道交通相比，地下道路是不经济的。[6]

9.4.4 地下物流系统

地下物流系统也称为地下货运系统，是指运用自动导向车（AGV）和两用卡车（DMT）等承载工具，通过大直径地下管道、隧道等运输通路，对固体货物实行输送的一种全新概念的运输和供应系统。

目前各国研发应用的地下物流系统均采用较高的自动化控制系统，通过自动导航系统对货物的运输进行监管、控制。因此，信息技术在地下物流系统的应用中具有极其重要的作用。一般可以将地下物流系统分为硬件和软件两大部分。硬件部分主要包括地上、地下物流节点和运输线路，软件部分主要包括自动导航系统、信息的控制、管理和维护等。[5]

9.4.4.1 城市地下物流系统的分类

地下物流系统根据运输的形式主要分为管道形式和隧道形式两种。

（1）管道形式地下物流系统

采用管道运输和分送固、液、气体的构思已经有几百年的历史，现有的城市自来水、暖气、煤气、石油和天然气输送管道、排污管道都可以看作地下物流的原始方式。本节讨论的是固体货物的输送管道，这类管道运输方式可分为气力输送管道、浆体输送管道、舱体输送管道。

（2）隧道形式地下物流系统

隧道形式的地下物流系统是各国研究者研究最多的，其以电力为驱动，结合信息控制系统，具有自动导航功能，可实现地下全程无人自动驾驶，最高时速 100km/h，运输通道直径一般在 1~3m。

9.4.4.2 城市地下物流系统的功能

城市地下物流系统的功能主要有以下几个：

（1）稳定、快捷的运输功能。货物地下物流系统中货物运输主要以通过或转运为主，建设城市地上物流系统最为重要的目的就是保证货物运输的及时、准确。对于一些时间性很强的货物，城市内拥挤的公路交通将是最大的威胁，供应和配送的滞期将会严重影响货物的质量。城市地下物流系统不易受外界的影响，运输稳定、快捷。

（2）仓库保管功能。因为不可能保证将地下物流系统中的商品全部迅速由终端直接运到顾客手中，地下物流的终端一般都有库存保管的储存区。

（3）分拣配送功能。地下物流系统的重要功能之一就是分拣配送功能，因为地下物流系统就是为了满足如即时运送（JIT）、大量的轻量小件搬运等任务而发展起来的。因此，地下物流系统必须根据客户的要求进行分拣配货作业，并以最快的速度送达客户手中，或者是在指定时间内配送到客户。地下物流系统的分拣配送效率是城市地下物流系统质量的集中体现。

（4）流通行销功能。流通行销是地下物流系统的另一个重要功能，尤其是在现代化的工业时代，各项信息媒体发达，再加上商品品质的稳定及信用，因此直销经营者可以利用地下物流系统、配送中心，通过有线电视或互联网等配合进行商品行销。此种商品行销方式可以大大降低购买成本。

（5）信息提供功能。城市地下物流系统除具有运输、行销、配送、储存保管等功能外，更能为各级政府和上下游企业提供各式各样的信息情报，为政府与企业制定如物流网络、商品路线开发的政策作参考。

9.4.4.3 城市地下物流系统的规划原则

地下物流系统的规划应该遵循以下原则：

（1）物流规划应与经济发展规划一致。不同层级的地下物流规划应与国家、区域及城市经济发展规划一致。在城市规划中应充分考虑物流规划，同时物流规划要在总体规划的前提下进行，与总体规划一致。

（2）地下物流规划应坚持以市场需求为导向。

（3）地下物流系统规划要具有一定的超前性。城市地下物流要立足城市经济发展现状和未来发展趋势的科学预测，使资源最大限度地发挥效益。

（4）地下物流和地面物流相结合，实现物流优势互补和协调发展。

（5）地下物流与地面地下交通等的规划一致，协调发展。

（6）地下物流系统应与地质环境条件相适应。地下物流系统的建设涉及工程地质、水文地质及环境地质等多方面，要避免复杂的地质环境条件，防止次生地质灾害的发生，确保环境的可持续发展。

9.4.5 地下疏散系统

城市地下人员的防护有两种手段，一是疏散，二是掩蔽。在疏散问题上，仅仅确定疏散与留城比例是不够的，还要进一步制定人口疏散方案，主要包括两方面，即确定疏散目的地和疏散组织方案。

确定疏散目的地时，应避开核毁伤有效半径，避免当地主导风的下风向，避开主要可能被袭击地区（在核打击范围以外），避开洪源区和水库、水电站等蓄水防洪设施的下游地区，选择城市辖区以内远近适中，生活资源较丰富的地区。

确定疏散组织方案是，应深入研究疏散线路的选择，确定疏散人员的集结点和交通工具集结点。疏散人员集结点一般可以选择城市码头、轻轨交通站点、公共绿地、城市各类广场、大型体育场馆以及院校操场等。交通工具集结点一般可选择城市中规模较大的社会停车库（场）和各类公交停车设施。[4]

9.4.6 地下市政设施系统

城市市政设施的建设是随着城市的发展，从个别设施发展成多重系统，从简单的输送和排放到使用各种现代科学技术的复杂的生产、输送和处理过程。因此，一个国家或一个城市市政设施的普及率和现代化水平，在一定程度上反映出该国或该城市的经济实力和发达程度。

9.4.6.1 城市市政设施系统的组成

城市市政设施系统一般包括供水、能源供应、通信和废弃物的排除与处理四大系统。

供水系统包括水源开采，自来水生产，水的输送的沟渠和渠道，加压泵站等。

能源供应系统包括煤气、天然气和液化石油气的输送管道和调压设施与装瓶设施，热力（蒸汽、热水）输送管道和热交换站，电力输送电缆和变电站等。

通信系统包括市内电话机长途电话的交换站和线路，有线广播和有线电视的传送系统等。

废弃物的排除预处理系统包括生产和生活污水以及雨水的排除与处理系统，生产和生活固体废弃物（垃圾、粪便、废渣、废灰等）的排除与处理系统。

9.4.6.2 城市市政设施基本原则

（1）合理性原则

合理性原则是指合理开发利用城市地下空间资源，促进城市地下空间与城市地上空间协调发展。利用城市道路、绿地、广场地下空间，应符合“经城市规划、建筑、社会与经济发展、城市景观、技术、基础设施、道路交通等各方面尽早地、有效地统一起来”的建设目标，以推动城市建设与城市环境的和谐发展。

（2）持续性原则

持续性原则指坚持以市场化、社会化发展为导向，以城市可持续发展为目标，结合城市市政管线改造或更新、新建道路或拓宽、重大工程建设、海绵城市建设、新城区（城镇）开发进行规划布局。

（3）可行性原则

可行性原则是指城市地下市政设施的建设应结合城市经济与社会发展水平，上下统筹、远近结合，注重规划项目的可实施性。市政设施地下化既要符合市政设施技术要求，又要与城市规划的总体要求相一致，为城市的长远发展打下坚实的基础。

（4）紧凑性原则

紧凑性原则是指城市市政设施的断面布置在满足维修管理要求的基础上，应尽可能保持紧凑布局，以降低工程造价和投资，充分体现经济合理。

（5）配套性原则

配套性原则指城市地下市政设施需要考虑设置供配电、通风、给水排水、照明、防火、防灾、报警系统等配套设施系统，以满足城市市政设施的正常运转，减少灾害事故的发生。

9.4.7 地下人防系统

我国的人防建设的最根本目的在于保持战争的威慑力、保存战争潜力、保卫祖国和人民的生命安危。城市人防建设的原则包括：人防建设应与城市建设相结合；人防建设必须贯彻“平站结合”方针；人防建设必须与城市地下空间开发相结合。[11]

城市人防建设的总量确定：城市人防建设的目标总量，一般在城市总体规划或国家人防部门的有关文件中有明确规定和要求。一个城市的人防建设需达到的指标一般以平均每人多少平方米为标准。城市人防建设总量（各类城市人防设施需求量之和）应等于或大于城市人防建设目标。

各类城市人防设施为：指挥通信、医疗救护、专业停车、人员掩蔽（专业队和一般人员）、后勤物资等。

城市人防工程详细规划分为控制性详细规划和修建性详细规划。根据深化人防工程规划和实施管理的需要，一般应当编制控制性详细规划，并指导修建性详细规划的编制。城市人防工程控制性详细规划包括以下内容：

（1）人防工程土地使用控制，主要规定各地块新建民用建筑防空地下室的控制指标、规模、层数及地下室外出入口的数量、定位，以及各类人防工程附属设备设施和人防工程实施安全保护用地控制界线。

（2）人防工程建设控制，主要规定人防工程防护功能及其技术保障等方面的内容，包括各地人防工程战时、平时使用功能和防护标准等。

（3）人防工程建筑建造控制，主要对建设用地上的人防工程布置、人防工程之间的群体关系、人防工程设计指导做出必要的技术规定，主要包括连通、后退红线、建筑体量和环境要求等。

（4）规定各地块单建式人防工程的位置界线、开发层数、体量和容积率，确定地面人口数量、方位。

（5）规定人防工程地下连通道位置、断面和标高。

（6）制定相应的地下空间开发利用及工程建设管理规定。

9.5 城市地下空间城市设计

2017年6月1日期施行《城市设计管理办法》(以下简称《办法》),《办法》第三条提出从整体平面和立体空间上统筹城市建筑布局。《办法》将城市设计分为总体城市设计和重点地区城市设计，并规定总体城市设计应当确定城市风貌特色，保护自然山水格局，优化城市形态格局，明确公共空间体系。

地下空间的城市设计与地上空间的要素一脉相承也有其独特之处。地下空间由于缺乏空气、自然光，空间单调且无自然景观（蓝天、河流、山地）以及建筑物等作为参照，往往会导致人们在地下空间的迷途感和不适感。随着轨道交通和沿站点商业的大量开发，城市地下空间逐渐成为人们在都市生活中不可缺少、日趋重要的一部分。原先的城市设计更多的将关注点放在地上空间，地下空间的品质处于被规划师、管理者忽略的状况。地下空间环境品质的不被重视，也导致了很多城市的地下空间趋同，地下千篇一律的现象日趋严重。因此地下空间的城市设计应该从整体规划层面就融入其中，统筹布局，重点设计，精心策划，精细管理，和地上空间一同构成立体化、多基面、全维度的城市设计体系。

9.5.1 城市地下空间城市设计的原则

传统建筑学三要素为“经济、实用、美观”，地上建筑以外观、内部空间、平面布局等来表达地面建筑的特性，地下空间没有显著的建筑外观，且其立体多层次的空间布局系统比平面布局更为复杂。地上城市设计关注以人为本的公共活动空间，地下对应的是出入口，通道等人主要活动的地下公共空间的营造。城市设计不仅仅是进行空间的美化设计，而是通过设计创造地上和地下空间之间的融合、协调与关联，减轻和消除人们在地下活动的不适感，创造一个安全、舒适、宜人、有活力、有趣味的地下空间系统。

9.5.2 城市地下空间城市设计的策略

（1）从总体层面分层次进行总体城市设计规划，划分地下空间设计重点区域和一般区域

在总体城市设计中城市特色的塑造往往从城市意向入手，通过城市特色的识别，选取特色地块作为城市标志。随着地下空间的发展，人们进入一个城市的第一印象可能已经不是地上的空间，往往是地下的场所。所以从总体层面来说，规划需要根据城市特色、自然风貌、历史文化、地块功能等要素划分出需要重点进行城市设计的部分。建议划分为地下空间重点设计的区域有：①城市主要的交通枢纽站点如火车站、飞机场、高铁站等；②可以体现城市不同时期特色的区域，例如历史保护街区；

③城市内主要的商业商务区域的地下空间部分。地下空间的重点设计区域可着重参考地上城市设计，再根据城市地下的生态地质等情况进行取舍改进。

首先从总体层面对地下空间设计进行控制引导，根据城市轨道交通和道路交通体系、城市特色、自然风貌、历史文化、地块功能以及地上城市规划规定，对地下空间进行分级控制规划。其次，重点设计地区也需根据地下空间性质的不同进行差异设计，设计的侧重点不完全一致。

1）城市交通枢纽区：城市交通枢纽区的地下空间设计关注空间运行的效率。交通枢纽和其他方式的便捷换乘，空间的流线设计简明直接，出入口有开阔利于大量人流转换的场所。在主要的入口设计考虑融入有关城市特性的意向设计。

2）历史风貌保护区：地上地下空间一体化有利于旧城的复兴建设。可以利用消隐等城市设计手法整合城市地下和地面空间，并将城市公共空间引入地下，建构地下公共空间，使之成为城市公共空间的延伸和新的重要组成部分，最终形成立体化的城市公共空间网络。考虑和地上历史建筑的气质相吻合，作为城市的地下空间的特色地区。[7]

3）城市中心商务区：中心商务区商业氛围的营造，和地上的公共空间的融合。中心商务区地下空间的设计重点是怎么把交通空间和商业便捷地联系起来。

（2）尽量形成网络化的地下空间体系，注重地下空间之间的联系

网络化的地下空间系统可以发挥整体规划的最大效益，在允许的情况下尽量连通地下空间的周围建筑，形成便捷的地下步行系统。日本是最早发展地下空间的国家之一，在近百年的地下空间历史中，东京的地下空间网络化程度很高，丸之内区域交通基础设施配有28条轨道交通线路、13个车站，高速公路出入口6个，停车位约13000个，区内还有穿梭巴士，拥有其他地区无与伦比的便捷的交通网络（图9–5–1）。

（3）注意和历史保护的结合，融合地域历史文化元素

例如日本的东京站是促进老城保护与现代化改造的有机结合的典型案例。东京站在保持老火车站历史风貌的同时，通过立体化再开发，将主要的交通功能放在地下，实现现代化改造，成功扩大了所在区域的空间容量，实现了历史保护与现代化改造的协调统一，为历史建筑赋予了新的生命。

（4）以轨道交通站点为核心，注意地下空间的多层次开发，引入多元的业态成分，配合精心的活动策划，激活地下空间的活力。

9.5.3 城市地下空间设计的具体手法

9.5.3.1 舒适宜人的空间尺度

（1）长度：地下空间通道在长度规划上没有明确的限制，但是从人的舒适尺度上分析，作为步行者活动时，一般心情愉快的步行距离为300m，舒适的距离是

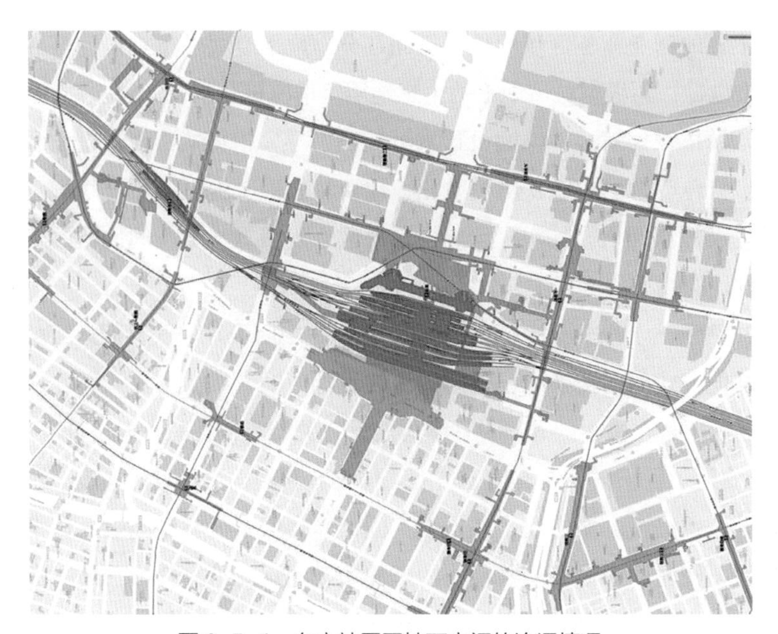

图 9-5-1　东京站周围地下空间的连通情况

图片来源：https：//mp.weixin.qq.com/s/LYSiMkyGI2mZkorQCFzpFg

500m；能看清人存在的最大距离为 1200m。所以建议地下步行街道直线长度小于 1200m。每隔 300~500m 在路径上创造活动的可能和空间的变化，可以改变人们对距离的认知，即“感觉距离”。地块内公共使用的通道总长度，不应该超过可提供最短连接距离的 1.5 倍。

（2）高宽比：根据外部空间理论，建议通道宽度与净高的比控制在 1~4 之间，使地下空间尺度既没有紧迫感，也没有远离感，创造“近人的尺度”空间。

（3）通道节奏：为了使地下空间显得有生气，将通道内划分为 $W/D < 1$ 的若干段，即临街商店的面宽与通道宽度的比值小于 1。W 为临街商店的面宽，也就是面对进行方向的街道节奏；D 是通道宽度，由于比通道宽度尺寸小的临街商店的面宽反复出现，街道就会显得有生气，以便为建筑和步行空间带来变化和节奏。[8]

9.5.3.2　具有个性化的地域特色的空间主题

由于地下空间的封闭性特征，在地下很难对自己所在的区域有明显的感知，所以根据不同氛围的地下空间进行主题设计，区分地下空间的不同功能，消除地下空间的均质化，对创造特性分明的地下空间有着重要的作用。需整体考虑通道两侧墙面、地面铺装、吊顶以及街道家具等。

例如东京站八重洲地下空间，不同功能的地下空间采用不同的空间主题，分为餐饮空间、购物空间、交通空间等，在设计中都采用明黄色的现代明快的色彩但是各自分区风格又各有不同。餐饮空间简明轻快，动漫活动区周边购物店铺颜色丰富多彩，造型活泼（图 9-5-2）。

图 9-5-2 东京站八重洲地下空间购物空间、餐饮空间、交通空间

资料来源：作者自摄

更具地域特色的做法是可以利用艺术性照明的色温色彩来渲染整个区域的氛围；在地铁站设计中注意艺术文化表达，例如斯德哥尔摩的“洞穴车站”；三立面材料应用极具特色的 4 种色彩设计会使居民进入空间后能够很快获得归属感。那不勒的 Toled 地铁站位于的那不勒斯市是著名海滨旅游城市，在站台色彩设计中应用不同深浅大小的蓝色马赛克结合灯光投影营造了梦幻的海洋氛围（表 9–5–1）。

地铁站公共空间的色彩设计，应该根据地铁线路的自身特性，所经区域的特征，以及文化历史等特点，挖掘可以象征并代表区域特色的线路色彩，并将同类的配色充分运用于地铁的相关设计中，包括标识、线路图等。[9]

反映地方特色的城市地下空间主题设计　　表 9–5–1

地点	特征简述	地下空间主题意象
瑞典·斯德哥尔摩	瑞典斯德哥尔摩的地铁站，可称为世界上最大的地铁艺术博物馆，在这里可以欣赏到成百上千位艺术家的作品，极富震撼力。部分斯德哥尔摩的地铁站保持了开挖隧道时的石头表面，并邀请艺术家作画或敷彩	
德国·慕尼黑	德国给人的印象就是冷静、机械、工业的，而慕尼黑这座城市地下却有着无比绚烂的色彩。高纯度彩色的墙面和灯光，让人感到自己乘坐的不是地铁，而是进入了某个游戏世界。每一处都整洁干净是继承了德国风格	
德国·汉堡	汉堡港口地铁站有一个光之雕塑。该设计突出了汉堡作为海港城市的自然特性，从集装箱的外形到使用的材料。这个地铁站的材料特点是对钢、色彩和光的使用。微妙的色彩变化系统，将一个运输设施转变成了一个生活中的艺术馆	

续表

地点	特征简述	地下空间主题意象
阿联酋·迪拜	迪拜的哈立德本瓦利德地铁站，凭借一款浮夸的水母造型灯，成功吸引了游客们的目光。结合了传统和现代的设计风格，强烈的颜色对比，给人一种与众不同的视觉刺激与感受	
中国·高雄	这座“光之穹顶”是世界上最大的玻璃艺术品。共使用4500块彩色玻璃组成，像一个巨大的万花筒。设计理念源于“风、水和时间”	
葡萄牙·里斯本	在纪念葡萄牙航海家达伽马发现印度航线的500周年之际，在里斯本举办了1998年世界博览会。里斯本奥莱尔斯站，就是在那时建造并一直保留到现在	
法国·巴黎	Arts et Métiers翻译出来就是“艺术与工艺品车站”。独树一帜的蒸汽朋克风格，来自于1994年比利时连环画家François Schuiten 。地铁站内采用了大量潜艇窗口、铆钉装饰和暖色金属，风格独特	
意大利·那不勒斯	托莱多站位于意大利那不勒斯深达50公尺的地下。设计灵感来自于光和水，圆顶好似一个浩瀚的海洋，美轮美奂，并制造出一种流动的效果，宛如童话世界。这个车站被认为是那不勒斯地铁“艺术站”系列的一部分	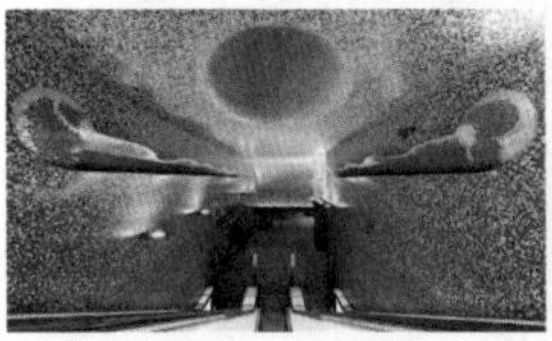 
俄罗斯·莫斯科	莫斯科的地铁站，总免不了一股浓郁的东欧风情，还带有一点前社会主义国家的色彩。每一个地铁站都富丽堂皇，装饰着令人难以置信的马赛克壁画，描绘了可以追溯到1200年的俄罗斯历史关键时刻	 

续表

地点	特征简述	地下空间主题意象
加拿大·蒙特利尔	蒙特利尔帕皮诺站，饰满彩绘的独具特色。橙线上的 Champ-de-Mars 地铁站于 1966 年建成。而那慕尔站于 1984 年建成，核心景观是大型几何的光雕	

资料来源：网络资料整理 https：//mp.weixin.qq.com/s/94LYuoy_nsd0OGsmni__XA

9.5.3.3 多层次系统化的空间界面设计

地下空间的界面形式向人们传达着空间的整体印象，对空间意向的产生起着决定性的作用，同时具有一定的导向性。地下空间的界面包括侧界面、底界面及顶界面三种。

（1）侧界面设计：分为通道和店铺设计两种类型。通道主要为交通空间，设计简明流畅，便于寻找方向。包含店铺界面，要求店面设计多以透明玻璃处理，以形成简洁、明快、通透的空间风格，利于商家对商品的展示及行人的吸引。店面设计包括店面照片和标识设计、橱窗和商品展示设计，店面招牌设计和标识设计构成了地下空间侧面的整体风格（图 9–5–3）。

（2）底界面设计：地下空间的底界面是人们在步行时直接接触的空间元素，它的材质、图案和颜色的变化和地面高差的调整都会对使用者起到明显的引导和限定作用。地面铺装是与行人接触最密切的界面，不同的地面铺装带来的心理感受不尽相同。铺装设计应从整体设计理念入手，注重人性化的材质及人性化尺度的运用，建立富有归属感的地下空间场所（图 9–5–4）。

图 9–5–3 东京站一番街地下侧界面设计
资料来源：作者自摄

图 9–5–4 东京新宿站地下空间节点的铺装区分
资料来源：作者自摄

（3）顶界面设计：顶界面是地下空间的重要界面，地下空间形态可以通过顶界面的设计而得到充分的表现，天窗的顶界面处理可以带来地下空间多样化的空间形态，也可以对地面产生影响。模拟天空及艺术穹顶的设计手法，可以创造独特的情景空间（图 9-5-5）。

图 9-5-5　东京新宿站顶界面设计
资料来源：作者自摄

（4）内外空间渗透、无边界设计：无边界设计使地下、地面、高空、界面内外完全融于一体，可以达到节约土地、创造完美环境的双重目的，而且建筑本身也能在城市中成为景观，如上海世博轴（图 9-5-6）。[10]

图 9-5-6　上海世博轴
资料来源：http：//design.cila.cn/sheji10921.html

9.5.3.4　塑造标志性的令人印象深刻的空间节点

地下空间的节点包括入口、休憩空间、景观节点、转换节点等建筑内部空间，节点是地下空间设计的关键点，与空间识别、消防、休憩、景观等多种功能相关，其设计具有重要意义。塑造一个地下空间的核心，可以通过下沉广场、中庭等设计模式。

（1）地下空间的出入口设计

由于地下高差的作用，导致地下空间的出入口形式多样，可分为景观类、造型类、构筑物类三类。景观及造型类出入口具有景观特征，如下沉广场、下沉庭院、假山入口、标志性建筑等。构筑物类是运用简单的构造、造型简约、突显地下空间的功能及地图的企业标志（图 9–5–7）。

（a）

（b）

图 9-5-7 地下空间出入口
（a）新加坡地下空间出入口；（b）巴黎地铁出入口
资料来源：http：//www.mafengwo.cn/i/5567729.html

（2）标志：空间节点

为了地下空间能够有明确的识别性，应该将地面及地下城市意象进行统一。一方面是功能发展的需求，另一方面则是地下空间城市意象构建的需要。如地面空间节点与地下空间节点相对应，标志点与地下标志点对应。同样，边界位置也是地面街道的边界，广场下部应该对应布置地下空间的空间节点或高潮点，如大阪梅田地下街喷泉广场所处的位置就是地面道路的交叉点（图 9–5–8）。

图 9-5-8 大阪梅田地下街喷泉广场
资料来源：http：//www.sohu.com/a/308504100_120043446

9.5.3.5 人性化的环境景观小品设计，系统化醒目的标识系统

地下空间的路径在可视范围内是非常局限的，且不能以标志作为行走的指引，因此需要明确的指示系统，以防止在地下空间迷失。导向系统中会明确指出地下空间的标志所在，为行人在心理形成认知地图。指示系统应该以清晰为原则，在每个空间节点进行分布，以方便人们及时掌握自己的路径。地下空间的空间导视系统设计主要归纳为两大方面：一是空间导向系统的设计，即通过建筑手法，对地下空间建筑本身的空间布局进行设计，使地下建筑空间达到易于识别和记忆的目的；二是导视系统、标识系统的设置与设计，帮助人们在地下空间定位方向。良好的广告橱窗与公共家具设计可以提高地下空间路径的可识别度（图 9-5-9）。[10]

图 9-5-9 东京丸之内地区地下空间导视系统

资料来源：作者自摄

地下空间的设计同时应该考虑人性化设施的布置。在东京地铁站有可以语音播报的地铁指示装置，有完整的地下盲道系统，为行动不便的人群细致地考虑了全方位的无障碍设施系统。日本的地铁站出入口都有方便存储包裹的收费储物柜，在大型站点如东京站通道两侧会设置便于行人休憩的公共空间（图 9-5-10）。

（*a*）（*b*）（*c*）

图 9-5-10 东京地下设施

（*a*）语音导视；（*b*）储物柜；（*c*）公共休息空间

资料来源：作者自摄

9.6 城市地下空间控制导则

9.6.1 地下空间控规图则

地下空间控规图则分为导则和通则两种。导则控制地下空间的重点建设区，通则控制地下空间的一般建设区。重点建设区是指地下空间功能要素集中、公共活动人群密集的地区，一般包括城市高强度开发的重要功能区和主要轨道站点（枢纽站和重要换乘站）周边（半径 300~500m）地区两类。一般建设区是指地下空间适建区内除重点建设区以外的地区。

控制引导体系由控制层次、组团控制指标体系和控制类型构成。控制层次分为组团—单元—地块三个层级。组团层面，侧重开发量的控制要求。单元层面，侧重土地利用和设施方面的控制要求。地块层面，侧重建筑建造方面的控制要求。组团控制指标体系由四个部分组成，包括地下交通设施指标、地下公共服务设施指标、地下市政公用设施指标、地下人防工程设施指标。在控制类型中，包含刚性控制和弹性控制两种，刚性控制是指地下空间里确定要建设的设施以及所有的人防设施；弹性控制是指地下空间里不确定要建设的设施。

9.6.2 地下空间城市设计导则

地下空间城市设计导则是指通过一系列指导性设计要求和建议，甚至具体的内部空间设计示意，为开发控制提供管理准则和设计框架。如：地下建筑出入口布置、内部空间引导、标示系统设计、诱导系统设计等。

通过对地下空间的开发功能及规模预测，以及地下空间的平面布局、竖向布局和指标构成的研究，能够确定地下空间开发控制的各级要素及具体指标，有利于形成城市重点地区地下空间的规模效益，达到城市土地利用效益的最大化。青岛中德生态园商务居住区地下空间开发控制规划实践，提出了由地下空间使用、规模及容量、行为活动、组合及建造、配套设施五个一级控制要素，以及若干个二、三级控制要素所构建的要素指标体系。对同一地块，进行地面、地下、市政工程关系同时控制，为各地块业主提供详实明了的图纸，规划图纸方便实用，有效地控制和指引各地块的开发建设。目的在于提出一种既合理又便于操作的地下空间控制性详细规划编制方法或思路，实现城市重点地区上下部空间综合利用（图 9-6-1）[11]。

9.7 城市地下空间控制性详细规划和城市设计案例

9.7.1 上海北外滩地下空间控制性详细规划

北外滩区域，地处上海市城区的中心部位，位于虹口区的东南部，与外滩 CBD

各级控制要素			第三级控制要素具体指标		
一	二	三			
空间使用		地块划分	共划分为55个地块 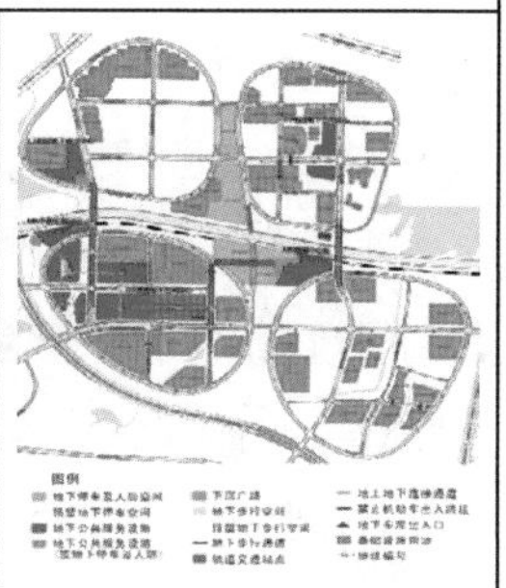		
		开发功能	地下铁路、地下道路、人行系统、基础设施、地下停车库、商业、休闲娱乐、能源中心及防灾		
规模及容量		开发深度	D1组团	D2组团	D3组团
			-10~20m 2~4层	-10~12m 1~2层	-10~12m 1~2层
		开发规模下限值	地下公共服务设施	地下停车设施	轨道交通设施
			24.75万m^2	112.16万m^2	1.84万m^2
			地下通道	基础设施	预留地下空间
			2.48万m^2	1.27万m^2	9.96万m^2
			合计152.46万m^2		
		上下部规模比	300.74 万 m^2/152.46m^2（1.97）		
		开发强度	152.46 万 m^2/2.8782km^2（53.00m^2/km^2），其中，C1 组团为 32.46 万 m^2/km^2；C2 组团为 55.31 万 m^2/km^2；D1 组团为 130.58 万 m^2/km^2；D2 组团为 42.69 万 m^2/km^2		
行为活动	地下动态交通(轨道交通、地下步行、交通换乘、地下道路、附属设施等) 以及商业文化娱乐设施(商业街、文化娱乐设施、综合体、健身休闲设施、其他设施等) 均由图集、图则标定				
组合及建造	空间设计	竖向布局	地下商业、步行通道及广场	停车设施、建筑设备空间	地铁车站
		层高（净高）	≥4.0m	≥3.5m	≥5.5m
		地下一层相对标高	-6.5m，且相互人行连通的设施高差控制在2.0m以内，竖向上优先采用自动扶梯、电梯来连接	-6.0m	–9.0m，与其相连接的地块高差可利用地下广场（下沉广场）过渡，面积大于等于400m^2
		空间退界	不应小于地下建筑物深度(自室外地坪至地下室一层底板的垂直距离) 的0.7 倍，且大于等于3m		
		覆土厚度	负一层顶板上表面至地表覆土厚度大于等于2.0m，且应满足地面景观树种种植需要		
		出入口	由图集、图则标定		
		通道参数	两侧无店铺，通道宽为6～8m；两侧有店铺，通道宽为8～12m；地下车库连接通道宽为8～10m(两侧有人行道)		
		历史遗迹文物保护	本规划区内无		
	设计引导	下沉广场	大型≥ 4 个，每个不小于400m^2；小型≥ 4 个，每个大于等于200m^2		
		地下广场	大型≥ 1 个，每个不小于300m^2；小型≥ 8 个，每个大于等于150m^2		
		天窗、天井	在后续的建筑设计中通过天窗、采光天井直接引入自然光，构成一种明亮、开放和舒适的地下空间环境		
		标识系统	明确、易辨，具有地方特色		
		灯光照明	地下空间人工照明普通作业必须有500 lx，同时提倡地下空间采用太阳光导入系统		
		环境小品、装饰装修等	均应达到地面空间的环境质量，且在装饰装修设计中应考虑采用简洁、明快、柔和的色彩以及难燃材料		
配套设施	静态交通	停车库	停车位总数大于等于32045 个，C1、C2 两组团之间预留9.96 万m^2，停车位2840 个		
		其他	由图集、图则标定		
	市政设施	由《中德生态园管线综合规划》《中德生态园防洪排涝规划》《中德生态园通信专项规划》《中德生态园智能电网规划》《中德生态园交通及基础设施可持续发展方案》等确定			
	人防设施	建设选址 建设面积 使用性质 平战结合 人防转换	具体由《地下人防工程规划》确定		

青岛中德生态园地下空间功能布局规划

图 9-6-1　地下空间开发控制指标构成图

资料来源：青岛中德生态园商务居住区地下空间规划

地区接壤，并与浦东陆家嘴地区遥相呼应，与外滩、浦东陆家嘴 CBD 地区形成上海的“黄金三角”，是虹口区最具景观资源和商业、办公、经济较为发达区域，也是虹口重点发展两翼的重要组成部分。

9.7.1.1　上海北外滩概况

（1）区域概况

北外滩地区位于苏州河和黄浦江交汇处，东起大连路、秦皇岛路，西至河南北路，南起黄浦江、苏州河，北至海宁路、周家嘴路，规划用地面积 3.66km^2，沿黄浦江及苏州河岸线长达 3.53km。北外滩作为外滩的延伸，同样拥有丰富的文化资源和深厚的历史积淀，而这里的区位优势更是得天独厚：坐北朝南，面水朝阳，西南处外白渡桥、吴淞路桥两桥与老外滩相连，南面隔江与陆家嘴金融贸易区相望，延绵起伏的古典建筑群和对岸的摩天大楼尽收眼底，与外滩、陆家嘴形成三足鼎立之势，共同构成“黄金三角”，是黄浦江两岸综合开发重点地区之一，无疑蕴含了巨大的开发价值。

北外滩是虹口重点发展两翼的重要组成部分，其改造的目标是塑造一个集航运、办公、商贸、居住为一体的新兴城区。它位于上海的老中心城区，土地资源短缺的矛盾不可改变，而且部分历史风貌需要延续和保护，土地的利用受到一定程度的限制。北外滩是旧城更新改造区域，具备利用地下空间的良好前提条件，因此发挥地下空间的特质，适当的将区域内的某些城市功能放入地下，以支持和补充地上的城市功能，并与北外滩的开发相结合，形成具有北外滩特色的地下空间。

（2）规划指导思想

以人文本原则。系统统筹原则：立足长远发展需要，综合平衡各行业规划要求，通过横向连通，竖向分层，系统规划，综合利用城市地下空间资源。远近结合、可持续发展原则：地下空间可以扩展、改建或修缮，但是不能重建（虽然理论上可能），所以地下工程应易于改扩建和维护，结合近远期建设规划，合理安排开发时序，有序地进行地下空间开发建设。建设与开发过程中重视环境效益，体现可持续发展原则，合理有序地配置和利用城市上下部空间。充分认识和利用历史文化资源，建设富于文化气息和地域特征的城市环境。上下互补、突出重点原则：注意保护和改善城市的生态环境，因地制宜地将城市上下部空间功能有机结合。平战结合原则：充分利用地下空间的特性，提高城市的整体防护能力，同时结合平时生产活动，扩充地下设施应用范围。可行性原则。

（3）规划目的

在上海市地下空间开发的大背景之下，考虑配合虹口区新一轮的开发建设规划和上海市的轨道交通建设规划，形成与地面建设规划和谐统一，有效衔接的地下空间利用，创造便利、舒适、优美、丰富多彩的立体综合的三维城市空间，解决中心城区土地资源紧缺的问题。

9.7.1.2　上海北外滩地下空间功能管控

（1）地下交通设施规划

1）地下轨道交通

规划区域内的地铁有：12号线和4号线，其中12号线在规划区域内设站三座——国际客运中心站、提篮桥站、大连路站，4号线设杨树浦路站。上海北外滩最为核心地区都是临近黄浦江一段，上海轨道交通12号线距离黄浦江大约有几百米的距离，这也是黄浦江比较重点的地区。

2）地下道路设施

在局部地区，对于相邻较近、停车高峰时间错开的车库，通过地下道路联系起来，形成地下停车网络。根据北外滩地区规划各类建筑面积和配建停车泊位指标，北外

图 9-7-1　地下一层功能规划图

资料来源：上海北外滩地下空间控制性详细规划

滩地区的总停车泊位需求预计约为 1.40 万辆。其中居住停车泊位 0.22 万辆，非居住停车泊位 1.18 万辆。由于北外滩所处区位是上海市中心城区，又是重点开发建设的黄浦江两岸地带。地面停车空间势必十分紧张。因此，除保留必要的少量路边停车位之外，非居住停车泊位按 80% 的比例安排到地下。北外滩规划居住区以中高档居住为主，居住停车采用 30% 的地下停车比例建设地下车库。则本区地下停车库的空间需求量约为 161.6 万 m^3。

3）地下步行系统

地下步行交通系统主要由地下步行街（地下连接通道）和地下人行过街道构成，宜结合商业服务、文化娱乐等公共服务设施共同建设。

根据《北外滩地区控制性详细规划》，本区开发强度较高，多为商业办公等公共空间，东大名路以南的滨江区域将建造滨江景观绿带，这些区域是未来吸引人流的重点。在该区域与规划地铁站之间存在大量的人行交通量。为了减少行人对地面机动车交通的影响，引导地铁站人流舒适、快捷地向主要商业办公区域和滨江景观绿带疏散，有必要结合北外滩区域各地块地下商业的开发和主要道路的地下过街通道建设，将各片地下空间连通，在地下形成四通八达的地下步行系统。根据地块规划控制的建筑面积和绿地面积估算吸引人流量，并考虑到将步行空间形成系统的要求，预计本区地下步行系统的空间需求量约为 16.2 万 m^3（图 9-7-2）。

（2）地下公共设施系统

1）地下公共服务设施布局原则：

①地下公共服务设施布局与地面公共服务中心相对应；

图 9-7-2 地下步行系统规划图

资料来源：上海北外滩地下空间控制性详细规划

②地下公共服务设施布局与地面、地下交通枢纽相结合；

③地下公共服务设施布局与特殊的使用需求相适应；

④地下公共服务设施作为地上公共服务空间的补充。

2）地下商业服务设施

地下商业服务设施包括地下商场、餐饮设施等，主要与地面上的繁华商业区或地下交通换乘点结合设置地下商业街和地下商业综合体。地下商业服务设施主要分布在航运商务区和综合办公区地下综合体内。

3）地下文化设施

地下文化设施包括地下博物馆、展览馆、纪念馆、科技馆、图书馆等。北外滩地区的地下文化设施可以考虑布置在虹口港地区的酒店商务区，在以上海之星为中心的文娱中心也可有少量的分布。

4）地下娱乐设施

地下娱乐设施包括地下影剧院、音乐厅、舞厅、俱乐部、游乐场等，利用地下空间隔绝性较好的特点减少对地面环境的影响，应注意避免事故隐患、增强防灾疏散能力。地下娱乐设施可考虑布置在以上海之星为中心的文娱中心地下综合体中，在虹口港地区的酒店商务区也可有少量的分布。

（3）上海北外滩地下市政设施系统

根据《城市工程管线综合规划规范》GB 50289—2016 要求，采用地下直埋敷设时，各类管线之间的距离要满足一定的要求。以上几类管线的水平最小净距从 0.5m 到 2.0m 不等。各类管线与建筑物之间也要满足一定的间距要求。因此，将各类工程管线共同敷设在同一道路的地下空间时，所需要的空间量并不是各管线所占用的空间的简单相加，而应当包括必要的间距空间。这样使得市政工程管线占用的地下空间的有效利用率很低，大概仅为 25%。则本区市政干线管网对地下空间的需求量约为 11.0 万 m^3。另外，考虑到北外滩滨江区域的景观要求和本区用地相对紧张的实际情况，变电站等市政工程设施可以利用地下空间建设。参考同等级地下变电站的建设经验，如果分别将一个 220kV 和一个 35kV 的变电站地下化，则需要占用地下空间分别为 5.0 万 m^3 和 1.6 万 m^3。综上，本区市政工程设施对地下空间的需求量约为 17.6 万 m^3（图 9–7–3）。

图 9-7-3　地下基础设施网络规划图

资料来源：上海北外滩地下空间控制性详细规划

（4）上海北外滩地下空间防灾系统

地下防灾设施应与功能布局相适应，与地下空间开发相配合，全面提高城市综合防护能力。规划以轨道交通、地下道路、地下人行通道为骨干，以可用于战时防空的地下空间和地下生命线工程为补充，各功能片区相贯通，形成点片相连、干支相通、功能完善、平战结合的地下防护空间总体布局。

研究确定规划范围内需要新增的防灾配套工程，规划区域内安排运输、抢险抢修、防化、治安、通信、消防、救护等防空专业队掩蔽工程。保留现有人防物资库工程，在原有基础上规划新增三处人防战备物资库工程。利用地下道路、地下步行街、地铁 12 号线和 4 号线兼顾人民防空要求来实现，人防指挥所、救护站、防空专业队工程等作为人防骨干工程，应加强与附近地铁车站的连通及与附近其他人防工程的连通，如暂时无法连通，应预留连通口。地下道路、地下步行街、地下人行过街通道应按照 5 级、6 级人防工程的防护标准来进行设计。

9.7.1.3　纵向各层标高控制原则

为了发挥地下步行网络、地下停车场网络的整体效果，必须严格控制建筑物的地下各层标高。根据不同地块的性质和具体情况，控制重点也不相同。北外滩地区的大名路两侧高差较大，以大名路为界，两侧进行不同的标高控制，并适当地连通。国客中心组团规划如图 9-7-4。

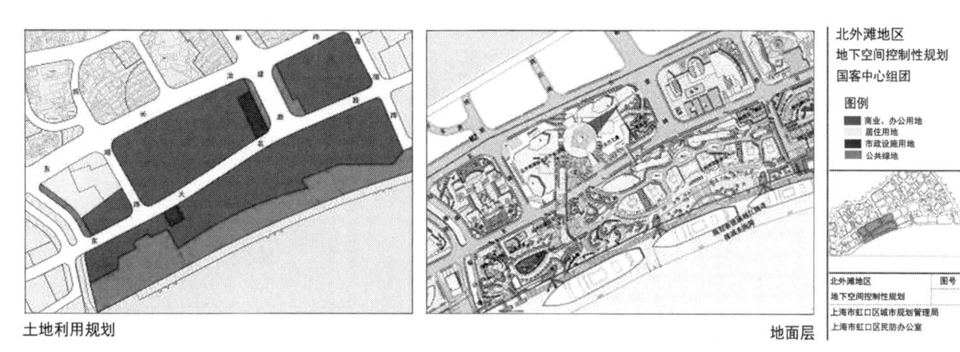

图 9-7-4　国客中心组团规划图

资料来源：上海北外滩地下空间控制性详细规划

大名路以南为国客中心，为地下二层。大名路以北为白玉兰地块及东、西两地块，为地下四层。

地下一层主要为人的活动空间，国客中心绝对标高为 0.1m~1.3m。白玉兰地块绝对标高为 –4.05m，东、西两地块绝对标高 –1.0~–1.3m，高差控制在 0.5m 以内。相邻地块建筑地下一层通过人行通道和地下商业街连通，人行通道和地下商业街标高考虑道路下管线空间，绝对标高为 –3.1~–4.0m。国客中心和商业步行街之间的人行通道以无障碍坡道相连。

地下二层主要为人的活动空间，国客中心绝对标高为 –4.05 m~–5.7m。白玉兰地块绝对标高为 –7.65m，高差控制在 0.5m 以内，为商业空间。白玉兰地块及西地块和地铁 12 号线的旅顺路站厅相连通。白玉兰以东地块绝对标高为 –5.30m，为地下停车场。

地下三层为停车空间。白玉兰地块绝对标高为 –11.25m，高差控制在 0.3m 以内，白玉兰以西地块绝对标高为 –7.65m。

地下四层为停车空间。白玉兰地块绝对标高为 –14.85m。

9.7.2 青岛西海岸新区中心商务区地下空间利用规划

9.7.2.1 规划概述

2012 年，撤销青岛市原黄岛区，2014 年设立青岛西海岸经济新区，包含黄岛区全域，即青岛市经济技术开发区和原胶南市全部行政区域，总面积约为 2096 平方千米，总人口为 171 万，成为青岛市第一大行政区。

在整个青岛市域范围内，青岛西海岸新区位于青岛市域南部的中心，青岛市委、市政府正在全面实施“挺进西海岸，构建青岛经济新发展重心”战略决策，坚持以规划为龙头，塑造现代化国际城区新形象。以实施“挺进西海岸”战略为契机，着眼于红石崖镇等新划入区域以及王台、灵山卫等西海岸周边区域的发展，按照“整合资源、优化功能、合理布局、协调发展”的原则，突出胶东半岛制造业基地核心区的特征。

黄岛行政商务中心区的区域结构概括为“一带，两廓，两轴，多区”。“一带”：环唐岛湾的滨海绿化景观休闲带。“两廓”：两条重要生态走廊：小黄山公园至牛岛和塔山至唐岛湾。“两轴”：区政府大楼至唐岛湾行政文化轴和沿井冈山路的马濠运河一线的商贸轴。“多区”：即商贸区，行政文化区，旅游配套服务区及居住综合区。

区域结构的优势使青岛西海岸经济新区成为青岛市区位优势最强，经济社会发展最具活力的特殊经济区。行政商务中心区成为青岛西海岸经济特区的商务、经济、文化娱乐中心，是青岛城市副中心，是呼应青岛市委、市政府正在全面实施的“挺进西海岸，构建青岛经济新发展重心”战略决策的龙头（图 9-7-5）。

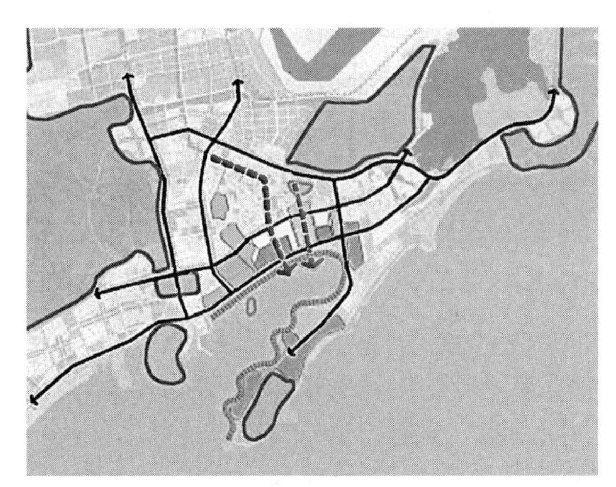

图 9-7-5　区域结构分析图

资料来源：青岛西海岸新区中心商务区地下空间利用规划

黄岛规划区域地下空间现状：长江路两侧地下空间开发的规模大，技术相对成熟，类型主要是商业和车库。主要包括地丰国际大厦、汇商大厦、海丰大酒店、佳世客青岛三号店，利群商厦、多元国贸中心、建国大厦等。珠江路地势平坦，地下连接便利;绝大部分土地还未开发，有利于先行控制和整体实施;可以借鉴长江路两侧的地下开发的经验，吸取其教训。

9.7.2.2　规划建设理念、开发模式和规划方法

（1）规划建设理念：人与自然相结合的海韵都心

1）由于规划区南邻唐岛湾，与薛家岛隔湾相望，“碧海蓝天绿树红瓦”构成青岛西海岸新区特有的滨海城市中心的韵味。

2）青岛西海岸新区主要是以商业商务和居住为主，而且是新区，有大面积的绿地，利用滨海和绿地的特色，拉近人们与自然的距离，实现两者间的融合。将丰富先进的城市功能集中化和综合化，形成充满城市魅力和经济活力的新城市信息中心;环境负荷小，具有可持续发展的城市系统的新城市中心;所有的人都能享受安全、舒适、无障碍的生活，塑造提供便捷交通服务的新城市中心。

3）地下空间开发理念

城市急剧的需求膨胀与转型中多变的空间结构。由于城市经济的粗犷发展，导致城市空间结构单维高速蔓延，土地资源在数量和结构上出现紧缺。甚至有专家惊呼：“似乎任何城市发展的经典理论和技术控制手段，都无法准确而有效地应对转型中的城市嬗变”。从这个角度讲，地下空间开发要倡导“紧凑＋协调”的建设理念。

城市对历史的传承以及现代化创新。随着我国城市化的深入，人们开始理性反思多年来城市发展模式雷同的问题。我国拥有一批具有鲜明地方特色的城市，如水乡城市、高原城市、山海城市、沙漠城市、丝绸之都等。地下空间开发应用于保护和发掘城市的文脉与景观特色，继承地方文化，是功在千秋的。从这个角度讲，地下空间开发要倡导“人文＋特色”的建设理念。

市民的平等需求与城市阶层的分化要求地下空间开发和利用不能停留在“技术自诩”，而要代表社会“公共利益”。地下空间开发首先要满足最广大市民对城市功能的需求，如通勤的需要、能源供给的需要、公平参与的需要等。从这个角度讲，地下空间开发要倡导“公平＋功能”的建设理念。

（2）开发模式

从现代地下空间形态发展上看，主要有“中心联结”发展模式和“次聚焦点”发展模式。

“中心联结”发展模式是指在城市中心区，建设整体贯通的地下空间，并通过地下快速轨道交通放射到城市各地区。地下空间的开发表现为地上空间功能与结构全面地向地下扩展，因此城市中心的地下空间体系几乎涵盖了市中心的所有功能，如商业、文化娱乐、行政、服务及金融贸易等，形成了名副其实的地下城市中心。这种各功能聚集点相互扩展，构成一个整体的发展，既达到彼此带动发展的目的，又能合理分配与使用资源及能源。

“次聚集点”发展模式。20世纪70年代中期以后，城市地下空间的开发利用已不再仅局限于中心区的改造更新。为了疏解大城市中心职能的目的，在一些新建的“反磁力中心”，也开始积极主导能够从复合空间体系中进行城市设计，综合处理人、车、物流、建筑的关系，建成城市的副中心，法国巴黎德方斯新区卓有成效的综合空间规划、地下地上联合开发，为这种发展模式的最佳代表。

这种发展模式的主要特点为：

1）注意空间资源综合利用，尤其是在中心区，建设多层面的活动空间，将人的活动放在首位，人车分流，市政工程管线也分置于不同的层次上，体现了地下空间作为城市空间体系中一个重要组成部分；

2）各空间层面分化趋势越来越强，将机动车、非机动车，城市地铁、轻轨、过境交通与市内交通等分层设置，既减少了相互间的干扰，又保护了城市空间的完整性；

3）城市地下空间的开发变被动利用为主动利用，已成为城市规划、城市设计、城市建设的一个重要内容。

（3）规划方法

1）有关地下空间的规划理念

①支持地面活动，充分发挥地面特性的地下空间利用。

②发挥网络机能、提高城市活动的舒适性和魅力的地下空间的利用。

③安全且能够安心利用的地下空间。

④考虑城市环境，空间资源的有效利用，有计划地利用地下空间。

⑤恰当地维护、管理地下空间利用。

2）地下网络建设效果

①通过人车分离，建成安全、舒适的步行者空间，从而提高整个地区的交通安全。

②街区的整体性、移动的方便性、循环性的提高，从而增加地区的魅力、提高效益。

③通过提高出入地区的方便性和交通节点的功能，使人们容易聚集。

④通过地下空间的商业性的综合，提高开发收益性。

⑤通过基础设施、交通设施的共同化和综合性建设，使城市空间利用有效、经济。

3）地下空间利用规划的方法

①考虑与地面开发规划的调整、补充，统一地进行地下空间规划。

②使人们的交流与交往舒适、安全，提供充裕空间的规划。

③使地区间—地区内的设施之间紧密地一体化，并形成网络。尤其注重地铁、汽车终点站、自行车停放点等各种交通手段互相的衔接。

④综合考虑步行网络、汽车—自行车网络、指示—信息网络、基础设施网络、生态环境空间网络的整合。

⑤重视可行性、合理性。

9.7.2.3　地下空间的功能布局

中心区地下空间的功能布局不同于城市其他地区，由于其高强度的开发，一般情况下，地下空间从垂直方向而言，地下一层可达性最佳，商业价值最高，因此，往往开发为商业、餐饮等具有较高盈利的空间。地下二层往往开发为人防空间、停车空间、物流空间、市政设施空间等。但是，针对不同性质的地块这些功能的分布是不同的，如商场的下部、办公楼的下部和地铁联系通道的附近功能布局均有其最佳的模式。因此，需要对此进行研究，探讨地下空间和地上空间，不同功能的地下空间之间的合理布局等问题。黄岛中心商务区地下空间利用规划中，其中央部位南北向为城市最主要的步行商业街，拟开发到地下三层，从垂直商业价值出发，地下一层主要开发为收益较高的商业和餐饮（图 9-7-6）；从水平商业价值出发，与地铁

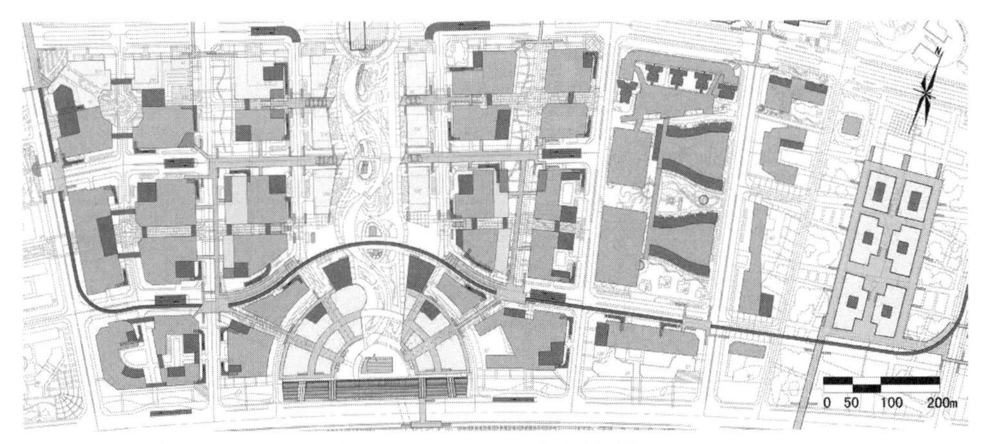

图 9-7-6 地下一层平面规划图

资料来源：青岛西海岸新区中心商务区地下空间利用规划

站厅相连的地下层空间的局部也是商业和餐饮开发的重要地段（图 9–7–7）；但是，这一区域大规模的地上地下商业空间的开发需要配套一定量的地下停车设施，则安排在地下三层（图 9–7–8）。沿北侧横向道路地面一层为商业，地下一层也进行部分商业设施的开发，而使该区域人行过街地道与地下一层商业设施密切结合，相反，两侧的办公和居住区域则地下一至二层主要功能为停车和人防、设备等设施。

9.7.2.4 地下交通系统

（1）地下轨道系统

地下空间开发的初衷是解决大城市地面交通的拥挤问题，地铁是地下空间开发的先导之一，往往在地铁站点附近进行高强度的开发，地下空间开发强度也随之提高。但是地铁线路会对地下空间产生分隔，因此，需要合理确定地铁线路、地铁站台、地铁站厅的标高。为了减少对其他地下空间的干扰，往往在站台附近，

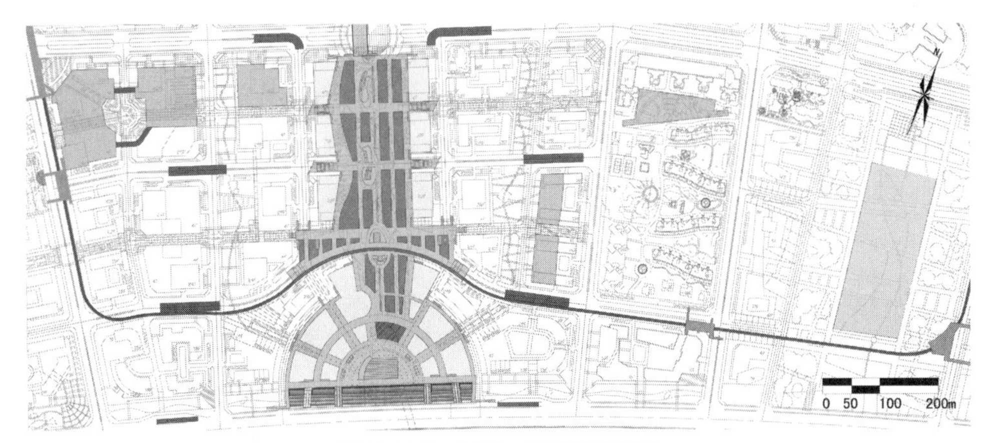

图 9-7-7 地下二层平面规划图

资料来源：青岛西海岸新区中心商务区地下空间利用规划

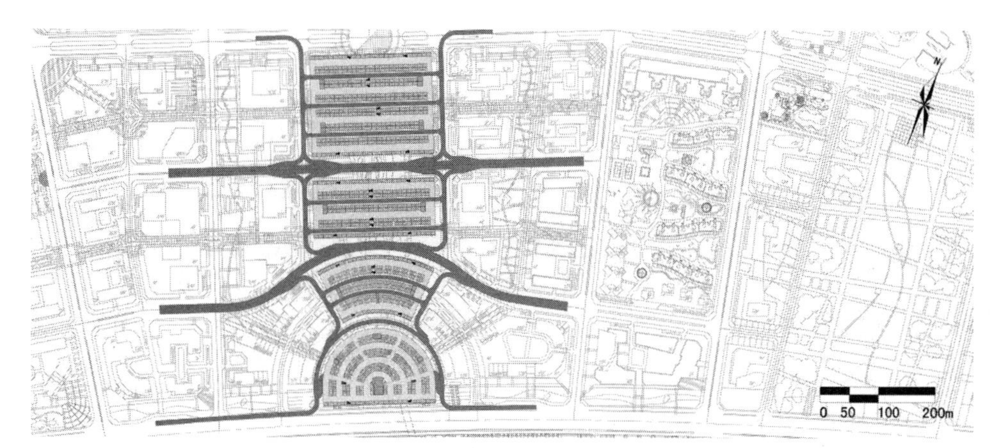

图 9-7-8　地下三层平面规划图

资料来源：青岛西海岸新区中心商务区地下空间利用规划

地铁线路需要设置在地下二层的位置。其次，地铁需要形成网络，才能充分发挥其交通疏解的作用，两条或多条地铁线路的交汇将使得地下交通枢纽地区的地下空间更为复杂。

（2）地下步行系统

围绕地铁站点和其他大型地下空间，如何把地下商场、过街地道等地下步行系统和地下停车场、各幢其他功能的建筑物、周边街区等步行系统连接的末端联系起来，形成一个整体是地下空间规划的核心。不少城市中心区就是缺乏这方面的考虑而造成行人上上下下，苦不堪言。因此，从以人为本的角度出发，满足无障碍设计的要求，使得步行系统内部各个区域的标高尽量统一是解决这一问题的关键。

其次，需要尽量简化步行网络的结构，通过明确的指引系统，使人们方便地寻求自己的路线。此外，作为步行系统的地下空间集聚着大量的人的活动，但是，地下空间有着自身的局限，往往会对于人的心理和生理产生一定的消极影响。地下空间规划应尽量增加自然采光和通风，削弱本身的封闭感，强化人性化空间的塑造。其主要的处理手法有运用玻璃顶棚或通过设置下沉式广场来解决步行空间的日照、通风和采光等问题，使人们虽然身处地下，依然感觉在地上一般。

（3）地下车行系统

虽然城市中心区交通拥塞问题主要通过限制进入中心区的车流量、运用地铁等大运量公共交通来解决，但是，进入中心区的机动车流量仍具有相当的比例，地面道路依然显得捉襟见肘，因此，需要拓展道路空间。以往采用高架的方式，但是对中心区景观和环境的破坏较为严重，因此，现在不少城市在探讨地下车行系统，如上海外滩中山东一路下将建设地下快速路。其次，中心区有大面积的地下停车库，如每一地块均有出入口直接面对地面道路，则地面道路出入口过多，对地面交通将产生较大的影响，因此，需要建设联系各个地下车库的地下道路。再次，中心区除了地下步行网络之外，往往希望构建地面步行网络，然而，中心区路网较密，地面步行道往往被打断，因此，局部地区车行道下穿也是确保地面步行系统贯通的措施之一。如在“黄岛中心商务区地下空间利用规划”中，为了确保南北向商业步行街不受干扰，规划建议两条东西向的支路下穿，一方面保证了南北向地面步行商业街和地下步行商业街的贯通，另一方面，也可使车道深入地下三层，直接服务于地下三层的停车库车辆的进出，如图 9–7–6~ 图 9–7–8 所示。

（4）地下停车系统

如前所述，停车库包括占主体的机动车停车库和自行车停车库，是量最大的地下空间，停车库的量不仅要与地面的建筑规模和功能相协调，还要与周边疏运道路相协调，确定合理的规划控制的量也是技术难点。量太少，停车不足而占用非常有限的地面空间；量太大，周边道路宽度不够形成瓶颈，则造成地下停车库白白浪费或周边道路的过度拥挤。但是由于不同区域的功能的差异，停车时间分布不同，存在有些时段某些停车库停车位不够，有些时段停车位空闲的状况。为了有效地提高停车空间的效率，有必要促成相邻停车库地下停车公共化，或借助于停车诱导系统，通过地下停车的系统化使有限的地下停车位能够充分利用。

9.7.2.5 地下空间公共服务设施规划

地下空间的使用与地上开发建设的功能性质是密切相关的，必须从土地使用现状特点和规划要求以及开发动态入手，分析地下空间的利用功能、布局。

（1）地下公共服务空间布局原则

1）地下公共服务空间布局与地面公共服务中心相对应；

2）地下公共服务空间布局与地面、地下交通枢纽相结合；

3）地下公共服务空间布局与特殊的使用需求相适应；

4）地下公共服务空间作为地上公共服务空间的补充。

（2）地下商业服务设施

地下商业服务设施包括地下商场、地下餐厅（饮食店）等，应与地面上的繁华商业区或地下交通换乘点结合设置地下商业街和地下商业综合体。地下商业服务设施主要分布在综合功能核心区、大型百货商店地下及结合地铁车站的地下综合体内。

通过地下联系，使商业活动连为一体，利于商业开放，同时解决周边地块的相互联系。其功能应与地上建筑相配合，以商业、餐饮、休闲为主。在安排公共活动设施如商场、地铁站时，则特别要求解决其安全问题，并且通过人性化的设计解决方向感差、幽闭感等问题，为商业购物、餐饮娱乐等提供宜人、舒适、方向感明确的空间环境（图 9–7–9）。

（3）地下办公设施

办公需要安静和安全感，正吻合了地下空间的特征。因此，地下办公设施也是较常见的地下公共设施之一。规划在部分高层办公建筑的地下部分规划一定的办公功能，如物业管理等，作为地面办公功能的延伸。但应该提高地下空间的环境指标、室内设计的标准，从而解决人的心理因素障碍（图 9–7–9）。

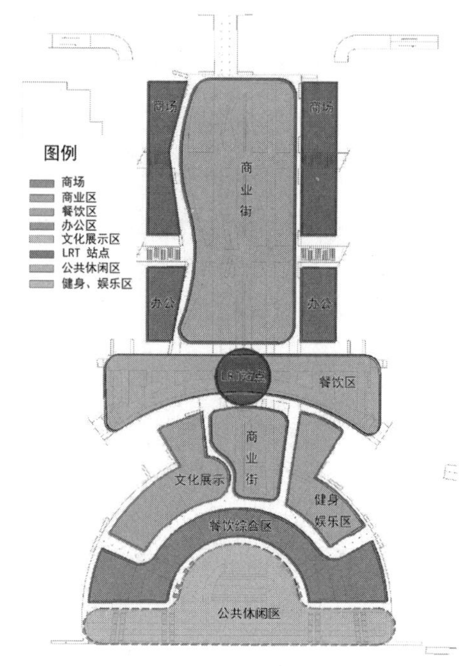

图 9–7–9　功能结构分析图

资料来源：青岛西海岸新区中心商务区地下空间利用规划

（4）地下文化设施

地下文化设施包括地下博物馆、展览馆、纪念馆、科技馆、图书馆等，此类文化设施一般都有安静、利用人工照明等特点。

（5）地下娱乐设施

地下娱乐设施包括地下影视厅、舞厅、俱乐部、游乐场等，利用地下空间隔绝性较好的特点减少对地面环境的影响，应注意避免事故隐患、增强防灾疏散能力。图 9–7–9 地块的地下设置健身娱乐空间。

9.7.2.6　地下市政公用设施空间规划

城市市政公用设施是城市地下空间的重要组成部分，敷设在地下自成系统的各种城市市政管线和设施纵横交错，保障着城市的正常运行。

（1）市政公用设施

市政设施的地下化

变电所：变电所的地下化是现代化大都市核心区的发展趋势，可以为地面环境留出充足的绿化空间。

此外，配电所、水泵房、空调机房、工具用房等市政工程设施和配套仓储设施可以利用地下空间建设。

（2）地下管线共同沟建设规划

作为能引领新世纪的先进城市的基础设施，应该导入能弹性应对未来需求的综合管廊。规划在高密度土地利用区域采用，低密度土地利用区域为缆线管廊。

1）对于给水、排水、电力、通信、燃气等城市基础设施，考虑将其共同化。

2）基础设施管道的布置及其规模。

3）在充分考虑将来增加的需求量的基础上进行规划。主要管线和以服务性为主的管线区别布置，并研究管径的大小。

4）基础设施的共同化。

为了防止重复开挖，以及迅速应对将来的需求变化，要推进共同化（共同沟、电力线、通信的地下箱型结构等）。

5）基础设施管道容纳空间的预留

考虑到将来的需求变化，必须保证道路地下留有将来可用的容纳空间。

9.7.2.7　地下防灾系统

人防是地下空间开发的根本，而中心区人口密集，人防设施的密度也需相应增加，要确定科学的取值，进行合理的布局，要结合城市的人防规划或防空袭预案统筹考虑，深入研究。地下防护空间包括人防工程、地下空间兼顾防空、普通地下空间三个部分，形成一个相互贯通的地下防护体系，战时最大限度发挥各种工程的防护优势，提高整体防护效能，平时通过合理开发和建设，发挥经济效益。规划建立以片区人防指挥中心、疏散通道、地下人防片及其他地下掩蔽工程组成的市人防工程体系。此外，还需要考虑地震、水灾对地下空间的影响。以上主要是对外部灾害的防御，另一个是防止内部灾害的发生，如火灾、爆炸、空气质量事故等。由于地下空间本身具有抗御多种外部灾害的能力，而地下环境的一些特点使对内部发生的灾害防御相当复杂，灾害后果也非常严重，防火、防烟分区，疏散出入口、疏散通道，消防设施布置等需进行严格的规划控制，不然对于拥挤的中心区将后患无穷。对于深埋的轨道交通和多层的地下综合体更需要设置临时避难区，人员可以首先转移到避难区，然后再向地面疏散（图 9–7–10）。

9.7.2.8　地下规划控制导则

目前，我国城市控制性详细规划规定了地上空间开发的容积率，地下空间开发面积不计容积率，从而导致开发强度无法控制，使得地下空间的开发成为规划管理的盲点。与地上空间开发相呼应，地下空间开发强度也应该有一个科学的取值，一般与地面开发强度呈正相关，但是也受到例如地铁站点、地质条件等其他因素的影响，这一指标需要重点研究。开发深度也很关键，过深不仅会使造价成倍上升，而且会导致将来日常运营过程中的经济和疏散等方面的问题。目前，某些城市中心区部分地块地下空间满堂覆盖所带来的环境问题已经不容忽视，给地下水的补给、高大乔木的种植均带来问题，需要提出地下空间覆盖率合理的取值。

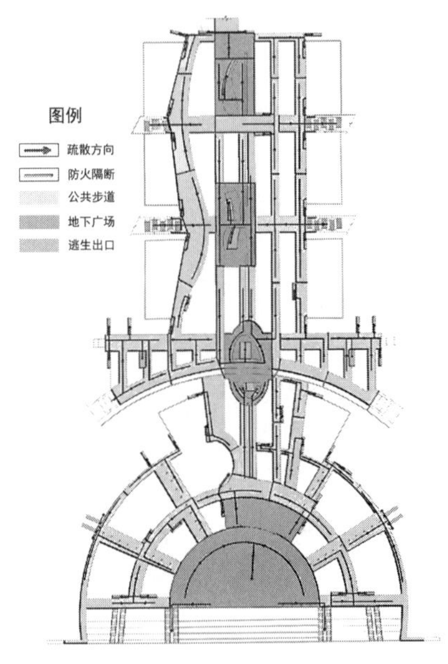

图 9–7–10　地下防灾规划图

资料来源：青岛西海岸新区中心商务区地下空间利用规划

前述的地下交通系统、防灾系统、物流系统和基础设施系统的形成也需要进行地下空间的详细控制，如步行通道的接口位置、标高等只有通过全局的规划才能明确，而后通过严格的控制，才能形成完善的地下步行系统。人在地下的舒适度和愉悦度也需要重点研究，地下空间的开敞，玻璃顶棚、下沉广场的设置也应该有最低要求，随着研究的深入，也将会发现新的问题和需要研究的新的开发控制要求。

9.7.3 广州国际金融城起步区地下空间控制性详细规划

9.7.3.1 规划概述

金融城地下空间位于珠江新城东侧，广州国际会展中心北侧，是广州大都市的核心发展地区，拥有得天独厚的珠江景观和交通条件，区位优势明显。

金融城地下空间与珠江新城地下空间、外事综合区地下空间、琶洲地下空间通过城市轨道交通形成一个矩形状的地下空间格局，为金融城的发展带来更多的人流，完善广州重点地区功能。

9.7.3.2 规划布局

“三核三轴七组团”：规划以道路交通线路为骨架，根据城市功能的积聚程度、地下利用设施的集中程度等，形成枢纽核心、翠岛核心、方城核心及七个组团空间，核心区通过商业步行街形成的地下发展轴与其他组团相联系，形成共同发展的地下空间网络。

“三核”：依托地铁五号线换乘站形成交通枢纽核，国际金融交流中心带动辐射形成的翠岛核心，方城商业金融核心。

“三轴”：集交通与商业于一体的花城大道轴，以商业步行街为主体打造品牌商业的水融路商业轴，以沟通翠岛核心与枢纽核心为主的水下商业发展轴。

图 9-7-11　功能结构分析图

资料来源：广州国际金融城起步区地下空间控制性详细规划

“七组团”：枢纽综合体组团，商务办公组团，商业娱乐组团，商务办公组团，翠岛组团，方城组团，配套居住组团（图 9-7-11）。

“中心带动，点轴发展；功能分区，组团开发”：文化枢纽综合体和商业娱乐组团依托轨道站点规划形成多种复合功能的地下综合体。翠岛组团形成商业、文化、娱乐、展示于一体的地下商务交流空间。方城

图9-7-12 地下一层平面示意

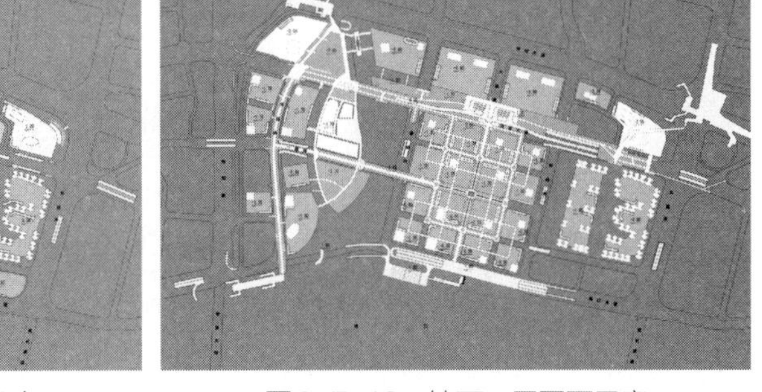

图9-7-13 地下二层平面示意

资料来源：广州国际金融城起步区地下空间控制性详细规划

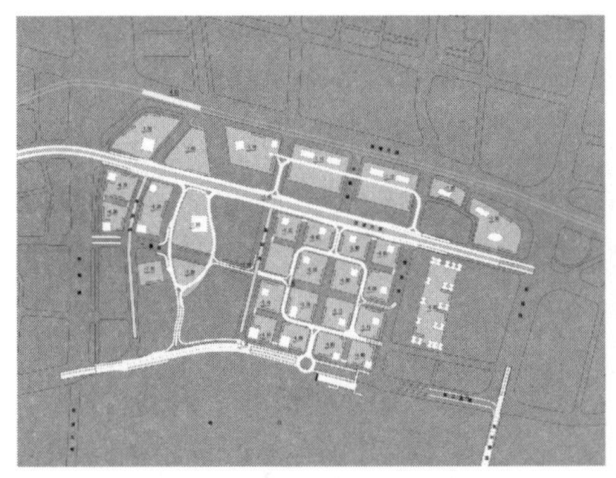

图9-7-14 地下三层平面示意

图9-7-15 地下四层平面示意

资料来源：广州国际金融城起步区地下空间控制性详细规划

组团整体开发，立体商业街连接地块商场，共同形成充满活力的综合体。总部办公、商务办公和配套居住组团地下主要配置停车和市政设施。

地下一层：主要是地下综合开发、地下商业服务和地下交通枢纽以及部分停车。通过下沉广场的独特设计，吸引人群，同时引导人群进入地下空间。利用地块之间地下联系通道，实现多功能地下商业服务一体化，为人提供更多方便、快捷的地下空间（图 9–7–12）。地下二层：主要是地下综合开发和地下商业服务、部分停车、部分地下车行道路、地下商业街以及枢纽中心和 5 号线站厅层。规划通过地下商业街连通轨道站厅、交通枢纽、码头，同时通过多条步行通道联系地块内商业、停车等功能，与地下商业街衔接，共同打造完善的地下步行及停车网络（图 9–7–13）。地下三层：主要是地下停车、部分车行道路以及 5 号线和 5 号线的站台。完善地下车行道路系统，在财智翠岛和方城建设地下车库通道，连通地下停车库，构建地下停车网络体系（图 9–7–14）。地下四层：主要是地下停车、新型交通线、综合管沟以及预留铁路线。地下五层：主要是部分停车、地铁 4 号线、广佛环线以及站台（图 9–7–15）。

9.7.4 杭州萧山钱江世纪城地下空间控制性详细规划

9.7.4.1 规划概述

钱江世纪城，杭州城市新中心、浙江新金融中心。地处杭州一环中心，与钱江新城拥江而立。东北到杭甬高速公路，西北至钱塘江滨，西南与高新滨江区相接，南连萧山城区，规划面积 22.27km^2，规划人口 16 万，是杭州城市国际化战略发展中，最为活跃、最具潜力、最值得期待的发展板块。是钱塘江沿线独一无二的重要板块（图 9-7-16）。

规划区域集中多种城市功能（行政、商业、办公、金融、贸易、科研通信、空港服务、居住、娱乐），并以明确的分区形成新城区。充分确保绿地空间，形成重视环境的新城区。在城市建设中，有效利用钱塘江、内河的景观，充分重视保护开发水资源。

9.7.4.2 规划内容

（1）规划区域内与钱江世纪城相符的交通系统的研究

（2）中心地区地下空间利用的研究

（3）在充分考虑先进性、与钱江新城的协调以及功能的补充完善等的基础上，引入新功能的研究

（4）以钱塘江为基础的景观、环境形成的研究

在上述研究的基础上，对地面和地下土地的综合利用以及建筑物外形设计的研究。

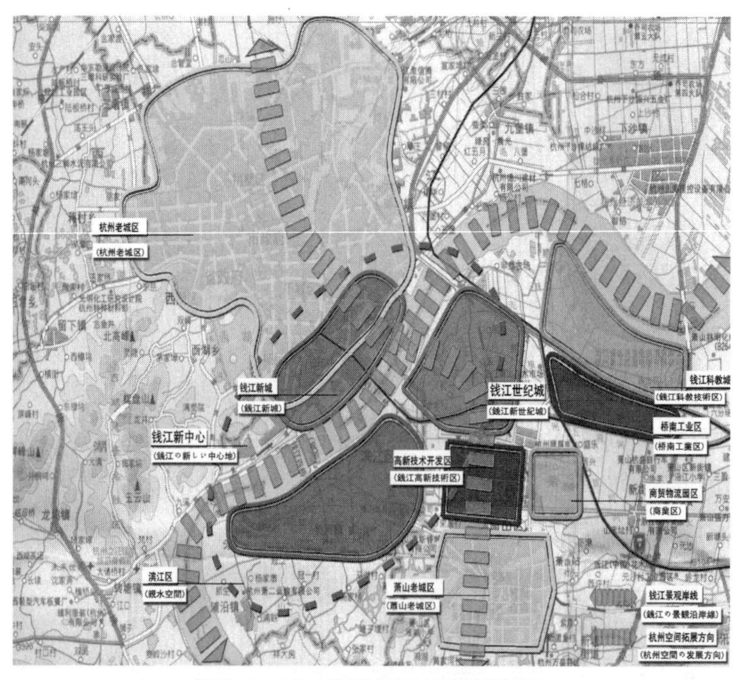

图 9-7-16 钱江世纪城区位分析图

资料来源：杭州萧山钱江世纪城地下空间控制性详细规划

9.7.4.3 规划形成的分析

根据特性分析和功能引入，对土地利用进行如下规划（图 9–7–17~ 图 9–7–20）：

（1）缓冲绿地（生产绿地）围绕整个世纪城，由沿钱塘江的亲水绿地、沿铁路·高速公路的绿地组成，以良好的环境基础设施围绕规划区形成整体结构。

（2）中央广场周边建成集高层的商业、办公、文化、会展、服务、城市观光功能高度集中的街区，并使广场空间与沿路建筑物形成综合性的空间，形成“以人为主体的交往空间”“终日人气十足的空间”。

（3）自钱塘江向内陆集中性逐渐降低，考虑环境风格规划高层商业、办公用途、公共·公益·文化用途、教育·研究机关、居住用途。在环状的铁路·高速公路的外部规划居住区域。

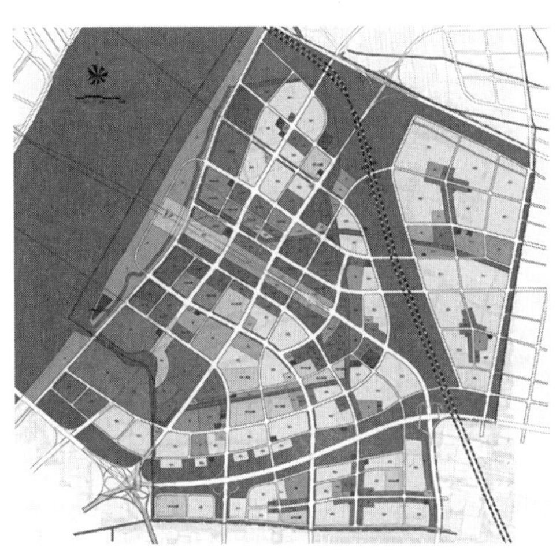

图 9–7–17　钱江世纪城控制性详细规划用地图

资料来源：杭州萧山钱江世纪城地下空间控制性详细规划

图 9–7–18　钱江世纪城控制性详细规划总平面图

资料来源：杭州萧山钱江世纪城地下空间控制性详细规划

图 9–7–19　钱江世纪城核心区地下空间总体布局图

资料来源：杭州萧山钱江世纪城地下空间控制性详细规划

图 9–7–20 钱江世纪城核心区地下空间夜景效果图

资料来源：杭州萧山钱江世纪城地下空间控制性详细规划

（4）中央广场南、北侧的商业、办公区内引入住宅用途，进行综合化建设，建成繁华热闹的市区。

（5）在沿钱塘江的亲水空间引入娱乐、体育功能，建造大规模江滨公园和部分商业设施、酒店、会展设施，建成水边的游乐空间。

（6）在地域核心联系轴的沿线规划引入有效利用水绿环境的居住用地、教育·研发用地，建成集中地区服务功能的地域核心以及交通中心。

本章注释

[1] 陈志龙，刘宏，等．城市地下空间规划控制与引导 [M]．南京：东南大学出版社，2015.

[2] 陈志龙，伏海艳，等．城市地下空间布局于形态探讨 [J]．地下空间与工程学报，2005.

[3] 张芝霞．城市地下空间开发控制性详细规划研究 [D]．杭州：浙江大学，2007.

[4] 赵景伟，张晓玮．现代城市地下空间开发：需求、控制、规划与设计 [M]．北京：清华大学出版社，2016.

[5] 姚华彦，刘建军．城市地下空间规划与设计 [M]．北京：中国水利水电出版社，2018.

[6] 代朋，等．城市地下空间开发利用与规划设计 [M]．北京：中国水利水电出版社，2012.

[7] 卢济威，陈泳．地上地下空间一体化的旧城复兴——福州市八一七中路购物商业街城市设计 [J]. 城市规划学刊，2008（04）：54-60.

[8] 杨天姣，吕海虹，苏云龙，等．北京中关村丰台科技园地下空间精细化设计 [J]. 解放军理工大学学报（自然科学版），2014，15（03）：246-251.

[9] 蒋丹青，吴永发．地铁站公共空间导向性设计要素的研究——以欧洲部分城市地铁站空间设计为切入点 [J]. 合肥工业大学学报（社会科学版），2016（06）.

[10] 袁红，孟琪，崔叙，等．城市中心区地下空间城市设计研究——构建地面上下“双层”城市 [J]. 西部人居环境学刊，2016，31（01）：88-94.

[11] 赵景伟，王鹏，王进，等．城市重点地区地下空间开发控制方法——以青岛中德生态园商务居住区地下空间控制性详细规划为例 [J]. 规划师，2015（8）：54-59.

第10章

城市地下空间管理实施

10.1 城市地下空间管理实施概述

目前，城市地下空间的开发利用尚在起步阶段。为使地下空间的开发利用工作做到有章可循，建立城市地下空间规划管理法规已成为当务之急。

10.1.1 规划管理机制

为了推进城市地下空间利用事业的发展，必须要有科学、高效的管理体制。涉及面广，协调性强是城市地下空间事业的特点，我国现在的分散性管理体制无法与这一特点相适应，所以首要工作就是在宏观上创设有效率的一元管理模式。而后，在这一机制模式下，充实、明确、调整管理主体的职能，强化各种管理机制。

10.1.1.1 一元管理模式

所谓一元管理，通俗讲就是在有着千头万绪的大事业中，有一个组织对这个事业进行统合，作出决策或决定。一元管理一般是在各个相关组织上设置一个级别更高的常称之为“委员会”的组织。这个委员会由相关部门的代表组成，通过会议等形式进行共同研究，共同做出决策或决定。在级别上一般要高于各个组织，委员会的领导一般是各级政府的正职或副职。更高的级别、首长的威信以及与之伴随的政绩考核成为委员会作用发挥的力量泉源。在这种形式下，虽然会议等的召集、讨论等对决策速度有所影响，但是由于其不太改变现有的权力分配状态，具有首长做主，更易被人接受的性质。城市地下空间利用是一项严谨的事业，需要多花时间进行论证、讨论，委员会制速度慢的不足在这里并不构成障碍。所以，在城市地下空间管理中，应建构委员会制的一元管理模式[1]。

10.1.1.2　管理主体

因为城市地下空间利用涉及的部门太多，所以管理主体也很多。虽然建构一元管理模式后，形成了一个统合性的主体，但不改变这些职能本身作为管理主体的地位。在这些主体之下或周围，还存在一些辅佐性的机构或组织，它们对城市地下空间管理也发挥着重要作用，可以归属于大管理主体的范畴之内。

地下空间一元管理模式的领头者就是地下空间管理委员会。上海市住房和城乡建设管理委员会和科技委员会组织《上海城市地下空间管理体制与机制研究》报告建议设立“上海市地下空间决策管理委员会”。该委员会主任由主管城市建设方面的副市长担任，副主任由主管城市建设与管理方面的市政府秘书长担任，50% 的委员由地下空间管理职能部门的分管领导担任，包括市房改办、住建委、自然资源和规划局、市交通委员会、市政工程管理局、民防办、住房保障和房屋管理局、绿化和市容管理局和环保局等；50% 由社会上的专家、主要阶层的代表担任，包括地下空间的专家、城市规划的专家、经济学家、社会学家、工商企业家、主要阶层代表等。该委员会主要对城市地下空间的领域的规划和计划、投资和建设、运营和控制、价格和收费等方面制定宏观调控政策，对集资、融资和体制改革等方面的重大事项进行决策，对决策的实施进行必要的管理、协调和监督。凡涉及全市地下空间利用的重大事项，都由该委员会全体委员会议讨论决定或按规定的权限审核报批。因为地下空间管理委员会由很多单位共同组成，所以运行速度肯定不快。而它的工作形式就是会议，所以，在委员会制度的前提下，若能最大限度地提高会议的效率，就能提高地下空间管理效率。

在国外，针对地下空间管理也有类似的地下空间管理委员会，日本“大深度地下公共使用特别措施法”简称“大深度法”确立了协议会制度。为了进行有利于贯彻“大深度法”展开协商，在各对象地域，国家相关行政机关以及相关都道府县组织了“大深度地下使用协议会”。由国家行政机关等的首长或其指定的职员组成。协议会认为有必要时，可以向相关町村以及事业者要求资料提供、意见陈述、说明以及其他必要的协助。会议中协商一致的事项，国家行政机关等必须尊重该协商的结果。事业者欲获得大深度使用认可，必须提交事业概要书，而接受事业概要书的事业主管大臣或者都道府县必须迅速将其副本送至事业区域所在的对象区域的协议会成员。接受事业概要书副本的协议会成员，针对协议会成员所辖事物，必须实施让该事业概要书内容众所周知的必要措施。日本大深度协议会与上述上海市地下空间决策管理委员相比，在统合力上稍显薄弱；但两者本质是相同的[2]。

10.1.1.3　管理机制

与管理主体相比，管理机制成为管理体制的动态形象。没有管理机制，管理主体的权限和任务就无法落实。在涉及面广的事业中，管理机制的作用更是明显，在各主体间若没有相关的机制在运作，那很容易陷入各自为政、管理效率低下的局面之中。在城市地下空间利用中，有决策机制、执行机制、监督机制等；在此之下，又有咨询机制、协商机制、信息共享机制、公民参与机制、安全保障机制、评价机制等。在这些机制中，信息共享机制和安全保障机制对地下空间而言，有着更特别的意义。

地下地质的复杂性、建筑工程的复杂性、土地与不动产的隐蔽性等决定了在对地下空间利用进行管理时信息共享极其重要。如果相互间信息不畅通，还有可能造成地下工程无法建设、地下空间相关权利重复登记、反复挖掘勘察等情况。地下空间利用的信息主要有地质信息、规划信息、地下工程技术与方法信息、工程和不动产设置与建设信息等。简言之，地下空间利用相关的各部门所具有的信息对整体事业而言都是重要的信息，最好都能通过一定的方法实现共享。在以一元管理模式下，共享机制的构建应该不难。可以在地下空间管理委员会所设的常设机构中设立信息机构，由该机构负责信息共享机制的运作，这个机制运作的前提就是明确信息收集与提供义务。日本大深度法规定：为实现大深度的目的，国家以及都道府县必须致力于有关对象地域地壳状况、地下利用状况等信息的收集与提供。地下空间管理委员会将取得的信息或主动地送达相关部门，或通过网络予以公布；而各部门或者个人也可以通过申请方式获得相关信息[2]。

地下空间与危机有着紧密的联系。首先，作为地下掩体，它有应付战争危机的功能;其次，作为一个封闭状态的空间，地下空间一旦发生灾害，其结果往往很严重。防灾救灾是地下空间永远不可松懈的课题，构建和运行地下空间安全保障机制非常重要。原建设部《地下空间管理规定》指出：“建设单位或者使用单位应当建立健全地下工程的使用安全责任制度，采取可行的措施，防范发生火灾、水灾、爆炸及危害人身健康的各种污染。”日本大深度法第5条规定：“在使用大深度地下时，必须依据其特性，特别考虑安全保障以及环境保护。”据此，日本政府制定了大深度利用安全指针，该指针针对火灾与爆炸、地震、浸水、停电、犯罪等提出了不同的措施。地下空间安全保障机制包括灾害预测与预防，救助宣传、灾害通达与处理、抚恤赔偿等内容。安全是万事之前提，在地下空间利用中必须时时强化安全保障机制。

10.1.2 规划实施管理

城市地下空间规划编制完成并通过审批等法律程序生效后，只是一个指导性与控制性的官方文件，要实现规划中既定的发展目标和各项发展要求，还有一个相当复杂和困难的实施过程，这就需要明确政府各相关职能机构的职责和权限，制定内部与外部高效协调、监督与管理的行政管理机制，并考虑增设地下空间综合管理的议事决策与协调机构。

当前我国城市地下空间管理呈现出国家法定“双轨制”和地方实践“多元化”探索并存的局面，反映出我国在地下空间开发管理方面的法定要求与实际需求需要进一步协同的事实。

我国的《人民防空法》（1997）和《城市地下空间开发利用管理规定》（2001 年修正）分别明确了人防部门和规划、建设部门对地下空间开发建设的管理权，从而在国家立法层面形成了独特的“双轨制”管理体制。

面对城市地下空间大规模快速发展的新形势下传统“双轨制”管理的缺陷，一些大中城市陆续开展城市地下空间开发利用管理体制的改革探索，与地下空间开发利用相关的地方政府规章相继出台，地下空间管理体制呈现“多元化”的发展态势。

城市地下空间开发涉及范围广泛，需要自然资源规划、住房和城乡建设、人防、交通、市政工程管理等数十个部门参与管理、协调难度较大。从各地具体操作来看，目前我国地下空间管理模式主要有三种：一是无牵头部门，参照地面工程按照法定职能各司其职的专业管理模式；二是由专业职能部门牵头的管理模式，明确管理部门间的主辅关系，是“双轨制”的衍生模式；三是参照水资源流域、自然保护区的综合管理模式，建立综合管理机构进行统筹协调的全新模式（表 10–1–1）。

部分城市地下空间管理模式比较　　表 10–1–1

管理模式	牵头部门	具体做法	管理效果比较分析	代表城市
无牵头部门	无	参照地面一般建筑工程，各部门依职能分工管理	符合现行管理体制和机构设定，各专业内部管理顺畅，但政出多门、多头管理和无人管理并存，统筹管理能力弱	广州
具体专业职能部门牵头	自然资源规划部门	规划部门以地下空间规划为基础，协调与其他部门的关系。其他各部门各负其责	能够发挥城市规划的“龙头”和控制作用，有利于将地下空间开发纳入城市整体发展蓝图；但统筹管理和领导协调能力较弱，难以对其他专业管理部门进行有效控制	天津、深圳
	住房和城乡建设部门	有地方建设主管部门作为领导协调机构，其他各部门各负其责	能够统筹地下空间建设管理，并能在一定程度上协调建设矛盾；但统筹管理和领导协调能力较弱，难以对其他专业管理部门进行有效控制	本溪、葫芦岛
	人防部门	适当扩充人防部门的管理范围，统筹地下工程的登记、发证、规划、建设和管理	尊重我国地下空间开发起源于人防工程的事实，能有效利用人防部门在地下人防工程规划、建设和长期管理上积累的经验和技术力量；但人为割裂了地下空间与地面开发，与地上建设管理的法律规定以及现行管理机制不符，且统筹管理和领导协调能力较弱，难以对其他专业管理部门进行有效控制	杭州、沈阳

续表

管理模式	牵头部门	具体做法	管理效果比较分析	代表城市
设立综合协调机构	专业议事协调机构	将地下工程统一看待，设立统一议事协调机构，统筹协调管理，各部门依职能分工管理	既强化统筹领导，又能发挥各职能部门的专业优势，与现有地上建筑的管理体制及职能接轨，可操作性较强；但无法定机构和行政编制，组织运作效率偏低，容易出现职能部门推诿、扯皮现象	上海、兰州
	市政府办公厅	市政府办公厅牵头协调，将地下工程分为人防工程和一般地下工程分别统筹管理；自然资源规划部门负责地下空间的综合规划管理及一般地下工程的规划管理，住房和城乡建设及房管部门分别负责一般地下工程的建设和房产登记管理，人防部门负责人防工程的规划、建设、管理	能充分发挥现有综合管理机构作用，统筹协调能力较强，但市政府办公厅事务庞杂，专业性不强，难以将更多的人力、物力投入到具体管理事务中，运作效率低，容易出现职能部门推诿、扯皮现象	北京

尽管目前各地在地下空间管理实践中积极探索，但无论采用哪种模式、由哪个部门牵头管理，由于当前行政管理体制建设存在一定的先天不足，地下空间开发利用对专业性、综合性和系统性的高要求与我国条块分割、相对松散的行政管理机构设置之间仍然存在一定的难以调和的矛盾，难以避免具体工程项目实践中多头管理、交叉运作和无人管理等诸多问题。

10.2 城市地下空间管理法规

10.2.1 国家法律规章

10.2.1.1 《中华人民共和国人民防空法》

1997 年 1 月 1 日开始实施的《中华人民共和国人民防空法》（于 2009 年 8 月 27 日修正）是第一部具有中国特色的涉及城市地下空间开发利用的法规。其相关条文规定如下。

第 2 条：人民防空实行长期准备、重点建设、平战结合的方针……（该条文影响深远）。

第 18 条：人民防空工程包括……单独修建的地下防护建筑，以及结合地面建筑修建的战时可用于防空的地下室（该条文指出人防工程包括单建和结建的类型）。

第 19 条：国家对人民防空工程建设，按照不同的防护要求，实行分类指导。国家根据国防建设的需要，结合城市建设和经济发展水平，制定人民防空工程建设规划。

第 20 条：建设人民防空工程，应当在保证战时使用效能的前提下，有利于平时的经济建设、群众的生产生活和工程的开发利用。

该法的制定、颁布和实施是集我国近四十年人防建设的经验，是我国人防在新时期向民防实施战略转移，实现防空和防灾、抗灾与城市社会经济环境建设等多重功能的集合和整合，进而得以科学合理、经济高效地开发利用地下空间资源的重大法律保障，具有里程碑意义。

10.2.1.2 《城市地下空间开发利用管理规定》

为了迎接我国城市地铁建设、人防向民防实施战略转移、城市地下空间资源开发利用热潮的到来，原国家建设部于 1997 年 12 月 1 日颁布实施了《城市地下空间开发利用管理规定》（简称《规定》，于 2001 年 11 月 20 日进行修订），是我国城市进入地下空间开发利用新时代的总动员令。

该《规定》第一次以法规形式明确“城市地下空间规划是城市规划的重要组成部分。各级人民政府在组织编制城市总体规划时，应根据城市发展的需要，编制城市地下空间开发利用规划”（第 5 条），“依据《中华人民共和国城乡规划法》的规定进行审批和调整”（第 9 条），使城市地下空间资源开发利用的规划成为地方法定性管理文件，与城市总体规划具有同等的法律效力。该《规定》还对“城市地下空间规划主要内容”（第 2 章）作出了相关规定，包括：地下空间现状及发展预测，地下空间开发战略，开发层次、内容、期限、规模与布局以及地下空间开发实施步骤等。

这在我国城市地下空间大规模开发利用的初期，对于提高地下空间资源利用、规划编制的法律地位和国民意识起到了重要作用，为推进我国城市地下空间法制化建设迈出了实质性的一步。自该《规定》颁布实施之后，已先后有深圳市、上海市、天津市等多座城市相继制定了适应本地城市发展的地下空间开发利用管理规定或管理条例，进一步规范了我国城市地下空间资源开发利用的行为。

10.2.1.3 《城市规划编制办法》

2005 年 12 月 31 日，由原建设部颁布的《城市规划编制办法》（简称《办法》），为城市地下空间规划正式地纳入城市规划体系提供了进一步的法律保障。

2005 年新颁布的《办法》规定了城市中心区规划应当“提出地下空间开发利用的原则和建设方针”（第 31 条 17 款），“地下空间开发布局为城市总体规划中建设用地规划的强制性内容”（第 32 条 3 款）；同时规定了地下空间规划在总体规划层次和详细规划层次应明确的基本内容：“城市总体规划应明确地下空间专项规划的原则”（第 34 条）和“控制性详细规划应当确定地下空间开发利用具体要求”（第 41 条 5 款）。因此，该《办法》对促进城市上下部规划相结合、规范地下空间规划编制起到非常重要的积极作用。

10.2.1.4 《中华人民共和国物权法》

2007 年 3 月 16 日,《中华人民共和国物权法》(简称《物权法》)的颁布，在城市地下空间开发利用的权属问题上实现了重大突破。

《物权法》第 136 条规定 :“建设用地使用权可以在土地的地表、地上或者地下分别设立。新设立的建设用地使用权，不得损害已设立的用益物权。”该项规定对于城市土地空间资源的“分层开发”和“多重开发”利用提供了重要的法律依据 ; 对进一步开发利用土地的空间资源、实现土地的节约和集约化提供了重要的法律保障;同时, 对于进一步利用民间资本科学合理经济高效地开发利用城市道路、广场、绿地、山地、水体等公共用地的地下空间资源，对城市交通、经济、社会、环境、防灾等功能设施的规划建设和使用管理具有重大法律意义。

继《物权法》正式施行之后, 原国土资源部、建设部分别在 2007 年 12 月 30 日、2008 年 2 月 15 日颁布了《土地登记办法》及《房屋登记办法》。土地等不动产新增登记类型及参照范围的扩大，都强化了不动产登记的民事作用，有助于进一步弥补和完善《物权法》的原则性规定，使作为一种新兴的建设用地使用权的“地下空间权属”问题正在快速得到完善。

10.2.1.5 《中华人民共和国城乡规划法》

2007 年 10 月 28 日颁布的《中华人民共和国城乡规划法》(简称《城乡规划法》,于 2015 年 4 月 24 日以及 2019 年 4 月 23 日修订)，在《城市地下空间开发利用管理规定》和《城市规划编制办法》的基础上，为适应我国已初见端倪的大规模地下空间开发利用热潮，进一步将城市地下空间开发利用的相关内容上升到国家法律层面,明确规定了地下空间的开发利用应遵循的原则以及地下空间开发与人民防空和城市规划的关系。

如第 33 条规定 :“城市地下空间的开发和利用，应当与经济和技术发展水平相适应，遵循统筹安排、综合开发、合理利用的原则，充分考虑防灾减灾、人民防空和通信等需要，并符合城市规划，履行规划审批手续。”

但由于编制细则的缺位，国家法律法规对于地下空间规划如何纳入现行城市规划体系，地下空间规划与城市地面规划的如何接轨，地下空间规划与交通、市政等专项规划的如何协调等一系列问题均缺乏规定 ; 各层次地下空间规划的控制内容、深度、范围、表达形式及成果等内容也存在空白[3]。

10.2.2 地方法规规章

近十年来，全国各大城市开始大规模地进行地铁规划建设，极大地带动了城市地下空间资源的开发利用，许多大城市已呈现出大规模、超常规发展态势。伴随着城市地铁建设的快速发展,《物权法》《城乡规划法》的颁布实施，2007 年以来，各城市相继制定或正在编制适应本地城市发展的地下空间开发利用管理规定（条例、办法、规划编制导则、通知），规范各城市地下空间资源开发利用的行为。归纳其内容，主要涉及规划编制审批、用地审批管理、工程建设管理、用地登记测绘、使用管理5个方面，具体如表10-2-1所示。

我国关于地下空间管理法规规章概览表 表10-2-1

地域	名称	时间	规划编制审批	用地审批管理	工程建设管理	用地登记测绘	使用管理
全国	《中国城市地下空间规划编制导则》（征求意见稿）	2007-05	●				
江苏	《关于加强城市地下空间规划和管理工作的通知》	2010-05	●				
山东	《山东省城市地下空间开发利用规划编制审批办法（试行）》	2001-03	●				
上海	《上海市城市轨道交通设施及周边地区项目规划管理规定（暂行）》	2005-09	●				
	《上海市城市地下空间建设用地审批和房地产登记试行规定》	2006-07		●	●	●	
	《上海市地下空间规划建设条例》	2013-12	●	●	●	●	●
	《上海市地下空间规划编制规范》	2014-12	●				
无锡	《无锡市城市地下空间建设用地管理办法（暂行）》	2007-08		●		●	
	《无锡市地下空间商业开发国有建设用地使用权审批和登记办法（试行）》	2012-03		●		●	
重庆	《重庆市城乡规划地下空间利用规划导则（试行）》	2008-01	●				
深圳	《深圳市地下空间开发利用暂行办法》	2008-07	●	●	●		
沈阳	《关于规范全市地下空间开发利用管理意见的通知》	2008-07	●	●			
天津	《天津市地下空间规划管理条例》	2008-11	●	●	●		
苏州	《苏州工业园区地下空间土地利用和建筑物房地产登记管理办法（试行）》	2009-03		●		●	
	苏州市地下（地上）空间建设用地使用权利用和等级暂行办法	2011-06		●		●	
杭州	《杭州市区地下空间建设用地管理和土地登记暂行规定》	2009-05		●		●	
成都	《成都市中心城区地下空间规划管理暂行规定》	2009-08	●				
	《成都市城市地下空间开发利用管理办法（试行）》	2017-12	●	●	●	●	●

续表

地域	名称	时间	规划编制审批	用地审批管理	工程建设管理	用地登记测绘	使用管理
郑州	《郑州市城市地下空间开发利用管理暂行办法》	2010–12	●	●			
厦门	《厦门市地下空间开发利用管理办法》	2011–05	●	●		●	●
东莞	《东莞市地下空间开发利用管理暂行办法》	2011–08	●	●	●	●	●
广州	《广州市地下空间开发利用管理办法》	2011–12	●	●	●	●	●

10.2.2.1　综合法规规章

天津、深圳、广州、郑州等城市针对地下空间开发利用管理无法可依的状况，制定综合型地方法规，对规划编制审批、用地审批管理、工程建设管理、用地登记测绘、使用管理等方面进行全面的规范。

（1）案例 10–2–1：《深圳市地下空间开发利用暂行办法》[4]

2008 年 7 月，深圳市出台了《深圳市地下空间开发利用暂行办法》（简称《办法》）。该《办法》是国内首部全面规范地下空间开发利用管理的地方政府规章，为国家和各省、市政府研究制定和完善城市地下空间资源综合开发利用的法规起到了重要的示范、推进作用。

该《办法》在借鉴了日本、我国台湾等国家和地区成功经验的基础上，全面规定了深圳市地下空间规划的制定与实施、地下建设用地使用权取得、地下空间工程建设和使用、法律责任等，并且明确了地下空间开发利用规划管理的程序。其中较为重要的部分包括：一是明确了地下空间各类出让方式相应采取的出让流程，搭建了地下空间项目规划管理的整体框架；二是该《办法》规定了针对不同用途的地下空间可依法采用不同的使用权取得方式。其中，用于国防、人民防空专用设施、防灾、城市基础和公共服务设施的地下空间，可以采用划拨方式；而独立开发的经营性项目则应通过招标、拍卖或者挂牌的方式出让。但考虑地下公共空间与交通空间的密切联系以及地下空间特别需要统筹建设的需求，对紧密联系交通设施的空间提出变通措施，即：地下交通建设项目及附着地下交通建设项目开发的经营性地下空间，其地下建设用地使用权可以协议方式一并出让给已取得地下交通建设项目的使用权人。

该《办法》尽管对深圳全市性地下空间开发利用专项规划和城市重要地区地下空间开发利用专项规划的编制程序和编制内容进行了规定，但是对其他的一般地区地下空间规划编制通则并未作出明确规定。未规划地区的地下空间土地出让和规划许可缺乏依据是深圳地下空间规划管理遇到的焦点问题之一，给地下空间连通项目带来了很大的阻力，难以满足伴随轨道建设而开展的地下空间网络建设需求。

（2）案例 10-2-2：《广州市地下空间开发利用管理办法》[5]

2011 年 11 月 21 日，广州市公布《广州市地下空间开发利用管理办法》（简称《办法》），该《办法》是目前国内同类法规覆盖内容最全面的文件，从以下 5 个方面进行了探索：

1）规划管理。一是突出地下空间开发利用的规划统筹作用，明确了地下空间规划是城市规划的重要组成部分，实现了地下空间开发利用与现有城市规划体系的衔接；二是明确了地下空间规划的总体原则，确立了合理分层以及项目之间的同层、相邻、连通规则，并规范了地下空间的用地界线、出入口用地、通风口、排水口等特殊问题；三是明确了地下空间规划的编制、报批以及行政许可的要求和办理程序。

2）用地管理。一是按照单建地下空间和结建地下空间的不同特点，分门别类地明确了土地使用权的取得方式，确立了经营性单建地下空间实行招牌挂出让的基本原则，结建地下空间可随同地面建筑一并办理用地审批手续。明确了各种类型用地的取得程序，有利于规范和引导用地单位顺利办理各项审批手续。二是根据地下交通建设等项目的特点，明确规定可以协议出让少量难以分割的经营性地下建设用地使用权。原土地使用权人利用自有用地开发建设地下空间项目可以协议出让地下建设用地使用权，以促进地下连通。

3）强化地下建设工程的施工管理，重点对地下工程变更设计、文明施工管理进行了规定。形成了全程规范化的管理体系，从资质管理、设计要求、设计审查、施工许可、变更设计、竣工验收等方面加强对工程建设的有力控制和引导。

4）产权管理。一是坚持在现行产权登记制度框架下建立地下空间登记制度，明确地下空间登记流程与要素；二是明确了历史遗留地下空间登记原则，可以凭规划报建及验收等房屋权属来源证明办理房地产权登记。

5）使用管理。加强建后使用管理，从配合公共利益、日常管理和维护、环境保护、卫生要求、防水排涝等方面进行了创新性的规定。

该《办法》基本明确了广州市地下空间开发利用的规范范畴和基本原则，对细化规划管理、明晰供地制度、规范供地审批程序、厘清权属界线方面有着一定的促进作用。

10.2.2.2　规划编制审批

目前，我国城市针对各自发展需求制定的地下空间规划编制审批的相关法律法规对地下空间规划的编制体系架构、规划定位、编制内容、编制组织审批主体等问题的规定存在差异。

各城市对地下空间规划体系尚未有统一的划分方式，大致可分为专项规划型、规划衔接型两类。

专项规划型（浙江省、广东省深圳市、四川省成都市）强调地下空间的专项规划特性，其划分方式与交通、市政等典型的专项规划相类似。如：《浙江省城市地下空间开发利用规划编制导则（试行）》赋予专项规划层次十分重要的地位，是指导城市地下空间开发利用和管理的依据，而《深圳市地下空间开发利用暂行办法》《成都市中心城区地下空间规划管理暂行规定》则按规划范围划分为全市性地下空间开发利用专项规划和重点地区地下空间开发利用专项规划。

规划衔接型（上海、天津、广州）主要考虑地下空间规划是国土空间规划的一部分，强调在规划层次上与国土空间规划的衔接，以便将地下空间规划的内容纳入国土空间规划中；但各城市对于详细规划的层次划分和编制组织存在差异。如：《上海市地下空间规划编制规范》将地下空间详细规划划分为控制性详细规划和城市设计；《广州市地下空间开发利用管理办法》、江苏省《关于加强城市地下空间规划和管理工作的通知》、《郑州市城市地下空间开发利用管理暂行办法》均未单独编制地下空间控制性详细规划，而是在现有城市控制性详细规划的基础上逐步补充和完善有关国土空间地下空间开发利用的内容（表10-2-2）。

我国各地法规关于地下空间规划编制体系的规定一览表　　表10-2-2

<table>
<tr><th>地域</th><th colspan="4">地下空间规划层次</th></tr>
<tr><td rowspan="2">江苏</td><td rowspan="2">总体规划</td><td rowspan="2">—</td><td colspan="2">详细规划</td></tr>
<tr><td>地面控制性详细规划（包括地下空间内容）</td><td>修建性详细规划</td></tr>
<tr><td rowspan="2">浙江</td><td rowspan="2">总体规划</td><td rowspan="2">专项规划</td><td colspan="2">详细规划</td></tr>
<tr><td>控制性详细规划</td><td>修建性详细规划</td></tr>
<tr><td rowspan="2">上海</td><td rowspan="2">总体规划</td><td rowspan="2">—</td><td colspan="2">详细规划</td></tr>
<tr><td>控制性详细规划</td><td>城市设计</td></tr>
<tr><td rowspan="2">天津</td><td rowspan="2">总体规划</td><td rowspan="2">—</td><td colspan="2">详细规划</td></tr>
<tr><td>控制性详细规划</td><td>修建性详细规划</td></tr>
<tr><td>深圳</td><td>—</td><td>全市性地下空间开发利用专项规划</td><td colspan="2">重点地区地下空间开发利用专项规划</td></tr>
<tr><td rowspan="2">广州</td><td rowspan="2">城市地下空间开发利用规划</td><td rowspan="2">—</td><td colspan="2">详细规划</td></tr>
<tr><td>地面控制性详细规划（包含地下空间内容）</td><td>修建性详细规划</td></tr>
<tr><td>成都</td><td>—</td><td>中心城区地下空间开发利用专项规划</td><td colspan="2">重要地区或重要项目专项规划</td></tr>
<tr><td rowspan="2">郑州</td><td rowspan="2">—</td><td rowspan="2">地下空间开发利用专项规划</td><td colspan="2">详细规划</td></tr>
<tr><td>地面控制性详细规划（包含地下空间内容）</td><td>地面城市设计（包含地下空间内容）</td></tr>
</table>

（1）代表案例 10–2–3 ：《上海市地下空间规划编制规范》[6]

《上海市地下空间规划编制规范》是目前我国地方城市针对地下空间规划编制审批制定的最为细致的地方规范（表 10–2–3），对地下空间规划的层次划分、编制条件及各层次地下空间规划编制任务和主要内容进行了具体规定。

《上海市地下空间规划编制规范》内容摘要概览表　　表 10–2–3

地下空间规划的制定	层次划分	分总体规划和详细规划两个层面，总规层面包括总规中地下空间规划的专项内容，以及单独编制的地下空间总体规划（专项规划）。单独编制的地下空间总体规划经审查批准后，应纳入总体规划。详规层面分为控制性详细规划和城市设计，应作为专项内容与所在地区控制性详细规划和城市设计一起编制。因特殊情况单独编制的，应纳入所在地区的控制性详细规划，实现统一管理
	编制条件	市级中心、副中心、市级专业中心、地区中心、新城中心、世博会地区、虹桥商务区主功能区、黄浦江两岸地区、苏州河滨河地区、城市对外交通枢纽地区、两线及以上轨道交通换乘枢纽周边地区以及市政府指定的其他重点地区，在控制性详细规划中，应包括地下空间开发利用的控制内容和技术要求
地下空间规划的主要内容	地下空间总体规划	【任务】提出地下空间资源开发利用的原则和方针，研究确定地下空间开发利用的功能、规模、空间管制区划、总体布局和分层规划，统筹安排地下空间资源开发利用的近期建设项目，研究提出地下空间资源保护和开发利用的远期和远景发展规划，制定各阶段地下空间开发利用与保护的发展目标和保障措施
		【内容】①现状调查与分析；②地下空间资源评价；③指导思想与发展战略；④需求预测与规划目标；⑤总体布局与空间管制；⑥竖向分层规划；⑦专项设施规划与系统整合；⑧分期建设管理；⑨规划实施与管理
	控制性详细规划	【任务】确定地下空间的功能定位与空间布局，统筹各专项功能设施的规模和布局，研究地下公共空间的开发边界、分层功能、发展规模、连通与避让等各项要求，并对规划范围内开发地块的地下空间开发提出强制性和指导性的规划控制要求，纳入地区控制性详细规划
		【内容】①确定各项功能设施的总体规模、空间布局和竖向分层等关系；②提出各类地下公共空间的规划控制要求，对开发地块的控制以指导性为主，仅对地下空间开发边界以及涉及设施之间连接与避让的要求进行强制控制；③结合地下各专项功能设施的开发建设特点，对区域地下空间综合开发建设模式与规划管理提出建议
	地下空间城市设计	【任务】对地下公共空间的功能布局、活动特征、景观环境等进行深入研究，充分协调地下与地上公共空间的关系以及地下公共空间与地下各专项功能设施的关系，提出地下空间设计的导引方案、各项控制指标、设计准则和其他规划管理要求
		【内容】①根据城市地下空间总体规划和规划区控制性详细规划的要求，进一步明确地下各类功能系统设施的空间布局和建设规模。②结合区内公共活动系统和交通系统进行地下空间的形态设计，合理组织地下公共空间，明确地下公共空间各层的功能、平面布局、竖向标高；提出地下公共空间之间，以及与地面公共空间、开发地块地下空间的连通位置和标高控制；提出地下交通设施的设置位置与出入交通组织。③根据规划区自然环境、历史文化和功能特点，提出地下空间景观环境的设计准则。④根据地下空间布局对地块开发建设的影响，对规划区内的开发地块提出具体的控制指标和规划管理要求；明确开发地块内必须公共开放或鼓励开放的地下空间范围、功能和连通方式等。⑤在未编制地下空间控制性详细规划的地区，地下空间城市设计还应包括控制性详细规划中的地下空间规划内容

（2）案例 10-2-4 :《浙江省城市地下空间开发利用规划编制导则（试行）》[7]

《浙江省城市地下空间开发利用规划编制导则（试行）》（简称《导则》）侧重对总体规划阶段和专项规划阶段的地下空间规划编制任务、内容、成果内容等进行了细致、全面的规范，并强调专项规划的地位和作用——专项规划是指导城市地下空间开发利用和管理的重要依据（表 10-2-4）。

《浙江省城市地下空间开发利用规划编制导则（试行）》

内容摘要概览表　　表 10-2-4

项目		内容
与其他规划关系		规划范围、期限、规模应与相应城乡规划一致，纳入后的同步实施应与国土、交通、市政、防灾、环保、历史文化名城保护等专项规划相衔接与相协调
编制重点		着重公共安全及利益的地下公共空间设施，对商业性等私有空间重在引导
规划层次		包括总体规划、专项规划和详细规划三个层次
各层次要求		总体规划层次：地下空间以专章形式出现，规模较大的城市应进行地下空间专题研究； 已批准总规（未含地下空间专章）的城市，应编制地下空间专项规划。 控制性详细规划、修建性详细规划：都应有地下空间利用内容
总体规划	专题研究	资源调查、发展目标与策略、需求预测、分区管制（禁建区、限建区、适建区和已建区）、重点地区（区域、开发强度和建设模式等）
	主要内容	需求预测、空间管制分区、主要功能类型、平面布局、竖向分层、专项设施布局要求、近期建设重点和规划实施保障措施
专项规划内容及成果要求	现状分析	地下空间利用的位置、数量、功能、深度等
	资源评估	资源容量，技术经济，地质条件，评估开发规模、深度、价值，发展目标，建设可行性
	需求预测	从社会经济、空间形态、功能布局等角度对地下空间需求量进行预测
	规划目标	近期：以地下交通、人防设施为主，兼顾平战结合的地下公共服务设施； 远期：提高土地利用效率、扩大空间容量、缓解城市矛盾、建立城市安全保障体系； 远景：全面实现城市基础设施地下化，改善环境质量，建立地下城
	总体布局规划	空间管制：划定地下空间禁建区、限建区、适建区范围，开发内容、深度及利用条件。 平面布局：根据空间管制要求，明确地下空间布局结构与形态。 竖向利用：不同地质层对地下空间利用的影响及规划期内地下空间利用的竖向深度。 功能布局：与地面建筑功能相协调
	地下公共服务设施规划	明确地下商业、娱乐、文化、体育、医疗、办公等设施的建设要求，如：地下商业街应明确其起终点、开发规模、深度、与周边连通和地面出入口等
	地下交通设施规划	动态交通，包括地铁、地下车道、人行通道等，以“高效实用”为原则。 地下交通设施规划：鼓励利用公共空间建设地下社会停车场，明确地下停车场开发深度及规模，鼓励地下连通，明确地下人行通道的位置和数量

续表

专项规划内容及成果要求	地下市政设施规划	根据各城市实际需求开展地下共同沟、地下变电站、地下污水处理设施、地下垃圾收集转运设施等项目建设的可行性研究，并提出建设要求及规划设想
	地下工业/仓储设施	结合城市自然条件，权衡经济、社会、环境、防灾等方面的效益，确定适于安置于地下的工业设施或仓储设施项目
	地下人防工程规划	人防自建、结建和兼顾工程，人防工程配建标准、建设要求及平战结合的重点项目
	地下空间防灾规划	防火、防水、防震、防高温规划要求及措施，地下空间灾（战）时利用规划
	分期建设规划	近期建设目标，重点建设区域和重点建设项目，初步投资估算
	规划实施保障措施	研究制定相关政策，规划统筹，地下空间数据库建设，多元化投融资模式
	规划图纸（注：图纸可根据各城市具体情况增减）	地下空间开发利用现状图（按地下空间利用形式、开发深度、平时使用功能、战时使用功能分布绘制不同现状分析图）、地下空间管制规划图（反映地下空间禁建区、限建区、适建区和已建区界限）、地下空间规划结构图、地下空间规划图（按时间和空间序列分别绘制）、地下交通设施规划图（地下铁路、地下轨道交通、地下机动车通道、地下人行通道、地下机动车社会停车场等规划内容）、地下空间连通内容、各类地下设施规划图、地下空间重点开发区域分布图、地下空间近期建设规划图、地下空间需求预测各类分析图
	附件	规划说明、基础资料汇编、专题研究
控规阶段主要任务	控制性详细规划	落实专项规划要求，包括各类地下设施规模、布局和竖向分层等控制要求；地下空间地块控制指标，包括建设界限、出入口位置、地下公共通道位置与宽度、地下空间标高等；明确地下空间连通要求，并兼顾人防与防灾要求 控制性详细规划文本和说明书中应设地下空间开发利用章节，规划图则中应有地下空间控制指标
	修建性详细规划	对地下空间平面布局、空间整合、公共活动、交通系统、主要出入（连通）口、景观环境、安全防灾等进行深入研究；协调公共地下空间与开发地块地下空间，地下交通、市政、人防等设施之间的关系；提出地下空间资源综合开发利用的各项控制指标和其他规划管理规定
附则	各层次规划组织程序	地下空间总体规划按城市总规审批程序报批； 专项规划由规划主管部门组织编制，征求有关部门和专家意见后，报市政府审批； 控制性详细规划由规划主管部门组织编制； 修建性详细规划（城市重要地段和重要项目）由建设主体依据控规及规划设计条件委托城市规划编制单位编制

该《导则》要求控制性详细规划中应设地下空间开发利用专章，规划图则应补充地下空间控制指标，这有利于将专项规划的核心内容通过完善控规而纳入日常规划管理。

10.2.2.3 用地审批登记

我国城市出于对地下空间建设需要，均各自制定了相应的地下空间建设用地管理法律法规，涉及供地方式、用地审批、禁建项目、地下空间建设用地范围界定、出让年限、出让金的规定与变更等方面。

《城市地下空间开发利用管理规定》中“谁投资、谁所有，谁受益、谁维护”的原则，地下空间权属的确定在当前我国城市进入地下空间开发利用的高潮期、地下空间开发利用类型日益多元化、地下空间资源稀缺性日益凸显的情况下显得越发重要。

（1）案例10-2-5:《上海市城市地下空间建设用地审批和房地产登记试行规定》[8]

上海市人民政府于2006年7月颁布实施的《上海市城市地下空间建设用地审批和房地产登记试行规定》（简称《登记规定》）（表10-2-5），是国内首个涉及地下空间建设用地审批和权属的管理规定。该《登记规定》将地下空间工程划分为结建地下工程及单建地下工程两类，并明确了地下空间工程建设的土地使用权范围，即“地下土地使用权范围为该地下建（构）筑物外围实际所及的地下空间范围”。

《上海市城市地下空间建设用地审批和房地产登记试行规定》内容摘要概览表 表10-2-5

适用范围	本规定适用于本市国有土地范围内地下空间开发建设的用地审批和房地产登记，但因管线铺设、桩基工程等情形利用地下空间的除外
供地方式	可采用出让等有偿使用方式，也可采用划拨方式。具体项目供地方式参照适用国家和本市土地管理的一般规定。 单建地下工程项目属于经营性用途的，出让土地使用权时可以采用协议方式；有条件的，也可以采用项目招标、拍卖、挂牌的方式
用地审批	结建地下工程随地面建筑一并办理用地审批手续。 单建地下工程的建设单位按基本建设程序取得项目批准文件和建设用地规划许可证后，应向土地管理部门申请建设用地批准文件。建设单位取得建设工程规划许可证后，应到土地管理部门办理划拨土地决定书，或者签订土地使用权出让合同
出让金的规定	经营性项目的地下土地使用权出让金，按照分层利用、区别用途的原则，参照地上土地使用权出让金的标准收取。具体标准，由市发展改革委、市房地资源局另行制定。报市政府批准后执行。 本办法实施前开发建设的地下建（构）筑物属于经营性用途的，转让时由受让人向土地管理部门补办土地使用权出让手续
建设工程规划审批	规划管理部门在核发建设工程规划许可证时，应当明确地下建（构）筑物水平投影最大占地范围、起止深度和建筑面积
土地使用权范围	建设单位应当在经批准的建设用地范围内依法实施建设；竣工后，该地下建（构）筑物的外围实际所及的地下空间范围为其地下土地使用权范围
房地产登记	地下建（构）筑物的土地使用权、房屋所有权、房地产他项权利等的房地产权利登记，应当按照本市房地产登记方面的法规、规章和技术规范处理。 房地产登记机构在办理地下建（构）筑物的土地使用权初始登记时，应当按照建设工程规划许可证明确的地下建（构）筑物的水平投影最大占地范围和起止深度进行记载，并注明“地下建（构）筑物的土地使用权范围为该地下建（构）筑物建成后外围实际所及的地下空间范围”

续表

房地产权证注记	房地产登记机构应当在地下建（构）筑物的房地产权证中注明“地下空间”；属于民防工程的，还应当注明“民防工程”，并记载其平时用途

该《登记规定》还明确了地下空间建设用地的审批办法，即“结建地下工程随地面建筑一并办理用地审批手续。单建地下工程的建设单位按照基本建设程序取得项目批准文件和建设用地规划许可证后，应向原土地管理部门，现在的自然资源规划部门申请建设用地批准文件。建设单位取得建设工程规划许可证后，应当到土地管理部门办理划拨土地决定书或者签订土地使用权出让合同”。对于地下空间的登记问题，该《登记规定》采用“按本市房地产登记的法规、规章和技术规范处理。房地产登记机构在办理地下建（构）筑物的土地使用权初始登记时，应当按照建设工程规划许可证明确的地下建(构)筑物的水平投影最大占地范围和起止深度进行记载，并注明‘地下建（构）筑物的土地使用权范围为该地下建（构）筑物建成后外围实际所及的地下空间范围’。房地产登记机构应在地下建（构）筑物的房地产权证中注明‘地下空间’；属于民防工程的，还应注明‘民防工程’，并记载其平时用途”。

（2）案例 10–2–6：《无锡市地下空间商业开发国有建设用地使用权审批和登记办法（试行）》[9]

江苏、浙江两省的城市政府颁布的地下空间管理文件都偏重用地审批管理和用地登记管理。其中，《无锡市地下空间商业开发国有建设用地使用权审批和登记办法（试行）》对用地审批、用地登记管理两部分的规定清晰、操作性强，具有代表性（表 10–2–6）。

《无锡市地下空间商业开发国有建设用地使用权审批和登记办法（试行）》内容摘要概览表　　表 10–2–6

定义	地下空间国有建设用地使用权，是指经依法批准建设，净高度大于 2.2m 的地下建筑物所占封闭空间及其外围水平投影占地范围的国有建设用地使用权
分类	地下空间商业开发工程分为独立开发建设的地下工程（以下简称单建地下工程）和由同一主体结合地面建筑一并开发建设的地下工程（以下简称结建地下工程）
地下空间规划指标	工程的位置、建筑面积、地下建筑物的水平投影最大面积、竖向高程和起止深度等。地下空间商业开发建筑面积不计入容积率
供地方式	利用地下空间进行商业开发的单建地下工程，采取单独招标、拍卖、挂牌出让等方式有偿使用国有建设用地使用权；结建地下工程，采取与地上工程捆绑招标、拍卖、挂牌出让等方式有偿使用国有建设用地使用权。采用【划拨方式】的类型包括： 国家机关和军事设施使用地下空间的； 城市基础设施和公益事业使用地下空间的； 国家重点扶持的能源、交通、水利等基础设施使用地下空间的； 面向社会提供公共服务的地下停车库的； 因管线铺设、桩基工程等利用地下空间的； 法律、法规规定可以以划拨方式使用地下空间的其他情形

续表

出让金的规定	对结建地下空间商业开发工程，负 1 层土地出让金按照其地上土地使用权成交楼面地价的 50% 确定，负 2 层按照负 1 层的 50% 确定，并依此类推。单建地下空间商业开发工程，负 1 层土地出让金按照所在区域区段基准地价相对应用途楼面地价（容积率 2.0）的 50% 确定，负 2 层按照负 1 层的 50% 确定，并依此类推
分层登记	地下空间商业开发工程国有建设用地使用权登记，应当在土地登记卡簿和土地使用证书中注明“地下土地使用权”字样；在土地使用证书中注明地上土地利用现状和地上土地权利状况；并在土地使用证书所附宗地图上注明每一层的层次和垂直投影的起止深度

10.2.2.4　技术规范标准

目前我国地下空间开发利用相关的各种规划技术规范标准相对欠缺。2012 年，住建部立项开展《城市地下空间规划规范》的制定工作。目前，《城市地下空间规划标准》已经完成，于 2019 年 10 月 1 日颁布实施，力图改变目前地下空间规划编制缺乏技术依据的局面；与此同时，各城市也逐步从地下空间开发利用的实践中总结经验和规律，但对地下空间规划设计技术规范标准的制定仍处于初步地摸索中。

（1）案例 10-2-7：《深圳市城市规划标准与准则》[10]

《深圳市城市规划标准与准则》于 2004 年 4 月 1 日由深圳市人民政府批准施行，其中地下空间利用章节具体内容包括：（一）明确了地下空间利用“人物分离、综合利用、公共优先”等原则；（二）提出了各类设施的基本设计要求，包括地下轨道交通设施（安全保护区、发展引导区设置范围）、人行地道（长度不超过 100m、防灾疏散间距为 50m）、地下公共停车库（标识、安全等原则性要求）、地下街（规模、通道宽度不小于 6m）、地下综合体（设计原则）、地下设施出入口及通风井（尺度要求）。该规范明确的基本原则及各类设施的基本设计要求，确保了地下空间资源不被破坏或不会由于不适当的使用而浪费。

2010 年，深圳市根据城市发展趋势和需求对《深圳市城市规划标准与准则》进行修订，在新的修订中对地下空间利用体系进行完善和优化，明晰地下空间功能类别，分为：一般规定、地下空间功能与设施（地下交通空间、地下市政设施空间、地下商业空间、地下公共服务空间、地下工业仓储空间）、地下空间附属设施；强调地下空间开发利用应坚持资源保护与协调发展并重、因地制宜、集约高效、分层利用、公共优先等原则，并对各类地下空间规划设计准则和具体标准进行规定。

（2）案例 10-2-8：《重庆市城乡规划地下空间利用规划导则（试行）》[11]

为了科学地引导重庆城市地下空间资源的开发利用以及便于规划的管理，2008 年初，重庆市规划局发布了《重庆市城乡规划地下空间利用规划导则（试行）》（简称《导则》）。该《导则》是目前我国地下空间利用规划方面最为全面、详细的技术规范。该《导则》的主要内容包括:(一)总则;(二)地下空间利用的一般规定;(三)地下街(定义、选址原则、类型与组合方式、建设标准);(四)地下交通设施(地下轨道交通、换乘枢纽、人行地道、地下停车场(库));(五)地下管线综合管沟(适用范围、一般规定);(六)人防平战结合工程(一般原则、规划要求);(七)地下空间防灾(防火、防水、防震、防战争灾害);(八)地下空间的环境建设(地下空间的通风、地下空间的人性化建设);(九)地下空间的地面附属设施。

地下空间是一个庞大的系统，涉及公共空间与私有空间。该《导则》侧重公共空间利用的规则制定，对地下空间安全性(地下空间防灾)和舒适性(地下空间的环境建设)的强调和重视。该《导则》从地下空间的防火、防水、防震、防战争灾害四个方面对地下空间的安全性进行指导，对地下空间舒适性的指导主要涉及地下空间的通风及人性化建设两方面，在我国地下空间技术规范标准中仍属首创。该《导则》的制定为重庆地下空间开发利用的科学化、规范化、法制化发展奠定重要基础。

10.3 城市地下空间规划管理

10.3.1 地下空间权利的界定

10.3.1.1 地下空间权利的基本概念

(1)地下空间的国土资源属性

依据《中华人民共和国土地管理法》与《中华人民共和国矿产资源法》，地下空间应该作为城市土地资源的一部分对其进行管理和规划，而不能把地下空间资源游离于土地资源之外，这是地下空间权属关系的前提和基础。

(2)地下空间所有权利

虽然我国法律虽然没有明确规定国有土地的地下空间所有权主体，但在明确地下空间的国土资源属性的基础上，根据《中华人民共和国土地管理法》“实行土地的社会主义公有制”“城市市区的土地属于国家所有”及《中华人民共和国矿产资源法》“地下矿产资源属于国家所有”应依法确立地下空间的所有权主体为国家，即从法律上明确国家对地下空间资源的所有权，保证公共利益及国家利益不受侵害。

(3)地下空间使用权

由于我国实行土地的所有权和使用权分离制度，因此，为保护依法获得土地使用权的投资者的合法权益，在明确国家对地下空间的拥有权之后，还需要明确地下空间使用权的主体、主体的权利范围、责任和义务等内容。目前，我国各城市从建设实际出发，对地下空间土地使用权的取得方式、供地流程、审批要点等进行了相应地规定。

（4）地下空间开发相邻关系及开发优先权

地下空间开发需保障地下空间、地面建筑权、周边地下空间权利的行使不能相互影响。随着目前地下空间开发利用井喷式增长，实际操作中关于相邻关系和开发优先权的具体问题不断增加，需要立足现实，明确界定。

（5）地下建（构）筑所有权

在合法取得地下空间开发建设的土地使用权后，通过法定程序开发建设的地下建（构）筑物，应该从法律上赋予该物业的所有权，并通过合法程序进行登记。

（6）地下空间他项权利

我国的房地产关于登记、转让、租赁、抵押已有相应的完整、健全的法律规范。目前，各城市地下空间涉及的他项权利包括征用、登记、转让、租赁、抵押等，多按照地面法规、规章的规定操作，并在实践的过程中对地下空间产权与房地产产权的区别部分逐步完善。

10.3.1.2　地下空间权利的具体界定

（1）地下空间建设用地使用权的法定范围

《中华人民共和国物权法》（简称《物权法》）第136条规定："建设用地使用权可以在土地的地表、地上或者地下分别设立。新设立的建设用地使用权，不得损害已设立的用益物权。"为城市土地空间资源的分层开发和多重开发利用提供了重要的法律依据。

《物权法》第138条第3项又规定，建设用地使用权出让时，应当在合同中明确规定建设物、构筑物以及附属设施占用的空间范围，以此界定权益主体所取得的建设用地使用范围。地下空间使用权主体的权利范围、责任和义务据此确定。

（2）地下空间建设用地使用权的界定

《物权法》的规定为未来城市土地空间资源的分层开发和多重开发利用提供了重要的法律依据，但仍需要细则对地下空间使用权主体、主体的权利范围、责任和义务等内容进行详细规定，使其具备可操作性。对于历史地下空间，法律应对地上建设用地使用权和地下空间建设用地使用权的关系予以界定。地上建筑物的产权是以建设用地使用权为依附确定的；而以地下空间开发为目的修建的地下建筑，由于其特殊性，其地面土地使用权在多数情况下已为政府或者公民、法人以及其他社会组织所拥有。已经转让建设用地使用权的土地地下空间的权属需要明确界定，服务于城市地下空间流转和再次利用。

（3）明晰地下建筑作为不动产的权属

目前，结建地下建筑作为一种不动产，该类工程在地下空间开发利用中占较大的比例，并且随着城市规模的不断扩大，这一部分的增长速度也最快。因此，在明确地下空间建设用地使用权的基础上，对地下建筑产权进行明晰，保障地下空间转让、租赁、抵押等流转环节有据可依。

10.3.1.3　地下空间管理技术和方法的创新

为应对地下建设用地使用权的分层出让，需将地下每一层作为一个独立宗地进行登记，登记地下建设用地使用权和房地产权属时应明确地下空间使用权的界址点坐标、体积、用途等。将现有二维的宗地拓展成三维的产权体，构建空间数据模型，制定三维产权体编码方案、权证图方案，拟定相应规范，并将技术运用在地下空间行政审批全过程，是地籍管理领域的创新和突破，在技术上保证了土地资源立体化利用的可持续发展，可有效避免潜在土地空间权属纠纷和行政风险。因此，建立地下空间开发利用的信息系统，并对其实行动态管理至关重要。

（1）制定具有针对性和易执行性的地下空间管理信息化相关法规、规章、制度和管理程序，为地下空间信息管理工作的开展提供重要的政策保障。地下空间信息管理涉及信息化、测绘、人防、城市管理、各市政集团公司等部门和单位，处理好信息数据的权属与共享问题、明确数据权属单位的责任和权利是解决信息管理工作的关键。

（2）建立信息数据库和信息系统平台是地下空间信息管理的基础设施，是实现地下空间信息收集、整理、入库、共享利用的重要手段。数据库及信息系统平台的管理和维护工作是地下空间信息管理工作持续为城市建设服务的关键。

10.3.2　地下空间建设用地使用权出让方式

10.3.2.1　现状概况

地下空间建设项目按地下空间建设方式可分为结建和单建两类。结建是指地下空间附着地面建设的工程项目，其建设用地使用权审批与地面建筑一并办理。单建是指独立的以地下空间开发利用为主的建设项目，单独办理出让手续。在实际建设中，结建与单建并不是绝对的，单建项目往往不同程度地包含一定规模的地面建设。

各城市为加强对地下空间建设项目的规划用地管理工作，在现行建设用地使用权出让程序的基础上，针对单建地下空间使用权的出让来完善制度建设。目前，我国各城市一般采用行政划拨或有偿使用方式出让地下空间建设用地使用权，但各城市根据自身需要在具体出让程序细节的设置方面仍存在差异。

（1）行政划拨

深圳、无锡、郑州等城市对可采用行政划拨方式的地下空间建设用地使用权的情况进行了较为明确的规定：（一）国家机关和用于国防、人防、防灾的专用设施地下空间；（二）城市基础和公共服务设施的地下空间；（三）国家重点扶持的能源、交通、水利等大型基础设施使用的地下空间；（四）法律、行政法规规定其他使用地下空间的情况。

（2）有偿使用出让

随着城市土地资源日益紧缺，地下空间的价值不断提高，越来越多的城市对独立开发的经营性地下空间建设项目应当采用招标、拍卖或者挂牌的方式出让地下建设用地使用权有着共同的认识，但针对特定情况允许采用协议方式出让。

深圳市和广州市：地下交通建设项目及附着地下交通建设项目开发的经营性地下空间，其地下建设用地使用权可以采用协议方式一并出让给已经取得地下交通建设项目的使用权人。此规定意图对地下交通与其相邻地下空间开发的结合产生促进作用。

沈阳市：对利用自有公共建筑的地下空间改扩建为经营性项目的地下空间，经批准可以采取协议方式出让，此规定对现有公共建筑地下空间开发有一定的促进作用。

郑州市：城市道路、广场的地下空间，其土地使用权的取得应增加取得开发利用权方式。此规定意图为城市道路、广场的地下空间的建设用地出让寻找新的方式。

10.3.2.2　具体操作

目前，地下建设用地使用权出让过程中的难点在于行政划拨和协议出让地下空间公共属性的界定和标准的制定。根据《中华人民共和国土地管理法》(2004)，除了机关、军事、基础设施、公益事业及法律行政法规规定的其他用地以外，建设国有土地应通过出让等有偿使用方式取得。在具体操作过程中，针对不同类型的地下空间建设用地使用权出让需要关注以下核心问题：

（1）地下停车库

地下停车库大致可分为：结建（办公、商业、住宅等配套建设的地下停车库）、单建（面向社会提供公共服务的地下停车库）。结建地下车库一般不计入容积率也无需缴纳地价，单建地下车库则视具体情况而定。一方观点认为地下停车库的出租盈利甚至直接出售属于经营性用途，不应纳入基础设施或公益事业的范畴，并且地下车库指标并未缴纳土地出让金却进行经营用途存在法律上的漏洞；另一方观点则相反，认为地下停车是城市交通基础设施的组成部分，出租费用属于管理费用且并不以盈利为主要目的，应属于公共用途，采取划拨或协议方式出让。此外，地下公共停车场的投资回报率较低，部分城市以招拍挂方式出让，市场冷淡，难以完成地下空间停车库建设的任务，进而难以满足城市日益增长的停车需求。

（2）地下人防设施

根据《中华人民共和国人民防空法》(1997）相关规定，国家鼓励多种途径投资建设人防工程，平时由投资者使用管理，收益归投资者所有。人防工程被划定为基础设施，未纳入有偿使用土地的范畴，不需要经过市场方式取得使用权，且有较多的优惠政策。在这一规定下，在全国范围内形成了一个非常特殊的房地产门类——地下人防商业。以广州火车站周边地一大道地下商场项目为例，此项目由广州市人防办与人和商业控股有限公司共同出资兴建，地下空间性质登记为人防设施，产权归广州市人防办所有，使用权归人和商业控股有限公司拥有，平时作为地下商业街进行经营。虽然建成地下空间产权归政府所有，不能进行销售或抵押融资；但目前部分城市重点商圈的地下人防商铺租金可高达每月 1000 元 /m^2，存在巨大的商业利益，业内人士概括其优点为无竞标、低风险、低成本、高收益。然而地下人防空间采用划拨方式出让、平战结合进行商业利用带来巨大利益的公平性与合理性遭到质疑。

（3）相邻权及优先权

1）公共领域下以交通功能为主体、含少量经营性功能的公共空间，协议出让，产权公有。然而道路、绿地等公共用地下以交通功能为主、包含少量商业设施的地下空间应作为商业用途进行招拍挂出让还是以协议方式出让的问题也是目前争议较多的操作难点。

案例 10–3–1：深圳市华润万象城至地铁一号线大剧院站的地下人行通道 [12]

2003 年，在华润万象城建设同期，华润（深圳）有限公司出资约为 4000 万元人民币在城市道路用地下方建设长约为 190m 的地下通道，联系华润万象城、地王大厦和地铁 1 号线大剧院站。建成后该地下通道产权属于深圳市政府，由华润公司进行日常管理和维护。

效果：深圳市政府利用社会资源完成基础设施建设，市民获得通道使用权；华润公司尽管在建设和管理地下通道时，财政方面属于亏损状态，但是地下通道带来的地铁人流对其营业额提高有极大的帮助；地王大厦则无条件享有地下通道带来的人流和便利。因此，地下空间所有人、使用人、管理者、相邻者多方处于多赢的状态。

问题：万象城通道在建设之初定位为纯交通功能的地下通道；随着项目商业价值的提高，在后期使用中，通道一侧出现了部分商业设施，由企业出租经营。其初期的产权约定、规划许可条件与建成后的运营管理之间缺少衔接。

在日常建设中，企业申请利用公共用地的地下空间建设通道连接自持物业和地铁站点的情况非常普遍，并且往往希望通道内可以附设商业设施，而非建设纯粹的人行通道。通道产权归政府，商业设施使用、经营权归企业，以盈利弥补其建设和日后地下通道设施维护的经济支出。如允许协议出让的地下通道内商业设施的设置和经营，便违背了经营性地下空间必须通过招拍挂方式出让的原则；但进行招拍挂出让，若非相邻用地权利人取得建设用地使用权，在项目规划设计、工程建设协调方面将面临大量的协调工作。因此，在目前相邻权、优先权、地役权等操作细则尚不明确的情况下，连通项目的运营、管理复杂化，容易引起纠纷。

2）道路、绿地等公共用地地下空间与相邻建设用地捆绑招拍挂出让

目前，部分城市新中心秉承集约、高效利用土地的规划理念，以小尺度街区为主，地块尺度多在6000~8000m²。各地块独立建设地下空间规模小、不经济，因此，街区地下空间整体建设、相互连通的需求较为迫切。如按照现行管理办法对道路、绿地下的经营性地下空间建设项目进行招拍挂出让，同一项目将被切分为若干权利主体，给项目建设和经营管理带来较大难度。

案例10-3-2：深圳后海喜之郎项目[12]

2012年4月，深圳市后海中心区用地进行挂牌出让，该地块由“凹”字状建设用地（面积为4726.87m²）和被建设用地围合的广场用地（面积为839.73m²）组成。广场的地上用地产权归政府所有；广场的地下空间设3063m²地下公共停车库，产权归竞得人所有，但不单独发放房地产证。T107—0015宗地是深圳首例将建设用地与临近的公共用地捆绑挂牌后整体出让，公共用地的地上地下分别设立建设用地使用权，地面产权归政府，地下空间产权归竞得人，既保障了公共用地的公共属性，又有利于建设项目的整体运作和后期运营管理，是地下空间出让方式的一次积极探索。

10.3.2.3 应对策略

城市地下空间供地方式的重点在于明确地下空间的性质。依据公共物品理论将地下空间分为公共地下空间、准公共地下空间和自有地下空间三类。明确公共地下空间（包括人防、地下公共设备、地下公共交通、发电、水处理、空气循环、市政等）不能用于经营活动，无法取得经营收入；准公共地下空间（包括地下供水、供电、供气、供热、地下共同沟、地下环卫、地下轨道交通、地下贮物空间等）可用于经营活动，具有一定的营业性，但是保本微利或无经营利润；自有地下空间（包括地下商业、地下停车、地下客运、地下通信、地下休闲、地下娱乐、地下生产、地下物流空间等）可用于经营活动，具有稳定的经营收入，具有较大的经营利润。对于不同属性的地下空间应根据经营性地下空间所占的比例、周边既有建设状况等情况综合分析，采取协议出让给相邻建设用地主体或与相邻建设用地进行捆绑招拍挂出让等更加多元的操作方式，在确保地下空间用地出让的公平、公正、公开的前提下更具可实施性。

10.3.3 地下空间建设用地使用权出让程序

10.3.3.1 现状概况

各城市对结建地下空间统一规定随地面建筑一并办理用地审批手续；但对于单建地下空间建设用地使用权的出让流程规定则存在一定差异，对于建设用地使用权采用划拨和招拍挂出让方式涉及的选址意见书、建设用地规划许可证、建设用地使用权出让合同、建设工程规划许可证各个环节的设置安排并不统一。

（1）行政划拨、协议出让

对于划拨或协议出让方式，从总体流程构架上来看，一般流程为先取得选址意见书，再取得建设用地规划许可证，之后办理用地手续获得建设用地使用权，最后取得建设工程规划许可证。如：上海市划拨土地决定书和土地使用权出让合同在建设单位取得建设工程规划许可证后办理的流程设置较为独特，该流程确保签订土地出让合同时，出让土地的坐标、高程、面积、功能组合、出入口位置和连通要求等指标清晰、明确，能够更好地保障土地划拨和出让的合理性（表 10–3–1）。

各地地下空间用地审批程序（行政划拨、协议出让）一览表　　表 10–3–1

	选址意见书	建设用地规划许可证	建设用地批准文件	建设工程规划许可证	土地使用权出让合同
上海	—	1	2	3	4
深圳	1	3	2	5	4
广州	1	2	—	—	3
杭州	—	1	2	4	3

注：表中数字代表审批程序步骤

（2）招拍挂出让

对于招拍挂出让方式，总体流程架构较为统一。一般流程为先制定出让方案以确定规划条件，再办理用地手续，确认建设用地使用权归属，此后办理建设用地规划许可证和建设工程规划许可证（表 10–3–2）。

各地地下空间用地审批程序（招拍挂出让）一览表　　表 10–3–2

	出让方案 / 规划条件	建设用地规划许可证	建设工程规划许可证	土地使用权出让合同
深圳	1	3	4	2
广州	1	3	—	2
杭州	—	2	3	1
郑州	1	3	4	2

注：表中数字代表审批程序步骤

10.3.3.2　具体操作

（1）现行招拍挂出让程序难以适应地下空间开发的特殊性

我国城市招拍挂审批程序中，依据出让方案确定规划条件并签订土地合同，在核发建设用地规划许可证、建设工程规划许可证时不能更改规划条件；而行政划拨、协议出让方式由于多数涉及公共产品，用地审批存在一定的灵活性，能够较好地适应地下空间开发的特殊性。因此，既有招拍挂出让过程中现有程序设置需要适应地下空间特殊性的问题。

案例 10–3–3：深圳地铁世界之窗站北侧地下空间[12]

深圳市地铁有限公司申请调整世界之窗站北侧地下空间开发项目的建设用地规划许可证。根据具体地质勘探报告，东部地下室在原地下 3 层标高已见基岩，若建设东部地下 4 层存在大量基岩爆破工作，将会对周边已建成的市政设施和建筑均产生影响，因此申请取消地下 4 层东部停车库的建设。

案例 10–3–4：深圳市车公庙的丰盛町地下商业街[12]

2005 年 1 月，作为国内首例对地下空间通过公开挂牌出让的地下空间建设用地使用权的案例—深圳市车公庙的丰盛町地下商业街，在签订土地合同阶段明确地下空间的红线边界、商业面积、设备房面积、公共通道面积、地面附属设施面积等指标，并且在设计深化和建设过程中进行了多项调整。

① 2006 年 12 月，施工图报审。审图机构提出方案直通室外的疏散出入口数量不足，不能满足《建筑设计防火规范》GB 50016 和《人民防空地下室设计规范》GB 50038 要求。2007 年 1 月，业主申请增加两个出入口用地，但由于两出入口均占用原有用地红线范围外的区域，国土管理部门就其涉及的土地出让方式（协议出让）向市政府进行请示后，原则同意增加地下面积约为 1462m^2，增加部分功能限于公共通道，消防、人防地面出入口和设备用房。

②开发商在后续建筑设计和项目建设过程中，商业面积减少 680m^2，设备用房减少 910m^2，公共通道增加 1590m^2，申请变更建设用地规划许可证。规划部门经研究论证，原则同意变更诉求。

③土地合同、建设用地规划许可证规定建筑面积为 24250m^2，并注明除风井、空调机房、地下空间出入口等必要的建构筑物外，不得有其他突出物，但未标明地上建构筑物的面积指标。项目进入初步设计阶段后，经测算，开发商申请增加风井、空调机房、地下空间出入口等必要的建构筑物建筑面积为 830m^2。规划管理部门对上述指标进行了规划确认，并要求开发商补办新增建构筑物的土地手续。

从以上案例可以看到，相对匮乏和薄弱的地下信息管理对地下空间规划编制、资源预测、建设管理方面形成制约。一方面，地下空间三维的空间使用权出让比传统的二维出让对规划编制管理提出更高的要求，在出让方案、建设用地使用权出让合同等审批前期阶段，规划许可指标难以做到精准；另一方面，工程建设期间也时有因地质条件、既有地下建筑物、构筑物影响规划实施的状况发生，难免对前期确定的规划许可指标进行调整，虽然存在一定的合理性，但是在一定程度上影响了行政审批效率和法定程序调整的严肃性。

（2）地下空间规划许可指标的刚性与弹性

各地出让方案、建设用地规划许可证、建设工程规划许可证主要控制指标均为地下空间使用性质、水平投影范围、竖向空间范围、建筑规模、出入口位置、连通要求、功能组合等类别。地下空间规划许可指标的设置及其弹性把握是目前行政审批面临的一大难题。控制性指标越详尽,刚性越强,越能保障地下空间利用的合理性,能够保证其与地上以及相邻地下空间的连通;但详尽的控制性指标的过早确定,一方面缺乏具体地质勘探、市政管线探测等方面的具体资料支持,在实际建设过程中存在较大不确定性;另一方面指标的设定缺乏对地下空间开发具体业态的深入分析和策划,限制了具体建设单位设计的灵活性和多元化设计。反之,控制性指标过少,弹性过大,则较难保证地下空间整体布局的合理性,以及与地上以及相邻地下空间的连通关系,因此,需要在具体管理过程中合理把握。

10.3.3.3　应对策略

地下建设用地规划许可中的规划控制要素可分为刚性要素和弹性要素。刚性要素主要包括:用地范围、用地性质、总建筑面积、出入口位置、连通要求。弹性要素包括:分项建筑面积、地下建筑退线、地下建筑覆盖率、地下建筑间距、地下空间地面附属设施设置、公共空间设置要求、自然采光面积等。对地下空间规划许可的控制应强调涉及公共利益的核心要素的刚性,如:地下公共空间的规模,地块间连通通道的位置、净宽、净高,地下通道地面出入口位置等。对于业主开发的部分,应充分发挥市场规划设计的能动性,在不突破总建设规模和保障公共利益的前提下,赋予各功能指标适度弹性,允许由于具体设计和建设带来的局部微调,并在规划管理上应建立后续许可,调整前期许可的通道,简化调整程序及难度。

10.4　城市地下空间规划实施

10.4.1　地下空间规划的实施

10.4.1.1　坚持法制化

法规建设和政策制定是城市地下空间开发利用过程中的重要环节,是规划实施的重要手段和保障,在规划编制的同时应完成相关法规体系建设,从法制、机制、体制,从管理、权属、使用、技术规范等多方面加以把握。

10.4.1.2　加强管理模式

加强城市地下空间开发法制规范工作,在地下空间开发利用方面形成一个较为全面的政策和法律系统。

加强地下空间利用基本法规、地下空间建设实施法规、地下空间安全法规、地下空间维护管理法规的制定。

严格执行政策与法规。对城市地下空间开发利用主要是通过政策与法规进行管理。各种问题都应明确,让投资者有一个安全的投资环境。鼓励性的政策一定要执行到位,不能为小集团利益影响整个城市的发展。

设施的所有权、管理划分，形成网络化的地下设施所有权划分与项目建设手法有着紧密的关联性。考虑到地下设施使用的安全性、管理方便性，可以将地下设施所有权管理划分为公有和自有。

10.4.1.3 政策引导

（1）建立投融资模式

地下空间投融资方式多元，一般可以归结为四种：BOT（建设经营移交）；TOT（移交运营移交）；BT（建设移交）；PPP（政府公共部门和私人企业合作）。

（2）地下空间有偿使用

如果对地下空间使用费给予政策优惠，免付或只需支付少量土地使用费，则地下空间的开发建设比地面要经济得多。

（3）调节机制适用性

主要满足日常需要的地下设施，应当在政府宏观指导下以市场调节为主。另一种主要用于防灾减灾的地下设施应当以政府调控为主。

（4）建立协调机制

城市地下空间综合开发利用的规划建设与管理同自然资源规划、住建、人防、公安消防、抗震、水利防洪、绿化、环保、水电、国防、文物保护等行政管理与执法部门都有密切关系，需要构建全面协调机制。

10.4.1.4 技术支持

建立地下空间开发利用数据库，对地下空间开发实施动态平衡管理增加地下空间的利用效率。

管理信息系统（管理信息中心）构成　　表 10-4-1

子系统	内容
防灾管理系统（防灾中心）	本系统结合自动火灾报警设备、紧急电话设备、防烟排烟控制设备、各种灭火设备等，进行对火灾的发现、通报、防烟排烟控制。达到广播、排烟、灭火联合的目的，在早期发现灾害发生，将被害控制在最小范围。通过防灾中心进行综合管理的同时，还导入声、光避难诱导系统。另外，建立连接大楼及地铁车站等的紧急信息网络，可提高包括周边地区在内区域的安全性
防范管理系统（防范中心）	将地下公共通道与停车场一体化，可能会产生易于犯罪的空间，为防患于未然，创造安全舒适的地下空间，导入使用 ITV 装置和有声显示屏等的防范管理系统，在防范中心进行监视，与防灾中心的一部分一体化设置
停车场诱导管理系统（停车场管理中心）	将个别管理运营的民营地下停车场与公共地下停车场网络化，进行一体化管理，以提高运营管理效率及降低费用，此外，可以达到有效利用联络车道的空间、提高停车场使用效率、缓解地面交通混杂情况效果，实现提高小汽车使用者的便利性的目标
指示信息服务系统（信息服务中心）	导入利用文字、图形、声音、录像的互动影像磁盘系统，对一般通行者及来客提供引导及活动指示等各种引导指示信息。另外，在地下广场等广场处设置大型高清影像装置，提供最先进的信息

10.4.2 地下空间规划实施的保障措施

10.4.2.1 建立健全相关的法规体系

法制规范是城市地下空间规划实施的重要保障。逐步建立健全相关的法规体系，最终使城市地下空间开发利用的规划与设计管理、行政管理和投资市场管理都有法可依。城市地下空间开发利用应纳入规章立法计划，明确地下空间土地使用范围，明确权属，明确开发利用管理的主管职能部门及其职责、权力。

10.4.2.2 坚持地下空间规划权威性

规划一经批准，由人民政府统一组织实施，切实保障城市中心地区地下空间开发利用规划的指导作用。确立地下空间规划在国土空间总体规划中的地位与作用，地下空间的规划和管理纳入国土空间规划管理体系，使之成为指导城市地下空间有序开发利用的依据。

10.4.2.3 建立良好体制，决策重大问题

坚持目前很多地方实行的“城市地下空间联席会议制度”，研究决策和协调涉及全局的重大事项；在“规划”或“建设”部门组建专门处理日常事务的办事机构，负责信息的收集、处理与传送，规划或科研项目的委托与督察，接受各建设单位的项目申请和组织审查，协调各方关系等工作。

10.5 城市地下空间修建性详细规划案例

10.5.1 上虞高铁新城站前广场地下空间规划

10.5.1.1 概况

杭甬客运专线是全国快速铁路客运网和长江三角洲城际轨道交通网的重要组成部分，与沪杭、沪宁、宁杭等线路构筑长三角城际主骨架，形成长江三角洲地区上海、杭州、南京、宁波等城市间“1~2 小时交通圈”。实现杭州到宁波两个城市之间 45 分钟左右直达，宁波至上海只要 1.5 小时，上虞将进一步融入整个长三角区域。

绍兴东站（上虞高铁站）是杭甬客运专线沿途设置的站点之一，是上海、杭州至宁波城际铁路线的转换枢纽之一，其开通建设将使得杭州湾的城镇群通过多样化的交通廊道保持密切联系，有利于提升本地的产业结构，加速城市发展，为上虞作为浙东新商都发挥更大的作用。

上虞高铁站站前区位于上虞区域中心，是东西、南北交通大通道的枢纽要地。同时借助客运专线站、高速公路出入口、长途汽车站的建设，成为不仅服务整个区域，而且兼顾新昌、嵊州的区域交通枢纽。它的形成将上虞城区、虞北新城、上虞经济开发区等经济体进行了强强整合，强化了上虞经济实力，推进了上虞经济发展，使上虞成为各种交通方式有机衔接的市域现代化客运交通枢纽中心和体育会展中心。

10.5.1.2 规划设计

在整体布局上，为达到高铁、长途汽车、地面公交、轻轨等各种交通方式换乘最便捷、距离最小以及车行人行冲突最低的原则，规划将公交站场、轻轨布置在高铁站与长途汽车站之间，从而最大程度上方便换乘。

为充分发挥高铁站的经济效益，高铁站周边增加开发密度和强度，相应增加高层，从而形成上虞新的区域标志和经济增长点（图10-5-1、图10-5-2）。

主要技术经济指标	
规划用地面积（hm^2）	31.1
总建筑面积（万m^2）	26.4
建筑密度	27.3%
绿地率	38.6%
容积率	0.85

图10-5-1 规划方案图

图10-5-2 规划模型图

10.5.1.3　竖向分层规划

上虞高铁站前广场地区采用立体分层布局开发模式。

地下一层主要为地下商业、地下停车、地下设备、地下步行通道及下沉广场。火车站站前广场下面设置地下商业、地下社会停车场；轻轨站点地下沿街设置地下商业设施；火车站对面地下一层设置地下商业、停车和设备。通过地下步行通道和下沉广场联系火车站站前广场、轻轨站点沿街地下商业设施、长途汽车站和会议、办公建筑。

火车站站前广场下地下空间、轻轨站点下沿街地下商业空间及联系各地下功能区的地下步行通道、下沉广场为公共开发的地下空间，其中地下商业 0.53 万 m^2；地下停车 0.71 万 m^2；地下步行通道 0.45 万 m^2；下沉广场 0.56 万 m^2；合计 2.25 万 m^2（图 10–5–3）。

地下设备及会议办公建筑下地下商业、停车为私人开发地下空间，其建筑面积总计为 2.47 万 m^2。

地上一层主要为火车站售票厅、长途汽车站售票厅、长途汽车站辅助用房，及片区配套会议、办公、宾馆等公共建筑；轻轨站一层架空，为公交站场。

地上二层主要为轻轨检票进出站房、架空步行通道、火车站候车厅、火车站架空进站道路、长途汽车站候车厅、配套会议、办公设施及宾馆。通过架空步行通道将轻轨进出站房、火车站二层、长途汽车站二层及配套宾馆建筑二层连成一个整体。地上三层主要为轻轨站台及轻轨线路、火车站候车厅、长途汽车站办公用房、片区配套办公设施及宾馆。

地上三层主要为轻轨站台及轻轨线路、火车站候车厅、长途汽车站办公用房、片区配套办公设施及宾馆（图 10–5–4~ 图 10–5–6）。

剖面图如图 10–5–5 所示。

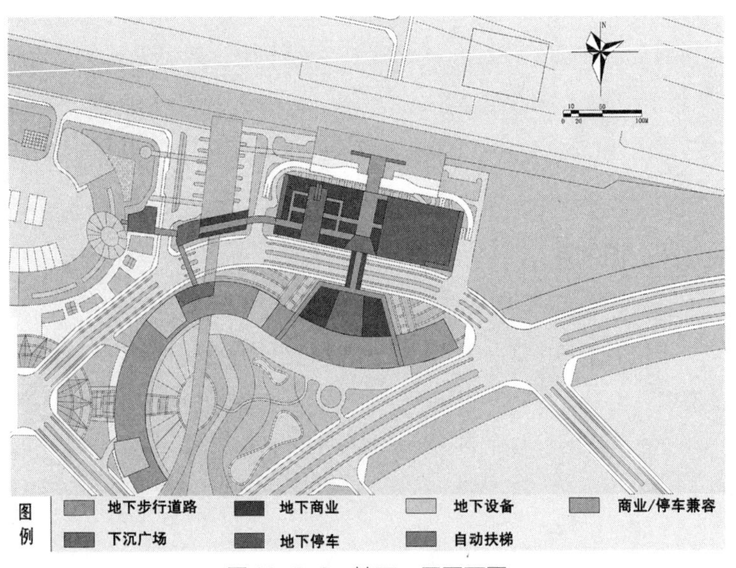

图10–5–3　地下一层平面图

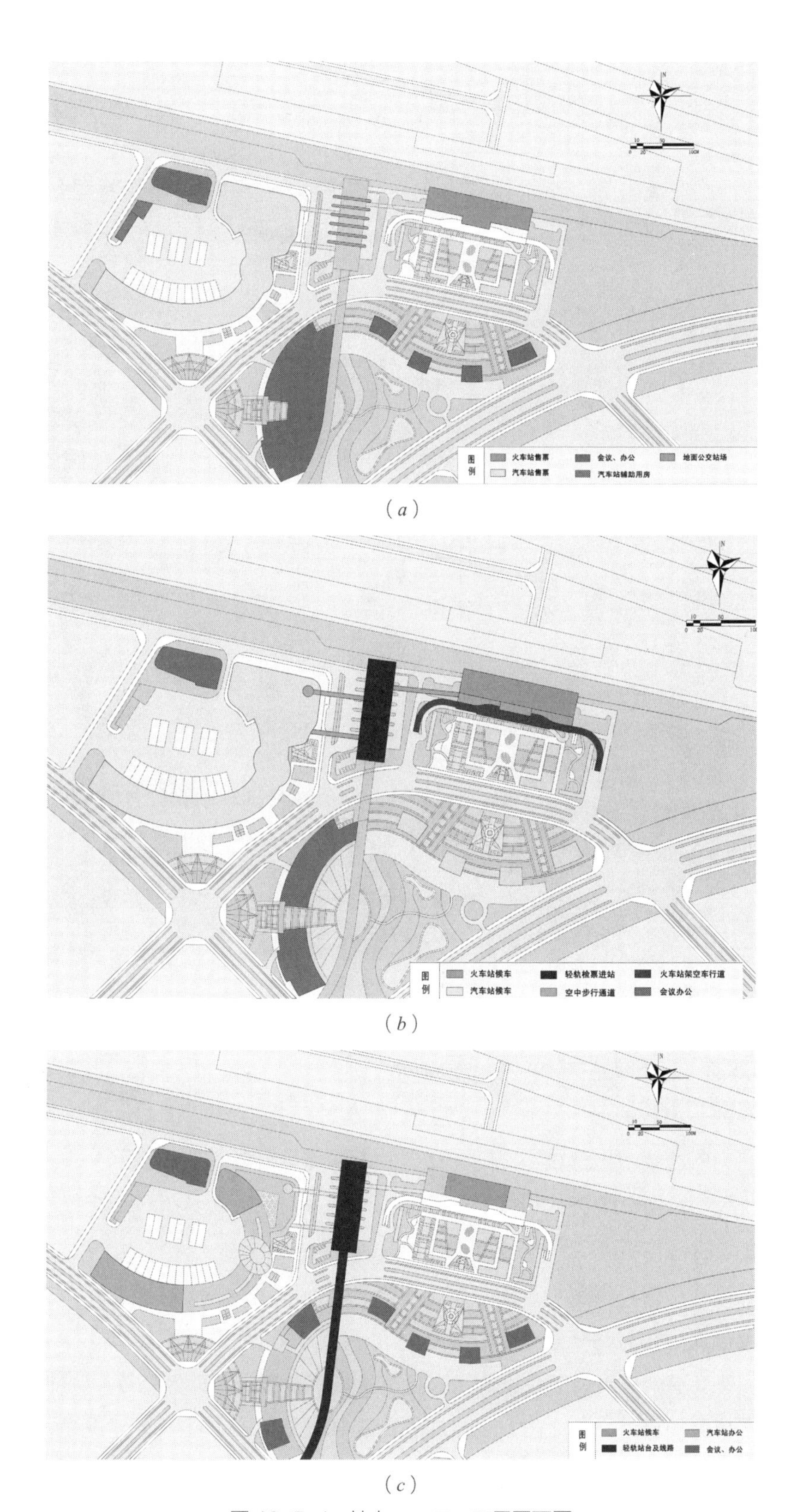

图 10-5-4 地上一、二、三层平面图

(*a*) 地上一层人流分析图；(*b*) 地上二层人流分析图；(*c*) 地上三层人流分析图

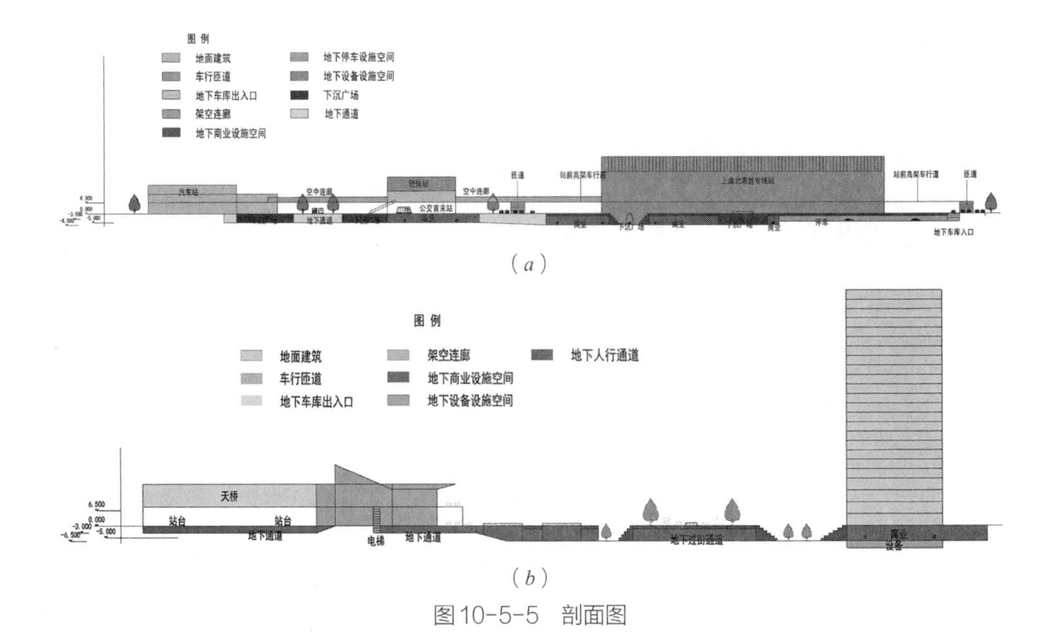

图10-5-5 剖面图

图10-5-6 实景图

10.5.2 温州南站交通枢纽地下空间规划

10.5.2.1 枢纽概况

温州为浙江省四大都市圈之一，是温台沿海城镇群的重要组成部分。温州南北与海西、长三角两个经济区相接，地处海西经济区与长三角经济区的交汇处，为其重要的交通枢纽和经济增长极。

区域可达性的增强也增加了片区交通量，目前南站周边交通压力极大，现状交通节点及流线组织有待于进一步优化，随着 S1、M1 轨道交通的建成，将来更加多样化的快速交通服务汇聚于此（铁路、高速公路、快速路、轨道交通），将使该地区的交通系统更加错综复杂。构筑高效畅达的现代化立体交通体系，建设绿色宜行的交通环境，才能有效支撑区域的一体化发展。

温州动车南站位于温州市位于瓯海新城西部，东与瓯海行政中心区和横屿工业区相邻。

10.5.2.2　核心区交通设施布局

温州动车南站东西站房、东西公交车站、市域铁路 S1 线站、长途客运站及配套建设的出租车、社会车辆的动、静交通设施等共同组成了动车南站综合交通枢纽。规划将枢纽各部分进行整合，形成一体化布置。

根据现状调查，及枢纽站客流需求预测，并与其他城市与其同等级的高铁站对比后发现，温州动车南站现状站房规模较小，难以满足日益增长的旅客出行需求。因此，在西侧规划了与东站房同规模的站房，并将其他车站重新布置和整合，形成新的温州动车南站综合交通枢纽总平面（图 10–5–7、图 10–5–8）。

该枢纽站房立面共包括四层，分为地下一层和地上三层。

地下一层：包括东站房下的社会停车库、出租车候客区和西站房下的出租车候客区，西侧公交车站和长途客运站下的社会车辆停车库。

图 10–5–7　规划综合交通枢纽平面布局图

图 10-5-8　节点透视图

地上一层：包括东、西站房到达层和市域铁路 S1 线换乘大厅。

地上二层：为动车南站的出发层及 S1 线乘客的候车层。其中，由于西侧河道水面高于南站一层，导致西侧一层出站的旅客无法直接跨河离站，因此将旅客的出入平台设置在二层，而车辆无法在该层出入口处接送客。

地上三层：为动车南站东站房的出发层，西站房接高架道路平台，供车辆接送旅客，但东站房仅作候车厅（图 10-5-9、图 10-5-10）。

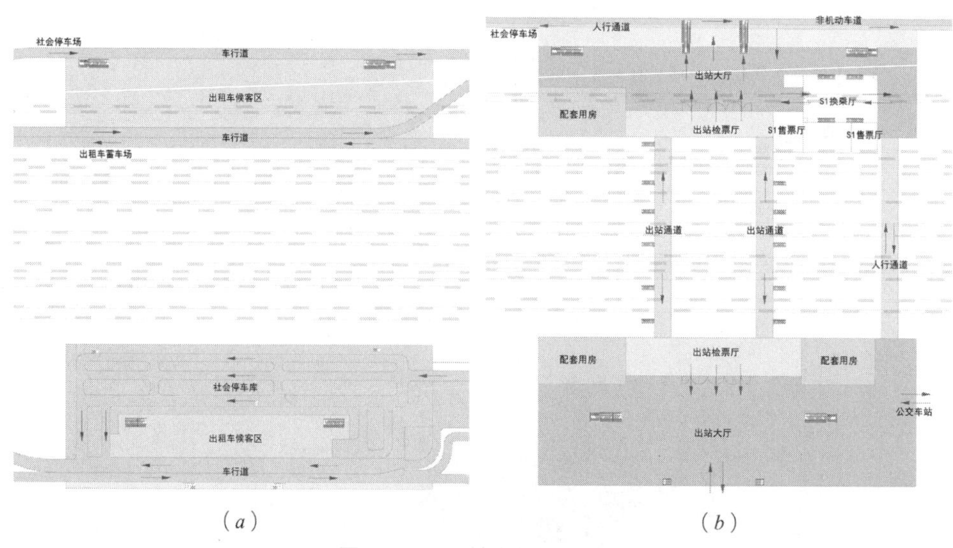

（*a*）　　　　（*b*）

图 10-5-9　站房各层平面图

（*a*）站房地下一层平面图；（*b*）站房地上一层平面图

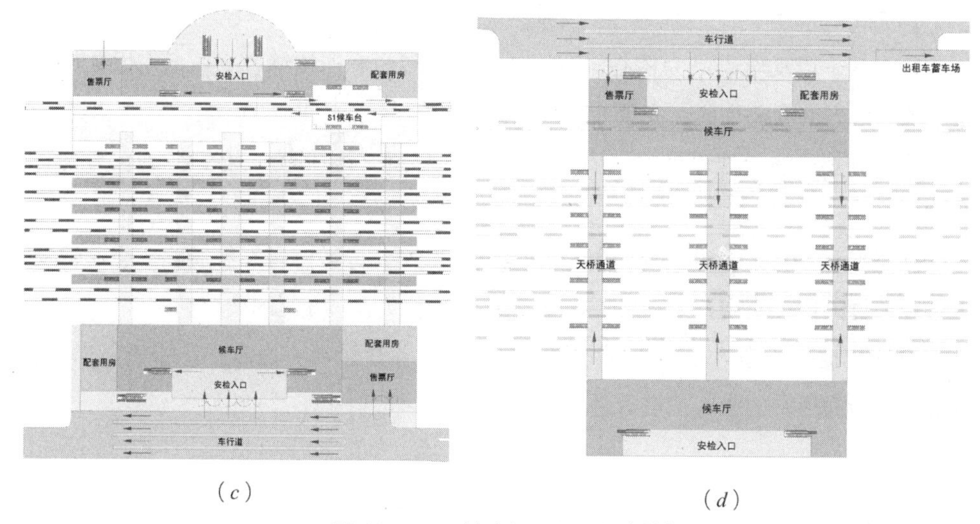

(*c*) (*d*)

图 10-5-9 站房各层平面图（续）
（*c*）站房地上二层平面图；（*d*）站房地上三层平面图

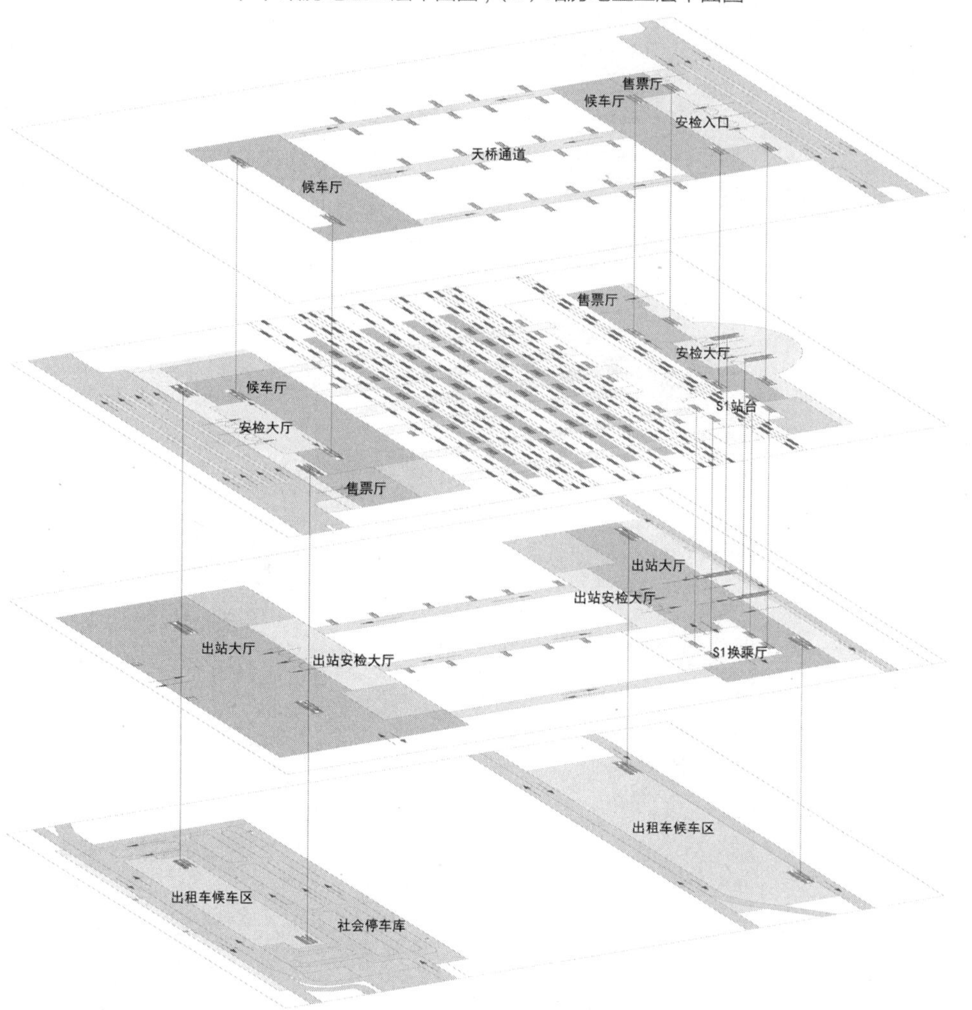

图10-5-10 站房立体分层图

10.5.2.3　核心区交通规划——交通换乘组织

行人——以动车南站为核心，利用站前广场和通廊连接综合交通枢纽内其他车站与核心区内的商业街区，实现人车分离。

人车分离——交通设施的主要人行进出空间与车行空间分层布置，确保人行安全性。

换乘便利——通过在各类车站的出入口前设置人行平台、人行通廊、交通转换大厅和人行天桥，实现行人在各类车站间的自由、灵活、方便的换乘。

舒适快捷——通过打造景观绿化、保留水系、建设水上通廊和空中人行塔楼，为进出南站和换乘的乘客创造舒适、快捷的人行环境（图 10-5-11）。

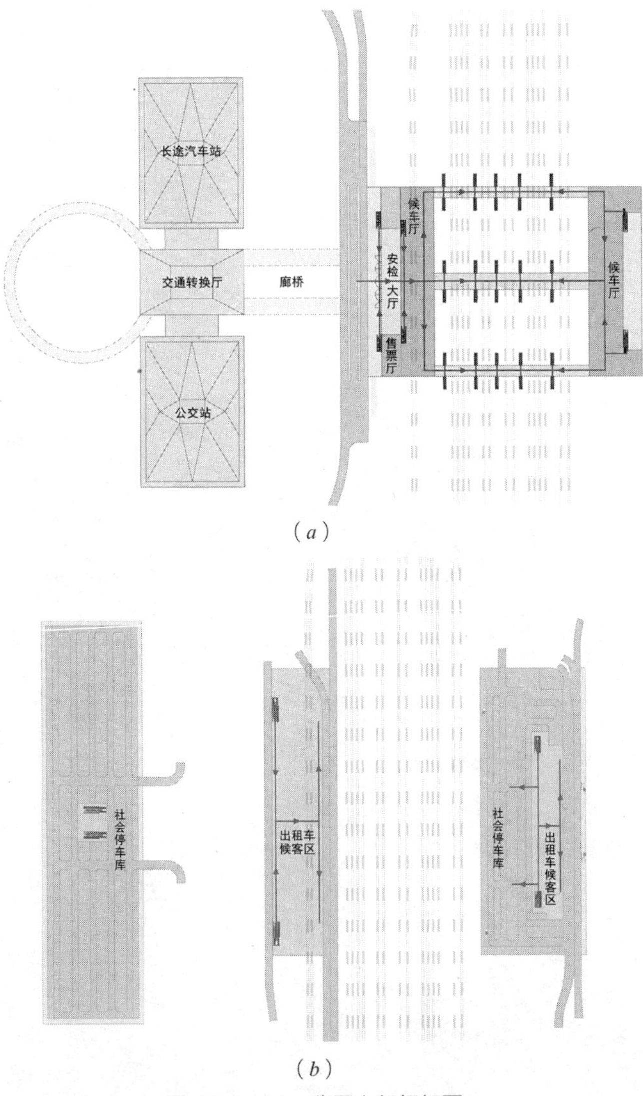

图 10-5-11　分层人行组织图
（a）三层人行流行图；（b）地下人行流线图

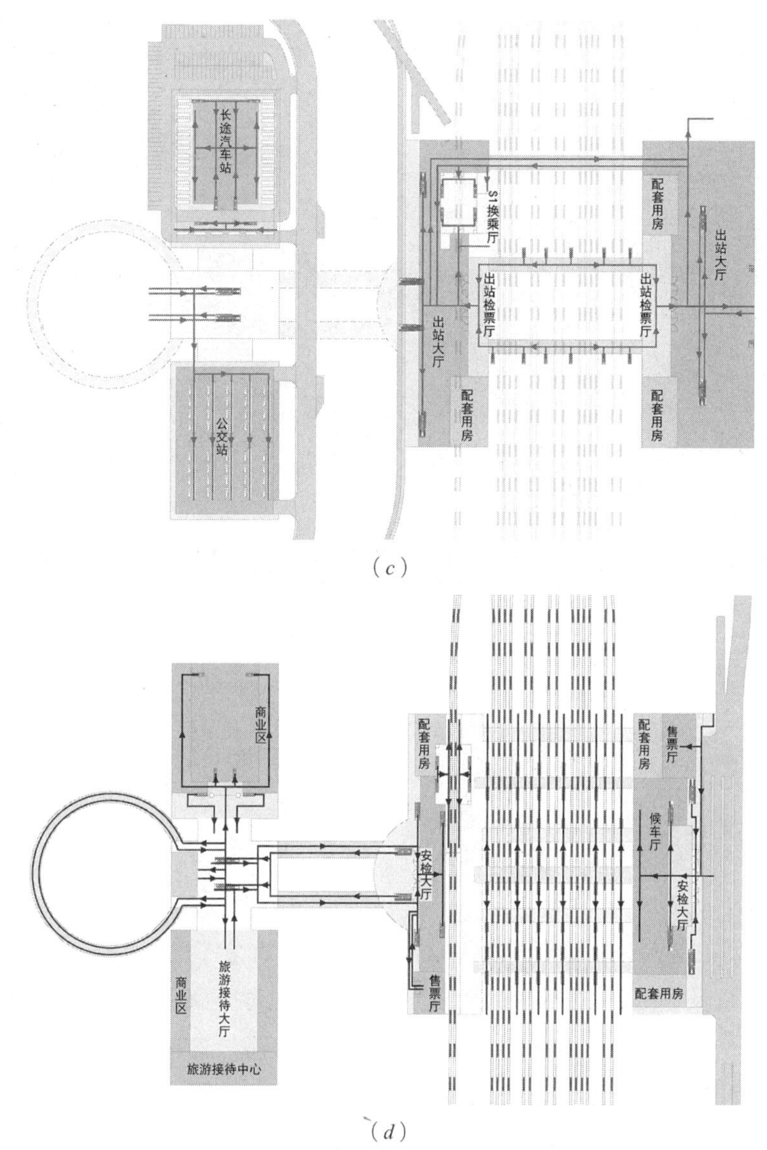

图 10-5-11 分层人行组织图（续）
（c）一层人行流线图；（d）二层人行流线图

10.5.3 广州国际金融城起步区地下空间规划 [13]

10.5.3.1 工程概况

金融城地下空间位于珠江新城东侧，广州国际会展中心北侧，是广州大都市的核心发展地区，拥有得天独厚的珠江景观和交通条件，区位优势明显。金融城地下空间与珠江新城地下空间、外事综合区地下空间、琶洲地下空间通过城市轨道交通形成一个矩形状的地下空间格局，为金融城的发展带来更多的人流，完善广州重点地区功能。金融城地下空间规划范围西起科韵路、东至车陂路、北起黄埔大道、南至珠江；总用地面积约为 132hm^2（图 10-5-12）。

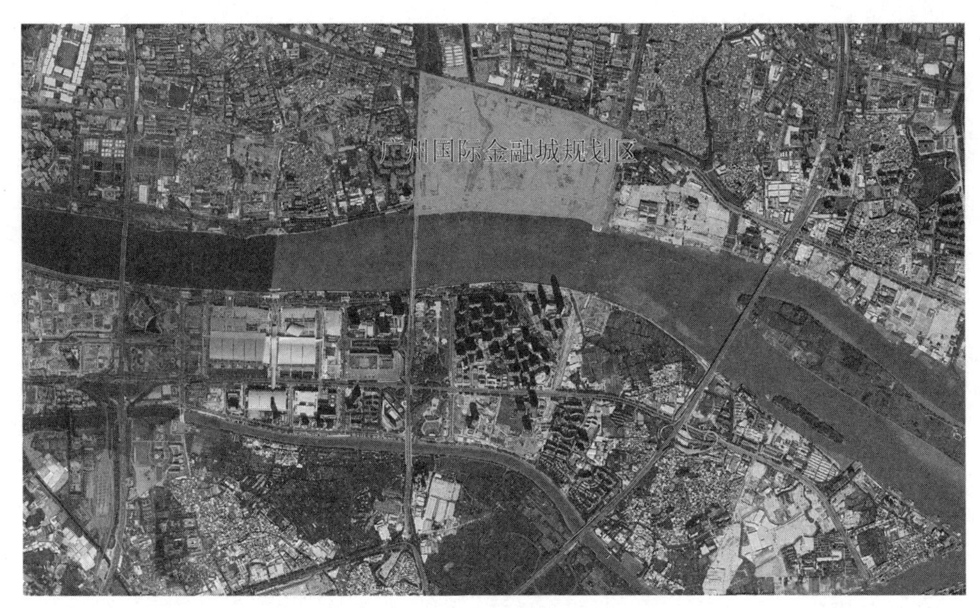

图10-5-12　广州国际金融城起步区位置图

10.5.3.2　总体布局

地下一层主要是地下综合开发、地下商业服务和地下交通枢纽以及部分停车。通过下沉广场的独特设计，吸引人群，同时引导人群进入地下空间。利用地块之间地下联系通道，实现多功能地下商业服务一体化，提供更多方便、快捷的地下空间（图 10–5–13）。

地下二层主要是地下综合开发和地下商业服务、部分停车、部分地下车行道路、地下商业街以及枢纽中心和 5 号线站厅层。规划通过地下商业街连通轨道站厅、交通枢纽、码头，同时通过多条步行通道联系地块内商业、停车等功能，与地下商业街衔接，共同打造完善的地下步行及停车网络（图 10–5–14）。

地下三层主要是地下停车、部分车行道路以及 5 号线和 5 号线的站台。完善地下车行道路系统，在财智翠岛和方城建设地下车库通道，连通地下停车库，构建地下停车网络体系（图 10–5–15）。

地下四层主要是地下停车、新型交通线、综合管沟以及预留铁路线（图 10–5–16）。

地下五层主要是部分停车、地铁 4 号线、广佛环线以及站台（图 10–5–17）。

10.5.4　上海五角场城市副中心地下空间规划[14]

10.5.4.1　工程概况

五角场城市副中心规划用地处于杨浦区的中心区域，其用地范围为：规划殷高路——民京路、国京路、政立路、国和路——国定路、政立路、南北向规划道路。规划面积约：311hm^2（图 10–5–18）。

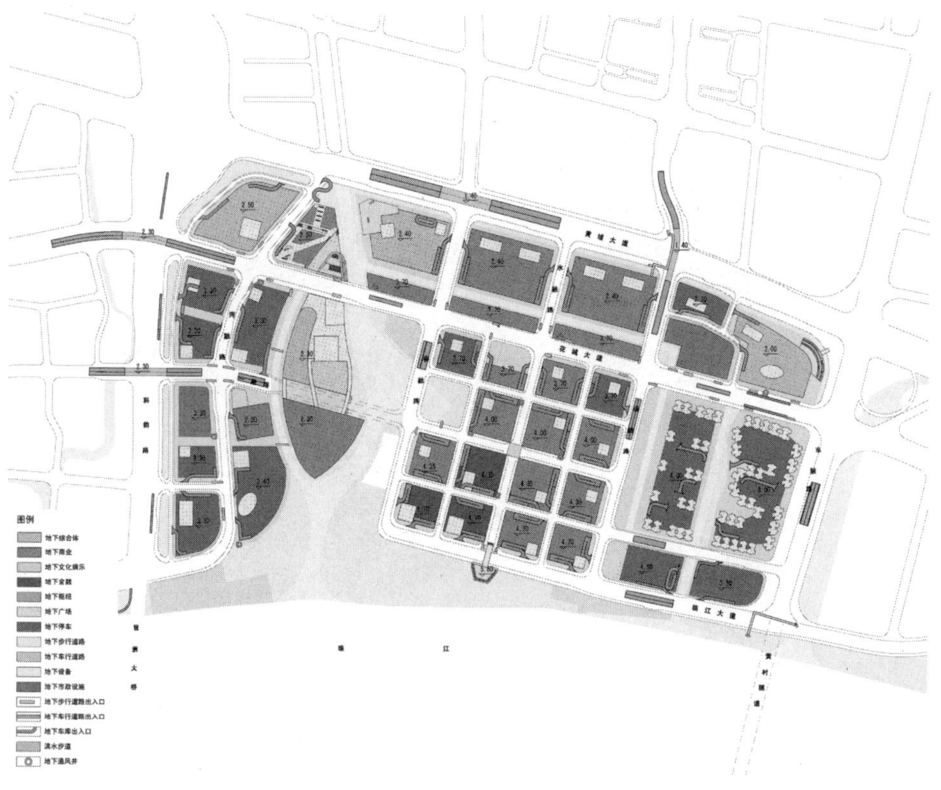

图 10-5-13　地下一层功能布局图

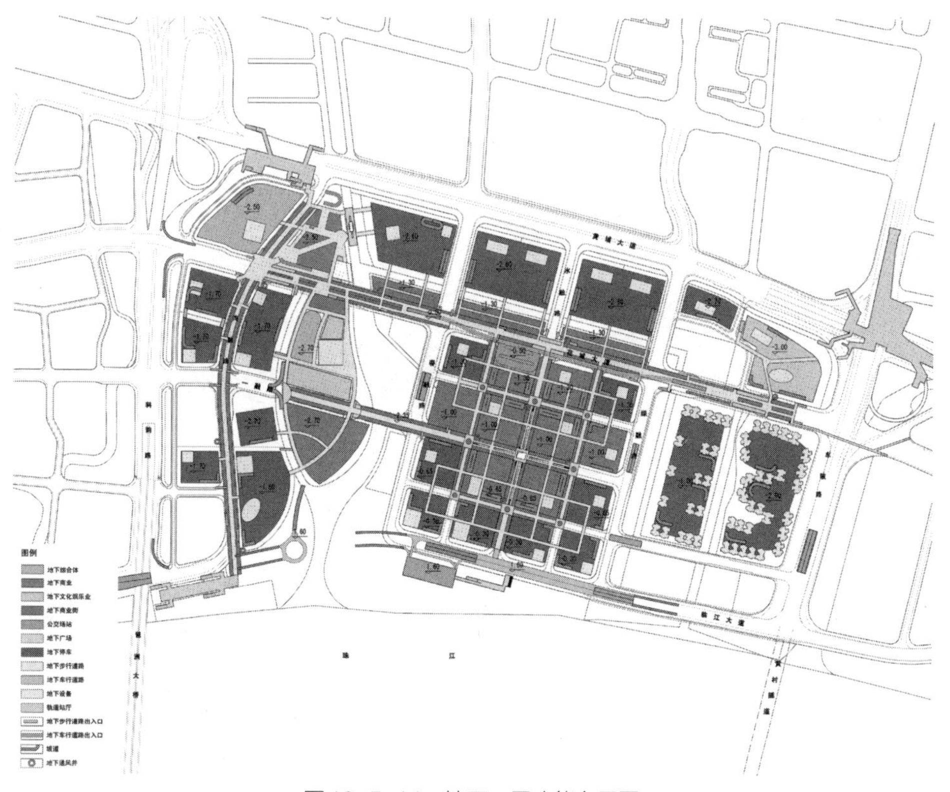

图 10-5-14　地下二层功能布局图

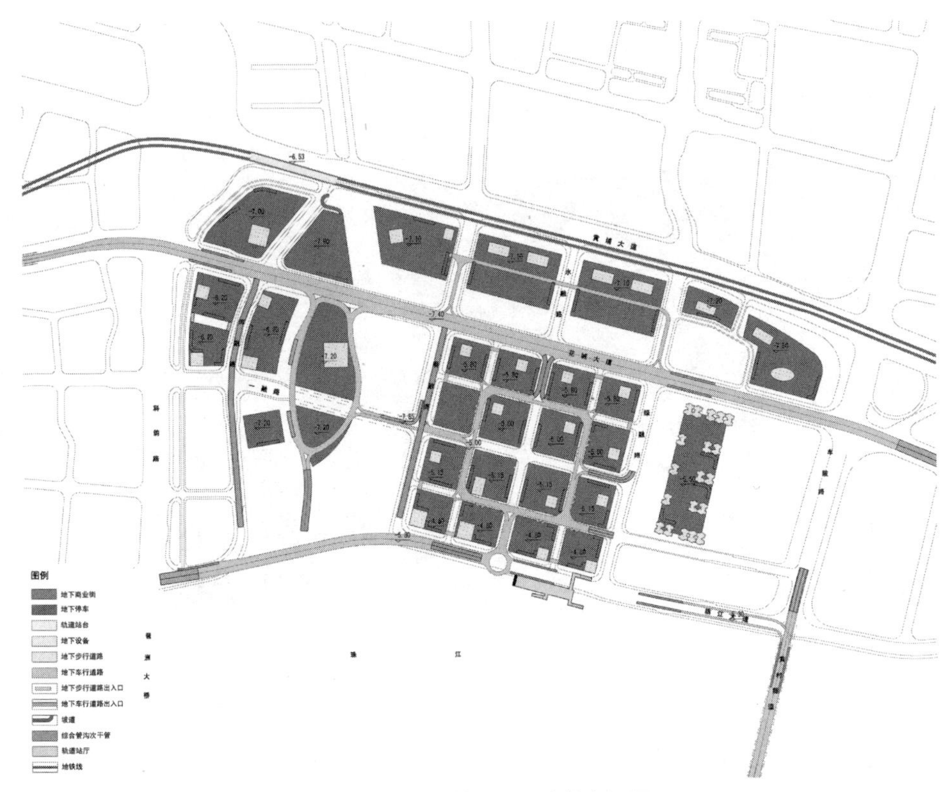

图 10-5-15　地下三层功能布局图

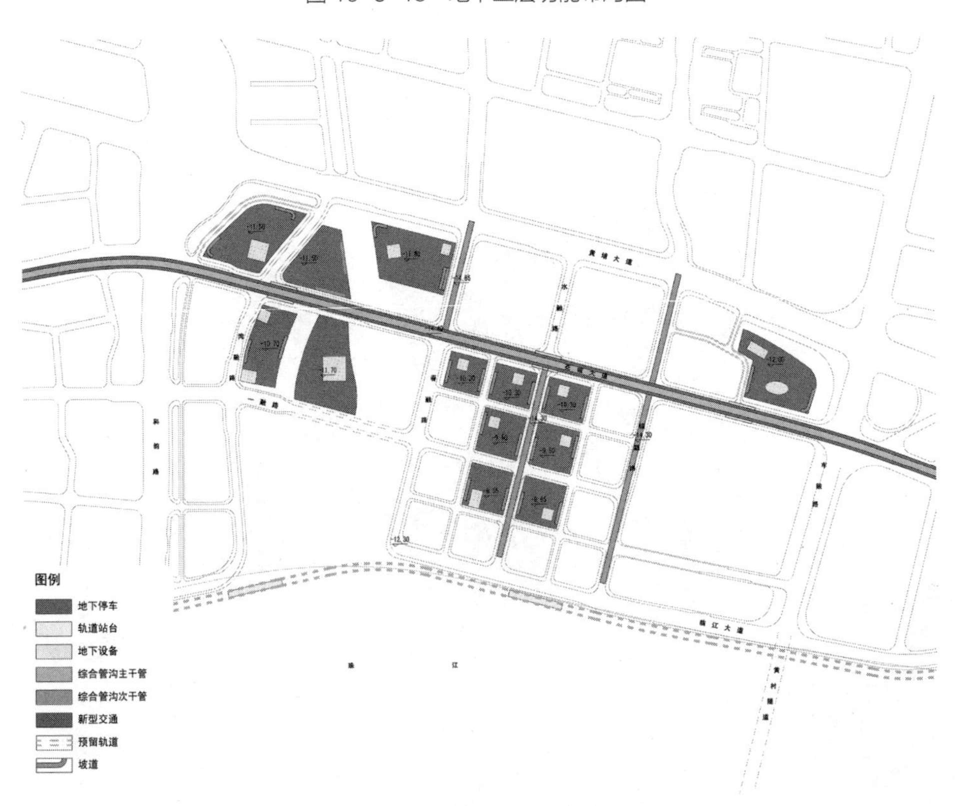

图 10-5-16　地下四层功能布局图

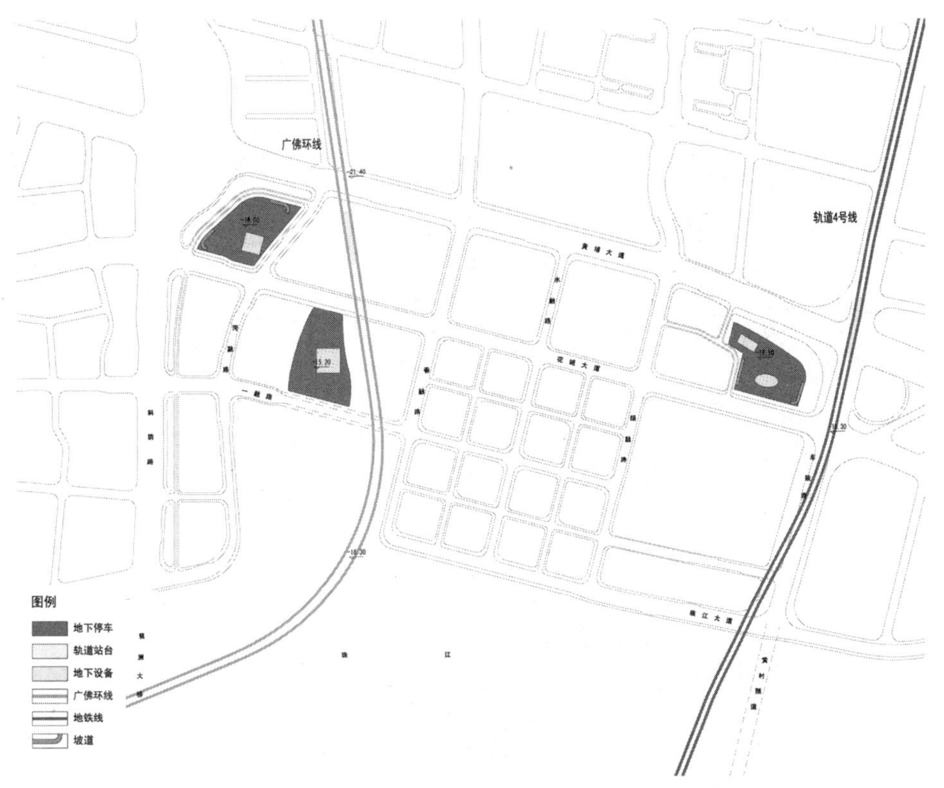

图10-5-17　地下五层功能布局图

规划目标：

（1）各种城市机能相互综合的具有魅力的城市新中心；

（2）创造出多姿的绿化和水景相融合空间，重视环境的城市新中心；

（3）能够提供所有人安全、舒适、无障碍交通环境的城市新中心。

为实现地区开发目标，按照地下空间理念，从以下5个观点出发进行规划。

（1）考虑与地面开发规划调整、补充，统一地进行地下空间利用。

（2）使人们的交流与来往舒适、安全，呈现宽敞的地下空间。

（3）使地区间与地区内的设施之间紧密地一体化，并连成网络。

（4）步行者、自行车、汽车、基础设施、指示牌和环境作为地下空间利用网络。

（5）既要重视超前性，又要考虑可实施性。

10.5.4.2　步行者网络布局

以各有关规划为基础，按以下方针进行地下步行者网络规划（图10-5-19）。

（1）在交通云集地区的步行者空间的立体化。

（2）提高换乘的方便性。

（3）提高人行流量大的路径上服务性。

（4）对应多样化的行人需求，提高行人的周游性。

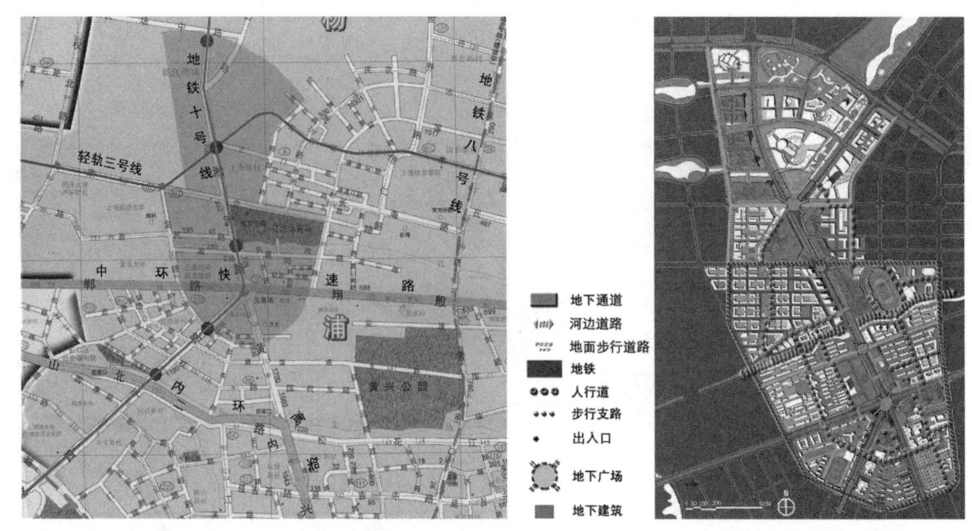

图10-5-18　五角场城市副中心位置图　　图10-5-19　步行者网络规划图

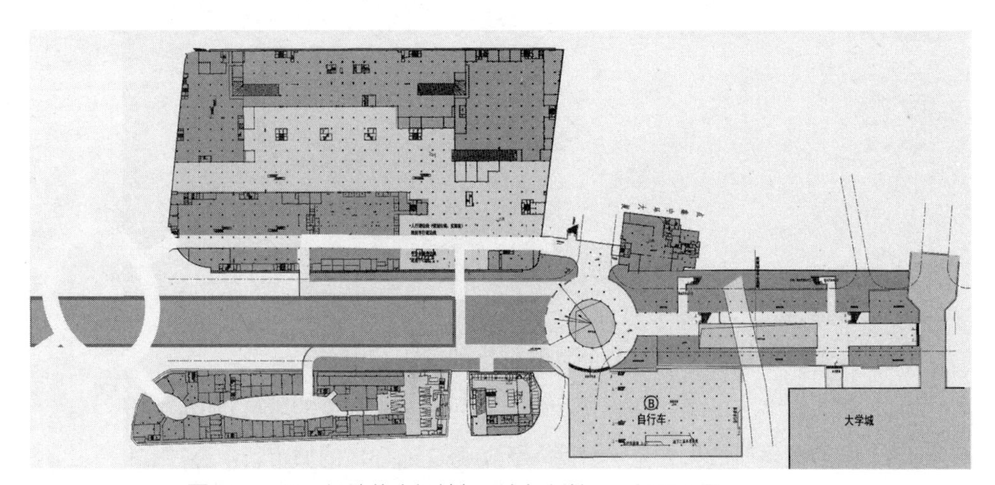

图10-5-20　江湾体育场站与公交枢纽地下一层平面图

（5）随着开发的进展而扩展网络，确保可行性。

（6）在重要场所布置广场空间。

（7）通往人防设施（商业或地铁附近）的网络。

10.5.4.3　江湾体育场站与公交枢纽规划布局

江湾体育场站与公交枢纽规划布局如图 10–5–20、图 10–5–21。

10.5.5　上海自然博物馆、60 号地块、13 号线地铁站地下综合体规划 [15]

10.5.5.1　工程概况

上海市自然博物馆新址位于山海关路以南、大田路以西地块内，北侧与 60 号地块紧邻，项目南侧为静安雕塑公园。轨道交通 13 号线跨越苏州河后，线路南北向穿

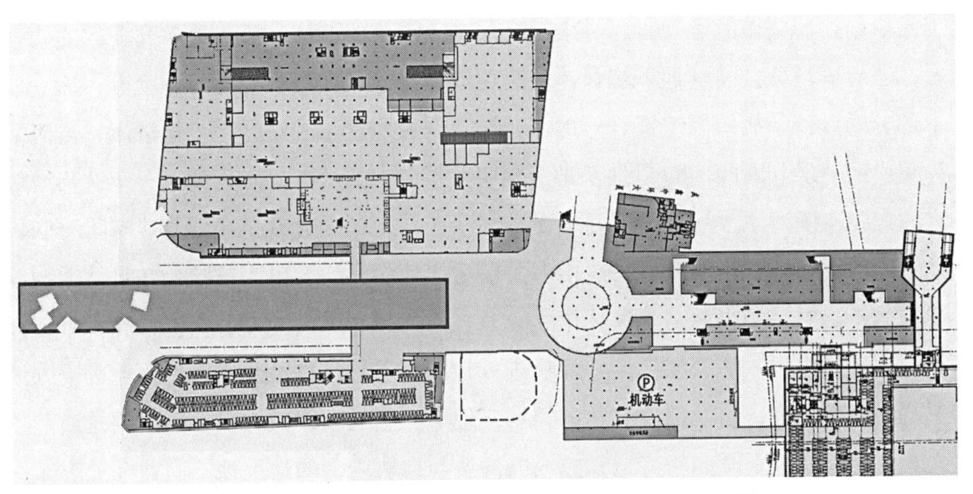

图10-5-21 江湾体育场站与公交枢纽地下二层平面图

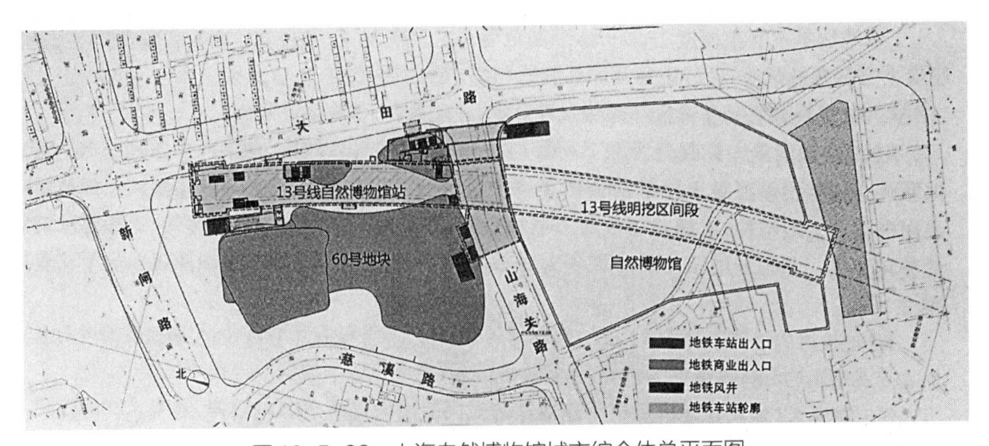

图10-5-22 上海自然博物馆城市综合体总平面图

越60号地块及自然博物馆地块，并在新闸路与山海关路之间设自然博物馆站。自然博物馆及60号地块的地下室与13号线地铁站互相连通，在此形成一个规模巨大的地下综合体（图10–5–22）。

10.5.5.2 工程的综合设计

地铁自然博物馆站是13号线跨越苏州河后的第一座车站，因此埋深较深。一般地铁站多为地下二层车站，而自然博物馆站为地下四层车站，其中地下四层为站台层，地下二层是站厅层，并特别在地下一层预留一层可作为商业用途使用。在局限的地块内深埋的车站也增加了一体化设计的难度。在自然博物馆地块内，车站区间需在博物馆主体建筑地下室底板下方穿越（图10–5–23）。

10.5.5.3 设计重点难点分析

对城市地下综合体来说，人流的分布和引导很大程度上影响到地下空间的布局。在此项目中，地下部分需要考虑的主要的人流方向来自地铁站，这些人群可以细分为出站后前往博物馆的参观者，进入超高层办公酒店的群体，进入地下商业区的购物者，还有少部分会通过地下综合体的跨街地道进入其他街区。经过以上分析后，地下部分的设计动线即围绕展开。地下一层，作为地铁站的站厅层，是进出站人流最为集中的一层。因此，60号地块地下室将此层的主要功能确定为商业，车站与地块之间无缝连接，人流可直接从站厅层的非付费区进入60号地块的主要商业空间。同时，地铁站厅层南侧，设出入口跨越山海关路后出地面，地面出入口结合在自然博物馆建筑内，出站后即直达自然博物馆主入口。作为超高层内的办公人群，除了可选择直接由车站内出入口扶梯上至地面后进入地面大堂外，也可经由地下商业区进入地下的办公楼门庭，直达需要到达的楼层。地下一层的动线较为简单，主要是商业的人流，但设计上更倾向于将地铁站内的商业与地块内部的地上地下商业在业态布局上根据各自不同特点进行不同的定位，而流线统一组织、综合作为一个整体来考虑。因此在地铁站地下一层预留两个接口与商业连通，形成环状的商业动线，并结合地面景观的布置设置满足商业功能的出入口直通地面，如图10-5-24、图10-5-25所示。

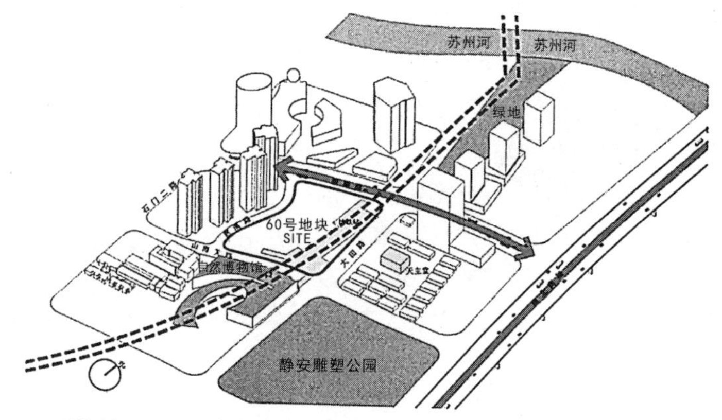

图10-5-23 上海自然博物馆某城市综合体周边环境分析图

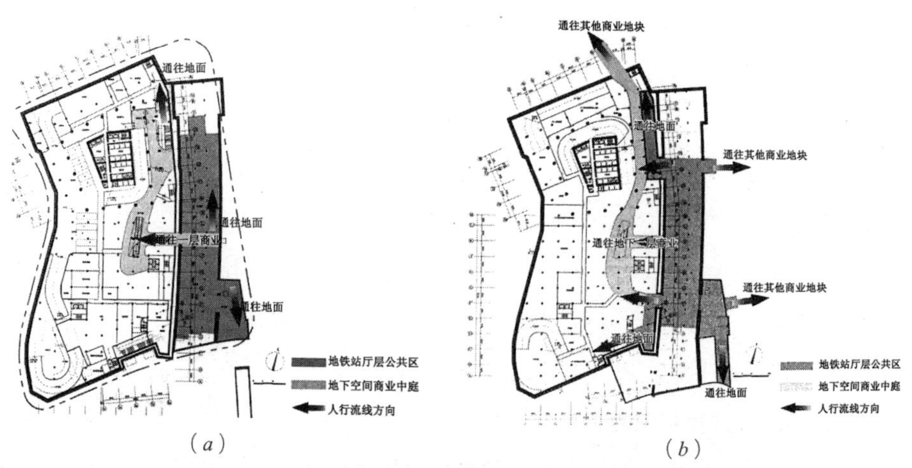

（a）　　（b）

图10-5-24 上海自然博物馆某城市综合体地下人流分析图
（a）地下二层人流分析图；（b）地下一层人流分析图

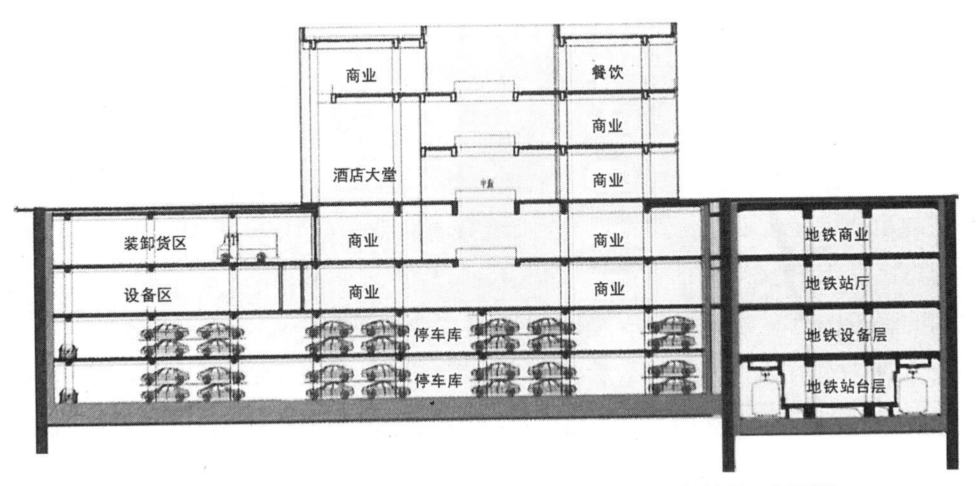

图10-5-25　上海自然博物馆某城市综合体与自然博物馆站地下剖面图

10.5.6　西安“秦地国际”住宅小区地下空间规划设计 [16]

10.5.6.1　项目的总体概况

该项目位于西安市雁塔区行政管辖区内，吉祥路以南，四季东巷以西。规划总用地 3.969hm^2（图 10-5-26）。

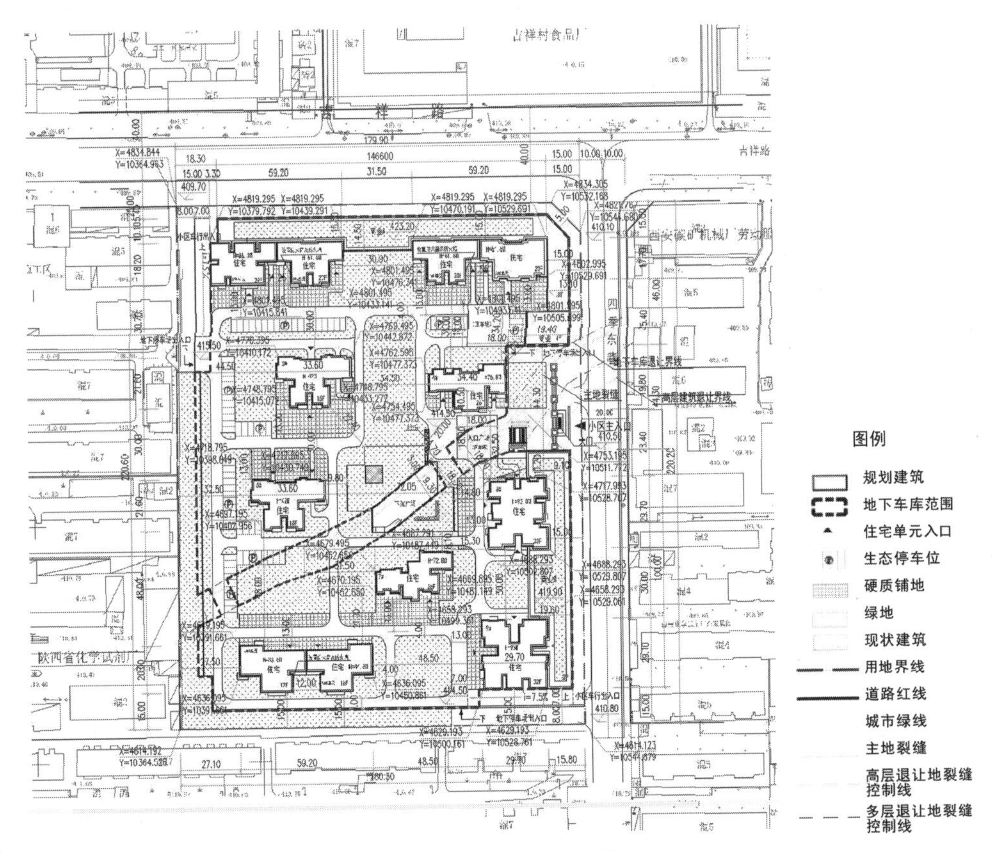

图10-5-26　总平面图

10.5.6.2　地下商业设计

规划设定小区外的道路标高为 ±0.000m，小区整体抬高一层，小区单元入口的标高是高出于城市道路。架空一层，使地下空间得以充分的利用。

将大型超市的空间放置在以道路关系为 ±0.000m 的一层里面。而大型超市所需的建筑面积为 10000m² 左右，允许增大或者减少（±15%）的面积。根据超市的业态，将沿街的商铺一直连通，一直划分到超市入住时需要的面积为止。除了沿街商业以外的空间，则考虑停车，由于首层的层高基本保持同一高度，在超市的后面，同样的层高的情况下，考虑双层机械停车位。将对外商业的车辆和居住小区内部的居民使用的私家车区分开，从流线上不需要单独区分，但是从停放点上要严格区分（图 10-5-27、图 10-5-28）。

住宅空间与地下商业空间的关系如图 10-5-29 所示。通过居住单元出入口的设置，主入口和次入口的区别比较明显。减少入口处占用的大面积场地。小区内部与外部商业划分清楚，空间上互不干扰。充分的解决了住宅和商业的交通矛盾。

10.5.6.3　地下机动车停车场的设计

该项目总的停车数量为 1500 多辆。考虑到以住宅单元出入口处为 ±0.000m 时，地下为三层停车场。而地下一层则局部设置有商业。对于剩余的空间，除了主楼地

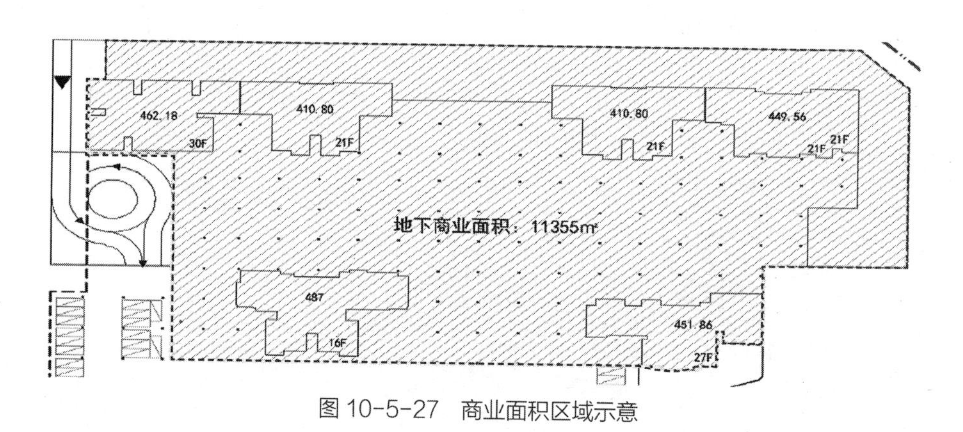

图 10-5-27　商业面积区域示意

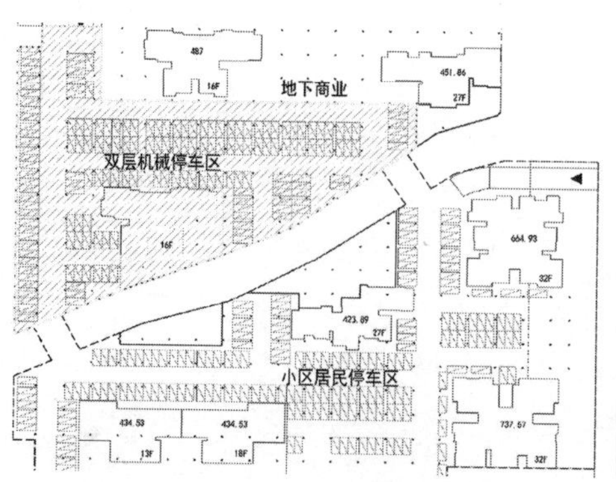

图 10-5-28　机械停车位区域示意

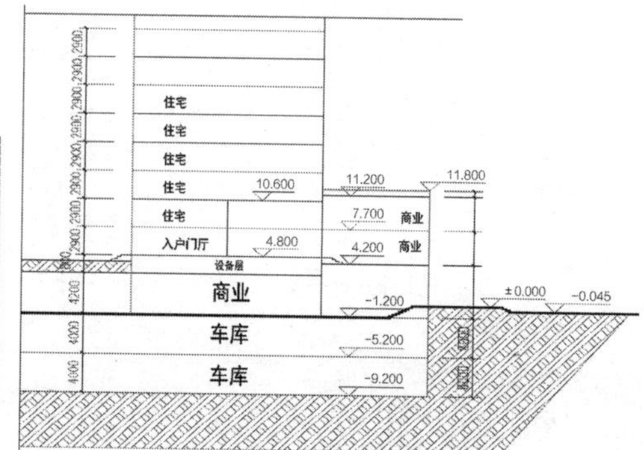

图 10-5-29　住宅与商业剖面关系示意

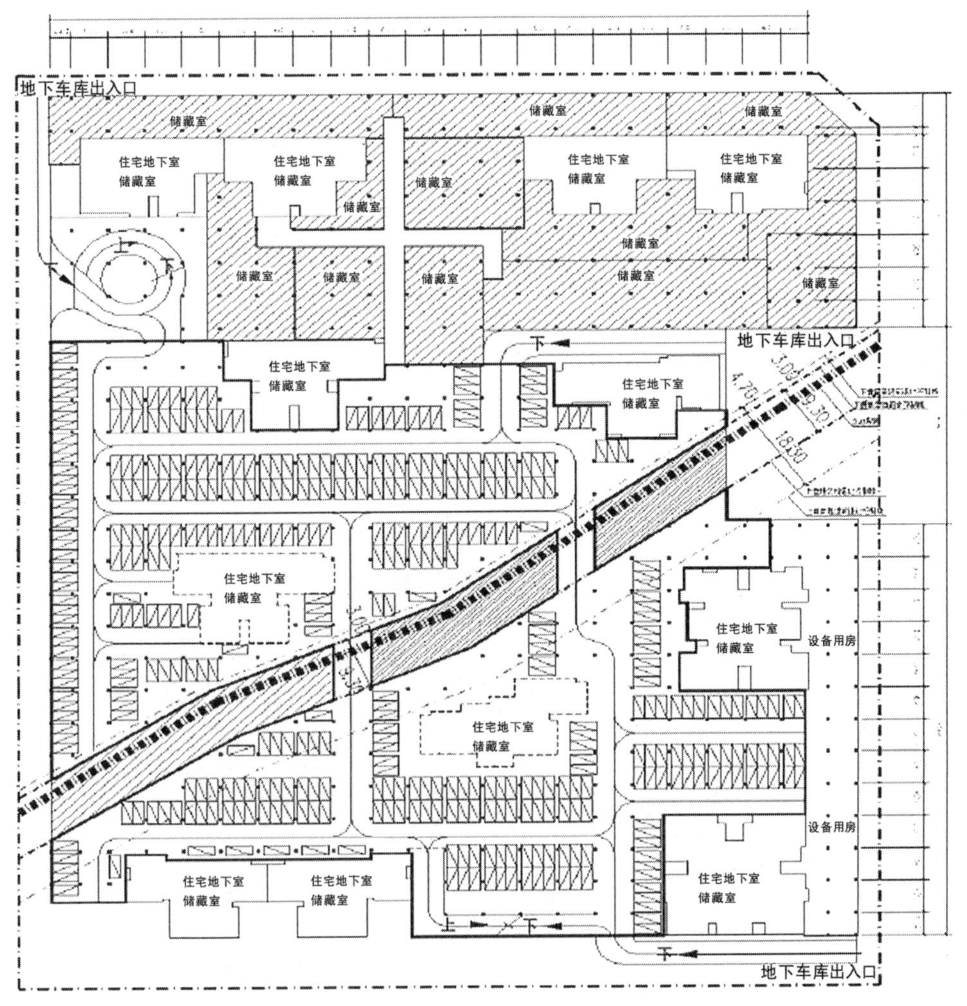

图10-5-30　地下一层平面图

下的空间外，主要就是考虑停车的需求。

贯穿小区内部的地裂缝将地下部分分为了南北两个区域，通过两个通道将其连接。圆形坡道布置在小区的西北角，增大商业的进深。而东侧的两个地下车库的出入口则是城市的次干道，均等布置（图 10-5-30、图 10-5-31）。

10.5.6.4　小区内部下沉商业广场的设计

地裂缝中间的主地裂缝进行避让后，按照商业的性质和地裂缝退让界线进行退让。形成一个属于下沉式的一个小型广场。在日后专门为小区居民提供一些服务的功能。如医务室、商店、小餐厨、小百货等（图 10-5-32）。

黑色区域代表着下沉广场的位置。入户的标高定位 ±0.000m，下沉广场的标高则是 -4.200m。小区内部存在一个下沉广场，不仅可以带来一些居民生活中的需要，今后也能成为居民活动聚焦的中心，又将成为整个小区的景观点。

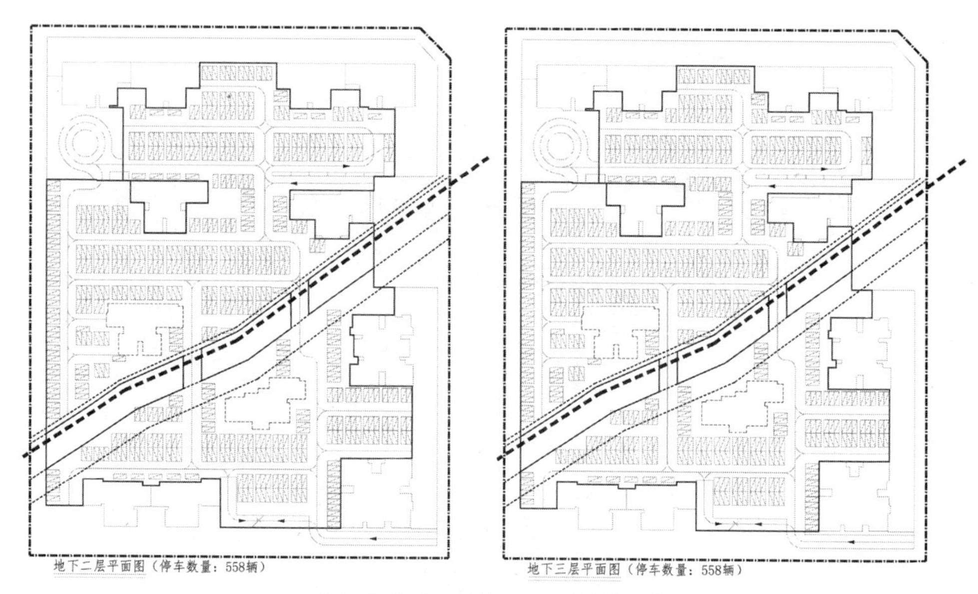

图 10-5-31　地下二、三层平面图

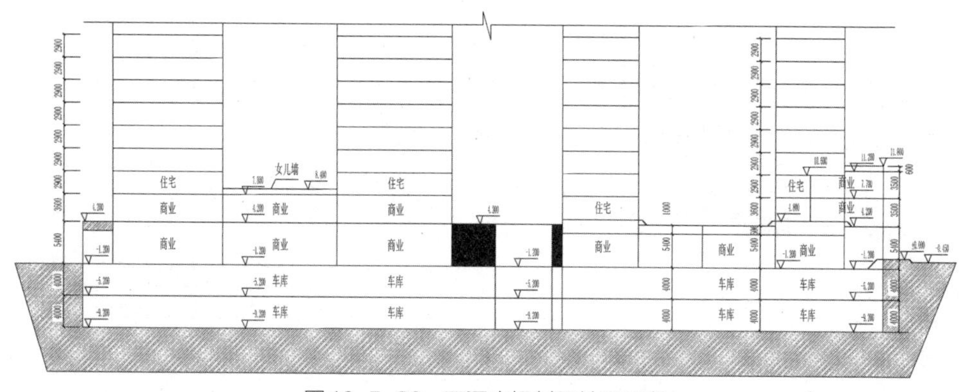

图10-5-32　下沉广场剖面关系示意

本章注释

[1]　肖军．“两型社会”建设背景下城市地下空间利用的法律促进——兼论《城市地下空间开发利用管理规定》的修正 [J]．湖南：湖南科技大学学报，2008.

[2]　肖军．城市地下空间利用法律制度研究 [M]．北京：知识产权出版社，2008.

[3]　束昱，路姗，朱黎明，等．我国城市地下空间法制化建设的进程与展望 [J]．现代城市研究，2009（8）：7–18.

[4]　全国人民代表大会．深圳市地下空间开发利用暂行办法 [R]．2008.

[5]　广州市人民政府．广州市地下空间开发利用管理办法 [R]．2011.

[6]　上海市城乡建设和管理委员会．上海市地下空间规划编制规范 [R]．2014.

[7]　浙江省住房和城乡建设厅，杭州市城市规划设计研究院．浙江省城市地下空间开发

利用规划编制导则（试行）[R]. 2010.

[8] 上海市人民政府. 上海市城市地下空间建设用地审批和房地产登记试行规定 [R]. 2006.

[9] 无锡市人民政府. 无锡市地下空间建设用地使用权审批和登记操作办法（试行）[R]. 2011.

[10] 深圳市人民政府. 深圳市城市规划标准与准则 [R]. 2012.

[11] 重庆市规划局. 重庆市城乡规划地下空间利用规划导则（试行）[R]. 2008.

[12] 陈志龙. 城市地下空间利用规划编制与管理 [M]. 南京：东南大学出版社，2014.

[13] 上海同济城市规划设计研究院有限公司，上海同技联合建设发展有限公司，广州亚城规划设计研究院有限公司. 广州国际金融城起步区地下空间规划 [Z]. 2014.

[14] 上海市政工程设计研究院，日建设计 CIVIL ENGINEERING LTD. 上海五角场城市副中心地下空间规划 [Z]. 2005.

[15] 贾坚，等. 城市地下综合体设计实践 [M]. 上海：同济大学出版社，2015.

[16] 周晨. 地下空间在住宅区建筑中的设计实践——西安“秦地国际”住宅小区地下建筑设计 [D]. 西安：西安建筑科技大学建筑系，2015.

后记

城市地下空间规划作为国土空间规划的重要组成部分，其开发利用涉及土地、交通、市政、景观、风貌、环境保护、综合防灾等方方面面，有其重要性和复杂性。本书在如何协调各专项规划、挖掘地下空间多元用途、优化土地资源配置上，提出不同层面的规划引导措施，在完善国土空间规划的支撑体系方面全力展开探索，融入了作者以及所在项目组在上海同济城市规划设计研究院有限公司工作中的部分实际案例和研究成果，力求做到理论和实践的有机结合。项目组深深地感受到，城市地下空间规划是边缘学科，需要从岩土工程、地下工程、法律法规等方面汲取营养。除了进行城市地下空间规划的编制和研究外，还需要从工程技术、法规制度、行政机制上进行必要的完善，共同服务于地下空间开发利用的科学化和合理化。

同时，本书具有较强的科学规划理论价值，推广应用范围较广。本书将作为中铁第四勘察设计院集团有限公司牵头的国家重点研发计划“深地资源勘查开采”重点专项——“城市地下空间精细探测技术与开发利用研究示范”项目（2019YFC0605100）——课题四“地下空间开发建造理论和方法”（2019YFC0605104）成果的组成部分，其中同济大学负责“专题一城市地下空间开发协同规划研究”；本书还将作为国家重大专项配套课题《城市地下空间多功能适建性指标体系构建和可视化建模研究》成果的组成部分，该课题由中铁第四勘察设计院集团有限公司和同济大学合作，正在申报阶段。

感谢本书编写过程中，同济大学建筑与城市规划学院、城市规划系和上海同济城市规划设计研究院有限公司的领导和同事的关心和帮助；感谢中铁第四勘察设计院集团有限公司的领导和同仁的信任与通力合作；感谢中国建筑工业出版社在编辑出版方面的全力支持。本书是共同智慧的结晶，书中引用了相关专家、学者的观点和相关资料，除已注明之外，遗漏之处敬请谅解。

路漫漫其修远兮，吾将上下而求索。

编者